同济数学系列丛书

TONGJISHUXUEXILIECONGSHU

矩阵分析

（第2版）

周羚君　殷俊锋　吴　群　编著

同濟大學出版社
TONGJI UNIVERSITY PRESS
·上海·

内 容 提 要

为了适应高等院校课程改革的需求，本书在2017年第1版的基础上，根据“矩阵分析”（或“矩阵论”）课程教学基本要求进行了修订，主要介绍大多数理学、工学、管理学、经济学等专业常用的线性代数基本理论和方法，包括基础知识、多项式、矩阵的标准形、矩阵函数、线性空间与线性变换、内积空间、矩阵分解、广义逆矩阵、特征值的估计和张量．各章都配有一定数量的习题用作练习，以帮助学生巩固知识．

本书内容简明得当，主次分明，语言叙述通俗易懂．既具有教学的抽象性和严密性，又重视工程技术中的实用性，可用作高等院校非数学类专业研究生和本科生的教材，也可供其他师生和工程技术人员阅读参考．

图书在版编目（CIP）数据

矩阵分析 / 周羚君，殷俊锋，吴群编著．--2 版
．-- 上海：同济大学出版社，2023.7
ISBN 978-7-5765-0871-0

I．①矩… II．①周… ②殷… ③吴… III．①矩阵分析 – 高等学校 – 教材 IV．①O151.21

中国国家版本馆 CIP 数据核字（2023）第 132002 号

矩阵分析（第 2 版）
周羚君 殷俊锋 吴 群 **编著**

责任编辑 任学敏 **责任校对** 徐春莲 **封面设计** 陈益平

出版发行 同济大学出版社 www.tongjipress.com.cn
（地址：上海市四平路 1239 号 邮编：200092 电话：021-65985622）
经　　销 全国各地新华书店
印　　刷 苏州市古得堡数码印刷有限公司
开　　本 787mm × 1092mm 1/16
印　　张 12.75
字　　数 318 000
版　　次 2023 年 7 月第 2 版
印　　次 2025 年 1 月第 2 次印刷
书　　号 ISBN 978-7-5765-0871-0

定　　价 48.00 元

前　言

随着以人工智能为引领的计算机学科的发展，理工科专业对数学的要求日益提升，这种提升不仅体现在研究生阶段，在本科教育中也十分明显．本书的改版正是为了满足更多非数学专业研究生和本科生的开课需要．

从课程内容看，本书面向的是非数学专业线性代数的接续课程．线性代数课程通常包含矩阵的基本运算、线性方程组解的结构及求解方法、矩阵的特征值与二次型，以及线性空间初步等内容．其接续课程则根据不同学科的要求，有各自的内容侧重，大致涉及矩阵函数、欧氏空间中的线性变换、数值代数初步、张量初步等内容．本书正是按照上述内容组织编排的．

与第 1 版相比，本次改版体现在以下四个方面．第一，将多项式的基础知识独立成章．在第 1 版中，多项式的基础知识压缩在矩阵的 Jordan 标准形一章的前两节，结构局促，舍去了诸如插值多项式、零化多项式等有用的内容，本次改版将多项式的内容分离出来，作了适当扩充，并在后续章节中体现了新增内容的应用．第二，将矩阵函数一章提前至 Jordan 标准形后．矩阵函数的定义与计算，与矩阵的 Jordan 标准形和矩阵多项式密切相关，而与第 1 版位于该章之前的线性变换、欧氏空间两章联系不大．第三，补充了部分定理、优化了部分例题解答与定理证明．内积空间一章，补充了后续章节中多次提及的正规变换与正规矩阵的相关内容．对第 1 版中的部分题解与证明，通过使用补充的定理，简化了原有的证明．第四，补充了参考书目和部分习题，更正了第 1 版中的部分错误．

在这一版本中，仍然保留了矩阵的基础知识作为第 1 章，使学习这门课的学生可以快速回顾线性代数课程的基础知识．在教学时，可根据学生的实际情况，适当安排课时或选择跳过．由于线性空间和线性变换、欧氏空间在后续章节中有详细讲解，因此在线性代数中涉及的相关内容不再写入第 1 章中．第 2 章介绍多项式的基础知识，其中新增了零化多项式一节．由于多项式在各类初级课程中大量出现，学生对其有充分的感性认识，且对非数学专业学生，只需要了解基本概念和计算方法，理论证明可以略去，故在实际教学中本章内容可压缩在 3 课时内．第 3 章到第 8 章是同济大学矩阵论课程的重点内容，这其中有对应于数学专业高等代数课程中的 Jordan 标准形、线性空间与线性变换、内积空间，对应于数值代数课程的矩阵分解与矩阵的广义逆，以及包含于常微分方程课程的矩阵函数．与面向数学专业学生的教材相比，本书的内容相对简明，在教学中也以讲解计算方法为主，出于理论完整性的考虑，并为满足部分学生的需要，书中对大部分定理给出了证明．本书的第 9、10 章为特征值的估计和张量，根据编者的经验，作为50学时的课程，可以将其中一章加入教学内容中，如有更多学时，可以考虑讲授全书的内容，并作适当补充．

本书的两个版本，均参考了原同济大学应用数学系编著的《矩阵分析》一书，虽然章节编排和内容作了改动，但仍借鉴了前辈在多年教学实践中积累的经验．在本书第1版出版后，同济大学数学科学学院的申丽娟副教授、韩建智副教授、濮燕敏副教授、宋林亮副教授、郑宁副教授等，提出了很多有益的意见．开课过程中，部分学生指出了第1版中的一些错误．本书的出版受到同济大学研究生教材建设项目的资助．同济大学出版社对本书初稿做了专业、细致的审校．在此对所有为本书的编写与改版做出贡献的人员与单位，致以诚挚的谢意．

限于编者的水平，书中的不当与疏漏仍在所难免，恳请读者批评指正．

编　者

2023年2月

第1版前言

随着近年来计算机的发展，各理工类的行业对从业人员处理海量数据的能力要求越来越高，与计算机科学密切相关的代数学在理工科，甚至管理科学中所起的作用越来越大．在这一背景下，以矩阵和线性方程组的基础知识为主要内容的线性代数已成为理工科和管理科学相关专业本科的基础课程，而对知识深度、广度要求更高的研究生来说，还需要更多的线性代数知识，为上述专业的研究生开设本科线性代数的接续课程，已成为各大理工科院校的共识．这本书便是为非数学专业研究生所写的．

矩阵作为代数学的基本工具之一，贯穿于整个线性代数理论的始终，因此大部分院校将研究生的线性代数课程命名为矩阵论或矩阵分析．一方面，非数学专业的线性代数课程和矩阵论课程，大致与数学专业的高等代数课程内容相近，虽然深度要求稍低，但要突出与理工科、管理学科相关的内容．由于高等代数是一门非常成熟的数学基础课，因此无论哪本教材，包含的大致内容都相差不多．另一方面，多数非数学专业的线性代数教材都出自数学专业的教师之手，由于当前数学下属的各个二级学科分工越来越细，不同方向的教师知识结构差异越来越大，对线性代数的理解也有一定的不同，这导致了不同方向的教师在内容侧重和讲法上，会有一些差异．

这本教材是在同济大学应用数学系编写的《矩阵分析》（2005年版）的基础上，参考了国内兄弟院校的相关课程讲义，并结合10多年来课堂教学的经验编写而成的，讲述了理学、工学、管理学和经济学所需要的常用的代数理论和方法．我们力求兼顾基础理论和应用，培养学生的逻辑思维、抽象思维以及实际应用的能力．全书共分九章，内容包含了方阵的Jordan标准形、线性空间与线性变换、Euclid空间与酉空间、矩阵分析、矩阵分解、矩阵的广义逆、矩阵特征值的估计、张量等内容．为了配合实际教学，各个章节的内容尽量保持独立，以便在教学中可以作适当的取舍，同时也便于不同背景、不同需求的读者自学．同时，在每一章节之后，配备了一定数量的习题，这些习题不仅可以帮助学生巩固本章的知识点，而且有些习题还是本章内容的延伸，从而满足不同程度的学生的需求．

本书由同济大学数学系吴群副教授（第1、2、5章）、周羚君副教授（第3、4、9章）、殷俊锋教授（第6、7、8章）共同编写，最后由周羚君统稿．同济大学数学系拥有一批常年从事理工科数学教育的优秀教师，他们在教学方法上给予了编者大量建议和指导，可以说没有前辈的积累，就不可能有现在的教材，在此向同济大学数学系的前辈们致以深深的谢意．本书的编者长期从事同济大学工科研究生基础课矩阵论、数值分析、工科数学等课程的课堂教学，了解理工科学生的特点和需要，在内容的选取上，很多启发恰恰来自于与理工科学生的交流，在此也特别感谢所有参与过编者课堂教学的学生们．同济大学出版社的编辑，在本书的出版过程中，做了大量工作，在此向其表示衷心的感谢．

本书选取了一些新的例题，部分内容采用了一些新的讲法，并加入了一些编者认为对某些专业的研究生有需要，但并没有出现在以往教材中的内容，这些改变是编者在教学中的一些新的尝试，有待进一步的实践检验，欢迎同行与读者对教材提出建议和批评．限于编者的水平，本书中错误与疏漏在所难免，恳请读者不吝指正．

编　者

2017 年 5 月

目　　录

第 1 章　矩阵的基础知识

矩阵分析是以矩阵作为主要研究对象的课程，是大学线性代数课程的直接后续课程．本章的主要目的是回顾和总结大学线性代数的基础知识，便于以后章节的学习．本章中的绝大部分定理，只给出陈述，略去的证明可在大学线性代数教材的相应部分找到．

1.1　矩阵及其基本运算

线性代数起源于线性方程组的求解问题．19世纪 Cayley[1]引入矩阵的概念后，不仅使线性方程组的基本理论可以简洁地表达，亦为更深入地讨论线性方程组解的结构和性质指明了方向．本节将回顾矩阵的概念及包括加法、数乘、乘法、转置、行列式、逆矩阵、迹和共轭等在内的基本矩阵运算．

矩阵是由 $m \times n$ 个数、符号或数学表达式，按顺序排成 m 行 n 列，并在两旁添加括号后得到的如下矩形数表：

$$\begin{pmatrix} a_{11} & a_{12} & \cdots & a_{1n} \\ a_{21} & a_{22} & \cdots & a_{2n} \\ \vdots & \vdots & & \vdots \\ a_{m1} & a_{m2} & \cdots & a_{mn} \end{pmatrix},$$

可简写为 $(a_{ij})_{m\times n}$ ，在明确矩阵为 $m \times n$ 型时，还可进一步简写为 (a_{ij}) ．位于矩阵第 i 行第 j 列的 a_{ij} 称为矩阵的 (i,j) -**元素**，简称矩阵的**元素**．若以 $\boldsymbol{A}$ 记矩阵，则 $\boldsymbol{A}$ 的 (i,j) -元素可记为 $\mathrm{ent}_{ij}\boldsymbol{A}$ ．

所有元素均为零的矩阵称为**零矩阵**，记为 $\boldsymbol{0}$ ．

只有一行的矩阵称为**行矩阵**或**行向量**[2]；只有一列的矩阵称为**列矩阵**或**列向量**．单独的一个数视为 1×1 的矩阵．

$n \times n$ 型的矩阵也称为 n 阶**方阵**．在 n 阶方阵 $\boldsymbol{A} = (a_{ij})$ 中，自 $\boldsymbol{A}$ 的左上角到右下角的对角线，刚好穿过全体行标与列标相同的元素 a_{11} ，a_{22} ，$\cdots$ ，a_{nn} ，这条对角线称为方阵 $\boldsymbol{A}$ 的**主对角线**，或简称为**对角线**．除主对角线上的元素外，其余元素都是零的方阵称为**对角矩**

[1]全名为 Arthur Cayley (1821–1895)，凯利，英国数学家．

[2]向量和矩阵是不同的概念，不宜等同，这里仅仅是沿用国内通行的教材中的名称．

阵，记为 $\mathrm{diag}(a_{11}, a_{22}, \cdots, a_{nn})$．特别地，主对角线上的元素都是 1 的对角矩阵称为 n 阶**单位矩阵**，记作 $\boldsymbol{E}_n$，或简记为 $\boldsymbol{E}$．单位阵的 (i, j)-元素记为 δ_{ij}，称为 **Kronecker**[1]**符号**．主对角线上（下）方元素均为零的矩阵，称为**下（上）三角矩阵**，主对角线元素均为 1 的上（下）三角矩阵，称为**单位上（下）三角矩阵**．

在本书中，通常用加粗的斜体字母表示矩阵或向量，普通的斜体字母表示数．

矩阵在实际问题中有广泛的应用，以下给出三个具体例子．

例 1.1 平面坐标系下，任何一个点的坐标 (x, y) 都可以看作一个 1×2 型的矩阵；空间坐标系下，任何一个点的坐标 (x, y, z) 都可以看作一个 1×3 型的矩阵．在绝大多数线性代数教材中，习惯将坐标写为列矩阵，本书后续都将沿用列矩阵的记法．

例 1.2 某中学某班学生的某次考试的成绩表如下：

	赵	钱	孙	李	周	吴
语文	80	70	85	75	90	95
数学	95	90	80	85	90	85

所有成绩可以看作一个 2×6 型的矩阵．如果单独看某一科目的成绩，那么语文、数学的成绩可分别看作一个 1×6 型的行矩阵；单独一个人的成绩可看作一个 2×1 型的列矩阵．如果成绩以如下等级计．

	赵	钱	孙	李	周	吴
语文	B	C	B	C	A	A
数学	A	A	B	B	A	B

那么所有成绩也可以看作一个矩阵，只不过以一般文字符号作为元素的矩阵不属于线性代数课程的研究范围．

例 1.3 北京、上海、广州三个城市某一天的直飞航班情况如下：

	北京	上海	广州
北京	0	6	7
上海	6	0	8
广州	7	8	0

表中第一列为出发城市，第一行为抵达城市，交叉格内的数字为航班架次，则上表可看作一个 3×3 型的矩阵．

1.1.1 加法

定义 1.1 设 $\boldsymbol{A} = (a_{ij})_{m\times n}$，$\boldsymbol{B} = (b_{ij})_{m\times n}$ 为 $m \times n$ 型矩阵，则矩阵 $(a_{ij} + b_{ij})_{m\times n}$ 称为 $\boldsymbol{A}$ 与 $\boldsymbol{B}$ 的和，记为 $\boldsymbol{A} + \boldsymbol{B}$；矩阵 $(-a_{ij})_{m\times n}$ 称为 $\boldsymbol{A}$ 的**负矩阵**，记作 $-\boldsymbol{A}$．

[1]全名为 Leopold Kronecker (1823–1891)，克罗内克，德国数学家．

注 1.1 本书中凡出现矩阵求和，均默认所有矩阵为同型矩阵，不再另行说明.

定理 1.1 矩阵加法满足以下基本性质：

(1) 交换律：$\boldsymbol{A}+\boldsymbol{B}=\boldsymbol{B}+\boldsymbol{A}$；

(2) 结合律：$(\boldsymbol{A}+\boldsymbol{B})+\boldsymbol{C}=\boldsymbol{A}+(\boldsymbol{B}+\boldsymbol{C})$；

(3) 有零元：$\boldsymbol{A}+\boldsymbol{0}=\boldsymbol{A}$；

(4) 有负元：$\boldsymbol{A}+(-\boldsymbol{A})=\boldsymbol{0}$.

例 1.4 设

$$\boldsymbol{A}=\begin{pmatrix}1 & 0 & 3\\ 2 & -3 & 4\end{pmatrix},\quad \boldsymbol{B}=\begin{pmatrix}1 & -1 & 2\\ 0 & 3 & 1\end{pmatrix},$$

求 $\boldsymbol{A}-\boldsymbol{B}$.

解 直接计算可得

$$\boldsymbol{A}-\boldsymbol{B}=\boldsymbol{A}+(-\boldsymbol{B})=\begin{pmatrix}1 & 0 & 3\\ 2 & -3 & 4\end{pmatrix}+\begin{pmatrix}-1 & 1 & -2\\ 0 & -3 & -1\end{pmatrix}=\begin{pmatrix}0 & 1 & 1\\ 2 & -6 & 3\end{pmatrix}.$$

1.1.2 数乘

定义 1.2 设矩阵 $\boldsymbol{A}=(a_{ij})_{m\times n}$，$k$ 为数，则矩阵 $(ka_{ij})_{m\times n}$ 称为 k 与 $\boldsymbol{A}$ 的**数乘**，记作 $k\boldsymbol{A}$.

定理 1.2 矩阵数乘满足以下基本性质：

(1) $1\boldsymbol{A}=\boldsymbol{A}$；

(2) $(kl)\boldsymbol{A}=k(l\boldsymbol{A})$；

(3) 分配律I：$(k+l)\boldsymbol{A}=k\boldsymbol{A}+l\boldsymbol{A}$；

(4) 分配律II：$k(\boldsymbol{A}+\boldsymbol{B})=k\boldsymbol{A}+k\boldsymbol{B}$.

定理 1.3 矩阵的加法、数乘满足以下性质：

(1) 消去律：对任何 $\boldsymbol{A}_1,\boldsymbol{A}_2,\boldsymbol{B}$，若 $\boldsymbol{A}_1+\boldsymbol{B}=\boldsymbol{A}_2+\boldsymbol{B}$，则 $\boldsymbol{A}_1=\boldsymbol{A}_2$；

(2) 对任何 $\boldsymbol{A}$，$0\boldsymbol{A}=\boldsymbol{0}$，$(-1)\boldsymbol{A}=-\boldsymbol{A}$；

(3) 若 $k\boldsymbol{A}=\boldsymbol{0}$，则 $k=0$ 或 $\boldsymbol{A}=\boldsymbol{0}$.

1.1.3 乘法

定义 1.3 设 $\boldsymbol{A}=(a_{ij})_{m\times s}$ 为 $m\times s$ 型矩阵，$\boldsymbol{B}=(b_{ij})_{s\times n}$ 为 $s\times n$ 型矩阵，则 $m\times n$ 型矩阵 $\boldsymbol{C}=(c_{ij})_{m\times n}$ 称为 $\boldsymbol{A}$ 与 $\boldsymbol{B}$ 的**乘积**，记作 $\boldsymbol{AB}$，其中

$$c_{ij}=\sum_{k=1}^{s}a_{ik}b_{kj}=a_{i1}b_{1j}+a_{i2}b_{2j}+\cdots+a_{is}b_{sj}.$$

注 1.2 本书中凡出现矩阵乘积，均默认相关矩阵满足可做乘法的基本要求，不再另行说明.

定理 1.4 矩阵乘法满足以下性质：

(1) 结合律：$(\boldsymbol{AB})\boldsymbol{C} = \boldsymbol{A}(\boldsymbol{BC})$；

(2) $k(\boldsymbol{AB}) = (k\boldsymbol{A})\boldsymbol{B} = \boldsymbol{A}(k\boldsymbol{B})$；

(3) 分配律：$\boldsymbol{A}(\boldsymbol{B}+\boldsymbol{C}) = \boldsymbol{AB}+\boldsymbol{AC}, (\boldsymbol{B}+\boldsymbol{C})\boldsymbol{A} = \boldsymbol{BA}+\boldsymbol{CA}$；

(4) 有单位元：$\boldsymbol{EA} = \boldsymbol{AE} = \boldsymbol{A}$；

(5) 零矩阵的性质：$\boldsymbol{0A} = \boldsymbol{A0} = \boldsymbol{0}$.

矩阵乘法的定义源于两个线性变换的复合运算．例如，线性变换

$$\begin{cases} x_1 = a_{11}y_1 + a_{12}y_2 + a_{13}y_3, \\ x_2 = a_{21}y_1 + a_{22}y_2 + a_{23}y_3, \end{cases}$$

与线性变换

$$\begin{cases} y_1 = b_{11}z_1 + b_{12}z_2, \\ y_2 = b_{21}z_1 + b_{22}z_2, \\ y_3 = b_{31}z_1 + b_{32}z_2, \end{cases}$$

的复合为

$$\begin{cases} x_1 = (a_{11}b_{11} + a_{12}b_{21} + a_{13}b_{31})z_1 + (a_{11}b_{12} + a_{12}b_{22} + a_{13}b_{32})z_2, \\ x_2 = (a_{21}b_{11} + a_{22}b_{21} + a_{23}b_{31})z_1 + (a_{21}b_{12} + a_{22}b_{22} + a_{23}b_{32})z_2 . \end{cases}$$

若记

$$\boldsymbol{X} = \begin{pmatrix} x_1 \\ x_2 \end{pmatrix}, \quad \boldsymbol{Y} = \begin{pmatrix} y_1 \\ y_2 \\ y_3 \end{pmatrix}, \quad \boldsymbol{Z} = \begin{pmatrix} z_1 \\ z_2 \end{pmatrix}, \quad \boldsymbol{A} = \begin{pmatrix} a_{11} & a_{12} & a_{13} \\ a_{21} & a_{22} & a_{23} \end{pmatrix}, \quad \boldsymbol{B} = \begin{pmatrix} b_{11} & b_{12} \\ b_{21} & b_{22} \\ b_{31} & b_{32} \end{pmatrix},$$

根据矩阵乘法的定义，$\boldsymbol{X} = \boldsymbol{AY}$，$\boldsymbol{Y} = \boldsymbol{BZ}$，$\boldsymbol{X} = \boldsymbol{ABZ}$.

注 1.3 矩阵的乘法不满足交换律和消去律，即一般情况下，$\boldsymbol{AB} = \boldsymbol{BA}$ 不成立；若 $\boldsymbol{A} \neq \boldsymbol{0}$，$\boldsymbol{AB} = \boldsymbol{AC}$，并不能得到 $\boldsymbol{B} = \boldsymbol{C}$．例如，设

$$\boldsymbol{A} = \begin{pmatrix} 1 & 2 \\ -2 & -4 \end{pmatrix}, \quad \boldsymbol{B} = \begin{pmatrix} -2 & 2 \\ 1 & -1 \end{pmatrix},$$

则

$$\boldsymbol{AB} = \boldsymbol{0}, \quad \boldsymbol{BA} = \begin{pmatrix} -6 & -12 \\ 3 & 6 \end{pmatrix},$$

此例中 $\boldsymbol{AB} \neq \boldsymbol{BA}$，且 $\boldsymbol{AB} = \boldsymbol{A0} = \boldsymbol{0}$，$\boldsymbol{A} \neq \boldsymbol{0}$，但 $\boldsymbol{B} \neq \boldsymbol{0}$.

由于矩阵的乘法不满足交换律，因此在文字描述矩阵相乘时应说明左乘或右乘．

定义 1.4 对于 n 阶方阵 $\boldsymbol{A}$ 及正整数 k，定义 $\boldsymbol{A}^k = \boldsymbol{A}^{k-1}\boldsymbol{A}$，称为**方阵的幂**．这里，约定 $\boldsymbol{A}^0 = \boldsymbol{E}$.

例 1.5 设矩阵 $\boldsymbol{A}=\begin{pmatrix}1&1&0&0\\0&1&1&0\\0&0&1&1\\0&0&0&1\end{pmatrix}$，求 $\boldsymbol{A}^2$ 和 $\boldsymbol{A}^n$，这里 n 为正整数.

解 设 $\boldsymbol{H}=\begin{pmatrix}0&1&0&0\\0&0&1&0\\0&0&0&1\\0&0&0&0\end{pmatrix}$，直接计算可得

$$\boldsymbol{H}^2=\begin{pmatrix}0&0&1&0\\0&0&0&1\\0&0&0&0\\0&0&0&0\end{pmatrix},\quad \boldsymbol{H}^3=\begin{pmatrix}0&0&0&1\\0&0&0&0\\0&0&0&0\\0&0&0&0\end{pmatrix},\quad \boldsymbol{H}^n=\boldsymbol{0}\,(n\geqslant 4),$$

从而

$$\boldsymbol{A}^2=(\boldsymbol{E}+\boldsymbol{H})^2=\boldsymbol{E}+2\boldsymbol{H}+\boldsymbol{H}^2=\begin{pmatrix}1&2&1&0\\0&1&2&1\\0&0&1&2\\0&0&0&1\end{pmatrix},$$

$$\boldsymbol{A}^n=(\boldsymbol{E}+\boldsymbol{H})^n=\boldsymbol{E}+\mathrm{C}_n^1\boldsymbol{H}+\mathrm{C}_n^2\boldsymbol{H}^2+\mathrm{C}_n^3\boldsymbol{H}^3=\begin{pmatrix}1&\mathrm{C}_n^1&\mathrm{C}_n^2&\mathrm{C}_n^3\\0&1&\mathrm{C}_n^1&\mathrm{C}_n^2\\0&0&1&\mathrm{C}_n^1\\0&0&0&1\end{pmatrix}(n\geqslant 3).$$

注 1.4 本题中因为 $\boldsymbol{E}$ 和 $\boldsymbol{H}$ 满足乘积的交换律，因而可以使用二项式定理，当两个矩阵的乘积不可交换时，二项式定理对矩阵不再成立.

1.1.4 转置

定义 1.5 设矩阵 $\boldsymbol{A}=(a_{ij})_{m\times n}$，$\boldsymbol{A}$ 的**转置**是指将 $\boldsymbol{A}$ 的 (i,j)-元素分别变为一个 $n\times m$ 型矩阵的 (j,i)-元素所得的矩阵

$$\begin{pmatrix}a_{11}&a_{21}&\cdots&a_{m1}\\a_{12}&a_{22}&\cdots&a_{m2}\\\vdots&\vdots&&\vdots\\a_{1n}&a_{2n}&\cdots&a_{mn}\end{pmatrix}.$$

$\boldsymbol{A}$ 的转置记作 $\boldsymbol{A}^{\mathrm{T}}$.

定理 1.5 矩阵的转置满足以下性质：

(1) $(\boldsymbol{A}^{\mathrm{T}})^{\mathrm{T}} = \boldsymbol{A}$；

(2) $(\boldsymbol{A}+\boldsymbol{B})^{\mathrm{T}} = \boldsymbol{A}^{\mathrm{T}} + \boldsymbol{B}^{\mathrm{T}}$；

(3) $(k\boldsymbol{A})^{\mathrm{T}} = k\boldsymbol{A}^{\mathrm{T}}$；

(4) $(\boldsymbol{AB})^{\mathrm{T}} = \boldsymbol{B}^{\mathrm{T}}\boldsymbol{A}^{\mathrm{T}}$.

以下两类矩阵，在转置变换下体现出很好的对称性，在后续的章节中有很多应用.

定义 1.6 若 $\boldsymbol{A}$ 为实矩阵，且满足 $\boldsymbol{A}^{\mathrm{T}} = \boldsymbol{A}$，则称 $\boldsymbol{A}$ 为**对称矩阵**.

定义 1.7 若 $\boldsymbol{A}$ 为实矩阵，且满足 $\boldsymbol{A}^{\mathrm{T}} = -\boldsymbol{A}$，则称 $\boldsymbol{A}$ 为**反对称矩阵**.

1.1.5 行列式

定义 1.8 设 $\boldsymbol{A} = (a_{ij})$ 为 n 阶方阵，则

$$\det \boldsymbol{A} = \sum_{(p_1,p_2,\cdots,p_n)\in S_n} \operatorname{sgn}(p_1,p_2,\cdots,p_n)a_{1p_1}a_{2p_2}\cdots a_{np_n} \tag{1.1}$$

称为 $\boldsymbol{A}$ 的**行列式**（$\det \boldsymbol{A}$ 也可记作 $|\boldsymbol{A}|$），其中，S_n 表示由 $\{1,2,\cdots,n\}$ 的所有全排列构成的集合，$(p_1,p_2,\cdots,p_n)$ 取遍 S_n 中的所有全排列，$\operatorname{sgn}(p_1,p_2,\cdots,p_n)$ 表示该排列的符号.

注 1.5 式 (1.1) 称为**行列式的完全展开**，右端排列的符号通过排列的逆序数定义：一个排列中，若存在下标 $i<j$，使 $p_i > p_j$，则下标对 (i,j) 称为一个**逆序**，当一个排列的逆序数为偶数时，排列的符号为正；当逆序数为奇数时，排列的符号为负.

不难得到，当 $n \geqslant 2$ 时，行列式定义式 (1.1) 满足以下特征：

(1) 求和式的每一项都是 n 个处于 $\boldsymbol{A}$ 的不同行、不同列的元素的积，共有 $n!$ 项；

(2) 每一项行指标的排列均为 $(1,2,\cdots,n)$，其符号由列指标排列的奇偶性所决定；

(3) 符号为正的项与符号为负的项的个数相同.

定理 1.6 矩阵的行列式满足以下性质：

(1) $\det \boldsymbol{A}^{\mathrm{T}} = \det \boldsymbol{A}$；

(2) $\det k\boldsymbol{A} = k^n \det \boldsymbol{A}$；

(3) $\det \boldsymbol{AB} = \det \boldsymbol{A} \det \boldsymbol{B}$；

(4) 上（下）三角方阵的行列式恰为主对角线上元素的乘积.

性质 (1) (2) 和 (4) 可直接通过行列式的定义证明，这里略去. 性质 (3) 的证明需要借助矩阵分块的运算技巧.

由于行列式的完全展开式包含了 $n!$ 项，每一项中还涉及到排列的符号，因此利用式 (1.1) 计算行列式，复杂且计算量大，不可取，下面的定理给出另一种相对简明的行列式计算方法，证明略去.

定理 1.7 n 阶方阵 $\boldsymbol{A} = (a_{ij})$ 去掉 a_{ij} 所在的行与列后所得到的 $(n-1)$ 阶方阵的行列式，称为元素 a_{ij} 的**余子式**，记为 M_{ij}，$(-1)^{i+j}M_{ij}$ 称为 a_{ij} 的**代数余子式**，记为 A_{ij}. 此时

$$\det \boldsymbol{A} = \sum_{k=1}^{n} a_{ik}A_{ik} = \sum_{k=1}^{n} a_{kj}A_{kj}. \tag{1.2}$$

当 $i \neq j$ 时，

$$\sum_{k=1}^{n} a_{ik}A_{jk} = \sum_{k=1}^{n} a_{ki}A_{kj} = 0\,.$$

式 (1.2) 称为**行列式按行列展开**，很多教材（如参考文献 [2]）中直接采用式 (1.2) 作为行列式的定义.

注 1.6 矩阵的行列式是一个数，余子式、代数余子式都是行列式，从而也是数.

定义 1.9 设 $\boldsymbol{A} = (a_{ij})$ 为一个 n 阶方阵，A_{ij} 为元素 a_{ij} 的代数余子式，矩阵

$$\boldsymbol{A}^* = (A_{ij})^{\mathrm{T}} = \begin{pmatrix} A_{11} & A_{21} & \cdots & A_{n1} \\ A_{12} & A_{22} & \cdots & A_{n2} \\ \vdots & \vdots & & \vdots \\ A_{1n} & A_{2n} & \cdots & A_{mn} \end{pmatrix}$$

称为 $\boldsymbol{A}$ 的**伴随矩阵**.

根据定理 1.7 的可立即得到下面的定理.

定理 1.8 $\boldsymbol{A}\boldsymbol{A}^* = \boldsymbol{A}^*\boldsymbol{A} = (\det \boldsymbol{A})\boldsymbol{E}$.

利用按行列展开定义或计算行列式，虽然比完全展开简明，但计算量仍然很大. 计算行列式，无论是机器还是手工，通常都采用下一节提到的初等变换法.

1.1.6 逆矩阵

定义 1.10 设 $\boldsymbol{A} = (a_{ij})$ 为一个 n 阶方阵，若存在一个 n 阶方阵 $\boldsymbol{B}$ ，使 $\boldsymbol{AB} = \boldsymbol{BA} = \boldsymbol{E}$ ，则称 $\boldsymbol{A}$ 是**可逆的**或**非奇异的**（否则称为**不可逆的**或**奇异的**），并称 $\boldsymbol{B}$ 为 $\boldsymbol{A}$ 的**逆矩阵**，记作 $\boldsymbol{A}^{-1}$.

逆矩阵定义中的条件可以减弱.

定理 1.9 对于 n 阶方阵 $\boldsymbol{A}, \boldsymbol{B}$ ，若 $\boldsymbol{AB} = \boldsymbol{E}$ ，则 $\boldsymbol{BA} = \boldsymbol{E}$.

下列定理给出了方阵 $\boldsymbol{A}$ 可逆的充分必要条件.

定理 1.10 $\boldsymbol{A}$ 可逆当且仅当 $|\boldsymbol{A}| \neq 0$ ，且 $\boldsymbol{A}^{-1} = |\boldsymbol{A}|^{-1}\boldsymbol{A}^*$.

注 1.7 如果利用定理 1.10 计算逆矩阵，需要计算 (n^2+1) 个行列式，计算量太大，不可取，具体计算逆矩阵，通常要借助矩阵的初等变换.

逆矩阵关于矩阵的数乘、乘法、转置和行列式运算有以下性质.

定理 1.11 设 $\boldsymbol{A}, \boldsymbol{B}$ 为 n 阶可逆矩阵，k 为数，则

(1) $\boldsymbol{A}^{-1}$ 是可逆的，且 $(\boldsymbol{A}^{-1})^{-1} = \boldsymbol{A}$;

(2) 当 $k \neq 0$ 时，$k\boldsymbol{A}$ 是可逆的，且 $(k\boldsymbol{A})^{-1} = k^{-1}\boldsymbol{A}^{-1}$;

(3) $\boldsymbol{AB}$ 是可逆的，且 $(\boldsymbol{AB})^{-1} = \boldsymbol{B}^{-1}\boldsymbol{A}^{-1}$;

(4) 对正整数 n ，$\boldsymbol{A}^n$ 可逆，并记 $\boldsymbol{A}^{-n} = (\boldsymbol{A}^n)^{-1} = (\boldsymbol{A}^{-1})^n$;

(5) $\boldsymbol{A}^{\mathrm{T}}$ 是可逆的，且 $(\boldsymbol{A}^{\mathrm{T}})^{-1} = (\boldsymbol{A}^{-1})^{\mathrm{T}}$;

(6) $\det A^{-1} = (\det A)^{-1}$.

例 1.6 求二阶方阵 $A = \begin{pmatrix} a & b \\ c & d \end{pmatrix}$ 的逆矩阵，这里 $ad - bc \neq 0$.

解 $|A| = ad - bc \neq 0$，$A^* = \begin{pmatrix} d & -b \\ -c & a \end{pmatrix}$，故 $A^{-1} = \dfrac{1}{|A|}A^* = \dfrac{1}{ad-bc}\begin{pmatrix} d & -b \\ -c & a \end{pmatrix}$.

1.1.7 迹

定义 1.11 设 $A = (a_{ij})$ 为一个 n 阶方阵，则 A 的主对角线上元素的和称为 A 的**迹**，记作 $\mathrm{tr}\,A$，即

$$\mathrm{tr}\,A = a_{11} + a_{22} + \cdots + a_{nn} .$$

定理 1.12 方阵的迹运算满足以下性质：

(1) $\mathrm{tr}\,A + \mathrm{tr}\,B = \mathrm{tr}\,(A + B)$；

(2) $\mathrm{tr}\,(kA) = k\mathrm{tr}\,A$；

(3) $\mathrm{tr}\,(AB) = \mathrm{tr}\,(BA)$.

例 1.7 证明对任意的方阵 A, B 都有 $AB - BA \neq E$.

证明 由于 $\mathrm{tr}\,(AB - BA) = \mathrm{tr}\,(AB) - \mathrm{tr}\,(BA) = 0$，而 $\mathrm{tr}\,E = n$，因此对任意的方阵 A, B 都有 $AB - BA \neq E$. 证毕.

例 1.8 设 A 为 $m \times n$ 型的实矩阵，试证 $A^{\mathrm{T}}A = \mathbf{0}$ 当且仅当 $A = \mathbf{0}$.

证明 充分性. 若 $A = \mathbf{0}$，显然有 $A^{\mathrm{T}}A = \mathbf{0}$.

必要性. 若 $A^{\mathrm{T}}A = \mathbf{0}$，设 $A = (a_{ij})_{m\times n}$，则 $\mathrm{tr}\,A^{\mathrm{T}}A = \sum_{i=1}^{n}\sum_{j=1}^{n} a_{ij}^2 = 0$，从而 $a_{ij} = 0$ 对一切 i, j 成立，即 $A = \mathbf{0}$. 证毕.

1.1.8 共轭

定义 1.12 设 $A = (a_{ij})_{m\times n}$ 为一个复矩阵，$\bar{a}_{ij}$ 为元素 a_{ij} 的共轭复数，则复矩阵 $(\bar{a}_{ij})_{m\times n}$ 称为 A 的**共轭矩阵**，记作 $\bar{A}$.

定理 1.13 矩阵的共轭运算满足以下性质：

(1) $\overline{A + B} = \overline{A} + \overline{B}$；

(2) $\overline{kA} = \overline{k}\,\overline{A}$；

(3) $\overline{AB} = \overline{A}\,\overline{B}$.

注 1.8 对复矩阵，共轭与转置两种运算经常同时进行，本书中将 $\overline{A^{\mathrm{T}}}$ 记为 A^{H} . 若 A 满足 $A^{\mathrm{H}} = A$（或 $A^{\mathrm{H}} = -A$），则称 A 为 **Hermite**[1]**矩阵**（或**反 Hermite 矩阵**）.

---

[1]全名为 Charles Hermite (1822–1901)，埃尔米特，法国数学家.

1.1.9 矩阵的分块

将高阶的矩阵分成若干块低阶的矩阵，是矩阵运算的重要技巧.

在做加法、数乘、乘法、转置、共轭计算时，只要相关的矩阵运算是有定义的，将矩阵的子块形式地当作数，得到的结果都是正确的，但对行列式、矩阵求逆、迹的运算，不能简单地将矩阵块处理为数. 具体来说，有以下基本结论.

定理 1.14 (1) 设 $\boldsymbol{A}=(\boldsymbol{A}_{ij})$ 和 $\boldsymbol{B}=(\boldsymbol{B}_{ij})$ 为分块方式完全相同的同型矩阵，则 $\boldsymbol{A}+\boldsymbol{B}=(\boldsymbol{A}_{ij}+\boldsymbol{B}_{ij})$；

(2) 设 $\boldsymbol{A}=(\boldsymbol{A}_{ij})$，则 $k\boldsymbol{A}=(k\boldsymbol{A}_{ij})$；

(3) 设 $\boldsymbol{A}=(\boldsymbol{A}_{ij})$ 和 $\boldsymbol{B}=(\boldsymbol{B}_{jk})$，$\boldsymbol{A}$ 按列分块的方式与 $\boldsymbol{B}$ 按行分块的方式相同，则 $\boldsymbol{AB}=(\boldsymbol{C}_{ik})$，其中 $\boldsymbol{C}_{ik}=\sum\limits_{j}\boldsymbol{A}_{ij}\boldsymbol{B}_{jk}$；

(4) 设 $\boldsymbol{A}=(\boldsymbol{A}_{ij})$，则 $\boldsymbol{A}^{\mathrm{T}}=(\boldsymbol{A}_{ji}^{\mathrm{T}})$，$\boldsymbol{A}^{\mathrm{H}}=(\boldsymbol{A}_{ji}^{\mathrm{H}})$；

(5) 设 $\boldsymbol{A}=\operatorname{diag}(\boldsymbol{A}_1,\boldsymbol{A}_2,\cdots,\boldsymbol{A}_m)$，则 $\boldsymbol{A}^{-1}=\operatorname{diag}(\boldsymbol{A}_1^{-1},\boldsymbol{A}_2^{-1},\cdots,\boldsymbol{A}_m^{-1})$；

(6) 设 $\boldsymbol{A}$ 为分块上（下）三角方阵，对角线穿过的矩阵块 $\boldsymbol{A}_1,\boldsymbol{A}_2,\cdots,\boldsymbol{A}_m$ 均为方阵，则

$$\det\boldsymbol{A}=\det\boldsymbol{A}_1\det\boldsymbol{A}_2\cdots\det\boldsymbol{A}_m\,.$$

通过合理的矩阵分块，很多计算可以得到简化.

例 1.9 设 $\boldsymbol{A}=\begin{pmatrix}3&0&0\\0&1&2\\0&1&5\end{pmatrix}$，求 $\boldsymbol{A}^{-1}$.

解 矩阵 $\boldsymbol{A}$ 可表示为分块对角阵 $\operatorname{diag}(\boldsymbol{A}_1,\boldsymbol{A}_2)$，其中

$$\boldsymbol{A}_1=3\,,\quad \boldsymbol{A}_2=\begin{pmatrix}1&2\\1&5\end{pmatrix},$$

因

$$\boldsymbol{A}_1^{-1}=\frac{1}{3}\,,\quad \boldsymbol{A}_2^{-1}=\frac{1}{3}\begin{pmatrix}5&-2\\-1&1\end{pmatrix},$$

故根据定理 1.14 (5) 得

$$\boldsymbol{A}^{-1}=\operatorname{diag}(\boldsymbol{A}_1^{-1},\boldsymbol{A}_2^{-1})=\frac{1}{3}\begin{pmatrix}1&0&0\\0&5&-2\\0&-1&1\end{pmatrix}.$$

当定理 1.14 中的条件不满足时，还可尝试通过矩阵的初等变换，化为适合定理要求的矩阵来运算.

例 1.10 设 $\boldsymbol{A},\boldsymbol{B},\boldsymbol{C},\boldsymbol{D}$ 为 n 阶方阵，其中 $\boldsymbol{A}$ 是可逆阵，证明：

(1) $\begin{vmatrix}\boldsymbol{A}&\boldsymbol{B}\\\boldsymbol{C}&\boldsymbol{D}\end{vmatrix}=|\boldsymbol{A}|\cdot|\boldsymbol{D}-\boldsymbol{C}\boldsymbol{A}^{-1}\boldsymbol{B}|$；

(2) 若 $|\boldsymbol{D}-\boldsymbol{C}\boldsymbol{A}^{-1}\boldsymbol{B}|\neq 0$，则

$$\begin{pmatrix}\boldsymbol{A} & \boldsymbol{B}\\ \boldsymbol{C} & \boldsymbol{D}\end{pmatrix}^{-1}=\begin{pmatrix}\boldsymbol{E} & -\boldsymbol{A}^{-1}\boldsymbol{B}\\ \boldsymbol{0} & \boldsymbol{E}\end{pmatrix}\begin{pmatrix}\boldsymbol{A}^{-1} & \boldsymbol{0}\\ \boldsymbol{0} & (\boldsymbol{D}-\boldsymbol{C}\boldsymbol{A}^{-1}\boldsymbol{B})^{-1}\end{pmatrix}\begin{pmatrix}\boldsymbol{E} & \boldsymbol{0}\\ -\boldsymbol{C}\boldsymbol{A}^{-1} & \boldsymbol{E}\end{pmatrix}.$$

证明 根据定理 1.14 (3) 有

$$\begin{pmatrix}\boldsymbol{E} & \boldsymbol{0}\\ -\boldsymbol{C}\boldsymbol{A}^{-1} & \boldsymbol{E}\end{pmatrix}\begin{pmatrix}\boldsymbol{A} & \boldsymbol{B}\\ \boldsymbol{C} & \boldsymbol{D}\end{pmatrix}\begin{pmatrix}\boldsymbol{E} & -\boldsymbol{A}^{-1}\boldsymbol{B}\\ \boldsymbol{0} & \boldsymbol{E}\end{pmatrix}=\begin{pmatrix}\boldsymbol{A} & \boldsymbol{0}\\ \boldsymbol{0} & \boldsymbol{D}-\boldsymbol{C}\boldsymbol{A}^{-1}\boldsymbol{B}\end{pmatrix},$$

根据定理 1.14 (6) 有

$$\begin{vmatrix}\boldsymbol{A} & \boldsymbol{B}\\ \boldsymbol{C} & \boldsymbol{D}\end{vmatrix}=\begin{vmatrix}\boldsymbol{E} & \boldsymbol{0}\\ -\boldsymbol{C}\boldsymbol{A}^{-1} & \boldsymbol{E}\end{vmatrix}\begin{vmatrix}\boldsymbol{A} & \boldsymbol{B}\\ \boldsymbol{C} & \boldsymbol{D}\end{vmatrix}\begin{vmatrix}\boldsymbol{E} & -\boldsymbol{A}^{-1}\boldsymbol{B}\\ \boldsymbol{0} & \boldsymbol{E}\end{vmatrix}=\begin{vmatrix}\boldsymbol{A} & \boldsymbol{0}\\ \boldsymbol{0} & \boldsymbol{D}-\boldsymbol{C}\boldsymbol{A}^{-1}\boldsymbol{B}\end{vmatrix}=|\boldsymbol{A}|\cdot|\boldsymbol{D}-\boldsymbol{C}\boldsymbol{A}^{-1}\boldsymbol{B}|,$$

即 (1) 成立．再根据定理 1.14 (5) 有

$$\begin{pmatrix}\boldsymbol{E} & -\boldsymbol{A}^{-1}\boldsymbol{B}\\ \boldsymbol{0} & \boldsymbol{E}\end{pmatrix}^{-1}\begin{pmatrix}\boldsymbol{A} & \boldsymbol{B}\\ \boldsymbol{C} & \boldsymbol{D}\end{pmatrix}^{-1}\begin{pmatrix}\boldsymbol{E} & \boldsymbol{0}\\ -\boldsymbol{C}\boldsymbol{A}^{-1} & \boldsymbol{E}\end{pmatrix}^{-1}=\begin{pmatrix}\boldsymbol{A}^{-1} & \boldsymbol{0}\\ \boldsymbol{0} & (\boldsymbol{D}-\boldsymbol{C}\boldsymbol{A}^{-1}\boldsymbol{B})^{-1}\end{pmatrix},$$

从而 (2) 成立．证毕．

上面的做法称为“打洞技巧”．不难发现，乘在原矩阵左右的两个矩阵本质上就是将在下一节提到的初等矩阵．

例 1.11 设 $\boldsymbol{A},\boldsymbol{B}$ 为 n 阶方阵，证明：

(1) $|\boldsymbol{A}\boldsymbol{B}|=|\boldsymbol{A}|\cdot|\boldsymbol{B}|$；

(2) $\begin{vmatrix}\boldsymbol{A} & \boldsymbol{B}\\ \boldsymbol{B} & \boldsymbol{A}\end{vmatrix}=|\boldsymbol{A}+\boldsymbol{B}|\cdot|\boldsymbol{A}-\boldsymbol{B}|$．

证明 (1) 一方面 $\begin{vmatrix}\boldsymbol{A} & \boldsymbol{0}\\ \boldsymbol{E} & \boldsymbol{B}\end{vmatrix}=|\boldsymbol{A}|\cdot|\boldsymbol{B}|$；另一方面，

$$\begin{pmatrix}\boldsymbol{0} & \boldsymbol{E}\\ \boldsymbol{E} & \boldsymbol{0}\end{pmatrix}\begin{pmatrix}\boldsymbol{A} & \boldsymbol{0}\\ \boldsymbol{E} & \boldsymbol{B}\end{pmatrix}\begin{pmatrix}\boldsymbol{E} & \boldsymbol{B}\\ \boldsymbol{0} & -\boldsymbol{E}\end{pmatrix}=\begin{pmatrix}\boldsymbol{E} & \boldsymbol{0}\\ \boldsymbol{A} & \boldsymbol{A}\boldsymbol{B}\end{pmatrix},$$

于是有 $\begin{vmatrix}\boldsymbol{A} & \boldsymbol{0}\\ \boldsymbol{E} & \boldsymbol{B}\end{vmatrix}=|\boldsymbol{A}\boldsymbol{B}|$，从而 $|\boldsymbol{A}\boldsymbol{B}|=|\boldsymbol{A}|\cdot|\boldsymbol{B}|$．

(2) 利用分块矩阵可得

$$\begin{pmatrix}\boldsymbol{0} & \boldsymbol{E}\\ -\boldsymbol{E} & \boldsymbol{E}\end{pmatrix}\begin{pmatrix}\boldsymbol{A} & \boldsymbol{B}\\ \boldsymbol{B} & \boldsymbol{A}\end{pmatrix}\begin{pmatrix}\boldsymbol{E} & \boldsymbol{0}\\ \boldsymbol{E} & \boldsymbol{E}\end{pmatrix}=\begin{pmatrix}\boldsymbol{A}+\boldsymbol{B} & \boldsymbol{B}\\ \boldsymbol{0} & \boldsymbol{A}-\boldsymbol{B}\end{pmatrix}.$$

上式两边取行列式，即得结论．证毕．

1.2 线性方程组

考虑线性方程组

$$\begin{cases} a_{11}x_1 + a_{12}x_2 + \cdots + a_{1n}x_n = b_1 \,, \\ a_{21}x_1 + a_{22}x_2 + \cdots + a_{2n}x_n = b_2 \,, \\ \qquad \vdots \\ a_{m1}x_1 + a_{m2}x_2 + \cdots + a_{mn}x_n = b_m \,. \end{cases} \tag{1.3}$$

若记 $\boldsymbol{A} = \begin{pmatrix} a_{11} & a_{12} & \cdots & a_{1n} \\ a_{21} & a_{22} & \cdots & a_{2n} \\ \vdots & \vdots & & \vdots \\ a_{m1} & a_{m2} & \cdots & a_{mn} \end{pmatrix}$，$\boldsymbol{x} = \begin{pmatrix} x_1 \\ x_2 \\ \vdots \\ x_n \end{pmatrix}$，$\boldsymbol{b} = \begin{pmatrix} b_1 \\ b_2 \\ \vdots \\ b_m \end{pmatrix}$，方程组 (1.3) 可简写为 $\boldsymbol{Ax} = \boldsymbol{b}$．线性方程组是否有解、有多少个解、如何求解是三个基本问题．线性代数的理论正是围绕这三个基本问题展开的．

矩阵 $\boldsymbol{A}$, $\boldsymbol{x}$ 和 $\boldsymbol{b}$ 分别称为线性方程组 (1.3) 的**系数矩阵**、**未知数矩阵**和**常数项矩阵**，则线性方程组 (1.3) 可记为 $\boldsymbol{Ax} = \boldsymbol{b}$．矩阵

$$\begin{pmatrix} \boldsymbol{A} & \boldsymbol{b} \end{pmatrix} = \begin{pmatrix} a_{11} & a_{12} & \cdots & a_{1n} & b_1 \\ a_{21} & a_{22} & \cdots & a_{2n} & b_2 \\ \vdots & \vdots & & \vdots & \vdots \\ a_{m1} & a_{m2} & \cdots & a_{mn} & b_m \end{pmatrix}$$

称为线性方程组 (1.3) 的**增广矩阵**．若将 $\boldsymbol{A}$ 按列分块，即 $\boldsymbol{A} = (\boldsymbol{\alpha}_1 \ \ \boldsymbol{\alpha}_2 \ \ \cdots \ \ \boldsymbol{\alpha}_n)$，其中 $\boldsymbol{\alpha}_j = (a_{1j} \ \ a_{2j} \ \ \cdots \ \ a_{mj})^{\mathrm{T}}$，则线性方程组 (1.3) 又可表示为

$$x_1\boldsymbol{\alpha}_1 + x_2\boldsymbol{\alpha}_2 + \cdots + x_n\boldsymbol{\alpha}_n = \boldsymbol{b} \,.$$

当系数矩阵为方阵时，有下面的简明结论．

定理 1.15 (Cramer[1]法则) 如果线性方程组 $\boldsymbol{Ax} = \boldsymbol{b}$ 的系数矩阵为方阵，则线性方程组 $\boldsymbol{Ax} = \boldsymbol{b}$ 存在唯一解的充分必要条件为系数矩阵 $\boldsymbol{A}$ 可逆，且此时

$$\boldsymbol{x} = \boldsymbol{A}^{-1}\boldsymbol{b} = \frac{1}{\det \boldsymbol{A}} \begin{vmatrix} a_{11} & a_{12} & \cdots & a_{1\,k-1} & b_1 & a_{1\,k+1} & \cdots & a_{1n} \\ a_{21} & a_{22} & \cdots & a_{2\,k-1} & b_2 & a_{2\,k+1} & \cdots & a_{2n} \\ \vdots & \vdots & & \vdots & \vdots & \vdots & & \vdots \\ a_{n1} & a_{n2} & \cdots & a_{n\,k-1} & b_n & a_{n\,k+1} & \cdots & a_{nn} \end{vmatrix} .$$

特别地，线性方程组 $\boldsymbol{Ax} = \boldsymbol{b}$ 存在唯一解当且仅当齐次方程 $\boldsymbol{Ax} = \boldsymbol{0}$ 只有零解．

Cramer 法则虽然给出了系数矩阵为可逆阵时，线性方程组的求解公式，但使用该公式需要计算 $(n+1)$ 个行列式，计算量很大．通常情况下，初等变换法是方便可行的算法．

[1]全名为 Gabriel Cramer (1704–1752)，克莱姆，瑞士数学家．

1.2.1 初等变换与初等矩阵

利用矩阵的初等变换实现通过加减消元法求解线性方程组，是在线性代数理论体系下研究方程的基本方法.

定义 1.13 下列三类变换称为矩阵的 **初等变换**：

(1) 将第 i, j 两行（或列）对换，记作 $r_i \leftrightarrow r_j$（或 $c_i \leftrightarrow c_j$）；

(2) 将第 i 行（或列）乘非零数 k，记作 kr_i（或 kc_i）；

(3) 将第 i 行（或列）加上第 j 行（或列）的 k 倍，记作 $r_i + kr_j$（或 $c_j + kc_i$）.

注 1.9 如果考虑某个线性方程组对应的增广矩阵，则三类初等行变换分别对应了线性方程组的三类同解变形：将两个方程互换；将某个方程两边同乘一个非零常数；将某个方程加另一个方程的常数倍. 其中后两种同解变形正是求解线性方程组的本质、关键的步骤.

三种初等变换对应三类**初等矩阵**，分别记为

$$(1)\ \boldsymbol{E}(i,j) = \boldsymbol{E} - (\boldsymbol{e}_i - \boldsymbol{e}_j)(\boldsymbol{e}_i - \boldsymbol{e}_j)^{\mathrm{T}} = \begin{pmatrix} 1 & & & & & & \\ & \ddots & & & & & \\ & & 0 & & 1 & & \\ & & & \ddots & & & \\ & & 1 & & 0 & & \\ & & & & & \ddots & \\ & & & & & & 1 \end{pmatrix} \begin{matrix} \\ \\ \text{第 } i \text{ 行} \\ \\ \text{第 } j \text{ 行} \\ \\ \\ \end{matrix};$$

$$(2)\ \boldsymbol{E}(i(k)) = \boldsymbol{E} + (k-1)\boldsymbol{e}_i\boldsymbol{e}_i^{\mathrm{T}} = \begin{pmatrix} 1 & & & & & & \\ & \ddots & & & & & \\ & & 1 & & & & \\ & & & k & & & \\ & & & & 1 & & \\ & & & & & \ddots & \\ & & & & & & 1 \end{pmatrix} \begin{matrix} \\ \\ \\ \text{第 } i \text{ 行} \\ \\ \\ \\ \end{matrix};$$

$$(3)\ \boldsymbol{E}(i,j(k)) = \boldsymbol{E} + k\boldsymbol{e}_i\boldsymbol{e}_j^{\mathrm{T}} = \begin{pmatrix} 1 & & & & & & \\ & \ddots & & & & & \\ & & 1 & & k & & \\ & & & \ddots & & & \\ & & & & 1 & & \\ & & & & & \ddots & \\ & & & & & & 1 \end{pmatrix} \begin{matrix} \\ \\ \text{第 } i \text{ 行} \\ \\ \text{第 } j \text{ 行} \\ \\ \\ \end{matrix}.$$

这里 $\boldsymbol{e}_i$ 为单位矩阵 $\boldsymbol{E}$ 的第 i 列.

对矩阵做一次初等行变换等同于对该矩阵左乘相应的初等矩阵，而做一次初等列变换等同于该矩阵右乘相应的初等矩阵，具体表现为

(1) $\boldsymbol{A}\xrightarrow{r_i\leftrightarrow r_j}\boldsymbol{B}$ 当且仅当 $\boldsymbol{E}(i,j)\boldsymbol{A}=\boldsymbol{B}$；$\boldsymbol{A}\xrightarrow{c_i\leftrightarrow c_j}\boldsymbol{B}$ 当且仅当 $\boldsymbol{A}\boldsymbol{E}(i,j)=\boldsymbol{B}$；

(2) $\boldsymbol{A}\xrightarrow{kr_i}\boldsymbol{B}$ 当且仅当 $\boldsymbol{E}(i(k))\boldsymbol{A}=\boldsymbol{B}$；$\boldsymbol{A}\xrightarrow{kc_i}\boldsymbol{B}$ 当且仅当 $\boldsymbol{A}\boldsymbol{E}(i(k))=\boldsymbol{B}$；

(3) $\boldsymbol{A}\xrightarrow{r_i+kr_j}\boldsymbol{B}$ 当且仅当 $\boldsymbol{E}(i,j(k))\boldsymbol{A}=\boldsymbol{B}$；$\boldsymbol{A}\xrightarrow{c_i+kc_j}\boldsymbol{B}$ 当且仅当 $\boldsymbol{A}\boldsymbol{E}(i,j(k))^{\mathrm{T}}=\boldsymbol{B}$.

方阵的初等变换与方阵的行列式之间满足以下性质.

定理 1.16 设 $\boldsymbol{A}$ 为方阵，则

(1) 对 $\boldsymbol{A}$ 施行第一类初等变换，行列式变为 $-\det\boldsymbol{A}$；

(2) 对 $\boldsymbol{A}$ 施行第二类初等变换，行列式变为 $k\det\boldsymbol{A}$；

(3) 对 $\boldsymbol{A}$ 施行第三类初等变换，行列式不变.

上述定理可通过行列式的定义直接证明，也可通过初等变换与初等矩阵的关系得到. 在计算一般矩阵的行列式时，通常都是利用初等变换将矩阵变为方便计算行列式的矩阵类型（如上三角矩阵），从而根据初等变换与行列式的关系，得到原矩阵的行列式.

由初等变换与初等矩阵的关系易见，矩阵的初等变换都是可逆的，且其逆变换是同一类型的初等变换；相应地，初等矩阵也都是可逆的，且其逆是同一类型的初等矩阵.

定义 1.14 若 n 阶方阵 $\boldsymbol{P}$ 为有限个 $\boldsymbol{E}(i,j)$ 类的初等矩阵的乘积，即存在有限个 $\boldsymbol{E}(i,j)$ 类的初等矩阵 $\boldsymbol{P}_1,\boldsymbol{P}_2,\cdots,\boldsymbol{P}_s$，使 $\boldsymbol{P}=\boldsymbol{P}_1\boldsymbol{P}_2\cdots\boldsymbol{P}_s$，则称 $\boldsymbol{P}$ 为 n 阶**置换阵**.

显然，置换阵就是第一类初等矩阵.

定义 1.15 矩阵 $\boldsymbol{A}$ 经过有限次初等变换变成 $\boldsymbol{B}$，则称 $\boldsymbol{A}$ 与 $\boldsymbol{B}$ **等价**，记作 $\boldsymbol{A}\sim\boldsymbol{B}$.

由矩阵等价的定义，立即得到下面的结论.

定理 1.17 矩阵等价满足以下三条性质.

(1) 自反性：对任何矩阵 $\boldsymbol{A}$，$\boldsymbol{A}\sim\boldsymbol{A}$；

(2) 对称性：若 $\boldsymbol{A}\sim\boldsymbol{B}$，则 $\boldsymbol{B}\sim\boldsymbol{A}$；

(3) 传递性：若 $\boldsymbol{A}\sim\boldsymbol{B}$，$\boldsymbol{B}\sim\boldsymbol{C}$，则 $\boldsymbol{A}\sim\boldsymbol{C}$.

注 1.10 类似矩阵等价，满足自反性、对称性、传递性的“关系”有很多，例如数的相等关系、三角形的全等关系、相似关系等. 一般地，如果某种联系两个数学对象的“关系”（称为**二元关系**）满足自反性、对称性、传递性，那么这种关系统称为**等价关系**. 于是，矩阵的等价，三角形的全等与相似，数的相等，都是等价关系.

定理 1.18 矩阵 $\boldsymbol{A}$ 与 $\boldsymbol{B}$ 等价当且仅当存在可逆阵 $\boldsymbol{P}$ 和 $\boldsymbol{Q}$，使 $\boldsymbol{PAQ}=\boldsymbol{B}$.

利用初等矩阵和初等变换的关系，还可以计算矩阵的逆.

定理 1.19 方阵 $\boldsymbol{A}$ 可逆当且仅当存在有限个初等矩阵 $\boldsymbol{P}_1,\boldsymbol{P}_2,\cdots,\boldsymbol{P}_s$，使 $\boldsymbol{A}\boldsymbol{P}_1\boldsymbol{P}_2\cdots\boldsymbol{P}_s=\boldsymbol{E}$（或 $\boldsymbol{P}_1\boldsymbol{P}_2\cdots\boldsymbol{P}_s\boldsymbol{A}=\boldsymbol{E}$），此时，$\boldsymbol{A}^{-1}=\boldsymbol{P}_1\boldsymbol{P}_2\cdots\boldsymbol{P}_s$.

根据上述定理，求一个矩阵 $\boldsymbol{A}$ 的逆矩阵，只须对矩阵 $\boldsymbol{A}$ 和单位矩阵 $\boldsymbol{E}$ 实施相同的初等行变换（或初等列变换，但不可混合使用初等行、列变换），当 $\boldsymbol{A}$ 变为单位矩阵时，相应的 $\boldsymbol{E}$ 就变为 $\boldsymbol{A}^{-1}$.

1.2.2 矩阵的秩和矩阵的等价标准形

在利用矩阵研究线性方程组的可解性时，矩阵的秩是一个重要的概念．矩阵的秩本质地刻画了方程组中相互独立的方程的个数．

定义 1.16 矩阵 $\boldsymbol{A}$ 的非零子式的最高阶数，称为矩阵 $\boldsymbol{A}$ 的**秩**，记作 $\operatorname{rank}\boldsymbol{A}$[1]，且规定零矩阵的秩为零．

矩阵的秩有以下基本性质．

定理 1.20 设 $\boldsymbol{A}$ 为矩阵，则

(1) $\operatorname{rank}\boldsymbol{A}\geqslant r$ 当且仅当 $\boldsymbol{A}$ 有一个 r 阶非零子式； $\operatorname{rank}\boldsymbol{A}<r$ 当且仅当 $\boldsymbol{A}$ 的所有 r 阶子式全为零；

(2) 若 $\boldsymbol{A}\sim\boldsymbol{B}$，则 $\operatorname{rank}\boldsymbol{A}=\operatorname{rank}\boldsymbol{B}$；

(3) 若矩阵 $\boldsymbol{A}$ 的行阶梯形矩阵是 $\boldsymbol{A}_0$，则 $\operatorname{rank}\boldsymbol{A}$ 就等于 $\boldsymbol{A}_0$ 中非零行的行数；

(4) $\operatorname{rank}\boldsymbol{A}=\operatorname{rank}\boldsymbol{A}^{\mathrm{T}}$；

(5) 若 $\boldsymbol{A}$ 为 $m\times n$ 型矩阵，则 $\operatorname{rank}\boldsymbol{A}\leqslant\min\{m,n\}$；

(6) 若 $\boldsymbol{A},\boldsymbol{B}$ 是同型矩阵，则 $\operatorname{rank}(\boldsymbol{A}+\boldsymbol{B})\leqslant\operatorname{rank}\boldsymbol{A}+\operatorname{rank}\boldsymbol{B}$；

(7) 若 $\boldsymbol{A}$ 为 $m\times n$ 型矩阵，$\boldsymbol{B}$ 为 $n\times s$ 型矩阵，则 $\operatorname{rank}\boldsymbol{AB}\leqslant\min\{\operatorname{rank}\boldsymbol{A},\operatorname{rank}\boldsymbol{B}\}$；

(8) 若 $\boldsymbol{A}$ 为 $m\times n$ 型矩阵，$\boldsymbol{B}$ 为 $n\times s$ 型矩阵，且 $\boldsymbol{AB}=\boldsymbol{0}$，则 $\operatorname{rank}\boldsymbol{A}+\operatorname{rank}\boldsymbol{B}\leqslant n$；

(9) $\operatorname{rank}\boldsymbol{A}^{\mathrm{T}}\boldsymbol{A}=\operatorname{rank}\boldsymbol{A}$，其中 $\boldsymbol{A}$ 为实矩阵．

定理 1.21 设 $m\times n$ 型矩阵 $\boldsymbol{A}$ 的秩为 r，则存在可逆阵 $\boldsymbol{P}$ 和 $\boldsymbol{Q}$，使

$$\boldsymbol{PAQ}=\begin{pmatrix}\boldsymbol{E}_r & \boldsymbol{0}\\ \boldsymbol{0} & \boldsymbol{0}\end{pmatrix},$$

矩阵 $\begin{pmatrix}\boldsymbol{E}_r & \boldsymbol{0}\\ \boldsymbol{0} & \boldsymbol{0}\end{pmatrix}$ 称为 $\boldsymbol{A}$ 的**等价标准形**．等价地，矩阵 $\boldsymbol{A}$ 总可以经过有限次初等变换变成其等价标准形．

在利用矩阵求解线性方程组的过程中，只允许对矩阵施行初等行变换，行阶梯形矩阵和行最简形矩阵是两个重要的概念．

定义 1.17 **行阶梯形矩阵**是满足下列条件的矩阵：

(1) 若有全零行，则全零行都在全部非零行的下面；

(2) 每个非零行的第一个非零元的列指标大于上一行第一个非零元的列指标．

矩阵的非零行的第一个非零元素简称为该行的**非零首元**．

一个**行最简形矩阵**是一个满足下列条件的行阶梯形矩阵：

(1) 非零行的非零首元都是 1；

(2) 非零行的非零首元所在列的其余元素都是 0．

定理 1.22 任意矩阵 $\boldsymbol{A}$ 都可以经过有限次初等行变换变成行阶梯形矩阵或行最简形矩

[1] 部分参考书中将矩阵 $\boldsymbol{A}$ 的秩记为 $r(\boldsymbol{A})$，本书中为了避免与第 9 章中出现的另一符号混淆，未采用这一记法．

阵，其中行最简形矩阵唯一.

若一切矩阵在某种变换下，可化为某种特殊类型的矩阵，则这种特殊类型的矩阵就称为这种变换下的标准形. 等价标准形和行最简形可分别视为等价变换和初等行变换下的标准形，在后续章节中，还将介绍更多的矩阵标准形.

例 1.12 设 n 阶方阵 $\boldsymbol{A}$ 的秩为 r，试证明存在秩为 $(n-r)$ 的 n 阶方阵 $\boldsymbol{B}$，使 $\boldsymbol{AB}=\boldsymbol{0}$.

证明 由于 $\operatorname{rank}\boldsymbol{A}=r$，因此存在可逆阵 $\boldsymbol{P}$ 和 $\boldsymbol{Q}$，使

$$\boldsymbol{PAQ}=\begin{pmatrix}\boldsymbol{E}_r & \boldsymbol{0}\\ \boldsymbol{0} & \boldsymbol{0}\end{pmatrix},$$

取 $\boldsymbol{B}=\boldsymbol{Q}\begin{pmatrix}\boldsymbol{0} & \boldsymbol{0}\\ \boldsymbol{0} & \boldsymbol{E}_{n-r}\end{pmatrix}$，则 $\operatorname{rank}\boldsymbol{B}=n-r$，于是

$$\boldsymbol{PAB}=\boldsymbol{PAQ}\begin{pmatrix}\boldsymbol{0} & \boldsymbol{0}\\ \boldsymbol{0} & \boldsymbol{E}_{n-r}\end{pmatrix}=\begin{pmatrix}\boldsymbol{E}_r & \boldsymbol{0}\\ \boldsymbol{0} & \boldsymbol{0}\end{pmatrix}\begin{pmatrix}\boldsymbol{0} & \boldsymbol{0}\\ \boldsymbol{0} & \boldsymbol{E}_{n-r}\end{pmatrix}=\boldsymbol{0},$$

因为 $\boldsymbol{P}$ 为可逆阵，所以 $\boldsymbol{AB}=\boldsymbol{0}$，且 $\operatorname{rank}\boldsymbol{B}=n-r$. 证毕.

例 1.13 设 $\boldsymbol{A}$ 为 $m\times n$ 型矩阵，$\boldsymbol{B}$ 为 $n\times s$ 型矩阵，证明：

$$\operatorname{rank}\boldsymbol{AB}\geqslant\operatorname{rank}\boldsymbol{A}+\operatorname{rank}\boldsymbol{B}-n.$$

证明 记 $\operatorname{rank}\boldsymbol{A}=r_1,\ \operatorname{rank}\boldsymbol{B}=r_2$，则存在可逆阵 $\boldsymbol{P}_1,\boldsymbol{P}_2,\boldsymbol{Q}_1,\boldsymbol{Q}_2$，使

$$\boldsymbol{A}=\boldsymbol{P}_1\begin{pmatrix}\boldsymbol{E}_{r_1} & \boldsymbol{0}\\ \boldsymbol{0} & \boldsymbol{0}\end{pmatrix}\boldsymbol{Q}_1,\quad \boldsymbol{B}=\boldsymbol{P}_2\begin{pmatrix}\boldsymbol{E}_{r_2} & \boldsymbol{0}\\ \boldsymbol{0} & \boldsymbol{0}\end{pmatrix}\boldsymbol{Q}_2,$$

于是

$$\boldsymbol{AB}=\boldsymbol{P}_1\begin{pmatrix}\boldsymbol{E}_{r_1} & \boldsymbol{0}\\ \boldsymbol{0} & \boldsymbol{0}\end{pmatrix}\boldsymbol{Q}_1\boldsymbol{P}_2\begin{pmatrix}\boldsymbol{E}_{r_2} & \boldsymbol{0}\\ \boldsymbol{0} & \boldsymbol{0}\end{pmatrix}\boldsymbol{Q}_2,$$

记 $\boldsymbol{Q}_1\boldsymbol{P}_2=\begin{pmatrix}\boldsymbol{C}_1 & \boldsymbol{C}_2\\ \boldsymbol{C}_3 & \boldsymbol{C}_4\end{pmatrix}$，其中 $\boldsymbol{C}_1$ 为 $r_1\times r_2$ 型矩阵，由

$$\begin{pmatrix}\boldsymbol{E}_{r_1} & \boldsymbol{0}\\ \boldsymbol{0} & \boldsymbol{0}\end{pmatrix}\begin{pmatrix}\boldsymbol{C}_1 & \boldsymbol{C}_2\\ \boldsymbol{C}_3 & \boldsymbol{C}_4\end{pmatrix}\begin{pmatrix}\boldsymbol{E}_{r_2} & \boldsymbol{0}\\ \boldsymbol{0} & \boldsymbol{0}\end{pmatrix}=\begin{pmatrix}\boldsymbol{C}_1 & \boldsymbol{0}\\ \boldsymbol{0} & \boldsymbol{0}\end{pmatrix}$$

可知，$\operatorname{rank}\boldsymbol{AB}=\operatorname{rank}\boldsymbol{C}_1$. 又 $\boldsymbol{C}_1$ 是在 $\boldsymbol{C}$ 中取前 r_1 行和前 r_2 列所得，由于在 $\boldsymbol{C}$ 中划去一行或一列时，其秩至多减少 1，于是

$$\operatorname{rank}\boldsymbol{C}_1\geqslant n-(n-r_1)-(n-r_2)=r_1+r_2-n,$$

因此 $\operatorname{rank}\boldsymbol{AB}\geqslant r_1+r_2-n$. 证毕.

利用矩阵的秩，可给出线性方程组是否有解的充分必要条件.

定理 1.23 设 $\boldsymbol{A}$ 为 $m\times n$ 型矩阵，则

(1) 齐次线性方程组 $\boldsymbol{Ax}=\boldsymbol{0}$ 有非零解的充分必要条件是 $\operatorname{rank}\boldsymbol{A}<n$；

(2) 非齐次线性方程组 $\boldsymbol{Ax}=\boldsymbol{b}$ 有解的充分必要条件是 $\operatorname{rank}\boldsymbol{A}=\operatorname{rank}(\boldsymbol{A}\ \boldsymbol{b})$，且当 $\operatorname{rank}\boldsymbol{A}=\operatorname{rank}(\boldsymbol{A}\ \boldsymbol{b})=n$ 时，有唯一解；当 $\operatorname{rank}\boldsymbol{A}=\operatorname{rank}(\boldsymbol{A}\ \boldsymbol{b})<n$ 时，有无穷多解.

将线性方程组的增广矩阵通过初等行变换化为行最简形，本质就是将方程组中不独立的方程消掉，并把独立的方程尽可能地化简，上述定理中矩阵的秩刻画的恰是方程组中相互独立的方程个数，(1) 中的条件刻画了方程组不会导出矛盾的等式．在方程组有解的前提下，若独立的方程个数与未知数的个数相等，则解唯一，否则解有无穷多个．

1.2.3 向量组的线性相关性

为了搞清线性方程组解的结构，需要引入向量组线性相关与无关的概念．

n 维空间中向量组的线性相关性理论是解析几何中的重要内容，在建立笛卡尔[1]坐标系后，任何一个 n 维向量都可以表示为一个 n 行的列矩阵，反之，任何一个 n 行的列矩阵，也对应了一个 n 维向量．进一步，向量的线性运算对应列矩阵的线性运算，于是可以利用列矩阵来研究向量组的线性相关性．在上述意义下，可将向量与对应的列矩阵等同．

注 1.11 这里强调笛卡尔坐标系是必要的．除笛卡尔坐标系外，平面上建立坐标系的方式还有极坐标系等，空间中建立坐标系的方式还有柱坐标系、球坐标系等．在极坐标系、柱坐标系、球坐标系下，向量的坐标虽然仍可对应为矩阵，但向量的线性运算不对应为坐标的线性运算．由此看出，列矩阵和向量不能无条件地等同．此外，在例 1.2 与例 1.3 中，矩阵的线性运算没有实际意义，在这种情况下，矩阵就不宜视作向量．

定义 1.18 设 $\alpha_1,\alpha_2,\cdots,\alpha_n$ 为向量组，若存在不全为零的数 $k_1,k_2,\cdots,k_n$，使

$$k_1\alpha_1+k_2\alpha_2+\cdots+k_n\alpha_n=0\,,$$

则称向量组 $\alpha_1,\alpha_2,\cdots,\alpha_n$ **线性相关**；否则，称向量组 $\alpha_1,\alpha_2,\cdots,\alpha_n$ **线性无关**．

定理 1.24 对向量组 $\alpha_1,\alpha_2,\cdots,\alpha_n$，记 $\boldsymbol{A}=(\alpha_1\ \alpha_2\ \cdots\ \alpha_n)$，则下列条件等价：

(1) 向量 $\alpha_1,\alpha_2,\cdots,\alpha_n$ 线性相关；

(2) 齐次线性方程组 $\boldsymbol{Ax}=\boldsymbol{0}$ 有非零解；

(3) $\operatorname{rank}\boldsymbol{A}<n$．

推论 1.25 设 $\alpha_1,\alpha_2,\cdots,\alpha_n$ 为 $m\times 1$ 型矩阵，若 $m<n$，则 $\alpha_1,\alpha_2,\cdots,\alpha_n$ 线性相关．

证明 因 $\operatorname{rank}\boldsymbol{A}<\min\{m,n\}\leqslant m<n$，故由定理 1.24 立得结论．证毕．

定义 1.19 设 $\alpha_1,\alpha_2,\cdots,\alpha_n,\boldsymbol{\beta}$ 为向量，若存在数 $k_1,k_2,\cdots,k_n$，使

$$\boldsymbol{\beta}=k_1\alpha_1+k_2\alpha_2+\cdots+k_n\alpha_n\,,$$

则称向量 $\boldsymbol{\beta}$ 可由向量组 $\alpha_1,\alpha_2,\cdots,\alpha_n$ **线性表示**．

定理 1.26 设 $\boldsymbol{A}=(\alpha_1\ \alpha_2\ \cdots\ \alpha_n)$，则下列命题等价：

(1) 向量 $\boldsymbol{\beta}$ 可由向量组 $\alpha_1,\alpha_2,\cdots,\alpha_n$ 线性表示；

(2) 线性方程组 $\boldsymbol{Ax}=\boldsymbol{\beta}$ 有解；

(3) $\operatorname{rank}\boldsymbol{A}=\operatorname{rank}(\boldsymbol{A}\ \boldsymbol{\beta})$．

注 1.12 按照上述做法，由 n 个向量构成的向量组，可以对应为一个 n 列的矩阵．在本书中，为叙述简单，经常将这二者等同起来，不再额外说明．

[1] 全名为 René Descartes (1596–1650)，法国哲学家、数学家、物理学家．

对向量组，也可以引进秩的概念.

定义 1.20 设 $\alpha_1,\alpha_2,\cdots,\alpha_r$ 为向量组 S 中的 r 个向量组，且满足：

(1) $\alpha_1,\alpha_2,\cdots,\alpha_r$ 线性无关；

(2) S 中任何向量 $\boldsymbol{\beta}$，均可由 $\alpha_1,\alpha_2,\cdots,\alpha_r$ 线性表示，

则称 $\alpha_1,\alpha_2,\cdots,\alpha_r$ 为向量组 S 的一个**极大线性无关组**，r 称为向量组 S 的**秩**.

注 1.13 当向量组 S 只包含有限个向量时，此时向量组 S 可等同为一个矩阵 $\boldsymbol{A}$，不难证明向量组 S 的极大线性无关组必定存在，且该向量组的秩就是矩阵 $\boldsymbol{A}$ 的秩. 当向量组 S 包含无穷多个向量时，S 虽然不能再等同于一个矩阵，但由于本节中所指的向量均为 $n\times 1$ 型矩阵，而此时任何 $n+1$ 个向量必定线性相关，可以证明 S 的极大线性无关组也必定存在，且所有的极大线性无关组包含的向量个数相同.

定义 1.21 设两个向量组 $\boldsymbol{A}:\alpha_1,\alpha_2,\cdots,\alpha_s$，$\boldsymbol{B}:\boldsymbol{\beta}_1,\boldsymbol{\beta}_2,\cdots,\boldsymbol{\beta}_t$，若向量组 $\boldsymbol{B}$ 的每个向量都可由向量组 $\boldsymbol{A}$ 线性表示，则称向量组 $\boldsymbol{B}$ 可由向量组 $\boldsymbol{A}$ 线性表示. 若向量组 $\boldsymbol{A}$ 可由向量组 $\boldsymbol{B}$ 线性表示，同时向量组 $\boldsymbol{B}$ 可由向量组 $\boldsymbol{A}$ 线性表示，则称向量组 $\boldsymbol{A}$ 与向量组 $\boldsymbol{B}$ **等价**，记作 $\boldsymbol{A}\sim\boldsymbol{B}$.

向量组的线性相关性有以下的性质.

定理 1.27 (1) 若向量组 $\boldsymbol{A}$ 的一个子组线性相关，则向量组 $\boldsymbol{A}$ 也线性相关；

(2) 若向量组 $\alpha_1,\alpha_2,\cdots,\alpha_n$ 线性无关，向量组 $\alpha_1,\alpha_2,\cdots,\alpha_n,\boldsymbol{\beta}$ 线性相关，则 $\boldsymbol{\beta}$ 可由向量组 $\alpha_1,\alpha_2,\cdots,\alpha_n$ 唯一地线性表示；

(3) 若向量组 $\boldsymbol{A}:\alpha_1,\alpha_2,\cdots,\alpha_s$ 可由向量组 $\boldsymbol{B}:\boldsymbol{\beta}_1,\boldsymbol{\beta}_2,\cdots,\boldsymbol{\beta}_t$ 线性表示，则 $\operatorname{rank}\boldsymbol{A}\leqslant\operatorname{rank}\boldsymbol{B}$.

有一类包含无穷多个向量的集合在线性代数理论中十分重要，这就是向量空间.

定义 1.22 设 V 是一个向量构成的非空集合，若对任意 $\alpha,\boldsymbol{\beta}\in V$，$k\in\mathbf{R}$，有 $\alpha+\boldsymbol{\beta}\in V$，$k\alpha\in V$，则称 V 是一个**向量空间**. V 作为向量组的极大线性无关组，称为 V 的一组**基**，V 的秩，称为 V 的**维数**，记作 $\dim V$.

直观上，0 维、1 维、2 维、3 维实向量空间可以分别看作点、直线、平面和空间.

这里所提及的向量空间，仅仅是一个狭义的概念，更一般的向量空间，将在线性空间与线性变换一章中介绍.

1.2.4 线性方程组的求解方法与解的结构

考虑齐次线性方程组

$$\begin{cases} a_{11}x_1+a_{12}x_2+\cdots+a_{1n}x_n=0, \\ a_{21}x_1+a_{22}x_2+\cdots+a_{2n}x_n=0, \\ \qquad\vdots \\ a_{m1}x_1+a_{m2}x_2+\cdots+a_{mn}x_n=0. \end{cases} \tag{1.4}$$

记其系数矩阵为 $\boldsymbol{A}$. 若将 $\boldsymbol{A}$ 看作行向量组，则方程组 (1.4) 等价于求与 $\boldsymbol{A}$ 中所有行向量都正

交的向量．齐次线性方程组 (1.4)，有以下基本定理．

定理 1.28 记齐次线性方程组 $\boldsymbol{A}\boldsymbol{x}=\boldsymbol{0}$ 全体解构成的集合为 $\mathcal{N}(\boldsymbol{A})$，则 $\mathcal{N}(\boldsymbol{A})$ 是一个实向量空间，称为线性方程组 $\boldsymbol{A}\boldsymbol{x}=\boldsymbol{0}$ 的**解空间**，$\mathcal{N}(\boldsymbol{A})$ 的基称为线性方程组 $\boldsymbol{A}\boldsymbol{x}=\boldsymbol{0}$ 的一组**基础解系**．

齐次线性方程组 $\boldsymbol{A}\boldsymbol{x}=\boldsymbol{0}$ 解集具有向量空间的结构，是容易验证的，且有直观的几何解释．例如在 $\mathbf{R}^3$ 中，与几个向量都正交的向量或者构成一个平面，或者构成一条直线，或者只有零向量，无论哪种情形，解集都是线性空间．

以下给出求齐次线性方程组 $\boldsymbol{A}\boldsymbol{x}=\boldsymbol{0}$ 基础解系的算法．

设 $\operatorname{rank}\boldsymbol{A}=r$，则 $\boldsymbol{A}$ 可经过初等行变换变为行最简形矩阵 $\boldsymbol{A}_1$．不妨设 $\boldsymbol{A}_1$ 的前 r 列线性无关（否则只须调整未知数的下标即可），则有

$$\boldsymbol{A}_1=\begin{pmatrix}1 & \cdots & 0 & b_{11} & \cdots & b_{1n-r}\\ \vdots & & \vdots & \vdots & & \vdots\\ 0 & \cdots & 1 & b_{r1} & \cdots & b_{rn-r}\\ 0 & \cdots & 0 & 0 & \cdots & 0\\ \vdots & & \vdots & \vdots & & \vdots\\ 0 & \cdots & 0 & 0 & \cdots & 0\end{pmatrix},$$

这一过程对应了齐次线性方程组 (1.4) 通过加减消元法变为

$$\begin{cases}x_1+b_{11}x_{r+1}+\cdots+b_{1n-r}x_n=0,\\ \qquad\qquad\vdots\\ x_r+b_{r1}x_{r+1}+\cdots+b_{rn-r}x_n=0.\end{cases}\tag{1.5}$$

取 $x_{r+1},\cdots,x_n$ 这 $n-r$ 个变量作为自由变量，$x_1,\cdots,x_r$ 这 r 个变量作为因变量，并令自由变量分别取下列 $n-r$ 组数：

$$\begin{pmatrix}x_{r+1}\\ x_{r+2}\\ \vdots\\ x_n\end{pmatrix}=\begin{pmatrix}1\\0\\ \vdots\\0\end{pmatrix},\begin{pmatrix}0\\1\\ \vdots\\0\end{pmatrix},\cdots,\begin{pmatrix}0\\0\\ \vdots\\1\end{pmatrix},$$

代入线性方程组 (1.5)，得

$$\begin{pmatrix}x_1\\ \vdots\\ x_r\end{pmatrix}=\begin{pmatrix}-b_{11}\\ \vdots\\ -b_{r1}\end{pmatrix},\begin{pmatrix}-b_{12}\\ \vdots\\ -b_{r2}\end{pmatrix},\cdots,\begin{pmatrix}-b_{1n-r}\\ \vdots\\ -b_{rn-r}\end{pmatrix}.$$

于是得到线性方程组 (1.4) 的一组解：

$$\boldsymbol{\xi}_1=\begin{pmatrix}-b_{11}\\ \vdots\\ -b_{r1}\\ 1\\ 0\\ \vdots\\ 0\end{pmatrix},\ \boldsymbol{\xi}_2=\begin{pmatrix}-b_{12}\\ \vdots\\ -b_{r2}\\ 0\\ 1\\ \vdots\\ 0\end{pmatrix},\ \cdots,\ \boldsymbol{\xi}_{n-r}=\begin{pmatrix}-b_{1n-r}\\ \vdots\\ -b_{rn-r}\\ 0\\ 0\\ \vdots\\ 1\end{pmatrix}. \tag{1.6}$$

显然这组解线性无关，于是为一个基础解系，从而线性方程组 (1.4) 的通解为

$$\boldsymbol{x}=k_1\boldsymbol{\xi}_1+k_2\boldsymbol{\xi}_2+\cdots+k_{n-r}\boldsymbol{\xi}_{n-r}. \tag{1.7}$$

特别地，有以下定理.

定理 1.29 设齐次线性方程组 $\boldsymbol{Ax}=\boldsymbol{0}$ 的解空间为 $\mathcal{N}(\boldsymbol{A})$，$\boldsymbol{A}$ 的列数为 n，则 $\dim\mathcal{N}(\boldsymbol{A})=n-\operatorname{rank}\boldsymbol{A}$.

注 1.14 当行最简形矩阵 $\boldsymbol{A}_1$ 的首非零元素不全在前 r 列时，只须将各行首非零元素所在列对应的未知数取为因变量，其他未知数取为自由变量即可.

注 1.15 含有 n 个未知数的齐次线性方程组的解集，是包含于 n 维向量空间中的一个低维向量空间（后续章节中将这种向量空间称为**子空间**）. 对 $n=3$ 的情形，若解空间的维数为 2 或 1，则解空间是空间中过原点的平面或直线，该平面或直线的几何特征（例如平面的法线方向、直线的方向）将在后续章节中讨论. 对于一般维数的解空间，几何上通常称为 n 维向量空间中的一个 $\dim\mathcal{N}(\boldsymbol{A})$ 维**超平面**.

对一般的非齐次方程 $\boldsymbol{Ax}=\boldsymbol{b}$，先将增广矩阵 $(\boldsymbol{A}\ \boldsymbol{b})$ 通过初等行变换变为行最简形矩阵 $(\boldsymbol{A}_1\ \boldsymbol{b}_1)$，并根据定理 1.26 判别其是否有解. 当 $\operatorname{rank}\boldsymbol{A}=\operatorname{rank}(\boldsymbol{A}_1\ \boldsymbol{b}_1)=r$ 时，有

$$(\boldsymbol{A}_1\ \boldsymbol{b}_1)=\begin{pmatrix}1&\cdots&0&b_{11}&\cdots&b_{1n-r}&c_1\\ \vdots&&\vdots&\vdots&&\vdots&\vdots\\ 0&\cdots&1&b_{r1}&\cdots&b_{rn-r}&c_r\\ 0&\cdots&0&0&\cdots&0&0\\ \vdots&&\vdots&\vdots&&\vdots&\vdots\\ 0&\cdots&0&0&\cdots&0&0\end{pmatrix},$$

这一过程对应了非齐次线性方程组 (1.3) 通过加减消元法变为

$$\begin{cases}x_1+b_{11}x_{r+1}+\cdots+b_{1n-r}x_n=c_1,\\ \qquad\qquad\vdots\\ x_r+b_{r1}x_{r+1}+\cdots+b_{rn-r}x_n=c_r.\end{cases}$$

令自由变量全部取零，代入上式得到非齐次方程 (1.3) 的一个特解

$$\boldsymbol{\xi}_0=(c_1\ c_2\ \cdots\ c_r\ 0\ \cdots\ 0)^{\mathrm{T}},$$

进而得到非齐次方程 (1.3) 的通解为

$$\boldsymbol{x}=\boldsymbol{\xi}_0+k_1\boldsymbol{\xi}_1+k_2\boldsymbol{\xi}_2+\cdots+k_{n-r}\boldsymbol{\xi}_{n-r}\,,$$

这里 $\boldsymbol{\xi}_1,\boldsymbol{\xi}_2,\cdots,\boldsymbol{\xi}_{n-r}$ 为对应齐次线性方程组 $\boldsymbol{Ax}=\boldsymbol{0}$ 的基础解系.

注 1.16 含有 n 个未知数的非齐次线性方程组 $\boldsymbol{Ax}=\boldsymbol{b}$ 的解集不构成向量空间，但仍然可以看作 n 维空间中的 $(n-\operatorname{rank}\boldsymbol{A})$ 维超平面，只是这个超平面不过坐标原点.

例 1.14 求解齐次线性方程组

$$\begin{cases} x_1-2x_2-x_3+2x_4=0\,,\\ 2x_1-4x_2+8x_4=0\,,\\ -2x_1+4x_2+3x_3-2x_4=0\,. \end{cases}$$

解 对系数矩阵 $\boldsymbol{A}$ 作初等变换,

$$\boldsymbol{A}=\begin{pmatrix}1&-2&-1&2\\2&-4&0&8\\-2&4&3&-2\end{pmatrix}\xrightarrow[r_3+2r_1]{r_2-2r_1}\begin{pmatrix}1&-2&-1&2\\0&0&2&4\\0&0&1&2\end{pmatrix}\xrightarrow{r_2-2r_3}\begin{pmatrix}1&-2&-1&2\\0&0&0&0\\0&0&1&2\end{pmatrix}$$

$$\xrightarrow[r_1+r_3]{r_2\leftrightarrow r_3}\begin{pmatrix}1&-2&0&4\\0&0&1&2\\0&0&0&0\end{pmatrix},$$

得

$$\begin{cases} x_1-2x_2+4x_4=0\,,\\ x_3+2x_4=0\,, \end{cases}$$

取 x_1,x_3 为因变量， x_2,x_4 为自由变量，得到线性方程组的基础解系为

$$\boldsymbol{\xi}_1=\begin{pmatrix}2\\1\\0\\0\end{pmatrix},\quad \boldsymbol{\xi}_2=\begin{pmatrix}-4\\0\\-2\\1\end{pmatrix},$$

线性方程组的通解为 $\boldsymbol{x}=k_1\boldsymbol{\xi}_1+k_2\boldsymbol{\xi}_2$，其中 k_1,k_2 为任意数.

1.3 相似矩阵

矩阵的相似关系与线性变换密切相关. 本节仅回顾与相似矩阵相关的最基本概念与结论，更多的内容将在后续章节中展开.

1.3.1 方阵的特征值与特征向量

定义 1.23 设 $\boldsymbol{A}=(a_{ij})$ 为 n 阶方阵，如果参数 λ 使关于 $\boldsymbol{x}$ 的线性方程组 $\boldsymbol{Ax}=\lambda\boldsymbol{x}$ 存在非

零解，则称 λ 为方阵 $\boldsymbol{A}$ 的**特征值**，$\boldsymbol{x}$ 称为 $\boldsymbol{A}$ 的关于特征值 λ 的**特征向量**.

根据 Cramer 法则（定理 1.15），线性方程组 $\boldsymbol{Ax}=\lambda\boldsymbol{x}$ 存在非零解的充分必要条件是 $|\lambda\boldsymbol{E}-\boldsymbol{A}|=0$．记 $f(\lambda)=|\lambda\boldsymbol{E}-\boldsymbol{A}|$，这是一个关于 λ 的 n 次多项式，称为 $\boldsymbol{A}$ 的**特征多项式**. 将行列式展开，得到

$$f(\lambda)=\lambda^n-\lambda^{n-1}\operatorname{tr}\boldsymbol{A}+\cdots+(-1)^n\det\boldsymbol{A}\,. \tag{1.8}$$

根据代数学基本定理，$f(\lambda)$ 在复数范围内恰有 n 个根，设其为 $\lambda_1,\lambda_2,\cdots,\lambda_n$，则

$$f(\lambda)=(\lambda-\lambda_1)(\lambda-\lambda_2)\cdots(\lambda-\lambda_n)\,. \tag{1.9}$$

将式 (1.9) 展开，并与式 (1.8) 比较右端对应项的系数，得到下面的定理.

定理 1.30 设 $\lambda_1,\lambda_2,\cdots,\lambda_n$ 为 n 阶方阵 $\boldsymbol{A}$ 的特征值全体，则

$$\lambda_1+\lambda_2+\cdots+\lambda_n=\operatorname{tr}\boldsymbol{A},\quad \lambda_1\lambda_2\cdots\lambda_n=\det\boldsymbol{A}\,.$$

关于方阵的特征值，有下列性质.

定理 1.31 设 λ 是方阵 $\boldsymbol{A}$ 的特征值，则有下述结论成立.

(1) λ 也是 $\boldsymbol{A}^{\mathrm{T}}$ 的特征值.

(2) 对于任意正整数 m，λ^m 是 $\boldsymbol{A}^m$ 的特征值.

(3) 当 $\boldsymbol{A}$ 可逆时，λ^{-1} 是 $\boldsymbol{A}^{-1}$ 的特征值，$\lambda^{-1}|\boldsymbol{A}|$ 是 $\boldsymbol{A}^*$ 的特征值.

(4) 设方阵 $\boldsymbol{A}$ 满足 $\boldsymbol{A}^k=\boldsymbol{0}$，则称 $\boldsymbol{A}$ 为**幂零阵**. 幂零阵的全体特征值均为0.

(5) 设方阵 $\boldsymbol{A}$ 满足 $\boldsymbol{A}^2=\boldsymbol{A}$，则称 $\boldsymbol{A}$ 为**幂等阵**. 幂等阵的特征值为 0 或 1 .

证明 (1) 因为 λ 是 $\boldsymbol{A}$ 的特征值，所以 $|\lambda\boldsymbol{E}-\boldsymbol{A}|=0$，而

$$|\lambda\boldsymbol{E}-\boldsymbol{A}|=\left|(\lambda\boldsymbol{E}-\boldsymbol{A})^{\mathrm{T}}\right|=\left|\lambda\boldsymbol{E}-\boldsymbol{A}^{\mathrm{T}}\right|=0\,,$$

故 λ 也是 $\boldsymbol{A}^{\mathrm{T}}$ 的特征值.

(2) 因为 λ 是 $\boldsymbol{A}$ 的特征值，所以有 $\boldsymbol{Ax}=\lambda\boldsymbol{x}$，两边左乘 $\boldsymbol{A}$，得 $\boldsymbol{A}^2\boldsymbol{x}=\boldsymbol{A}(\lambda\boldsymbol{x})=\lambda\boldsymbol{Ax}=\lambda^2\boldsymbol{x}$，两边再次左乘 $\boldsymbol{A}$，可得 $\boldsymbol{A}^3\boldsymbol{x}=\lambda^3\boldsymbol{x}$，如此重复进行下去，可得 $\boldsymbol{A}^m\boldsymbol{x}=\lambda^m\boldsymbol{x}$，即 λ^m 是 $\boldsymbol{A}^m$ 的特征值.

(3) 因为 λ 是 $\boldsymbol{A}$ 的特征值，所以有 $\boldsymbol{Ax}=\lambda\boldsymbol{x}$，又 $\boldsymbol{A}$ 可逆，由特征方程 $|\lambda\boldsymbol{E}-\boldsymbol{A}|=0$，知 $\lambda\neq 0$．否则将有 $|\boldsymbol{A}|=0$，这与 $\boldsymbol{A}$ 可逆矛盾．于是得到 $\lambda^{-1}\boldsymbol{x}=\boldsymbol{A}^{-1}\boldsymbol{x}$，即 λ^{-1} 是 $\boldsymbol{A}^{-1}$ 的特征值．再由 $\boldsymbol{Ax}=\lambda\boldsymbol{x}$ 得 $\boldsymbol{A}^*\boldsymbol{Ax}=\lambda\boldsymbol{A}^*\boldsymbol{x}$，于是得 $|\boldsymbol{A}|\boldsymbol{x}=\lambda\boldsymbol{A}^*\boldsymbol{x}$，从而有 $\boldsymbol{A}^*\boldsymbol{x}=\lambda^{-1}|\boldsymbol{A}|\boldsymbol{x}$，即 $\lambda^{-1}|\boldsymbol{A}|$ 是 $\boldsymbol{A}^*$ 的特征值.

(4) 设 λ 是 $\boldsymbol{A}$ 的特征值，所以有 $\boldsymbol{Ax}=\lambda\boldsymbol{x}$，两边左乘 $\boldsymbol{A}^{k-1}$，得到 $\boldsymbol{0}=\boldsymbol{A}^k\boldsymbol{x}=\lambda^k\boldsymbol{x}$．由于 $\boldsymbol{x}\neq\boldsymbol{0}$，所以 $\lambda^k=0$，故 $\lambda=0$，即幂零阵的特征值只能是0.

(5) 设 λ 是 $\boldsymbol{A}$ 的特征值，所以有 $\boldsymbol{Ax}=\lambda\boldsymbol{x}$，两边左乘 $\boldsymbol{A}$，得 $\boldsymbol{A}^2\boldsymbol{x}=\lambda\boldsymbol{Ax}$，于是 $\lambda\boldsymbol{x}=\boldsymbol{Ax}=\boldsymbol{A}^2\boldsymbol{x}=\lambda^2\boldsymbol{x}$，故 $\lambda(\lambda-1)\boldsymbol{x}=\boldsymbol{0}$，因此 $\lambda(\lambda-1)=0$，从而 $\lambda=0$ 或 $\lambda=1$，即幂等阵的特征值只能是 1 或 0 .

证毕.

定理 1.32 设 $\lambda_1,\cdots,\lambda_k$ 是方阵 $\boldsymbol{A}$ 的 k 个不同的特征值，$\boldsymbol{x}_1,\cdots,\boldsymbol{x}_k$ 分别是相应于 $\lambda_1,\cdots,\lambda_k$ 的特征向量，则 $\boldsymbol{x}_1,\cdots,\boldsymbol{x}_k$ 线性无关.

证明 当 $k=1$ 时，因 $\boldsymbol{x}_1$ 为非零向量，结论成立．用归纳法，假设结论对 $k=n$ 成立，则

当 $k = n + 1$ 时，设

$$l_1 \boldsymbol{x}_1 + \cdots + l_n \boldsymbol{x}_n + l_{n+1} \boldsymbol{x}_{n+1} = \boldsymbol{0}, \tag{1.10}$$

两边左乘矩阵 $\boldsymbol{A}$，由 $\boldsymbol{A}\boldsymbol{x}_j = \lambda_j \boldsymbol{x}_j$ 得

$$l_1 \lambda_1 \boldsymbol{x}_1 + \cdots + l_n \lambda_n \boldsymbol{x}_n + l_{n+1} \lambda_{n+1} \boldsymbol{x}_{n+1} = \boldsymbol{0}. \tag{1.11}$$

将式 (1.10) 乘 λ_{n+1} 减式 (1.11) 得

$$l_1(\lambda_{n+1} - \lambda_1)\boldsymbol{x}_1 + \cdots + l_n(\lambda_{n+1} - \lambda_n)\boldsymbol{x}_n = \boldsymbol{0},$$

由归纳假设 $\boldsymbol{x}_1, \cdots, \boldsymbol{x}_n$ 线性无关，得 $l_j(\lambda_{n+1} - \lambda_j) = 0$ 对一切 $1 \leqslant j \leqslant n$ 成立，而 $\lambda_{n+1} \neq \lambda_j$，故 $l_j = 0$，代入式 (1.10)，得 $l_{n+1} = 0$，从而 $\boldsymbol{x}_1, \cdots, \boldsymbol{x}_{n+1}$ 线性无关．证毕．

1.3.2 矩阵的相似对角化

若一个矩阵有足够多个线性无关的特征向量，则该矩阵存在一种非常有用的分解——相似对角化．该分解与矩阵的相似变换关系密切．

定义 1.24 设 $\boldsymbol{A}, \boldsymbol{B}$ 为 n 阶方阵，若存在可逆矩阵 $\boldsymbol{P}$ 使 $\boldsymbol{P}^{-1}\boldsymbol{A}\boldsymbol{P} = \boldsymbol{B}$，则称 $\boldsymbol{A}$ 与 $\boldsymbol{B}$ **相似**，记作 $\boldsymbol{A} \sim \boldsymbol{B}$，称 $\boldsymbol{P}$ 为**过渡矩阵**，称运算 $\boldsymbol{P}^{-1}\boldsymbol{A}\boldsymbol{P}$ 为对 $\boldsymbol{A}$ 作**相似变换**．

由矩阵相似的定义可立即得到下述结论．

定理 1.33 矩阵的相似关系满足自反性、对称性和传递性，即矩阵的相似关系是等价关系（等价关系的定义见注 1.10）．

定理 1.34 矩阵 $\boldsymbol{A}$ 与 $\boldsymbol{B}$ 相似，则 $\boldsymbol{A}$ 与 $\boldsymbol{B}$ 有相同的特征多项式．

由相似变换的概念，引出一个自然的问题：对任意一个方阵，是否存在某种相似变换，将其变为一个形式相对简单的矩阵（例如对角矩阵或分块对角矩阵）？

定义 1.25 若 $\boldsymbol{A}$ 与对角矩阵相似，则称 $\boldsymbol{A}$ 可以**相似对角化**．

设 $\boldsymbol{\Lambda} = \operatorname{diag}(\lambda_1, \cdots, \lambda_n)$，则由 $\boldsymbol{P}^{-1}\boldsymbol{A}\boldsymbol{P} = \boldsymbol{\Lambda}$，得 $\boldsymbol{A}\boldsymbol{P} = \boldsymbol{P}\boldsymbol{\Lambda}$．进一步将 $\boldsymbol{P}$ 按列分块，$\boldsymbol{P} = (\boldsymbol{p}_1\ \boldsymbol{p}_2\ \cdots\ \boldsymbol{p}_n)$，则

$$\boldsymbol{A}(\boldsymbol{p}_1\ \boldsymbol{p}_2\ \cdots\ \boldsymbol{p}_n) = (\boldsymbol{p}_1\ \boldsymbol{p}_2\ \cdots\ \boldsymbol{p}_n)\begin{pmatrix} \lambda_1 & & & \\ & \lambda_2 & & \\ & & \ddots & \\ & & & \lambda_n \end{pmatrix} = (\lambda_1\boldsymbol{p}_1\ \lambda_2\boldsymbol{p}_2\ \cdots\ \lambda_n\boldsymbol{p}_n).$$

因此 $\boldsymbol{A}\boldsymbol{p}_i = \lambda_i\boldsymbol{p}_i (i = 1, 2, \cdots, n)$．也就是说，若 $\boldsymbol{A}$ 可以对角化，即存在过渡矩阵 $\boldsymbol{P}$，使 $\boldsymbol{P}^{-1}\boldsymbol{A}\boldsymbol{P} = \boldsymbol{\Lambda}$，则对角阵 $\boldsymbol{\Lambda}$ 的对角线上元素是 $\boldsymbol{A}$ 的特征值，$\boldsymbol{P} = (\boldsymbol{p}_1\ \boldsymbol{p}_2\ \cdots\ \boldsymbol{p}_n)$ 的列矩阵是 $\boldsymbol{A}$ 的特征向量．注意到，上述推理的第一步不可逆，即由 $\boldsymbol{A}\boldsymbol{P} = \boldsymbol{P}\boldsymbol{\Lambda}$ 到 $\boldsymbol{P}^{-1}\boldsymbol{A}\boldsymbol{P} = \boldsymbol{\Lambda}$ 需要增加矩阵 $\boldsymbol{P}$ 可逆的条件，即有下述定理．

定理 1.35 矩阵 $\boldsymbol{A}$ 可以相似对角化的充分必要条件是 $\boldsymbol{A}$ 具有 n 个线性无关的特征向量，此时与 $\boldsymbol{A}$ 相似的对角阵的对角元素恰是 $\boldsymbol{A}$ 的全体特征值．

结合定理 1.32，立即得到下面的结论．

定理 1.36 n 阶方阵 $\boldsymbol{A}$ 有 n 个两两不同的特征值，则 $\boldsymbol{A}$ 可以相似对角化．

注 1.17 该定理的等价表述是，方阵不能对角化，则特征多项式必定有重根．但该定理

的逆命题不成立，即可以相似对角化的矩阵，未必特征值互不相同.

例 1.15 设矩阵 $\boldsymbol{A}=\begin{pmatrix}2&0&0\\0&0&1\\0&1&x\end{pmatrix}$ 与 $\boldsymbol{\Lambda}=\begin{pmatrix}2&0&0\\0&y&0\\0&0&-1\end{pmatrix}$ 相似，求 x, y 以及过渡矩阵 $\boldsymbol{P}$，使 $\boldsymbol{A}=\boldsymbol{P\Lambda P}^{-1}$.

解 因为矩阵 $\boldsymbol{A}$ 与 $\boldsymbol{\Lambda}$ 相似，所以 $|\lambda\boldsymbol{E}-\boldsymbol{A}|=|\lambda\boldsymbol{E}-\boldsymbol{\Lambda}|$，即

$$\begin{vmatrix}\lambda-2&0&0\\0&\lambda&-1\\0&-1&\lambda-x\end{vmatrix}=\begin{vmatrix}\lambda-2&0&0\\0&\lambda-y&0\\0&0&\lambda+1\end{vmatrix},$$

整理得 $(\lambda-2)(\lambda^2-x\lambda-1)=(\lambda-2)[\lambda^2+(1-y)\lambda-y]$. 比较等式两端，得 $x=0, y=1$. 此时

$$\boldsymbol{A}=\begin{pmatrix}2&0&0\\0&0&1\\0&1&0\end{pmatrix},\quad \boldsymbol{\Lambda}=\begin{pmatrix}2&0&0\\0&1&0\\0&0&-1\end{pmatrix}.$$

为求 $\boldsymbol{P}$，设 $\boldsymbol{P}=(\boldsymbol{p}_1\ \boldsymbol{p}_2\ \boldsymbol{p}_3)$，由 $\boldsymbol{AP}=\boldsymbol{P\Lambda}$ 得

$$(2\boldsymbol{E}-\boldsymbol{A})\boldsymbol{p}_1=\boldsymbol{0},\ (\boldsymbol{E}-\boldsymbol{A})\boldsymbol{p}_2=\boldsymbol{0},\ (-\boldsymbol{E}-\boldsymbol{A})\boldsymbol{p}_2=\boldsymbol{0}.$$

分别解上述齐次方程组，得 $\boldsymbol{p}_1=(1\ 0\ 0)^{\mathrm{T}}$，$\boldsymbol{p}_2=(0\ 1\ 1)^{\mathrm{T}}$，$\boldsymbol{p}_3=(0\ 1\ -1)^{\mathrm{T}}$，故

$$\boldsymbol{P}=\begin{pmatrix}1&0&0\\0&1&1\\0&1&-1\end{pmatrix}.$$

注 1.18 对一般的方阵，矩阵的 Jordan 标准形一章将证明所有方阵一定复相似于某种分块对角阵.

注 1.19 由于矩阵特征值的计算涉及多项式的求根，只有在非常特殊的情形下，多项式的根才能精确计算. 一般情形下矩阵特征值的计算，是数值代数的重要内容之一.

1.3.3 实对称矩阵与正定矩阵

实对称矩阵一定可以相似对角化，且有下面的结论.

定理 1.37 若 $\boldsymbol{A}$ 为对称矩阵，则存在矩阵 $\boldsymbol{P}$ 与 $\boldsymbol{\Lambda}$，使 $\boldsymbol{A}=\boldsymbol{P\Lambda P}^{\mathrm{T}}$，其中 $\boldsymbol{PP}^{\mathrm{T}}=\boldsymbol{E}$，$\boldsymbol{\Lambda}$ 为实对角阵.

该定理的证明将在内积空间一章中给出.

注 1.20 满足定理 1.37 中的条件 $\boldsymbol{PP}^{\mathrm{T}}=\boldsymbol{E}$ 的矩阵 $\boldsymbol{P}$ 称为**正交矩阵**，关于正交矩阵的更多内容将在内积空间一章中给出.

注 1.21 若存在可逆矩阵 $\boldsymbol{P}$，使 $\boldsymbol{A}=\boldsymbol{PBP}^{\mathrm{T}}$，则称矩阵 $\boldsymbol{A}$ 与 $\boldsymbol{B}$ **合同**. 易见，矩阵的合同关系是一种等价关系. 特别，定理 1.37 中的实对称矩阵 $\boldsymbol{A}$ 与对角矩阵 $\boldsymbol{\Lambda}$ 既相似又合同.

正定矩阵是一类特殊的实对称矩阵，与空间的度量有密切关系.

定义 1.26 设 $\boldsymbol{A}$ 为 n 阶实对称阵．对任意的 n 维实非零列向量 $\boldsymbol{x}$，

(1) 若 $\boldsymbol{x}^{\mathrm{T}}\boldsymbol{A}\boldsymbol{x} > 0$，则称 $\boldsymbol{A}$ 为**正定矩阵**；

(2) 若 $\boldsymbol{x}^{\mathrm{T}}\boldsymbol{A}\boldsymbol{x} \geqslant 0$，则称 $\boldsymbol{A}$ 为**半正定矩阵**；

(3) 若 $\boldsymbol{x}^{\mathrm{T}}\boldsymbol{A}\boldsymbol{x} < 0$，则称 $\boldsymbol{A}$ 为**负定矩阵**；

(4) 若 $\boldsymbol{x}^{\mathrm{T}}\boldsymbol{A}\boldsymbol{x} \leqslant 0$，则称 $\boldsymbol{A}$ 为**半负定矩阵**．

由上述定义可直接推得下述结论．

定理 1.38 若 $\boldsymbol{A}$ 为（半）正定矩阵，则 $-\boldsymbol{A}$ 必为（半）负定矩阵．

正定（半正定）矩阵有以下性质．

定理 1.39 对实对称矩阵 $\boldsymbol{A}$，下列条件等价：

(1) $\boldsymbol{A}$ 为正定（半正定）矩阵；

(2) $\boldsymbol{A}$ 的所有特征值均为正（非负）数；

(3) 存在可逆（无须可逆）矩阵 $\boldsymbol{S}$，使 $\boldsymbol{A} = \boldsymbol{S}^{\mathrm{T}}\boldsymbol{S}$；

(4) 存在正定（半正定）矩阵 $\boldsymbol{Q}$，使 $\boldsymbol{A} = \boldsymbol{Q}^2$．

结论(1)–(4)的等价性可以由定理 1.37 直接得到，证明略．

例 1.16 设 $\boldsymbol{A}$ 为正定矩阵，则 $\boldsymbol{A}^{-1}$ 和 $\boldsymbol{A}^*$ 都是正定矩阵．

证明 设正定阵 $\boldsymbol{A}$ 的特征值为 $\lambda_1, \lambda_2, \cdots, \lambda_n > 0$，$\boldsymbol{A}$ 的行列式 $|\boldsymbol{A}| > 0$，则 $\boldsymbol{A}^{-1}$ 的特征值为 $\lambda_1^{-1}, \lambda_2^{-1}, \cdots, \lambda_n^{-1} > 0$，$\boldsymbol{A}^*$ 的特征值为 $\lambda_1^{-1}|\boldsymbol{A}|, \lambda_2^{-1}|\boldsymbol{A}|, \cdots, \lambda_n^{-1}|\boldsymbol{A}| > 0$，故 $\boldsymbol{A}^{-1}$ 和 $\boldsymbol{A}^*$ 都是正定矩阵．证毕．

由于高阶矩阵的特征值很难计算，因此利用特征值判别矩阵的正定性并不可行，下面的定理给出了判别矩阵正定性的重要方法．

定理 1.40 (Hurwitz[1]) 实对称矩阵 $\boldsymbol{A}$ 正定当且仅当 $\boldsymbol{A}$ 的各阶顺序主子式为正．

证明 必要性．设 $\boldsymbol{A}$ 正定，由定理 1.37 得，$\det\boldsymbol{A} = \det\boldsymbol{P}\boldsymbol{\Lambda}\boldsymbol{P}^{\mathrm{T}} = \det\boldsymbol{P}\det\boldsymbol{\Lambda}\det\boldsymbol{P}^{\mathrm{T}} = \det\boldsymbol{\Lambda}(\det\boldsymbol{P})^2 > 0$．以下证明，$\boldsymbol{A}$ 的一切主子式对应的矩阵也正定，从而相应的主子式为正，特别地，顺序主子式为正．事实上，对行列指标为 $i_1, \cdots, i_s$ 的主子式，只须选取除 $i_1, \cdots, i_s$ 外的行指标分量均为0的非零列矩阵 $\boldsymbol{X}$，由 $\boldsymbol{X}^{\mathrm{T}}\boldsymbol{A}\boldsymbol{X} > 0$，即得行列指标为 $i_1, \cdots, i_s$ 的子矩阵正定，从而相应子式为正．

充分性．设 $\boldsymbol{A}$ 的所有顺序主子式均为正．为证 $\boldsymbol{A}$ 正定，对 $\boldsymbol{A}$ 的阶数 n 使用归纳法．显然，当 $n = 1$ 时结论成立，设 $n = m - 1$ 时结论成立．当 $n = m$ 时，记

$$\boldsymbol{A} = \begin{pmatrix} \boldsymbol{A}_1 & \boldsymbol{B} \\ \boldsymbol{B}^{\mathrm{T}} & a_{mm} \end{pmatrix}, \quad \boldsymbol{P} = \begin{pmatrix} \boldsymbol{E} & -\boldsymbol{A}_1^{-1}\boldsymbol{B} \\ \boldsymbol{0} & 1 \end{pmatrix},$$

这里 $\boldsymbol{A}_1$ 为 $(m-1)$ 阶正定矩阵（归纳假设），$\boldsymbol{B} \in \mathbf{R}^{m-1}$．根据例 1.10，

$$\boldsymbol{P}^{\mathrm{T}}\boldsymbol{A}\boldsymbol{P} = \begin{pmatrix} \boldsymbol{A}_1 & \boldsymbol{0} \\ \boldsymbol{0} & a_{mm} - \boldsymbol{B}^{\mathrm{T}}\boldsymbol{A}_1^{-1}\boldsymbol{B} \end{pmatrix},$$

由 $\det\boldsymbol{P}^{\mathrm{T}}\boldsymbol{A}\boldsymbol{P}$ 和 $\det\boldsymbol{A}_1$ 均为正，得 $a_{mm} - \boldsymbol{B}^{\mathrm{T}}\boldsymbol{A}_1^{-1}\boldsymbol{B} > 0$，故由正定矩阵的定义不难得到上式右

[1] 全名为 Adolf Hurwitz (1859–1919)，胡尔维茨，德国数学家．

端矩阵正定．再根据定理 1.39 得 $\boldsymbol{A}$ 正定．证毕．

对一般的实对称矩阵，其正、负特征值的个数分别称为该矩阵的**正惯性指数**和**负惯性指数**，矩阵的惯性指数，是合同变换下的不变量，即下面的结论成立．

定理 1.41 若实对称矩阵 $\boldsymbol{A}$ 与 $\boldsymbol{B}$ 合同，充分必要条件是 $\boldsymbol{A}$ 与 $\boldsymbol{B}$ 有相同的正惯性指数和负惯性指数．

证明 充分性．由于矩阵的合同关系是等价关系，从而只须证明任何实对称矩阵 $\boldsymbol{A}$ 必合同于对角阵 $\mathrm{diag}\,(\boldsymbol{E}_p, \boldsymbol{E}_q, \boldsymbol{0})$，这里 p, q 分别为矩阵 $\boldsymbol{A}$ 的正、负惯性指数．事实上，由定理 1.37，矩阵 $\boldsymbol{A}$ 合同于

$$\boldsymbol{\Lambda} = \mathrm{diag}\,(\lambda_1, \cdots, \lambda_p, -\lambda_{p+1}, \cdots, -\lambda_{p+q}, \boldsymbol{0}),$$

其中 $\lambda_1, \cdots, \lambda_{p+q}$ 均为正数．取

$$\boldsymbol{P} = \mathrm{diag}\,(\sqrt{\lambda_1}, \cdots, \sqrt{\lambda_{p+q}}, 1, \cdots, 1),$$

得到 $\boldsymbol{\Lambda} = \boldsymbol{P}\,\mathrm{diag}\,(\boldsymbol{E}_p, \boldsymbol{E}_q, \boldsymbol{0})\,\boldsymbol{P}^{\mathrm{T}}$．

必要性的证明将在内积空间一章给出．

习题 1

1. 计算下列矩阵的乘积．

(1) $\begin{pmatrix} 1 & 2 & 3 \end{pmatrix}\begin{pmatrix} 4 \\ 5 \\ 6 \end{pmatrix}$； (2) $\begin{pmatrix} 4 \\ 5 \\ 6 \end{pmatrix}\begin{pmatrix} 1 & 2 & 3 \end{pmatrix}$； (3) $\begin{pmatrix} 1 & & \\ & 2 & \\ & & 3 \end{pmatrix}\begin{pmatrix} 1 & 1 & 1 \\ 1 & 1 & 1 \\ 1 & 1 & 1 \end{pmatrix}$；

(4) $\begin{pmatrix} 1 & 1 & 1 \\ 1 & 1 & 1 \\ 1 & 1 & 1 \end{pmatrix}\begin{pmatrix} 1 & & \\ & 2 & \\ & & 3 \end{pmatrix}$.

2. 设矩阵 $\boldsymbol{A} = \begin{pmatrix} \lambda & 1 & 0 \\ 0 & \lambda & 1 \\ 0 & 0 & \lambda \end{pmatrix}$，求 $\boldsymbol{A}^k$．

3. 如果矩阵的背景如例 1.1、例 1.2 或例 1.3，则矩阵的加法、数乘、乘法运算是否有相应的意义？

4. 设 $\boldsymbol{A}$ 为 n 阶方阵，$\boldsymbol{\alpha}$ 为 n 维列矩阵，λ 是数，且 $\boldsymbol{A\alpha} = \lambda\boldsymbol{\alpha}$，证明：

(1) $\boldsymbol{A}^2\boldsymbol{\alpha} = \lambda^2\boldsymbol{\alpha}$；

(2) $(\boldsymbol{A}^5 + 2\boldsymbol{A}^3 - 3\boldsymbol{E})\boldsymbol{\alpha} = (\lambda^5 + 2\lambda^3 - 3)\boldsymbol{\alpha}$．

5. 设 $\boldsymbol{\alpha}$ 为 $n \times 1$ 型实矩阵，证明：$\boldsymbol{\alpha}^{\mathrm{T}}\boldsymbol{\alpha} = 0$ 当且仅当 $\boldsymbol{\alpha} = \boldsymbol{0}$．

6. 求下列矩阵的行列式和逆矩阵.

(1)$\begin{pmatrix} 3 & 1 & 0 & 0 \\ 2 & -1 & 0 & 0 \\ 0 & 0 & 1 & 2 \\ 0 & 0 & 2 & 5 \end{pmatrix}$；(2)$\begin{pmatrix} 0 & 0 & 2 & 2 \\ 0 & 0 & 2 & 3 \\ 5 & 1 & 0 & 0 \\ 3 & 1 & 0 & 0 \end{pmatrix}$.

7. 在 $\mathbf{R}^3$ 上，定义向量 $\boldsymbol{x} = (x_1\ x_2\ x_3)^{\mathrm{T}}$, $\boldsymbol{y} = (y_1\ y_2\ y_3)^{\mathrm{T}}$ 的**外积**如下

$$\boldsymbol{x} \times \boldsymbol{y} = \left(\begin{vmatrix} x_2 & x_3 \\ y_2 & y_3 \end{vmatrix} \quad \begin{vmatrix} x_3 & x_1 \\ y_3 & y_1 \end{vmatrix} \quad \begin{vmatrix} x_1 & x_2 \\ y_1 & y_2 \end{vmatrix} \right)^{\mathrm{T}} .$$

证明以下结论：

(1) $\boldsymbol{x} \times \boldsymbol{y} = -\boldsymbol{y} \times \boldsymbol{x}$；

(2) 对 $k, l \in \mathbf{R}$，$(k\boldsymbol{x} + l\boldsymbol{y}) \times \boldsymbol{z} = k(\boldsymbol{x} \times \boldsymbol{z}) + l(\boldsymbol{y} \times \boldsymbol{z})$；

(3) $(\boldsymbol{x} \times \boldsymbol{y}) \times \boldsymbol{z} + (\boldsymbol{y} \times \boldsymbol{z}) \times \boldsymbol{x} + (\boldsymbol{z} \times \boldsymbol{x}) \times \boldsymbol{y} = 0$.

8. 设矩阵 $\boldsymbol{A} = \begin{pmatrix} 1 & 2 & 2 & 1 \\ 2 & 1 & -2 & -1 \\ 1 & -1 & -4 & -2 \end{pmatrix}$，求可逆矩阵 $\boldsymbol{P}$，使 $\boldsymbol{PA}$ 是行最简形.

9. 问 λ 取什么值时非齐次线性方程组

$$\begin{cases} -2x_1 + x_2 + x_3 = -2, \\ x_1 - 2x_2 + x_3 = \lambda, \\ x_1 + x_2 - 2x_3 = \lambda^2 \end{cases}$$

有解？并求其通解.

10. 设 $\boldsymbol{A}$ 为 $m \times n$ 型矩阵且 $\operatorname{rank} \boldsymbol{A} = n$. 证明：方程 $\boldsymbol{BX} = \boldsymbol{0}$ 与 $\boldsymbol{ABX} = \boldsymbol{0}$ 的解相同.

11. 设向量组 A 线性无关，向量组 $B: \boldsymbol{b}_1, \boldsymbol{b}_2, \cdots, \boldsymbol{b}_r$ 能由向量组 $A: \boldsymbol{a}_1, \boldsymbol{a}_2, \cdots, \boldsymbol{a}_s$ 线性表示为

$$(\boldsymbol{b}_1\ \boldsymbol{b}_2\ \cdots\ \boldsymbol{b}_r) = (\boldsymbol{a}_1\ \boldsymbol{a}_2\ \cdots\ \boldsymbol{a}_s)\boldsymbol{K},$$

其中

$$\boldsymbol{K} = \begin{pmatrix} k_{11} & k_{12} & \cdots & k_{1r} \\ k_{21} & k_{22} & \cdots & k_{2r} \\ \vdots & \vdots & & \vdots \\ k_{s1} & k_{s2} & \cdots & k_{sr} \end{pmatrix}.$$

证明：向量组 B 线性无关的充要条件是 $\operatorname{rank} \boldsymbol{K} = r$.

12. 设向量组 $\boldsymbol{a}_1, \boldsymbol{a}_2, \boldsymbol{a}_3$ 线性无关，判断向量组 $\boldsymbol{b}_1, \boldsymbol{b}_2, \boldsymbol{b}_3$ 是否线性相关.

(1) $\boldsymbol{b}_1 = \boldsymbol{a}_1 + \boldsymbol{a}_2, \boldsymbol{b}_2 = \boldsymbol{a}_2 + \boldsymbol{a}_3, \boldsymbol{b}_3 = \boldsymbol{a}_3 + \boldsymbol{a}_1$；

(2) $\boldsymbol{b}_1 = \boldsymbol{a}_1 + 2\boldsymbol{a}_2, \boldsymbol{b}_2 = 2\boldsymbol{a}_2 - 3\boldsymbol{a}_3, \boldsymbol{b}_3 = 3\boldsymbol{a}_3 + \boldsymbol{a}_1$；

(3) $\boldsymbol{b}_1 = \boldsymbol{a}_1 + 3\boldsymbol{a}_2, \boldsymbol{b}_2 = \boldsymbol{a}_2 + 3\boldsymbol{a}_3, \boldsymbol{b}_3 = \boldsymbol{a}_1 - \boldsymbol{a}_3$.

13. 设向量组 $\boldsymbol{a}_1, \boldsymbol{a}_2, \boldsymbol{a}_3$ 线性无关，向量组 $\boldsymbol{a}_1, \boldsymbol{a}_2, \boldsymbol{a}_3, \boldsymbol{a}_4$ 线性相关，向量组 $\boldsymbol{a}_1, \boldsymbol{a}_2, \boldsymbol{a}_3, \boldsymbol{a}_5$ 线性无关，求向量组 $\boldsymbol{a}_1, \boldsymbol{a}_2, \boldsymbol{a}_3, \boldsymbol{a}_4 + \boldsymbol{a}_5$ 的一个极大线性无关组.

14. 设 $\boldsymbol{\eta}$ 是非齐次线性方程组 $\boldsymbol{Ax} = \boldsymbol{b}$ 的一个解，$\boldsymbol{\xi}_1, \boldsymbol{\xi}_2, \cdots, \boldsymbol{\xi}_{n-r}$ 是 $\boldsymbol{Ax} = \boldsymbol{b}$ 对应的齐次线性方程组 $\boldsymbol{Ax} = \boldsymbol{0}$ 的基础解系，证明：向量组 $\boldsymbol{\xi}_1 + \boldsymbol{\eta}, \boldsymbol{\xi}_2 + \boldsymbol{\eta}, \cdots, \boldsymbol{\xi}_{n-r} + \boldsymbol{\eta}, \boldsymbol{\eta}$ 线性无关.

15. 设 $\boldsymbol{A}$ 是 $m \times n$ 型矩阵，$\operatorname{rank} \boldsymbol{A} = r$，非齐次线性方程组 $\boldsymbol{Ax} = \boldsymbol{b}$ 有解，且 $\boldsymbol{\eta}_1, \boldsymbol{\eta}_2, \cdots, \boldsymbol{\eta}_{n-r+1}$ 是 $n - r + 1$ 个线性无关的解，证明：$\boldsymbol{Ax} = \boldsymbol{b}$ 的任意解 $\boldsymbol{X}$ 可表示为 $\boldsymbol{X} = k_1\boldsymbol{\eta}_1 + k_2\boldsymbol{\eta}_2 + \cdots + k_{n-r+1}\boldsymbol{\eta}_{n-r+1}$，其中 $k_1 + k_2 + \cdots + k_{n-r+1} = 1$.

16. 设 n 阶方阵 $\boldsymbol{A} = (\boldsymbol{\alpha}_1\ \boldsymbol{\alpha}_2\ \cdots\ \boldsymbol{\alpha}_n)$，证明：$\boldsymbol{A}$ 是正交矩阵当且仅当 $\boldsymbol{\alpha}_i^{\mathrm{T}}\boldsymbol{\alpha}_j = \delta_{ij}$.

17. 判断下列矩阵是否为正交矩阵.

(1) $\dfrac{1}{3}\begin{pmatrix} 1 & 2 & -2 \\ 2 & 1 & 2 \\ -2 & 2 & 1 \end{pmatrix}$；　(2) $\begin{pmatrix} 0 & -\dfrac{1}{\sqrt{2}} & \dfrac{1}{\sqrt{2}} \\ -\dfrac{1}{\sqrt{3}} & \dfrac{1}{\sqrt{3}} & \dfrac{1}{\sqrt{3}} \\ \dfrac{2}{\sqrt{6}} & \dfrac{1}{\sqrt{6}} & \dfrac{1}{\sqrt{6}} \end{pmatrix}$.

18. 设 $\boldsymbol{A}$ 是 3 阶矩阵，并且 $|\boldsymbol{A} + 3\boldsymbol{E}| = |\boldsymbol{A} - \boldsymbol{E}| = |3\boldsymbol{A} - 2\boldsymbol{E}| = 0$，求 $\boldsymbol{A}$ 的特征值.

19. 设 $\lambda_1 = \lambda_2 = 2, \lambda_3 = -1$ 是 3 阶矩阵 $\boldsymbol{A}$ 的特征值，并且与这 3 个特征值对应的特征向量依次为

$$\boldsymbol{p}_1 = \begin{pmatrix} 1 \\ 1 \\ 0 \end{pmatrix},\ \boldsymbol{p}_2 = \begin{pmatrix} 2 \\ 0 \\ 1 \end{pmatrix},\ \boldsymbol{p}_3 = \begin{pmatrix} 3 \\ -1 \\ 1 \end{pmatrix}.$$

求矩阵 $\boldsymbol{A}$.

20. 设 $\boldsymbol{\alpha}$ 为 $n \times 1$ 型非零实矩阵，$\boldsymbol{A} = \boldsymbol{\alpha}\boldsymbol{\alpha}^{\mathrm{T}}$.

(1) 证明：$\boldsymbol{A}$ 相似于对角阵；

(2) 求 $\boldsymbol{A}$ 的特征值；

(3) 当 $\boldsymbol{\alpha} = (1\ 1\ \cdots\ 1)^{\mathrm{T}}$ 时，求 $\boldsymbol{A}$ 的特征向量.

21. 证明：$\boldsymbol{A}$ 为正定矩阵的充分必要条件为存在可逆矩阵 $\boldsymbol{P}$，使 $\boldsymbol{A} = \boldsymbol{P}^{\mathrm{T}}\boldsymbol{P}$.

22. 设 $\boldsymbol{A}, \boldsymbol{B}$ 都是 n 阶正定矩阵.

(1) 证明：$\boldsymbol{A} + \boldsymbol{B}$ 是正定矩阵；

(2) 若 $\boldsymbol{AB} = \boldsymbol{BA}$，证明：$\boldsymbol{AB}$ 是正定矩阵.

23. 设 $\boldsymbol{A}$ 为 n 阶实对称矩阵，证明：

(1) 存在实数 c_1, c_2，使对任意的 n 维实向量 $\boldsymbol{x}$，都有

$$c_1\boldsymbol{x}^{\mathrm{T}}\boldsymbol{x} \leqslant \boldsymbol{x}^{\mathrm{T}}\boldsymbol{A}\boldsymbol{x} \leqslant c_2\boldsymbol{x}^{\mathrm{T}}\boldsymbol{x};$$

(2) 存在实数 c，使当 $b \geqslant c$ 时，$b\boldsymbol{E}+\boldsymbol{A}$ 是正定矩阵.

24. 设矩阵 $\boldsymbol{A}, \boldsymbol{B}$ 分别为 $m\times n$ 型与 $n\times m$ 型矩阵．证明：若 λ 是矩阵 $\boldsymbol{AB}$ 的非零特征值，则 λ 也是矩阵 $\boldsymbol{BA}$ 的非零特征值.

25. 已知 $\boldsymbol{P}$ 为正交矩阵.

(1) 证明：$\det \boldsymbol{P}=\pm 1$；

(2) 若 λ 是 $\boldsymbol{P}$ 的特征值，证明：$|\lambda|=1$；

(3) 若 $\det \boldsymbol{P}=-1$，则 -1 必定是 $\boldsymbol{P}$ 的特征值；

(4) 若 $\det \boldsymbol{P}=1$，则 $\boldsymbol{P}$ 是否必定存在实特征值？

第2章 多 项 式

多项式是数学中的一个重要工具，在线性代数中有广泛应用．本章将介绍系数在数域上的一元多项式的基本理论．本章中提及的基本概念和计算方法在后续章节中会有涉及，出于理论完整的考虑，本章保留了大部分定理的证明，供有兴趣的读者参考．

2.1 数域

在讨论多项式前，首先介绍数域的概念．

定义 2.1 设 $\mathbf{F}$ 是一个数集，若该集合关于加、减、乘、除四则运算都是封闭的，即该集合中任意两个数作合法的四则运算，其结果仍然在该集合中，则该数集 $\mathbf{F}$ 称为一个**数域**．

例 2.1 只有 0 一个元素的单元素集合 $\{0\}$ 是一个数域．注意，不能以 $0 \div 0$ 没有意义而认为该集合对除法不封闭，因为 0 不可以作除数，所以 $0 \div 0$ 不是一个“合法”的四则运算．

例 2.2 有理数集 $\mathbf{Q}$、实数集 $\mathbf{R}$ 和复数集 $\mathbf{C}$ 等都是数域，但整数集 $\mathbf{Z}$ 关于除法不是封闭的，不是数域．

除了上述数域之外，数域的例子还有很多．

例 2.3 集合 $\mathbf{Q}(\sqrt{2}) = \{a + b\sqrt{2} \mid a, b \in \mathbf{R}\}$ 是数域．

证明 容易验证，集合 $\mathbf{Q}(\sqrt{2})$ 关于加、减、乘三种运算封闭，以下证明关于除法运算的封闭性．任取 $a_1 + b_1\sqrt{2}, a_2 + b_2\sqrt{2} \in \mathbf{Q}(\sqrt{2})$，$a_2, b_2$ 不全为零，有 $a_2^2 - 2b_2^2 \neq 0$（否则与 $\sqrt{2}$ 为无理数矛盾），于是

$$\frac{a_1 + b_1\sqrt{2}}{a_2 + b_2\sqrt{2}} = \frac{(a_1 + b_1\sqrt{2})(a_2 - b_2\sqrt{2})}{(a_2 + b_2\sqrt{2})(a_2 - b_2\sqrt{2})} = \frac{a_1a_2 - 2b_1b_2}{a_2^2 - 2b_2^2} + \frac{a_2b_1 - a_1b_2}{a_2^2 - 2b_2^2}\sqrt{2} \in \mathbf{Q}(\sqrt{2}),$$

即 $\mathbf{Q}(\sqrt{2})$ 关于除法封闭．证毕．

不难发现，将上面例子中的 $\sqrt{2}$ 换成其他非完全平方数的平方根 α，$\mathbf{Q}(\alpha)$ 同样是数域．

在数域中，四则运算的定义可以与通常意义下的四则运算不同，但加法与减法，乘法与除法必须互为逆运算，且加法、乘法必须满足基本的交换律、结合律和分配律．

例 2.4 设 a 和 b 为整数，m 为大于 1 的正整数，若 $a - b$ 可以被 m 整除，则称 a 和 b 关于 m 同余（即被 m 除余数相同），记作 $a \equiv b \mod m$．特别地，记 $\mathbf{Z}_m = \{0, 1, \cdots, m-1\}$，则对任意 $m > 1$ 和 a，总存在 $\bar{a} \in \mathbf{Z}_m$，使 $a \equiv \bar{a} \mod m$．将 $\mathbf{Z}_m$ 上的加法和乘法分别定义为整数

的加法、乘法再取“mod m”，易见这两种运算在 $\mathbf{Z}_m$ 上封闭．进一步，当 $m=3$ 时，由于

$$1+2\equiv 0 \mod 3,\quad 2\times 2\equiv 1 \mod 3,$$

从而在 $\mathbf{Z}_3$ 上，$(-1)\equiv 2$，$(-2)\equiv 1$，$2^{-1}\equiv 2$，即 $\mathbf{Z}_3$ 上的加法、乘法可以定义逆运算（即减法、除法），从而 $\mathbf{Z}_3=\{0,1,2\}$ 是数域．

可以证明，当 m 为素数时，$\mathbf{Z}_m$ 关于上述加法、乘法都存在逆运算，因此都是数域；当 m 非素数，如此定义的加法仍然有逆运算，但并非对所有的非零元素都存在关于乘法运算的倒数，即乘法不存在逆运算，此时 $\mathbf{Z}_m$ 不再是数域．

本书中涉及的数域，大多是复数域或实数域．

2.2 一元多项式

本节将介绍数域上的一元多项式的基本概念和结论．

设 $\mathbf{F}$ 为数域，为便于理解，读者可不失一般性地将 $\mathbf{F}$ 取为有理数域、实数域或复数域．本节涉及的结论，对一切数域 $\mathbf{F}$ 都成立．

定义 2.2 设 n 是一个非负整数，x 是一个文字符号，$a_0, a_1,\cdots,a_n\in\mathbf{F}$，$a_n\neq 0$，称

$$f(x)=a_nx^n+a_{n-1}x^{n-1}+\cdots+a_0 \tag{2.1}$$

为数域 $\mathbf{F}$ 上的一个**一元多项式**，n 称为多项式 $f(x)$ 的**次数**，记为 $\deg f(x)$．$a_kx^k\ (1\leqslant k\leqslant n)$ 称为这个多项式的 k **次项**，a_k 称为 k **次项系数**，a_0 称为多项式的 0 **次项**或**常数项**．a_nx^n 与 a_n 分别称为**首项**和**首项系数**．特别地，0 也是一个多项式，称为**零多项式**，零多项式的次数规定为 $-\infty$．数域 $\mathbf{F}$ 上全体一元多项式构成的集合，记作 $\mathbf{F}[x]$．

定义 2.3 对多项式 $f(x)$ 和 $g(x)$，若同次项的系数都相等，则称多项式 $f(x)$ 和 $g(x)$ **相等**，记为 $f(x)=g(x)$．

多项式可以定义加法和乘法运算．为了叙述简洁，以下用求和符号来表示多项式．记

$$f(x)=a_nx^n+a_{n-1}x^{n-1}+\cdots+a_0=\sum_{k=0}^{n}a_kx^k,$$

$$g(x)=b_mx^m+b_{m-1}x^{m-1}+\cdots+b_0=\sum_{k=0}^{m}b_kx^k,$$

并不失一般性地假设 $n\geqslant m$，且约定 $b_n=b_{n-1}=\cdots=b_{m+1}=0$．

定义 2.4 多项式 $f(x)$ 和 $g(x)$ 的**和**与**差**定义为

$$f(x)\pm g(x)=\sum_{k=1}^{n}(a_k\pm b_k)x^k.$$

特别地，$f(x)+0=f(x)$．

多项式的减法是加法的逆运算，即下面的命题成立．

命题 2.1 若记 $-g(x)=(-b_m)x^m+(-b_{m-1})x^{m-1}+\cdots+(-b_0)$，则 $f(x)-g(x)=f(x)+(-g(x))$．

定义 2.5 若多项式 $f(x)$ 和 $g(x)$ 的次数分别为 m 和 n，则 $f(x)$ 和 $g(x)$ 的**乘积** $f(x)g(x)$ 是

一个 $(m+n)$ 次多项式，其中 k 次项的系数

$$c_k=\sum_{j=0}^{k}a_kb_{k-j}=a_0b_k+a_1b_{k-1}+\cdots+a_kb_0\,.$$

特别地，$f(x)\cdot 0=0$.

易见，多项式的次数关于加法和乘法满足以下命题.

定理 2.2 约定零多项式的次数为 $-\infty$ ，且 $-\infty$ 与任何数的和均为 $-\infty$ ，则

$$\deg(f(x)\pm g(x))\leqslant \max\{\deg f(x),\deg g(x)\}\,,$$
$$\deg(f(x)g(x))=\deg f(x)+\deg g(x)\,.$$

与数的运算类似，多项式的运算满足下面的运算律.

定理 2.3 对多项式 $f(x),g(x),h(x)$ 有

(1) 加法交换律：$f(x)+g(x)=g(x)+f(x)$;

(2) 加法结合律：$(f(x)+g(x))+h(x)=f(x)+(g(x)+h(x))$;

(3) 乘法交换律：$f(x)g(x)=g(x)f(x)$;

(4) 乘法结合律：$(f(x)g(x))h(x)=f(x)(g(x)h(x))$;

(5) 分配律：$f(x)(g(x)+h(x))=f(x)g(x)+f(x)h(x)$.

这些运算律都可以由定义直接证明，从略.

例 2.5 证明多项式的加法和乘法满足消去律，即

(1) 若 $f(x)+g(x)=f(x)+h(x)$ ，则 $g(x)=h(x)$;

(2) 若 $f(x)g(x)=f(x)h(x)$ ，且 $f(x)\neq 0$ ，则 $g(x)=h(x)$.

证明 (1) 在等式两边同时加上 $-f(x)$ ，得

$$-f(x)+f(x)+g(x)=-f(x)+f(x)+h(x)\,,$$

由结合律得

$$(-f(x)+f(x))+g(x)=(-f(x)+f(x))+h(x)\,,$$

从而 $g(x)=h(x)$.

(2) 在 $f(x)g(x)=f(x)h(x)$ 两边减去 $f(x)h(x)$ ，并利用分配律，得

$$0=f(x)g(x)-f(x)h(x)=f(x)(g(x)-h(x))\,.$$

根据多项式次数与乘法的关系，

$$-\infty=\deg f(x)+\deg(g(x)-h(x))\,,$$

得 $\deg(g(x)-h(x))=-\infty$ ，即 $g(x)-h(x)=0$ ，再由 (1) 得，$g(x)=h(x)$. 证毕.

对于两个多项式 $f(x)$ 和 $g(x)$，通常不能定义二者的除法，即通常不存在多项式 $h(x)$，使 $f(x)=g(x)h(x)$，但可以类似整数一样定义带余除法.

定理 2.4 (带余除法) 设 $f(x)$, $g(x)\in \mathbf{F}[x]$ 且 $g(x)\neq 0$ ，则存在唯一的 $q(x)$, $r(x)\in\mathbf{F}[x]$ ，使

$$f(x)=q(x)g(x)+r(x)\,,\tag{2.2}$$

其中 $\deg r(x)<\deg g(x)$ ，$q(x)$ 和 $r(x)$ 分别称为 $g(x)$ 除 $f(x)$ 所得的**商式**和**余式**，形如式 (2.2)

的表达式称为**带余除法**.

对给定的多项式 $f(x)$ 和 $g(x)$，带余除法可通过长除法计算.

例 2.6 设 $f(x) = 4x^4 - 2x^3 - 6x^2 + 5x + 9$，$g(x) = 2x^2 - 5x + 4$．求 $g(x)$ 除 $f(x)$ 的商式 $q(x)$ 和余式 $r(x)$.

解 通过长除法，得

$$
\begin{array}{r|rrrrr}
 & & & 2x^2 & +4x & +3 \\ \hline
2x^2-5x+4 & 4x^4 & -2x^3 & -6x^2 & +5x & +9 \\
 & 4x^4 & -10x^3 & +8x^2 & & \\ \hline
 & & 8x^3 & -14x^2 & +5x & +9 \\
 & & 8x^3 & -20x^2 & +16x & \\ \hline
 & & & 6x^2 & -11x & +9 \\
 & & & 6x^2 & -15x & +12 \\ \hline
 & & & & 4x & -3
\end{array}
$$

得 $q(x) = 2x^2 + 4x + 3$ 和 $r(x) = 4x - 3$.

多项式的长除法与整数的长除法本质相同．整数的带余除法，要求余数必须小于除数；多项式的带余除法，要求余式的次数必须小于除式的次数.

根据长除法，不难得到定理 2.4 的证明.

证明 先证明 $q(x)$ 和 $r(x)$ 的存在性．当 $\deg f(x) < \deg g(x)$ 时，取 $q(x) = 0, r(x) = f(x)$ 即可．当 $\deg f(x) \geqslant \deg g(x)$ 时，对次数的差 $\deg f(x) - \deg g(x)$ 用归纳法．假设当 $\deg f(x) - \deg g(x) \leqslant k$ 时，$q(x)$ 和 $r(x)$ 存在，那么当 $\deg f(x) - \deg g(x) = k + 1$ 时，设

$$f(x) = \sum_{k=0}^{n} a_k x^k, \quad g(x) = \sum_{k=0}^{m} b_k x^k,$$

取 $f_1(x) = f(x) - \dfrac{a_n}{b_m} x^{n-m} g(x)$，则

$$\deg f_1(x) - \deg g(x) \leqslant \deg f(x) - 1 - \deg g(x) = k,$$

从而由归纳法假设可知，存在 $q_1(x), r(x)$，使

$$f_1(x) = q_1(x)g(x) + r(x),$$

这里 $\deg r(x) < \deg q(x)$．于是

$$f(x) = f_1(x) + \frac{a_n}{b_m} x^{n-m} g(x) = \left(\frac{a_n}{b_m} x^{n-m} + q_1(x)\right) g(x) + r(x),$$

记 $q(x) = \dfrac{a_n}{b_m} x^{n-m} + q_1(x)$，即有 $q(x), r(x)$ 在 $\deg f(x) - \deg g(x) = k + 1$ 时存在，归纳法完成.

再证 $q(x)$ 和 $r(x)$ 的唯一性．设另有多项式 $\tilde{q}(x), \tilde{r}(x)$，使

$$f(x) = \tilde{q}(x)g(x) + \tilde{r}(x),$$

其中 $\deg \tilde{r}(x) < \deg g(x)$，于是

$$q(x)g(x) + r(x) = \tilde{q}(x)g(x) + \tilde{r}(x),$$

即

$$(q(x) - \tilde{q}(x))g(x) = \tilde{r}(x) - r(x),$$

然而 $\deg g(x) > \deg(\tilde{r}(x) - r(x))$，所以只能有 $\deg(q(x) - \tilde{q}(x)) = -\infty$，故 $q(x) = \tilde{q}(x)$，进而 $r(x) = \tilde{r}(x)$．证毕．

从这一证明可以看出，要求多项式的系数取值的集合为数域是十分必要的，否则"取 $f_1(x) = f(x) - \dfrac{a_n}{b_m}x^{n-m}g(x)$"这一步将不成立，因为 $\dfrac{a_n}{b_m}$ 未必在系数取值的集合中．

在带余除法中，余式为零是一种特殊的情形，类似整数的整除关系，有下面的定义．

定义 2.6 设 $f(x), g(x) \in \mathbf{F}[x]$，若存在 $q(x) \in \mathbf{F}[x]$ 使 $f(x) = q(x)g(x)$，则称 $g(x)$ **整除** $f(x)$，记作 $g(x) \mid f(x)$，并称 $g(x)$ 为 $f(x)$ 的**因式**，$f(x)$ 为 $g(x)$ 的**倍式**．

因任意一个多项式 $f(x)$ 及其非零常数倍都一定整除 $f(x)$ 自身（即 $c \cdot f(x) \mid f(x)$），零次多项式整除任意一个多项式，于是零次多项式和 $c \cdot f(x)$ 称为 $f(x)$ 的**平凡因式**．又任意一个非零多项式 $f(x)$ 一定整除零多项式（即 $f(x) \mid 0$），于是零多项式和 $c \cdot f(x)$ 称为 $f(x)$ 的**平凡倍式**．

关于整除有以下性质，证明从略．

命题 2.5 设 $f(x), g(x), h(x) \in \mathbf{F}[x]$，则

(1) 若 $f(x) \mid g(x)$，且 $g(x) \mid f(x)$，则 $f(x) = c \cdot g(x)$，其中 c 为非零常数；

(2) 若 $f(x) \mid g(x)$，且 $g(x) \mid h(x)$，则 $f(x) \mid h(x)$；

(3) 若 $f(x) \mid g_j(x)$，$u_j(x) \in \mathbf{F}[x]\ (j = 1, 2)$，则 $f(x) \mid (u_1(x)g_1(x) + u_2(x)g_2(x))$．

当除式的次数为 1 时，余式和多项式在某点的取值有关，即有如下定理．

定理 2.6 (余式定理) 设 $f(x) \in \mathbf{F}[x]$，$c \in \mathbf{F}$，则 $f(x)$ 除以 $(x - c)$ 的余式为 $f(c)$．

证明 设 $f(x) = q(x)(x - c) + r(x)$，两边令 $x = c$ 得到 $r(c) = f(c)$．而 $\deg r(x) = 0$，于是 $r(x)$ 不依赖于 x，从而 $r(x) = f(c)$．证毕．

推论 2.7 设 $f(x) \in \mathbf{F}[x]$，$c \in \mathbf{F}$，则 $(x - c) \mid f(x)$，当且仅当 $f(c) = 0$．此时 c 称为多项式 $f(x)$ 的**根**或**零点**．

2.3 最大公因式和最小公倍式

类似两个整数有最大公因数和最小公倍数，两个多项式也有最大公因式和最小公倍式，且相应定理的表述和证明也都非常相近．

首先介绍两个多项式的最大公因式．

定义 2.7 设 $f(x), g(x) \in \mathbf{F}[x]$，若 $d(x) \in \mathbf{F}[x]$ 既是 $f(x)$ 的因式，又是 $g(x)$ 的因式，则称 $d(x)$ 为 $f(x)$ 和 $g(x)$ 的**公因式**．进一步，若 $d(x)$ 是 $f(x)$ 和 $g(x)$ 的公因式，且 $f(x)$ 和 $g(x)$ 的任意公因式都是 $d(x)$ 的因式，则称 $d(x)$ 为 $f(x)$ 和 $g(x)$ 的**最大公因式**．

从定义可以直接看出，最大公因式是次数最大的公因式．

在给出最大公因式的定义后，需要证明任意两个多项式的最大公因式的存在性．为此先

证明以下引理.

引理 2.8 设 $f(x), g(x), q(x), r(x) \in \mathbf{F}[x]$，且

$$f(x) = q(x)g(x) + r(x)\,, \tag{2.3}$$

则 $f(x)$ 和 $g(x)$ 的公因式与 $g(x)$ 和 $r(x)$ 的公因式完全相同.

证明 任取 $g(x)$ 与 $r(x)$ 的公因式 $\varphi(x)$，由 $\varphi(x) \mid g(x)$ 且 $\varphi(x) \mid r(x)$，则 $\varphi(x) \mid (q(x)g(x) + r(x))$，即 $\varphi(x) \mid f(x)$. 从而 $g(x)$ 与 $r(x)$ 的公因式也是 $f(x)$ 和 $g(x)$ 的公因式.

反之，对任何 $f(x)$ 和 $g(x)$ 的公因式 $\psi(x)$，因 $\psi(x) \mid f(x)$ 且 $\psi(x) \mid g(x)$，从而 $\psi(x) \mid (f(x) - q(x)g(x))$，即 $\psi(x) \mid r(x)$，故 $f(x)$ 和 $g(x)$ 的公因式也是 $g(x)$ 与 $r(x)$ 的公因式. 证毕.

以下证明最大公因式的存在性.

定理 2.9 设 $f(x), g(x) \in \mathbf{F}[x]$，则 $f(x)$ 和 $g(x)$ 的最大公因式 $d(x)$ 存在，且存在 $u(x), v(x) \in \mathbf{F}[x]$，使

$$d(x) = u(x)f(x) + v(x)g(x)\,. \tag{2.4}$$

证明 不妨设 $g(x) \neq 0$. 由带余除法，用 $g(x)$ 除 $f(x)$，得到商式 $q_1(x)$，余式 $r_1(x)$；若 $r_1(x) \neq 0$，就再用 $r_1(x)$ 除 $g(x)$，得到商式 $q_2(x)$，余式 $r_2(x)$；又若 $r_2(x) \neq 0$，就用 $r_2(x)$ 除 $r_1(x)$，得到商式 $q_3(x)$，余式 $r_3(x)$……不断相除下去，所得余式的次数不断降低，即 $\deg g(x) > \deg r_1(x) > \deg r_2(x) > \cdots$，故必定经过有限步运算后，余式变为零. 从而得到以下等式

$$\begin{aligned}
f(x) &= q_1(x)g(x) + r_1(x)\,,\\
g(x) &= q_2(x)r_1(x) + r_2(x)\,,\\
r_1(x) &= q_3(x)r_2(x) + r_3(x)\,,\\
&\ \ \vdots\\
r_{s-2}(x) &= q_s(x)r_{s-1}(x) + r_s(x)\,,\\
r_{s-1}(x) &= q_{s+1}(x)r_s(x)\,.
\end{aligned}$$

根据最大公因式的定义，$r_s(x)$ 是 $r_s(x)$ 与 $r_{s-1}(x)$ 的最大公因式，再根据引理 2.8，$r_s(x)$ 是 $r_{s-1}(x)$ 与 $r_{s-2}(x)$ 的最大公因式，这样逐步推上去，就有 $r_s(x)$ 是 $f(x)$ 和 $g(x)$ 的最大公因式.

由上面等式的倒数第二个可得

$$r_s(x) = r_{s-2}(x) - q_s(x)r_{s-1}(x)\,,$$

再由倒数第三式可得

$$r_{s-1}(x) = r_{s-3}(x) - q_{s-1}(x)r_{s-2}(x)\,,$$

代入倒数第二式消去 $r_{s-1}(x)$ 后得到

$$r_s(x) = (1 + q_s(x)q_{s-1}(x))r_{s-2}(x) - q_s(x)r_{s-3}(x)\,.$$

逐次回代消去 $r_{s-k}(x)\,(k = 2, 3, \cdots, s-1)$，即可得到式 (2.4). 证毕.

注 2.1 两个多项式的最大公因式不唯一. 显然，若 $d(x)$ 是 $f(x)$ 和 $g(x)$ 的最大公因式，则对任何非零常数 $c \in \mathbf{F}$，$c \cdot d(x)$ 也是 $f(x)$ 和 $g(x)$ 的最大公因式. 反之，若 $d(x)$ 和 $d_1(x)$ 都是 $f(x)$ 和 $g(x)$ 的最大公因式，依据定义，应有 $d(x) \mid d_1(x)$ 和 $d_1(x) \mid d(x)$，于是存在非零常数

$c\in\mathbf{F}$，使 $d(x)=c\cdot d_1(x)$，即任意两个最大公因式必定只相差一个常数因子．于是在 $f(x)$ 和 $g(x)$ 的所有最大公因式中，存在唯一一个首项系数为 1 的多项式，记为 $\gcd(f(x),g(x))$．

在上述定理的证明过程中，反复利用带余除法计算两个多项式的最大公因式的算法称为**辗转相除法**．这种算法与计算两个数的最大公因数的方法完全相同．下面是使用这种算法计算最大公因式的一个例子．

例 2.7 求多项式 $f(x)=4x^4-2x^3-8x^2+9x-3$ 与 $g(x)=2x^3-x^2-5x+4$ 的最大公因式，及满足式 (2.4) 的多项式 $u(x)$ 和 $v(x)$．

解 对 $f(x)$ 和 $g(x)$ 做带余除法，

$$
\begin{array}{r|r}
 & 2x \\ \hline
2x^3-x^2-5x+4 & 4x^4-2x^3-8x^2+9x-3 \\
 & \underline{4x^4-2x^3-10x^2+8x} \\
 & 2x^2+x-3
\end{array}
$$

故 $f(x)=2xg(x)+r_1(x)$，$r_1(x)=2x^2+x-3$．再对 $g(x)$ 与 $r_1(x)$ 做带余除法，

$$
\begin{array}{r|r}
 & x-1 \\ \hline
2x^2+x-3 & 2x^3-x^2-5x+4 \\
 & \underline{2x^3+x^2-3x} \\
 & -2x^2-2x+4 \\
 & \underline{-2x^2-x+3} \\
 & -x+1
\end{array}
$$

得 $g(x)=(x-1)r_1(x)+r_2(x)$，$r_2(x)=-x+1$．对 $r_1(x)$ 与 $r_2(x)$ 做带余除法，

$$
\begin{array}{r|r}
 & -2x-3 \\ \hline
-x+1 & 2x^2+x-3 \\
 & \underline{2x^2-2x} \\
 & 3x-3 \\
 & \underline{3x-3} \\
 & 0
\end{array}
$$

得 $r_1(x)=(-2x-3)r_2(x)$．由此得

$$r_2(x)=g(x)-(x-1)r_1(x)=g(x)-(x-1)[f(x)-2xg(x)],$$

即

$$-r_2(x)=(x-1)f(x)-(2x^2-2x+1)g(x),$$

故 $\gcd(f(x),g(x))=x-1$，且

$$x-1=u(x)f(x)+v(x)g(x),$$

其中 $u(x)=x-1$，$v(x)=-(2x^2-2x-1)$．

定义 2.8 设 $f(x),g(x)\in\mathbf{F}[x]$，若 $\gcd(f(x),g(x))=1$，则称 $f(x)$ 和 $g(x)$ **互素**.

显然，若两个多项式互素，则它们除去零次多项式以外没有其他公因式，反之亦然．

定理 2.10 $f(x), g(x) \in \mathbf{F}[x]$ 互素的充分必要条件是存在 $u(x), v(x) \in \mathbf{F}[x]$，使

$$u(x)f(x) + v(x)g(x) = 1 .$$

证明 必要性是定理2.9的直接推论，以下证明充分性．设存在 $u(x)$ 和 $v(x)$，使 $u(x)f(x)+v(x)g(x) = 1$，且 $\varphi(x)$ 是 $f(x)$ 和 $g(x)$ 的一个最大公因式，于是有 $\varphi(x) \mid f(x)$ 和 $\varphi(x) \mid g(x)$，从而 $\varphi(x) \mid 1$，即 $f(x)$ 和 $g(x)$ 互素．证毕．

进而可以证明以下定理．

定理 2.11 若 $\gcd(f(x), g(x)) = 1$，且 $f(x) \mid g(x)h(x)$, 则 $f(x) \mid h(x)$.

证明 由 $\gcd(f(x), g(x)) = 1$ 可知，有 $u(x)$ 和 $v(x)$，使

$$u(x)f(x) + v(x)g(x) = 1 .$$

等式两边乘 $h(x)$，得

$$u(x)f(x)h(x) + v(x)g(x)h(x) = h(x) .$$

因为 $f(x) \mid g(x)h(x)$，所以 $f(x)$ 整除等式左端，从而 $f(x) \mid h(x)$．证毕．

推论 2.12 若 $f_1(x) \mid g(x)$，$f_2(x) \mid g(x)$，且 $\gcd(f_1(x), f_2(x)) = 1$，则 $f_1(x)f_2(x) \mid g(x)$.

证明 设 $g(x) = f_1(x)q(x)$，因 $f_2(x) \mid g(x)$，且 $\gcd(f_1(x), f_2(x)) = 1$，从而 $f_2(x) \mid q(x)$，故可设 $q(x) = f_2(x)\tilde{q}(x)$，于是 $g(x) = f_1(x)f_2(x)\tilde{q}(x)$，即 $f_1(x)f_2(x) \mid g(x)$.

对于有限多个多项式 $f_1(x), f_2(x), \cdots, f_s(x)$，同样可以定义其最大公因式．

定义 2.9 若多项式 $d(x)$ 满足下面的性质：

(1) 对一切 $k = 1, 2, \cdots, s$，$d(x) \mid f_k(x)$；

(2) 如果 $d_1(x) \mid f_k(x)$ 对一切 $k = 1, 2, \cdots, s$ 成立，那么 $d_1(x) \mid d(x)$，

则多项式 $d(x)$ 称为 $f_1(x), f_2(x), \cdots, f_s(x)$ 的一个最大公因式，其中首项系数为 1 的最大公因式记为 $\gcd(f_1(x), f_2(x), \cdots, f_s(x))$.

下面的定理，提供了计算多个多项式的最大公因式的方法．

定理 2.13 $\gcd(f_1(x), f_2(x), \cdots, f_s(x)) = \gcd(f_1(x), \gcd(f_2(x), \cdots, f_s(x)))$.

证明 只须证明 $f_1(x), f_2(x), \cdots, f_s(x)$ 的公因式与 $f_1(x)$ 和 $\gcd(f_2(x), \cdots, f_s(x))$ 的公因式完全相同．

一方面，若 $\varphi(x)$ 是 $f_1(x), f_2(x), \cdots, f_s(x)$ 的公因式，则 $\varphi(x)$ 显然是 $f_2(x), \cdots, f_s(x)$ 的公因式，从而 $\varphi(x) \mid \gcd(f_2(x), \cdots, f_s(x))$，即 $\varphi(x)$ 是 $f_1(x)$ 和 $\gcd(f_2(x), \cdots, f_s(x))$ 的公因式．

另一方面，若 $\psi(x)$ 是 $f_1(x)$ 和 $\gcd(f_2(x), \cdots, f_s(x))$ 的公因式，则

$$\psi(x) \mid \gcd(f_2(x), \cdots, f_s(x)) ,$$

从而 $\psi(x)$ 也是 $f_2(x), \cdots, f_s(x)$ 的公因式．证毕．

定理 2.9 可以推广到多个多项式的最大公因式的情形，证明留作习题．

类似两个整数有最小公倍数，两个多项式同样可以定义最小公倍式．

定义 2.10 设 $f(x), g(x) \in \mathbf{F}[x]$，若 $m(x) \in \mathbf{F}[x]$ 既是 $f(x)$ 的倍式，又是 $g(x)$ 的倍式，则称 $m(x)$ 为 $f(x)$ 和 $g(x)$ 的一个**公倍式**．进一步，若 $m(x)$ 是 $f(x)$ 和 $g(x)$ 的公倍式，且 $f(x)$ 和 $g(x)$ 的任意公倍式都是 $m(x)$ 的倍式，则称 $m(x)$ 为 $f(x)$ 和 $g(x)$ 的一个**最小公倍式**．

最小公倍式是次数最小的公倍式，其存在性和计算，可依据下面的定理．

定理 2.14 若 $f(x)$ 和 $g(x)$ 为多项式，则 $\dfrac{f(x)g(x)}{\gcd(f(x),g(x))}$ 是 $f(x)$ 和 $g(x)$ 的最小公倍式.

证明 记 $d(x)=\gcd(f(x),g(x))$，$f_1(x)=\dfrac{f(x)}{d(x)}$，$g_1(x)=\dfrac{g(x)}{d(x)}$，易见 $f_1(x)$ 和 $g_1(x)$ 都是多项式，从而 $\dfrac{f(x)g(x)}{d(x)}=f_1(x)d(x)g_1(x)$ 是 $f(x)$ 和 $g(x)$ 的公倍式．于是只须证明，对任意的 $f(x)$ 和 $g(x)$ 的公倍式 $m(x)$，有 $f_1(x)d(x)g_1(x)\mid m(x)$ 即可．选取多项式 $u(x), v(x)$，使

$$u(x)f(x)+v(x)g(x)=\gcd(f(x),g(x)),$$

于是

$$u(x)f_1(x)+v(x)g_1(x)=1,$$

即 $\gcd(f_1(x),g_1(x))=1$．记 $m(x)=f(x)p(x)=g(x)q(x)$，同除以 $\gcd(f(x),g(x))$ 后得到，$f_1(x)p(x)=g_1(x)q(x)$，特别地，$f_1(x)\mid g_1(x)q(x)$．由 $f_1(x)$ 与 $g_1(x)$ 互素，得 $f_1(x)\mid q(x)$，从而 $f_1(x)d(x)g_1(x)\mid q(x)d(x)g_1(x)$，即 $f_1(x)d(x)g_1(x)\mid m(x)$．证毕.

注 2.2 可以证明，两个多项式 $f(x)$ 和 $g(x)$ 的最小公倍式不是唯一的，不同的最小公倍式之间必定相差一个非零常数倍，其中首项系数为 1 的最小公倍式，记为 $\operatorname{lcm}(f(x),g(x))$.

对多个多项式的最小公倍式，可类似定义，这里不再赘述.

注 2.3 通过对比整数和多项式的相关内容，不难发现二者之间非常相似．造成这一现象的本质原因是，在整数和多项式的两个集合上，都可以定义加法、减法、乘法以及带余除法．整数和多项式中所有的定义、定理都是基于上述四种运算得到的．可以定义加法、减法、乘法以及带余除法的集合在代数学中称为 Euclid 环（参见参考文献 [1]）．研究具有相同代数结构的数学对象的共性，正是代数学的本质.

2.4 插值多项式与中国剩余定理

先考虑一个简单且基本的问题：设 $x_k, y_k\ (1\leqslant k\leqslant n)$ 为 $2n$ 个数，且 $x_1, x_2,\cdots,x_n$ 互不相同，求一个多项式 $f(x)$，使 $f(x_k)=y_k\ (1\leqslant k\leqslant n)$.

解决这个问题的初等方法是待定系数法，即设

$$f(x)=a_{n-1}x^{n-1}+\cdots+a_1x+a_0,$$

代入条件 $f(x_k)=y_k\ (1\leqslant k\leqslant n)$，得到一个关于系数 $a_0,\cdots,a_{n-1}$ 的 n 元一次方程组，解这个方程组，便可得到最终的解．当 n 较大时，解方程组的计算量相当大．借助多项式的理论，可以直接给出该问题解的一般公式.

定理 2.15 (Lagrange[1] 插值公式) 记 $P(x)=(x-x_1)(x-x_2)\cdots(x-x_n)$，以及 $P_k(x)=\dfrac{P(x)}{x-x_k}$（即 $P_k(x)$ 为 $P(x)$ 去掉因子 $(x-x_k)$ 后的多项式），则多项式

$$L(x)=\sum_{j=1}^{n}\frac{P_j(x)}{P_j(x_j)}y_j=\frac{P_1(x)}{P_1(x_1)}y_1+\frac{P_2(x)}{P_2(x_2)}y_2+\cdots+\frac{P_n(x)}{P_n(x_n)}y_n,$$

[1] 全名为 Joseph-Louis Lagrange (1736–1813)，拉格朗日，法国数学家.

满足对一切 $1 \leqslant k \leqslant n$，$L(x_k) = y_k$.

证明 只须注意到 $P_k(x_k) \neq 0$ 以及当 $j \neq k$ 时，$P_k(x_j) = 0$ 即得结论. 证毕.

例 2.8 求一个多项式 $f(x)$，满足 $f(0) = 0$，$f(1) = 3$，$f(-1) = 1$.

解 记 $P(x) = x(x-1)(x+1)$，以及 $P_1(x) = (x-1)(x+1)$，$P_2(x) = x(x+1)$，$P_3(x) = x(x-1)$，从而由 Lagrange 插值公式得到

$$f(x) = \frac{P_1(x)}{P_1(0)} \times 0 + \frac{P_2(x)}{P_2(1)} \times 3 + \frac{P_3(x)}{P_3(-1)} \times 1,$$

满足要求. 代入数值并化简，得到

$$f(x) = \frac{3}{2}x(x+1) + \frac{1}{2}x(x-1) = 2x^2 + x .$$

Lagrange 插值公式在代数上蕴含了深刻的内容. 根据余式定理（定理 2.6），条件 $f(x_k) = y_k$ 等价于 $(x - x_k)$ 除 $f(x)$ 余式为 y_k . 为了叙述方便，引进下面的定义.

定义 2.11 对非零多项式 $g(x)$，若多项式 $f_1(x), f_2(x)$ 除以 $g(x)$ 的余式相同，则称 $f_1(x), f_2(x)$ 关于 $g(x)$ **同余**，记为 $f_1(x) \equiv f_2(x) \bmod g(x)$.

容易得到下面的命题，证明留作习题.

命题 2.16 (1)多项式的同余关系是等价关系，即同余关系满足自反性、对称性和传递性.

(2) 若 $g(x)$ 除 $f(x)$ 所得的余式为 $r(x)$，则 $f(x) \equiv r(x) \bmod g(x)$.

(3) $f_1(x) \equiv f_2(x) \bmod g(x)$ 当且仅当 $g(x) \mid (f_1(x) - f_2(x))$.

利用同余的记法，Lagrange 插值多项式满足的条件可等价表述为

$$L(x) \equiv y_k \mod (x - x_k) \quad (1 \leqslant k \leqslant n) .$$

现在考虑更一般的问题：设 $g_1(x), g_2(x), \cdots, g_n(x), r_1(x), r_2(x), \cdots, r_n(x)$ 是 $2n$ 个多项式，其中 $g_1(x), g_2(x), \cdots, g_n(x)$ 次数大于等于1且两两互素，是否存在多项式 $f(x)$，使

$$f(x) \equiv r_k(x) \mod g_k(x) \quad (1 \leqslant k \leqslant n) \tag{2.5}$$

成立？这一问题的结论是肯定的，称为中国剩余定理.

定理 2.17 (中国剩余定理) 设 $g_1(x), g_2(x), \cdots, g_n(x), r_1(x), r_2(x), \cdots, r_n(x)$ 是 $2n$ 个多项式，其中 $g_1(x), g_2(x), \cdots, g_n(x)$ 的次数大于 1 且两两互素，则存在多项式 $f(x)$，满足式 (2.5) . 进一步，$\tilde{f}(x)$ 满足式 (2.5) 当且仅当

$$f(x) \equiv \tilde{f}(x) \mod g_1(x)g_2(x)\cdots g_n(x),$$

即 $f(x)$ 关于 $g_1(x)g_2(x)\cdots g_n(x)$ 的余式唯一. 特别地，若要求

$$\deg f(x) < \deg g_1(x)g_2(x)\cdots g_n(x),$$

则 $f(x)$ 存在且唯一.

中国剩余定理的证明以及 $f(x)$ 的计算方法，与 Lagrange 插值多项式构造的本质是相同的. 注意到 $P_k(x)$ 为一切因子 $(x - x_j)$ $(j \neq k)$ 的乘积，从而 $\dfrac{P_k(x)}{P_k(x_k)}$ 是这些因子的公倍式，又根

据余式定理，

$$\frac{P_k(x)}{P_k(x_k)} \equiv 1 \mod (x - x_k),$$

因此为构造中国剩余定理中的 $f(x)$，只须将 y_k 用 $r_k(x)$ 取代，$\dfrac{P_k(x)}{P_k(x_k)}$ 用 $Q_k(x)$ 取代即可，这里多项式 $Q_k(x)$ 满足：

(1) $Q_k(x)$ 为一切因子 $g_j(x)\,(j \neq k)$ 的公倍式；

(2) $Q_k(x) \equiv 1 \bmod g_k(x)$.

以下用上述思想证明中国剩余定理.

证明 先求出 $Q_k(x)$. 记 $q_k(x)$ 为一切因子 $g_j(x)\,(j \neq k)$ 的乘积，根据 $g_1(x), g_2(x), \cdots, g_n(x)$ 两两互素，得到 $g_k(x)$ 与 $q_k(x)$ 互素，从而存在多项式 $u(x), v(x)$，满足

$$g_k(x)u(x) + q_k(x)v(x) = 1,$$

于是

$$q_k(x)v(x) = -g_k(x)u(x) + 1 \equiv 1 \mod g_k(x).$$

从而 $Q_k(x) = q_k(x)v(x)$ 即为所求. 再令

$$f(x) = \sum_{k=1}^{n} Q_k(x)r_k(x) = Q_1(x)r_1(x) + Q_2(x)r_2(x) + \cdots + Q_n(x)r_n(x), \tag{2.6}$$

直接验证可知 $f(x)$ 满足式 (2.5). 最后证明唯一性. 设 $\tilde{f}(x)$ 也满足式 (2.5)，则

$$g_k(x) \mid (f(x) - \tilde{f}(x)) \quad (1 \leqslant k \leqslant n). \tag{2.7}$$

由于 $g_1(x), g_2(x), \cdots, g_n(x)$ 两两互素，由式 (2.7) 可得 $g_1(x)g_2(x)\cdots g_n(x) \mid (f(x) - \tilde{f}(x))$，即

$$f(x) \equiv \tilde{f}(x) \mod g_1(x)g_2(x)\cdots g_n(x).$$

证毕.

了解关于整数的中国剩余定理的读者不难发现，多项式的中国剩余定理与整数的中国剩余定理，表述和证明的本质完全相同.

例 2.9 计算 $f(x) = x^{20}$ 关于 $(x-2)(x-3)$ 的余式 $r(x)$.

解 根据余式定理知，

$$f(x) \equiv f(2) = 2^{20} \mod (x-2),$$
$$f(x) \equiv f(3) = 3^{20} \mod (x-3),$$

从而根据中国剩余定理以及 Lagrange 插值公式，得

$$f(x) \equiv 2^{20} \cdot \frac{x-3}{2-3} + 3^{20} \cdot \frac{x-2}{3-2} = (3^{20} - 2^{20})x + (3 \cdot 2^{20} - 2 \cdot 3^{20}) \mod (x-2)(x-3).$$

2.5 因式分解与不可约多项式

本节研究一元多项式的因式分解.

定义 2.12 设 $p(x)$ 为数域 $\mathbf{F}$ 上的非常值多项式，若 $p(x)$ 在 $\mathbf{F}[x]$ 上只有平凡因式，则称

$p(x)$ 为 $\mathbf{F}[x]$ 上的**不可约多项式**；否则，称 $p(x)$ 为 $\mathbf{F}[x]$ 上的**可约多项式**.

按照上述定义，一次多项式总是不可约多项式.

注 2.4 多项式 $p(x)$ 的不可约性与 $p(x)$ 的系数所在的数域密切相关. 例如，x^2+2 是 $\mathbf{R}[x]$ 上的不可约多项式，但是它在 $\mathbf{C}[x]$ 上可以分解成两个一次多项式的乘积

$$x^2+2=(x+\sqrt{2}i)(x-\sqrt{2}i),$$

因而在 $\mathbf{C}[x]$ 上是可约的. 这就说明，一个多项式是否不可约依赖于系数域. 但需要注意的是，两个多项式的最大公因式并不依赖于域的选取，这是因为辗转相除法并不会因为域的选择不同，而得到不同的结果.

在 $\mathbf{F}[x]$ 上的不可约多项式 $p(x)$，在 $\mathbf{F}[x]$ 上的因式只有平凡因式，即除非零常数和它自身的非零常数倍 $cp(x)\ (c\neq 0)$ 两种因式外，再无其他因式了. 特别地，有下面的命题成立.

命题 2.18 $\mathbf{F}[x]$ 上的不可约多项式 $p(x)$ 与 $\mathbf{F}[x]$ 上的任一多项式 $f(x)$ 之间只可能有两种关系：$p(x)\mid f(x)$，或者 $p(x)$ 与 $f(x)$ 互素.

证明 设 $\gcd(p(x),f(x))=d(x)$，因 $p(x)$ 在 $\mathbf{F}[x]$ 上只有平凡因式，故 $d(x)$ 是 1 或 $cp(x)$. 当 $d(x)=1$ 时，$p(x)$ 与 $f(x)$ 互素；当 $d(x)=cp(x)$ 时，$p(x)\mid f(x)$.

不可约多项式有下述重要性质.

定理 2.19 设 $p(x)$ 是数域 $\mathbf{F}$ 上的不可约多项式，$f(x)$ 和 $g(x)$ 是数域 $\mathbf{F}$ 上的两个多项式，若 $p(x)\mid f(x)g(x)$，则 $p(x)\mid f(x)$ 或 $p(x)\mid g(x)$.

证明 如果 $p(x)\mid f(x)$，那么结论已经成立；如果 $p(x)\nmid f(x)$，则

$$\gcd(p(x),f(x))=1,$$

于是由定理 2.11 立得 $p(x)\mid g(x)$. 证毕.

利用数学归纳法，不难将上述定理推广为以下形式.

定理 2.20 如果不可约多项式 $p(x)$ 整除多项式 $f_1(x),f_2(x),\cdots,f_s(x)$ 的乘积，那么 $p(x)$ 至少整除这些多项式之中的某一个.

下面给出本节的主要结论.

定理 2.21 (**因式分解唯一性定理**) 系数在数域 $\mathbf{F}$ 上的任意一个非常数多项式 $f(x)$ 都可以分解成系数在数域 $\mathbf{F}$ 上的有限个不可约多项式的乘积，且这个分解式在不计非零常数因子和因子次序的意义下是唯一的，即若有两个分解式

$$f(x)=p_1(x)p_2(x)\cdots p_s(x)=q_1(x)q_2(x)\cdots q_t(x),$$

则必有 $s=t$，且适当排列因式的次序后有

$$p_i(x)=c_iq_i(x)\ (i=1,2,\cdots,s),$$

其中 $c_i\in\mathbf{F}\ (i=1,2,\cdots,s)$ 为非零常数.

证明 先证分解式的存在性. 对多项式 $f(x)$ 的次数 $n=\deg f(x)$ 作归纳法. 因为一次多项式都是不可约的，所以当 $n=1$ 时结论成立. 假设当 $\deg f(x)\leqslant n$ 时结论成立. 现在考虑当 $\deg f(x)=n+1$ 时的情形，若 $f(x)$ 不可约，结论已经成立. 若 $f(x)$ 可约，设 $f(x)=f_1(x)f_2(x)$，其中 $f_1(x),f_2(x)$ 的次数都不大于 n. 由归纳假设 $f_1(x)$ 和 $f_2(x)$ 都可分解成数域 $\mathbf{F}$ 上有限个不可约多项式的乘积. 把 $f_1(x),f_2(x)$ 的分解式相乘就得到 $f(x)$ 的分解式.

再证唯一性．设 $f(x)$ 存在两种不可约多项式分解

$$f(x) = p_1(x)p_2(x)\cdots p_s(x) = q_1(x)q_2(x)\cdots q_t(x)\,. \tag{2.8}$$

对 s 作归纳法．当 $s=1$ 时，$f(x)$ 是不可约多项式，由定义可得 $s=t=1$，且 $f(x)=p_1(x)=q_1(x)$．假设当不可约因式的个数为 $s-1$ 时，唯一性成立，则当不可约因式的个数为 s 时，因 $p_1(x)\mid q_1(x)q_2(x)\cdots q_t(x)$，则 $p_1(x)$ 必能整除 $q_1(x),\cdots,q_t(x)$ 中的某一个，不妨设 $p_1(x)\mid q_1(x)$，因为 $q_1(x)$ 也是不可约多项式，所以有 $p_1(x)=c_1q_1(x)$．根据消去律，可在式 (2.8) 两边消去 $p_1(x)$，得到

$$p_2(x)\cdots p_s(x) = c_1^{-1}q_2(x)\cdots q_t(x)\,,$$

上式左边是 $s-1$ 个不可约多项式的乘积，由归纳假设得 $s-1=t-1$，且 $q_2(x),\cdots,q_s(x)$ 经次序重排后有 $p_i(x)=c_iq_i(x)\,(i=2,\cdots,s)$．证毕．

在多项式 $f(x)$ 的分解式中，可以将每一个不可约因式的首项系数提出来，使它们成为首项系数为 1 的多项式，再将相同的不可约因式合并成幂的形式．于是 $f(x)$ 在数域 $\mathbf{F}$ 上的分解式可写为

$$f(x) = ap_1^{r_1}(x)p_2^{r_2}(x)\cdots p_s^{r_s}(x)\,,$$

其中 a 是 $f(x)$ 的首项系数，$p_1(x),\ p_2(x),\cdots,p_s(x)$ 是两两不同且首项系数为 1 的不可约多项式，而 $r_1,r_2,\cdots,r_s$ 是正整数．这种分解式称为多项式 $f(x)$ 在数域 $\mathbf{F}$ 上的**标准分解式**．

如果已经有了两个多项式在同一个数域 $\mathbf{F}$ 上的标准分解式，就可以直接写出两个多项式的最大公因式．多项式 $f(x)$ 和 $g(x)$ 的最大公因式 $d(x)$ 就是那些同时在 $f(x)$ 和 $g(x)$ 的标准分解式中都出现的不可约多项式的方幂的乘积，所带的方幂就等于它在 $f(x)$ 和 $g(x)$ 中所带方幂较小的一个．

判别一个多项式是否可约是重要的问题．当数域为复数域时，有以下著名的代数学基本定理，其证明需要用到分析的工具（参见参考文献 [7]）．

定理 2.22 (**代数学基本定理**) 任何一个复系数多项式，在复数域 $\mathbf{C}$ 上恰有 n 个根．

由代数学基本定理，立即得到多项式在复数域上不可约的特征．

定理 2.23 $\mathbf{C}[x]$ 上的非常数多项式不可约的充分必要条件是该多项式是一次多项式．

当系数域为实数时，根据实多项式虚根必成对的性质，有下面的结论．

定理 2.24 $\mathbf{R}[x]$ 上的非常数多项式 $p(x)$ 不可约的充分必要条件是 $p(x)$ 是一次多项式，或 $p(x)$ 是形如 $c(x^2+px+q)$ 的二次多项式，其中 $c,\ p,\ q\in\mathbf{R}$ 且 $p^2-4q<0$．

结合复系数和实系数不可约多项式的特征，多项式在复数域和实数域上的标准分解式可以表示为如下形式．

定理 2.25 (**复数域上多项式的标准分解**) 非常数的复系数多项式在复数域 $\mathbf{C}$ 上可唯一地分解成一次因式的乘积，即复系数多项式 $f(x)=a_nx^n+a_{n-1}x^{n-1}+\cdots+a_0$ 的标准分解式为

$$f(x) = a_n(x-r_1)^{n_1}(x-r_2)^{n_2}\cdots(x-r_k)^{n_k}\,,$$

其中 $n_1,n_2,\cdots,n_k$ 是正整数，且 $n_1+n_2+\cdots+n_k=n$．

定理 2.26 (**实数域上多项式的标准分解**) 非常数的实系数多项式在实数域 $\mathbf{R}$ 上可唯一地分解成一次因式和二次不可约因式的乘积，即实系数多项式 $f(x)=a_nx^n+a_{n-1}x^{n-1}+\cdots+a_0$ 的

标准分解式为

$$f(x) = a_n(x - r_1)^{n_1} \cdots (x - r_s)^{n_s}(x^2 + p_1 x + q_1)^{m_1} \cdots (x^2 + p_t x + q_t)^{m_t},$$

其中 $r_1, \cdots, r_s$, $p_1, \cdots, p_t$, $q_1, \cdots, q_t$ 为实数，$n_1, \cdots, n_s$, $m_1, \cdots, m_t$ 为正整数，且 $n_1 + \cdots + n_s + 2m_1 + \cdots + 2m_t = n$，$p_i^2 - 4q_i < 0\ (i = 1, 2, \cdots, t)$.

注 2.5 多项式的因式分解定理并没有给出一个具体的将多项式分解为不可约多项式乘积的可计算的方法. 对不超过 5 次的复系数多项式，尚可通过求根公式得到所有根的显式表达式，而对 5 次及以上的多项式，根据著名的 Galois[1]理论，其根通常已不能通过根式计算，从而对一般的多项式，其标准分解虽然理论上存在，但通常很难求出.

当系数域取为有理数时，判定多项式是否可约较为困难. 因为有理系数多项式，可通过提取常系数，转化为所有系数最大公因数为 1 的整系数多项式，因此研究有理系数多项式的可约性，只须考虑相应整系数多项式是否可作因式分解.

对整系数多项式，有以下定理（证明参加参考文献 [2]）.

定理 2.27 (Eisenstein[2]判别法) 若存在素数 p，满足以下条件：

(1) $p \nmid a_0$；

(2) $p \mid a_k$，对一切 $1 \leqslant k \leqslant n$；

(3) $p^2 \nmid a_n$，

则 $f(x)$ 是 $\mathbf{Q}(x)$ 上的不可约多项式.

Eisenstein 判别法只是整系数多项式不可约的充分条件，但不是必要条件，下面是一个重要的例子.

例 2.10 证明 $f(x) = x^{p-1} + \cdots + x + 1$ 是 $\mathbf{Q}(x)$ 上的不可约多项式，其中 p 为素数.

证明 易见，$f(x)$ 不可约与 $f(x+1)$ 不可约等价，以下证明 $f(x+1)$ 在 $\mathbf{Q}(x)$ 上不可约.

首先，$f(x+1)$ 仍为 $(p-1)$ 次多项式，且最高次项系数为 1，从而 p 满足 Eisenstein 判别法的条件 (1). 其次，由 $f(1) = p$ 得 $f(x+1)$ 的常数项为 p，从而 p 满足 Eisenstein 判别法的条件 (3). 最后由等比数列求和公式，得

$$f(x+1) = \frac{(x+1)^p - 1}{(x+1) - 1} = \frac{(x+1)^p - 1}{x},$$

故当 $1 \leqslant k \leqslant p-2$ 时，k 次项的系数为

$$\mathrm{C}_p^{k+1} = \frac{p!}{(p-k-1)!(k+1)!}.$$

根据 $p \mid (p-k-1)!(k+1)!\mathrm{C}_p^{k+1}$ 且 p 是素数，于是 $p \nmid (p-k-1)!(k+1)!$，故 $p \mid \mathrm{C}_p^{k+1}$，即 p 满足 Eisenstein 判别法的条件 (2). 于是 $f(x+1)$ 在 $\mathbf{Q}(x)$ 上不可约. 证毕.

上述例子说明，不适用 Eisenstein 判别法的多项式，是否可约需要进一步研究，这一过程需要一定的技巧，没有一般方法.

---

[1]全名为 Évariste Galois (1811–1832)，伽罗瓦，法国数学家.

[2]全名为 Ferdinand Gotthold Max Eisenstein (1823–1852)，爱森斯坦，德国数学家.

2.6 多项式的导数和零化多项式

本节将介绍在后续章节中有重要应用的两个概念.

2.6.1 多项式的导数

将多项式看作关于不定元的函数，则可以对多项式求导数，根据导数的计算公式易知，多项式的任意阶导数仍然是多项式.

在本书中，多项式的导数的应用体现在两处. 其一是判别多项式是否有重根，有下面的结论.

定理 2.28 多项式 $f(x)$ 在复数域 $\mathbf{C}$ 上无重根的充分必要条件是 $\gcd(f(x), f'(x)) = 1$.

该定理的意义在于，将判断多项式是否存在重根的问题，转化为计算两个多项式的最大公因式，前者由于一般次数的多项式的根没有一般的计算方法，无法直接判别，而后者可以通过辗转相除法计算得到.

证明 充分性. 设 x_0 为多项式 $f(x)$ 的任一根，重数为 k，于是根据唯一分解定理，$f(x) = (x - x_0)^k g(x)$，这里 $g(x)$ 为多项式且 $g(x_0) \neq 0$，此时

$$f'(x) = (x - x_0)^k g'(x) + k(x - x_0)^{k-1} g(x) = (x - x_0)^{k-1}((x - x_0)g'(x) + kg(x)),$$

从而 $(x - x_0)^{k-1}$ 是 $f(x)$ 与 $f'(x)$ 的公因式. 但 $\gcd(f(x), f'(x)) = 1$，故 $k = 1$.

必要性. 设 x_0 为多项式 $f(x)$ 的任一根，由于其重数为 1，故 $f(x) = (x - x_0)g(x)$，这里 $g(x)$ 为多项式且 $g(x_0) \neq 0$，由余式定理（定理 2.6）知 $(x - x_0) \nmid g(x)$. 又 $f'(x) = (x - x_0)g'(x) + g(x)$，故 $(x - x_0) \nmid f'(x)$. 由 x_0 的任意性，得 $f(x)$ 的任何一个不可约因子都不整除 $f'(x)$，从而 $\gcd(f(x), f'(x)) = 1$. 证毕.

注 2.6 判断两个多项式是否互素，还可以进一步转化为计算由两个多项式的系数构成的行列式的值是否为零，该行列式称为两个多项式的结式. 多项式与其导数的结式亦称为多项式的判别式. 这里不再展开，有兴趣的读者可参考参考文献 [1].

多项式的导数的另一个应用是计算多项式关于高次因子的余式. 设 $f(x)$ 为 n 次多项式，考虑 $f(x)$ 关于 $(x - x_0)^m$ 的余式（这里不妨假设 $m \leqslant n$，否则余式为 $f(x)$ 自身）. 当 $m = 1$ 时，由余式定理知余式为 $f(x_0)$，以下考虑 $m > 1$ 的情形.

根据微积分中的 Taylor[1] 公式

$$f(x) = \sum_{k=0}^{\infty} \frac{f^{(k)}(x_0)}{k!}(x - x_0)^k,$$

因上式左边为 n 次多项式，故对一切 $k > n$，$f^{(k)}(x) = 0$，从而上式可化简为

$$f(x) = \sum_{k=0}^{n} \frac{f^{(k)}(x_0)}{k!}(x - x_0)^k .$$

[1] 全名为 Brook Taylor (1685–1731)，泰勒，英国数学家.

于是

$$f(x) \equiv \sum_{k=0}^{m-1} \frac{f^{(k)}(x_0)}{k!}(x-x_0)^k \mod (x-x_0)^m\,. \tag{2.9}$$

例 2.11 计算 $f(x)=x^{10}$ 关于 $(x-1)^2$ 的余式.

解 根据式 (2.9)，$f(x)=x^{10}$ 关于 $(x-1)^2$ 的余式

$$r(x)=f'(1)(x-1)+f(1)=10(x-1)+1=10x-9\,.$$

结合中国剩余定理（定理 2.17），还可以计算更一般的问题.

例 2.12 计算 $f(x)=x^{10}$ 关于 $(x-1)^2(x+1)$ 的余式.

解 设 $f(x)\equiv r(x) \mod (x-1)^2(x+1)$．由上题结论以及余式定理知

$$\begin{aligned} r(x) &\equiv f(x) \equiv 10x-9 \mod (x-1)^2\,,\\ r(x) &\equiv f(x) \equiv f(-1)=1 \mod (x+1)\,. \end{aligned} \tag{2.10}$$

根据中国剩余定理，满足上述同余方程，且次数低于 3 的多项式 $r(x)$ 唯一存在．从而设

$$r(x)=a(x-1)^2+10x-9\,,$$

此时 $r(x)$ 满足式 (2.10) 的第 1 个方程，只须取适当的 a 使 $r(x)$ 满足式 (2.10) 的第 2 个方程即可．再次根据余式定理，有

$$r(x)\equiv r(-1)=4a-19 \mod (x+1)\,,$$

故 $a=5$，即

$$r(x)=5(x-1)^2+10x-9=5x^2-4\,.$$

注 2.7 利用上述方法计算余式，某些情形下比使用长除法简便．在计算软件日益发达的今天，这种简便可能微不足道，但当 $f(x)$ 为一般的解析函数（即无穷幂级数）时，长除法将不再适用，上述方法依然可行.

2.6.2 零化多项式

为介绍零化多项式，首先看一个例子.

例 2.13 设 $f(x)=2x^3-x^2-5x+4$，计算 $f(\sqrt{2}+1)$.

解 令 $x=\sqrt{2}+1$，则 $(x-1)^2=2$，即 $x^2-2x-1=0$．将 $f(x)$ 关于 x^2-2x-1 求余式，得

$$f(x)=(2x+3)(x^2-2x-1)+(3x+7)\,,$$

从而 $f(\sqrt{2}+1)=3(\sqrt{2}+1)+7=3\sqrt{2}+10$.

本题固然可以将 $x=\sqrt{2}+1$ 直接代入多项式求值，但运算时需要将每一个关于 $\sqrt{2}+1$ 的幂完全展开，当 $f(x)$ 的次数较高时，计算量很大．利用多项式 x^2-2x-1 在 $\sqrt{2}+1$ 处取值为零，将计算 $f(x)$ 在 $\sqrt{2}+1$ 处取值的问题，转化为 $f(x)$ 关于 x^2-2x-1 的余式在 $\sqrt{2}+1$ 处取值的问题，由于余式只有一次，因此无需计算 $\sqrt{2}+1$ 的幂，从而简化了运算.

一般地，有如下定义.

定义 2.13 若多项式 $f(x)$ 以 c 为根，则称 $f(x)$ 为 c 的一个**零化多项式**.

一个数在给定数域上的零化多项式不一定存在．例如 e 和 π 就不存在系数为有理数的零化多项式[1]．一个数的零化多项式如果存在，必定不唯一，这是因为任何一个零化多项式的倍式必定是零化多项式．所有的零化多项式中存在次数最小的多项式，且在相差一个常数因子的意义下唯一．该结论基于下述定理.

定理 2.29 若 $f(x)$ 与 $g(x)$ 同为 c 的零化多项式，则 $\gcd(f(x), g(x))$ 也是 c 的零化多项式.

证明 由定理 2.9，存在多项式 $u(x)$ 与 $v(x)$，使

$$u(x)f(x) + v(x)g(x) = \gcd(f(x), g(x)),$$

两边在 c 处取值，即得结论．证毕.

由此可以定义一个数的最小多项式.

定义 2.14 数 c 的所有在 $\mathbf{F}[x]$ 上的零化多项式的最大公因式，称为数 c 的**最小多项式**.

根据定理 2.29，最小多项式必定是零化多项式，且是次数最小的零化多项式．例 2.13 的运算过程中，零化多项式若选取为最小多项式，余式的次数通常较低，有利于计算.

在后续章节中将看到，矩阵同样存在零化多项式和最小多项式，于是例 2.13 的思想方法可以推广到矩阵多项式的计算.

习题 2

1. 计算 $g(x)$ 除 $f(x)$ 的商式 $q(x)$ 和余式 $r(x)$.

   (1) $f(x) = x^4 - 4x + 5,\ g(x) = x^2 - x + 2$；

   (2) $f(x) = x^3 - 3x^2 - x - 1,\ g(x) = 3x^2 - 2x + 1$.

2. 求多项式 $f(x)$ 和 $g(x)$ 的最大公因式和最小公倍式.

   (1) $f(x) = x^4 + x^3 + 2x^2 + x + 1,\ g(x) = x^3 + 2x^2 + 2x + 1$；

   (2) $f(x) = x^4 - 4x^3 + 1,\ g(x) = x^3 - 3x^2 + 1$.

3. 求多项式 $f(x)$ 和 $g(x)$ 的最大公因式 $\gcd(f(x), g(x))$，以及满足等式 $u(x)f(x) + v(x)g(x) = \gcd(f(x), g(x))$ 的多项式 $u(x)$ 和 $v(x)$.

   (1) $f(x) = x^4 - x^3 - 4x^2 + 4x + 1,\ g(x) = x^2 - x - 1$；

   (2) $f(x) = 4x^4 - 2x^3 - 16x^2 + 5x + 9,\ g(x) = 2x^3 - x^2 - 5x + 4$.

4. 求满足下述条件的 Lagrange 插值多项式 $f(x)$.

   (1) $f(0) = 1$，$f(1) = 3$，$f(2) = 9$；

   (2) $f(-2) = -1$，$f(-1) = 1$，$f(1) = 1$，$f(2) = -1$.

5. 证明命题 2.16.

[1] 若数 c 在 $\mathbf{Q}[x]$ 上存在零化多项式，则称 c 为**代数数**，否则称为**超越数**．e 和 π 都是超越数，其证明超出本书范围.

6. 若多项式 $f(x), g(x), u(x), v(x)$ 满足 $u(x)f(x)+v(x)g(x) = \gcd(f(x), g(x))$，证明：$u(x), v(x)$ 互素.

7. 若 $f(x), g(x) \in \mathbf{F}[x]$，证明：存在 $u(x), v(x) \in \mathbf{F}[x]$，且 $\deg u(x) < \deg g(x)$，$\deg v(x) < \deg f(x)$，使 $u(x)f(x) + v(x)g(x) = \gcd(f(x), g(x))$.

8. 若 $f(x)$ 和 $g(x)$ 分别为 m 次与 n 次非零多项式. 证明：存在次数小于 n 次与 m 次的非零多项式 $u(x)$ 和 $v(x)$，使 $u(x)f(x) = v(x)g(x)$ 的充分必要条件是 $f(x)$ 与 $g(x)$ 不是互素的.

9. 设 $g_1(x), g_2(x), g_3(x)$ 两两互素，证明：$g_1(x)$ 与 $g_2(x)g_3(x)$ 互素.

10. 试给出多个多项式的最小公倍式的定义及计算方法.

11. (1) 若 ω 是有理系数 n 次不可约多项式 $f(x)$ 的一个非有理根，证明：$\mathbf{Q}(\omega) = \{a_0 + a_1\omega + \cdots + a_{n-1}\omega^{n-1} \mid a_0, a_1, \cdots, a_{n-1} \in \mathbf{Q}\}$ 是数域.

    (2) 证明：$\mathbf{Q}(\sqrt[3]{2}) = \{a + b\sqrt[3]{2} + c\sqrt[3]{4} \mid a, b, c \in \mathbf{Q}\}$ 是数域.

12. 设 $f(x) = a_m x^m + a_{m-1}x^{m-1} + \cdots + a_0$，$g(x) = b_n x^n + b_{n-1}x^{n-1} + \cdots + b_0$，分别为 m 次与 n 次非零多项式. 证明：$f(x)$ 与 $g(x)$ 互素的充分必要条件是

$$
\begin{array}{r}
n\text{ 行}\left\{\begin{array}{l}\\ \\ \\ \\ \end{array}\right. \\
m\text{ 行}\left\{\begin{array}{l}\\ \\ \\ \\ \end{array}\right.
\end{array}
\begin{vmatrix}
a_m & a_{m-1} & \cdots & a_0 & & & & \\
 & a_m & a_{m-1} & \cdots & a_0 & & & \\
 & & \ddots & & & & \ddots & \\
 & & & & a_m & a_{m-1} & \cdots & a_0 \\
b_n & b_{n-1} & \cdots & b_0 & & & & \\
 & b_n & b_{n-1} & \cdots & b_0 & & & \\
 & & \ddots & & & & \ddots & \\
 & & & & b_n & b_{n-1} & \cdots & b_0
\end{vmatrix} \neq 0 .
$$

该 $(m+n)$ 阶行列式称为多项式 $f(x)$ 与 $g(x)$ 的**结式**.

13. 多项式 $f(x)$ 与其导数多项式 $f'(x)$ 的结式称为多项式 $f(x)$ 的**判别式**. 证明：多项式 $f(x)$ 无重根的充分必要条件是 $f(x)$ 的判别式非零.

14. 试计算一元二次多项式的判别式，并比较该判别式与一元二次方程的判别式的异同.

第 3 章　矩阵的 Jordan 标准形

定理 1.21 指出，任何一个矩阵在矩阵等价关系下，存在一类形式简单的标准形．考虑方阵的相似关系，那么是否任何方阵都相似于一类形式简单的矩阵呢？这就是本章将要讨论的方阵相似意义下的标准形问题，Jordan[1]标准形就是复相似关系下的标准形．

3.1　λ-矩阵的标准形

为得到矩阵相似意义下的标准形，首先引进 λ-矩阵的概念．

定义 3.1　元素为 λ 的多项式的矩阵称为 **λ-矩阵**．

注 3.1　本书中，矩阵用加粗的斜体大写英文字母表示，λ-矩阵在字母后增加"(λ)"以区分于一般的常值矩阵．

例 3.1　设 $\boldsymbol{A}$ 为矩阵，则 $\lambda\boldsymbol{E}-\boldsymbol{A}$ 就是一个 λ-矩阵．

定义 3.2　λ-矩阵 $\boldsymbol{A}(\lambda)$ 的所有元素的最高次数称为 $\boldsymbol{A}(\lambda)$ 的**次数**，特别，非零常值矩阵可看作零次 λ-矩阵．

m 次 λ-矩阵 $\boldsymbol{A}(\lambda)$ 可表示为

$$\boldsymbol{A}(\lambda)=\lambda^m\boldsymbol{A}_0+\lambda^{m-1}\boldsymbol{A}_1+\cdots+\lambda\boldsymbol{A}_{m-1}+\boldsymbol{A}_m,$$

其中，$\boldsymbol{A}_i\ (i=0,1,\cdots,m)$ 是常值矩阵，且 $\boldsymbol{A}_0\neq\boldsymbol{0}$．例如

$$\boldsymbol{A}(\lambda)=\begin{pmatrix}\lambda^2+3\lambda+1 & \lambda^3+\lambda & 2\\ \lambda+2 & \lambda+1 & \lambda^2-4\\ 3 & 2\lambda^2 & 3\lambda^2\end{pmatrix}=\lambda^3\begin{pmatrix}0&1&0\\0&0&0\\0&0&0\end{pmatrix}+\lambda^2\begin{pmatrix}1&0&0\\0&0&1\\0&2&3\end{pmatrix}+\lambda\begin{pmatrix}3&1&0\\1&1&0\\0&0&0\end{pmatrix}+\begin{pmatrix}1&0&2\\2&1&-4\\3&0&0\end{pmatrix}.$$

λ-矩阵的加法、数乘、乘法以及行列式等运算的定义和性质，与通常矩阵的相应运算的性质与性质相同．

定义 3.3　λ-矩阵 $\boldsymbol{A}(\lambda)$ 不恒为零的子式的最高阶数称为 $\boldsymbol{A}(\lambda)$ 的**秩**，记作 $\operatorname{rank}\boldsymbol{A}(\lambda)$．

例 3.2　设 $\boldsymbol{A}$ 是 n 阶常值方阵，则 $|\lambda\boldsymbol{E}-\boldsymbol{A}|$ 是 λ 的 n 次多项式．因此 $\lambda\boldsymbol{E}-\boldsymbol{A}$ 的秩为 n．即不论常值方阵 $\boldsymbol{A}$ 是否满秩，矩阵 $\lambda\boldsymbol{E}-\boldsymbol{A}$ 总是满秩的．

定义 3.4　设 $\boldsymbol{A}(\lambda)$ 是 λ-矩阵，若存在 λ-矩阵 $\boldsymbol{B}(\lambda)$，使 $\boldsymbol{A}(\lambda)\boldsymbol{B}(\lambda)=\boldsymbol{B}(\lambda)\boldsymbol{A}(\lambda)=\boldsymbol{E}$，则称 $\boldsymbol{A}(\lambda)$ 是**可逆的**，且称 $\boldsymbol{B}(\lambda)$ 为 $\boldsymbol{A}(\lambda)$ 的**逆矩阵**，记作 $\boldsymbol{A}(\lambda)^{-1}$．

[1] 全名为 Camille Jordan (1838–1922)，若当，法国数学家．

如果 $\boldsymbol{A}(\lambda)$ 可逆，那么 $\boldsymbol{A}(\lambda)$ 的逆矩阵必定唯一．事实上，假如 $\boldsymbol{B}_1(\lambda)$ 和 $\boldsymbol{B}_2(\lambda)$ 两个矩阵都是可逆 λ-矩阵 $\boldsymbol{A}(\lambda)$ 的逆矩阵，那么，$\boldsymbol{A}(\lambda)\boldsymbol{B}_1(\lambda) = \boldsymbol{B}_1(\lambda)\boldsymbol{A}(\lambda) = \boldsymbol{E}$，以及 $\boldsymbol{A}(\lambda)\boldsymbol{B}_2(\lambda) = \boldsymbol{B}_2(\lambda)\boldsymbol{A}(\lambda) = \boldsymbol{E}$，于是

$$\boldsymbol{B}_1(\lambda) = \boldsymbol{B}_1(\lambda)[\boldsymbol{A}(\lambda)\boldsymbol{B}_2(\lambda)] = [\boldsymbol{B}_1(\lambda)A(\lambda)]\boldsymbol{B}_2(\lambda) = \boldsymbol{B}_2(\lambda).$$

定理 3.1　λ-矩阵 $\boldsymbol{A}(\lambda)$ 是可逆的充分必要条件是 $|\boldsymbol{A}(\lambda)|$ 为非零常数．

证明　记 $\boldsymbol{A}(\lambda)^*$ 为 $\boldsymbol{A}(\lambda)$ 的伴随矩阵．若 $|\boldsymbol{A}(\lambda)|$ 为非零常数 c，则

$$\boldsymbol{A}^{-1}(\lambda) = \frac{1}{|\boldsymbol{A}(\lambda)|}\boldsymbol{A}(\lambda)^* = \frac{1}{c}\boldsymbol{A}(\lambda)^*$$

也是 λ-矩阵，即 $\boldsymbol{A}(\lambda)$ 可逆．反之，若 $\boldsymbol{A}(\lambda)$ 可逆，则存在 λ-矩阵 $\boldsymbol{A}^{-1}(\lambda)$，使 $\boldsymbol{A}(\lambda)\boldsymbol{A}^{-1}(\lambda) = \boldsymbol{E}$．于是 $|\boldsymbol{A}(\lambda)||\boldsymbol{A}^{-1}(\lambda)| = 1$．而 $|\boldsymbol{A}(\lambda)|$ 与 $|\boldsymbol{A}^{-1}(\lambda)|$ 均是 λ 的多项式，比较等式两边多项式的次数，得 $|\boldsymbol{A}(\lambda)|$ 是非零常数．证毕．

定义 3.5　λ-矩阵 $\boldsymbol{A}(\lambda)$ 的三类初等变换定义如下：

(1) 对换第 i, j 两行（或列），记作 $r_i \leftrightarrow r_j$（或 $c_i \leftrightarrow c_j$）；

(2) 第 i 行（或列）乘非零数 k，记作 $r_i \times k$（或 $c_i \times k$）；

(3) 第 i 行（列）加上第 j 行（列）的 $k(\lambda)$ 倍，记作 $r_i + k(\lambda)r_j$（或 $c_i + k(\lambda)c_j$），其中，$k(\lambda)$ 为 λ 的多项式．

类似于常值矩阵，λ-矩阵 $\boldsymbol{A}(\lambda)$ 也可定义初等 λ-矩阵．

定义 3.6　三类初等 λ-矩阵定义如下：

(1) 单位阵 $\boldsymbol{E}$ 对换第 i, j 两行所得矩阵，记作 $\boldsymbol{E}(i, j)$；

(2) 单位阵 $\boldsymbol{E}$ 的第 i 行乘非零数 k 所得矩阵，记作 $\boldsymbol{E}(i(k))$；

(3) 单位阵 $\boldsymbol{E}$ 的第 i 行加上第 j 行的 $k(\lambda)$ 倍所得矩阵，记作 $\boldsymbol{E}(i, j(k(\lambda))$．

对一个 λ-矩阵 $\boldsymbol{A}(\lambda)$ 做一次初等行变换相当于用一个对应的初等 λ-矩阵左乘 $\boldsymbol{A}(\lambda)$，反之，对 $\boldsymbol{A}(\lambda)$ 做一次初等列变换相当于用一个对应的初等 λ-矩阵的转置去右乘 $\boldsymbol{A}(\lambda)$．λ-矩阵 $\boldsymbol{A}(\lambda)$ 可逆的充分必要条件是 $\boldsymbol{A}(\lambda)$ 为有限个初等 λ-矩阵的乘积．

定义 3.7　若 λ-矩阵 $\boldsymbol{A}(\lambda)$ 经有限次初等变换后变成 $\boldsymbol{B}(\lambda)$，则称 $\boldsymbol{A}(\lambda)$ 与 $\boldsymbol{B}(\lambda)$ **等价**．

由上面的结论立即可得到如下定理．

定理 3.2　设 $\boldsymbol{A}(\lambda)$ 与 $\boldsymbol{B}(\lambda)$ 均是 $m \times n$ 型 λ-矩阵，则 $\boldsymbol{A}(\lambda)$ 与 $\boldsymbol{B}(\lambda)$ 等价的充分必要条件是存在 m 阶可逆 λ-矩阵 $\boldsymbol{P}(\lambda)$ 与 n 阶可逆 λ-矩阵 $\boldsymbol{Q}(\lambda)$，使 $\boldsymbol{B}(\lambda) = \boldsymbol{P}(\lambda)\boldsymbol{A}(\lambda)\boldsymbol{Q}(\lambda)$．

一个很自然的问题是，λ-矩阵能否像常值矩阵那样，存在等价变换下标准形矩阵？结论是肯定的．

引理 3.3　设 $\boldsymbol{A}(\lambda) = (a_{ij}(\lambda))$ 为 n 阶 λ-矩阵，$a_{11}(\lambda) \neq 0$，若 $\boldsymbol{A}(\lambda)$ 中存在一个元素不能被 $a_{11}(\lambda)$ 整除，则必存在与 $\boldsymbol{A}(\lambda)$ 等价的矩阵 $\boldsymbol{B}(\lambda) = (b_{ij}(\lambda))$，使 $\deg b_{11}(\lambda) < \deg a_{11}(\lambda)$．

证明　情形 1，存在与 $a_{11}(\lambda)$ 同列的某个元素 $a_{i1}(\lambda)$ 不能被 $a_{11}(\lambda)$ 整除．不失一般性，设 $i = 2$ 且 $a_{21}(\lambda) = q(\lambda)a_{11}(\lambda) + r(\lambda)$，其中 $\deg r(\lambda) < \deg a_{11}(\lambda)$，则经过下列两次初等变换，即

可得到引理的结论.

$$A(\lambda)=\begin{pmatrix} a_{11}(\lambda) & \cdots \\ a_{21}(\lambda) & \cdots \\ \vdots & \end{pmatrix} \xrightarrow{r_2-q(\lambda)r_1} \begin{pmatrix} a_{11}(\lambda) & \cdots \\ r(\lambda) & \cdots \\ \vdots & \end{pmatrix} \xrightarrow{r_1\leftrightarrow r_2} \begin{pmatrix} r(\lambda) & \cdots \\ a_{11}(\lambda) & \cdots \\ \vdots & \end{pmatrix}.$$

情形 2，存在与 $a_{11}(\lambda)$ 同行的某个元素 $a_{1j}(\lambda)$ 不能被 $a_{11}(\lambda)$ 整除. 此时只须将情形 1 中的两次初等行变换变为相应的列变换即可.

情形 3，所有与 $a_{11}(\lambda)$ 所在行或列的元素均可被 $a_{11}(\lambda)$ 整除，但存在某个 $a_{ij}(\lambda)$ 不能被 a_{11} 整除. 不失一般性，设 $i=j=2$，且 $a_{21}(\lambda)=q(\lambda)a_{11}(\lambda)$，则经过下列两次初等变换，

$$A(\lambda) \xrightarrow{r_i-qr_1} \begin{pmatrix} a_{11}(\lambda) & a_{12}(\lambda) & \cdots \\ 0 & a_{22}(\lambda)-q(\lambda)a_{12}(\lambda) & \cdots \\ \vdots & & \end{pmatrix} \xrightarrow{r_1+r_i} \begin{pmatrix} a_{11}(\lambda) & (1-q(\lambda))a_{12}(\lambda)+a_{22}(\lambda) & \cdots \\ 0 & a_{22}(\lambda)-q(\lambda)a_{12}(\lambda) & \cdots \\ \vdots & & \end{pmatrix},$$

与 $a_{11}(\lambda)$ 同行的 $(1-q(\lambda))a_{12}(\lambda)+a_{22}(\lambda)$ 不能被 $a_{11}(\lambda)$ 整除，转化为情形 2 . 证毕.

引理 3.4 设 $A(\lambda)$ 为 n 阶非零 λ-矩阵，则必存在与 $A(\lambda)$ 等价的矩阵 $B(\lambda)=(b_{ij}(\lambda))$，使 $b_{11}(\lambda)$ 可整除 $B(\lambda)$ 的所有元素.

证明 设 $A(\lambda)$ 的所有非零元素的最低次数为 n，对 n 采用归纳法.

当 $n=0$ 时，即 $A(\lambda)$ 中存在元素为非零常数，非零常数当然可整除 $A(\lambda)$ 剩余所有元素. 此时只须通过两次第 1 类初等变换，即可将该元素换至首行首列，结论得证.

设 $n\leqslant k$ 时结论成立，当 $n=k+1$ 时，设 $\deg a_{ij}(\lambda)=n$，若该元素可以整除 $A(\lambda)$ 的剩余所有元素，同样只须通过两次第 1 类初等变换，即可将该元素换至首行首列，结论得证. 否则先通过两次第 1 类初等变换，将该元素换至首行首列，再根据引理 3.3，存在与 $A(\lambda)$ 等价的矩阵 $B(\lambda)$，使其首行首列元素的次数低于 $n+1$，由归纳假设，结论得证.

由上述引理，可得到最终的结论.

定理 3.5 任意一个秩为 r 的 λ-矩阵 $A(\lambda)$ 都等价于一个分块 λ-矩阵 $\begin{pmatrix} D(\lambda) & 0 \\ 0 & 0 \end{pmatrix}$，其中

$$D(\lambda)=\begin{pmatrix} d_1(\lambda) & & & \\ & d_2(\lambda) & & \\ & & \ddots & \\ & & & d_r(\lambda) \end{pmatrix},$$

为 r 阶对角阵，$d_k(\lambda)\ (1\leqslant k\leqslant r)$ 是关于 λ 的首项系数为 1 的多项式，且 $d_k(\lambda)\mid d_{k+1}(\lambda)\ (1\leqslant k<r-1)$，称这个分块 λ-矩阵为 $A(\lambda)$ 的**等价标准形**，记作 $I_r(\lambda)$. $d_k(\lambda)$ 称为 $A(\lambda)$ 的第 k 个**不变因子**.

证明 对秩 r 进行归纳. 当 $r-0$ 时，结论显然成立.

设 $r=k$ 时结论成立. 则当 $r=k+1$ 时，由引理 3.4 可设 a_{11} 整除 $A(\lambda)$ 的其余所有元素，因此可通过有限次第 3 类初等变换，将 $A(\lambda)$ 的首行、首列的其他元素均变为零，得到如下

情形：

$$\begin{pmatrix} a_{11}(\lambda) & \mathbf{0} \\ \mathbf{0} & \boldsymbol{B}(\lambda) \end{pmatrix}.$$

此时，$\boldsymbol{B}(\lambda)$ 的所有元素可被 $a_{11}(\lambda)$ 整除，且其秩为 $r-1=k$．将 a_{11} 的首项系数变为 1，再由归纳假设，$\boldsymbol{B}(\lambda)$ 等价于定理结论中的对角形矩阵．证毕．

λ-矩阵的等价标准形的唯一性，将在下节给出证明．

定理 3.5 的证明，同时给出了将 λ-矩阵 $\boldsymbol{A}(\lambda)$ 通过初等变换化为标准形的一般步骤．

例 3.3 求 λ-矩阵 $\boldsymbol{A}(\lambda)$ 的等价标准形．

$$\boldsymbol{A}(\lambda)=\begin{pmatrix} 1-\lambda & 2\lambda-1 & \lambda \\ \lambda & \lambda^2 & -\lambda \\ 1+\lambda^2 & \lambda^3+\lambda-1 & -\lambda^2 \end{pmatrix}.$$

解 第 1 步，判断 $\boldsymbol{A}(\lambda)$ 的 $(1,1)$-元素是否能整除其他元素．若能，则用初等变换把首行和首列的其余元素都化为零；若不能，则利用引理 3.3 和引理 3.4 证明中的方法降低 $(1,1)$-元素的次数，直到变化后的矩阵的 $(1,1)$-元素能整除其他元素为止．

$$\boldsymbol{A}(\lambda)=\begin{pmatrix} 1-\lambda & 2\lambda-1 & \lambda \\ \lambda & \lambda^2 & -\lambda \\ 1+\lambda^2 & \lambda^3+\lambda-1 & -\lambda^2 \end{pmatrix}\xrightarrow[r_3-\lambda r_2]{r_1+r_2}\begin{pmatrix} 1 & \lambda^2+2\lambda-1 & 0 \\ \lambda & \lambda^2 & -\lambda \\ 1 & \lambda-1 & 0 \end{pmatrix}.$$

第 2 步，用初等变换将首行、首列的其余元素都化为零．

$$\boldsymbol{A}(\lambda)\xrightarrow[r_2-\lambda r_1]{r_3-r_1}\begin{pmatrix} 1 & \lambda^2+2\lambda-1 & 0 \\ 0 & -\lambda^3-\lambda^2+\lambda & -\lambda \\ 0 & -\lambda^2-\lambda & 0 \end{pmatrix}\xrightarrow{c_2-(\lambda^2+2\lambda-1)c_1}\begin{pmatrix} 1 & 0 & 0 \\ 0 & -\lambda^3-\lambda^2+\lambda & -\lambda \\ 0 & -\lambda^2-\lambda & 0 \end{pmatrix}.$$

对去掉首行首列后的矩阵块重复上述过程，直到化成标准形矩阵．

$$\boldsymbol{A}(\lambda)\xrightarrow{r_2-\lambda r_3}\begin{pmatrix} 1 & 0 & 0 \\ 0 & \lambda & -\lambda \\ 0 & -\lambda^2-\lambda & 0 \end{pmatrix}\xrightarrow[r_3-(\lambda-1)r_2]{c_3+c_2}\begin{pmatrix} 1 & 0 & 0 \\ 0 & \lambda & 0 \\ 0 & 0 & \lambda(\lambda+1) \end{pmatrix}=\boldsymbol{I}_3(\lambda).$$

3.2 λ-矩阵标准形的计算方法

按定理 3.5 的思想方法，按部就班地计算 λ-矩阵的等价标准形，经常需要较多的步骤．本节将给出 λ-矩阵在初等变换下的另外两个不变量——行列式因子和初等因子．借助不变量，可以简化求 λ-矩阵的等价标准形的计算过程，同时也可证明定理 3.5 中 λ-矩阵的等价标准形的唯一性．

定义 3.8 λ-矩阵 $\boldsymbol{A}(\lambda)$ 的所有 k 阶子式的首项系数为 1 的最大公因式称为 $\boldsymbol{A}(\lambda)$ 的 k 阶**行列式因子**，记为 $D_k(\lambda)$．

与矩阵的非零子式的最高阶数在矩阵初等变换下保持不变类似，关于 λ-矩阵的行列式因子，有下面的结论（证明参见参考文献 [2]）.

定理 3.6 λ-矩阵的行列式因子，在初等变换下保持不变.

根据上面的定理，立即得到行列式因子和不变因子的关系.

定理 3.7 设 $D_k(\lambda)\ (1 \leqslant k \leqslant r)$ 为 λ-矩阵 $\boldsymbol{A}(\lambda)$ 的 k 阶行列式因子，则 $\boldsymbol{A}(\lambda)$ 的不变因子 $d_1(\lambda) = D_1(\lambda)$，$d_k(\lambda) = \dfrac{D_k(\lambda)}{D_{k-1}(\lambda)}\ (1 < k \leqslant r)$. 进而 λ-矩阵的等价标准形唯一.

证明 设 $\boldsymbol{A}(\lambda)$ 的等价标准形为 $\boldsymbol{I}_r(\lambda) = \begin{pmatrix} \boldsymbol{D}(\lambda) & \boldsymbol{0} \\ \boldsymbol{0} & \boldsymbol{0} \end{pmatrix}$，其中

$$\boldsymbol{D}(\lambda) = \begin{pmatrix} d_1(\lambda) & & & \\ & d_2(\lambda) & & \\ & & \ddots & \\ & & & d_r(\lambda) \end{pmatrix}.$$

因 $d_k(\lambda) \mid d_{k+1}(\lambda)\,(1 \leqslant k \leqslant r-1)$，故 $\boldsymbol{I}_r(\lambda)$ 的 k 阶子式的最大公因式为 $d_1(\lambda)\cdots d_k(\lambda)$. 又 $\boldsymbol{I}_r(\lambda)$ 与 $\boldsymbol{A}(\lambda)$ 的各阶行列式因子相同，故 $D_k(\lambda) = d_1(\lambda)\cdots d_k(\lambda)$. 证毕.

利用行列式因子和不变因子的关系，可以简化计算 λ-矩阵标准形的过程.

例 3.4 求 $\boldsymbol{A}(\lambda) = \begin{pmatrix} \lambda-1 & 1 & 0 \\ -2 & \lambda-4 & 1 \\ 0 & 0 & \lambda-3 \end{pmatrix}$ 的等价标准形.

解 因 $\boldsymbol{A}(\lambda)$ 的元素中有非零常数，故 $D_1(\lambda) = 1$. 又 $\boldsymbol{A}(\lambda)$ 有 2 阶子式 $\begin{vmatrix} 1 & 0 \\ \lambda-4 & 1 \end{vmatrix} = 1$，故 $D_2(\lambda) = 1$. 而 $D_3(\lambda) = |\boldsymbol{A}(\lambda)| = (\lambda-2)(\lambda-3)^2$，故 $d_1(\lambda) = d_2(\lambda) = 1$，$d_3(\lambda) = (\lambda-2)(\lambda-3)^2$. 即 $\boldsymbol{A}(\lambda)$ 的等价标准形为

$$\boldsymbol{I}_r(\lambda) = \begin{pmatrix} 1 & & \\ & 1 & \\ & & (\lambda-2)(\lambda-3)^2 \end{pmatrix}.$$

除了行列式因子和不变因子，λ-矩阵还有一套等价变换下的不变量——初等因子.

定理 3.8 λ-矩阵 $\boldsymbol{A}(\lambda)$ 的全体不变因子在复数域 $\mathbf{C}$ 上有下面的分解式

$$\begin{aligned} d_1(\lambda) &= (\lambda-a_1)^{l_{11}}(\lambda-a_2)^{l_{21}}\cdots(\lambda-a_q)^{l_{q1}}, \\ d_2(\lambda) &= (\lambda-a_1)^{l_{12}}(\lambda-a_2)^{l_{22}}\cdots(\lambda-a_q)^{l_{q2}}, \\ &\ \vdots \\ d_r(\lambda) &= (\lambda-a_1)^{l_{1r}}(\lambda-a_2)^{l_{2r}}\cdots(\lambda-a_q)^{l_{qr}}, \end{aligned}$$

其中 $a_1, a_2, \cdots, a_q$ 两两不同，$0 \leqslant l_{i1} \leqslant l_{i2} \leqslant \cdots \leqslant l_{ir}\ (i = 1, 2, \cdots, q)$，当 $l_{ij} > 0$ 时，因式 $(\lambda-a_i)^{l_{ij}}$ 称为 $\boldsymbol{A}(\lambda)$ 的**初等因子**.

根据多项式的唯一分解定理和不变因子 $d_i \mid d_{i+1}$，立即得到上述定理的证明.

注 3.2 上述定理中，当某个 a_i 不是 $d_j(\lambda)$ 的零点时，相应的 l_{ij} 取为 0. 而对 $j \neq k$，指数 l_{ij} 和 l_{ik} 有可能相等，此时 $(\lambda - a_i)^{l_{ij}}$ 和 $(\lambda - a_i)^{l_{ik}}$ 是 $\boldsymbol{A}(\lambda)$ 的两个相同的初等因子. 对相同的初等因子，应重复记录，不能略去.

例 3.5 5 阶 λ-矩阵

$$\boldsymbol{I}_r(\lambda) = \begin{pmatrix} 1 & & & & \\ & \lambda - 2 & & & \\ & & (\lambda-2)(\lambda+3) & & \\ & & & (\lambda-2)^2(\lambda+3)^2 & \\ & & & & 0 \end{pmatrix}$$

的全体初等因子为 $(\lambda-2)$, $(\lambda-2)$, $(\lambda+3)$, $(\lambda-2)^2$, $(\lambda+3)^2$.

在不计顺序的前提下，$\boldsymbol{A}(\lambda)$ 的全体初等因子由全体不变因子唯一确定；反之，如果已知 $\boldsymbol{A}(\lambda)$ 的全体初等因子和秩，同样能够确定 $\boldsymbol{A}(\lambda)$ 的全体不变因子.

例 3.6 已知 λ-矩阵 $\boldsymbol{A}(\lambda)$ 的秩为 4，初等因子为 $(\lambda-2), (\lambda-2), (\lambda-2)^2, (\lambda+3), (\lambda+3)^2$，求 $\boldsymbol{A}(\lambda)$ 的不变因子.

解 首先取 $\boldsymbol{A}(\lambda)$ 的全部初等因子 $\lambda-2$, $\lambda-2$, $(\lambda-2)^2$, $\lambda+3$, $(\lambda+3)^2$ 的最小公倍式作为 $\boldsymbol{A}(\lambda)$ 的第 4 个不变因子，即 $d_4(\lambda) = (\lambda-2)^2(\lambda+3)^2$，然后再取剩余的初等因子 $\lambda-2$, $\lambda-2$, $\lambda+3$ 的最小公倍式作为 $\boldsymbol{A}(\lambda)$ 的第 3 个不变因子，即 $d_3(\lambda) = (\lambda-2)(\lambda+3)$. 同理得到 $d_2(\lambda) = \lambda - 2$. 这时 $\boldsymbol{A}(\lambda)$ 的全部初等因子都已经使用过了，于是剩余的不变因子 $d_1(\lambda) = 1$.

综上所述，可得出以下定理.

定理 3.9 设 $\boldsymbol{A}(\lambda)$ 与 $\boldsymbol{B}(\lambda)$ 为同型的 λ-矩阵，则以下条件等价：

(1) $\boldsymbol{A}(\lambda)$ 与 $\boldsymbol{B}(\lambda)$ 为等价的 λ-矩阵；

(2) $\boldsymbol{A}(\lambda)$ 与 $\boldsymbol{B}(\lambda)$ 有相同的不变因子；

(3) $\boldsymbol{A}(\lambda)$ 与 $\boldsymbol{B}(\lambda)$ 有相同的行列式因子；

(4) $\boldsymbol{A}(\lambda)$ 与 $\boldsymbol{B}(\lambda)$ 有相同的秩和初等因子.

下面指出，初等因子同样可在初等变换的过程中被提前发现.

引理 3.10 设 2 阶 λ-矩阵

$$\boldsymbol{A}_1 = \begin{pmatrix} (\lambda-a)^{m_2} g_1(\lambda) & 0 \\ 0 & (\lambda-a)^{m_1} g_2(\lambda) \end{pmatrix}, \quad \boldsymbol{A}_2 = \begin{pmatrix} (\lambda-a)^{m_1} g_1(\lambda) & 0 \\ 0 & (\lambda-a)^{m_2} g_2(\lambda) \end{pmatrix},$$

其中 $m_1, m_2 \geqslant 0$，且 $g_i(a) \neq 0\ (i=1,2)$，则 $\boldsymbol{A}_1$ 与 $\boldsymbol{A}_2$ 等价.

证明 不妨设 $m_1 \leqslant m_2$，因为 $g_i(a) \neq 0\ (i=1,2)$，所以 $(\lambda - a)$ 不是 $g_i(\lambda)\ (i=1,2)$ 的因式. 故 $\boldsymbol{A}_1$ 和 $\boldsymbol{A}_2$ 的行列式因子均为

$$D_1(\lambda) = (\lambda-a)^{m_1} \gcd(g_1(\lambda), g_2(\lambda)), \quad D_2(\lambda) = (\lambda-a)^{m_1+m_2} g_1(\lambda) g_2(\lambda),$$

故 $\boldsymbol{A}_1$ 与 $\boldsymbol{A}_2$ 等价. 证毕.

对一般阶数的对角 λ-矩阵

$$A_1=\begin{pmatrix}(\lambda-a)^{m_1}g_1(\lambda) & & & \\ & (\lambda-a)^{m_2}g_2(\lambda) & & \\ & & \ddots & \\ & & & (\lambda-a)^{m_r}g_r(\lambda)\end{pmatrix},$$

其中 $g_i(a)\neq 0\,(1\leqslant i\leqslant r)$，根据引理 3.10，可通过第 1 类初等变换将因子 $(\lambda-a)$ 按次数由小到大重新排列，而保持 $g_i(\lambda)$ 的位置不变，得到

$$A_2=\begin{pmatrix}(\lambda-a)^{n_1}g_1(\lambda) & & & \\ & (\lambda-a)^{n_2}g_2(\lambda) & & \\ & & \ddots & \\ & & & (\lambda-a)^{n_r}g_r(\lambda)\end{pmatrix},$$

即此处 $0\leqslant n_1\leqslant n_2\leqslant\cdots\leqslant n_r$ 是 $m_1,m_2,\cdots,m_r$ 的排列.

进一步，还有下面的结论.

定理 3.11 设 λ-矩阵 $A(\lambda)$ 为分块对角阵

$$A(\lambda)=\begin{pmatrix}A_1(\lambda) & & & \\ & A_2(\lambda) & & \\ & & \ddots & \\ & & & A_s(\lambda)\end{pmatrix},$$

则 $A(\lambda)$ 的每个子块 $A_j(\lambda)\,(1\leqslant j\leqslant s)$ 的每个初等因子都是 $A(\lambda)$ 的初等因子，且 $A(\lambda)$ 的每个初等因子必是某个 $A_j(\lambda)\,(1\leqslant j\leqslant s)$ 的初等因子.

证明 只须先将每一个 $A_j(\lambda)$ 化为标准形，再根据引理 3.10 即得结论. 证毕.

由定理 3.11，在用初等变换求 λ-矩阵 $A(\lambda)$ 的标准形的过程中，一旦 $A(\lambda)$ 变成分块对角阵，可以先求每个子块的标准形，再通过每个子块的初等因子，得到 $A(\lambda)$ 的初等因子，进而得到 $A(\lambda)$ 的标准形.

例 3.7 求 $A(\lambda)=\begin{pmatrix}1-\lambda & 2\lambda-1 & \lambda\\ \lambda & \lambda^2 & -\lambda\\ 1+\lambda^2 & \lambda^3+\lambda-1 & -\lambda^2\end{pmatrix}$ 的等价标准形.

解 对 $A(\lambda)$ 做初等变换得

$$A(\lambda)\xrightarrow[r_1+r_2]{r_3-\lambda r_2}\begin{pmatrix}1 & \lambda^2+2\lambda-1 & 0\\ \lambda & \lambda^2 & -\lambda\\ 1 & \lambda-1 & 0\end{pmatrix}\xrightarrow[r_2-\lambda r_1]{r_3-r_1}\begin{pmatrix}1 & \lambda^2+2\lambda-1 & 0\\ 0 & -\lambda^3-\lambda^2+\lambda & -\lambda\\ 0 & -\lambda^2-\lambda & 0\end{pmatrix}\to\begin{pmatrix}1 & & \\ & -\lambda^3-\lambda^2+\lambda & -\lambda\\ & -\lambda^2-\lambda & 0\end{pmatrix}.$$

对于上式最右端矩阵的右下矩阵块，容易观察出其 1 阶行列式因子 $D_1(\lambda)=\lambda$，而 $D_2(\lambda)=\lambda^2(\lambda+1)$，从而其不变因子为 λ 和 $\lambda(\lambda+1)$，从而其初等因子为 $\lambda,\lambda,(\lambda+1)$，这也是 $A(\lambda)$ 的

初等因子．于是 $\boldsymbol{A}(\lambda)$ 的等价标准形为

$$\boldsymbol{I}_3(\lambda)=\begin{pmatrix}1 & & \\ & \lambda & \\ & & \lambda(\lambda+1)\end{pmatrix}.$$

注 3.3 计算不变因子、行列式因子的过程，本质上是计算多项式的最大公因式，因此可以显式计算，且不依赖于数域的选取，但寻求初等因子，需要对多项式做因式分解，只有在一些特殊情形下，才可以显式计算．

3.3 矩阵的 Jordan 标准形

有了前面的知识准备，本节将给出两个矩阵相似的充分必要条件，进而引出矩阵的 Jordan 标准形．

定理 3.12 方阵 $\boldsymbol{A}$ 与 $\boldsymbol{B}$ 相似的充要条件是 $\lambda\boldsymbol{E}-\boldsymbol{A}$ 与 $\lambda\boldsymbol{E}-\boldsymbol{B}$ 等价．

该定理中的必要性是容易证明的．事实上，若存在可逆阵 $\boldsymbol{P}$ 使 $\boldsymbol{P}^{-1}\boldsymbol{A}\boldsymbol{P}=\boldsymbol{B}$，则有

$$\lambda\boldsymbol{E}-\boldsymbol{B}=\lambda\boldsymbol{E}-\boldsymbol{P}^{-1}\boldsymbol{A}\boldsymbol{P}=\boldsymbol{P}^{-1}(\lambda\boldsymbol{E}-\boldsymbol{A})\boldsymbol{P},$$

即 $\lambda\boldsymbol{E}-\boldsymbol{A}$ 与 $\lambda\boldsymbol{E}-\boldsymbol{B}$ 等价．

为证充分性，需要以下引理．

引理 3.13 设 $\boldsymbol{A}$ 为常值矩阵，$\boldsymbol{P}(\lambda)$ 为 λ-矩阵，则存在 λ-矩阵 $\boldsymbol{P}_1(\lambda)$, $\boldsymbol{Q}_1(\lambda)$ 和常值矩阵 $\boldsymbol{R}_1$, $\boldsymbol{R}_2$，使得

$$\boldsymbol{P}(\lambda)=(\lambda\boldsymbol{E}-\boldsymbol{A})\boldsymbol{P}_1(\lambda)+\boldsymbol{R}_1=\boldsymbol{Q}_1(\lambda)(\lambda\boldsymbol{E}-\boldsymbol{A})+\boldsymbol{R}_2.$$

证明 对 $\boldsymbol{P}(\lambda)$ 的次数做归纳．

当 $\boldsymbol{P}(\lambda)$ 的次数为0时，$\boldsymbol{P}(\lambda)$ 退化为常值矩阵，记为 $\boldsymbol{P}$．此时只须取 $\boldsymbol{P}_1(\lambda)=\boldsymbol{Q}_1(\lambda)=\boldsymbol{0}$，$\boldsymbol{R}_1=\boldsymbol{R}_2=\boldsymbol{P}$ 即可．

设 $\boldsymbol{P}(\lambda)$ 的次数小于 n 时结论成立，当 $\boldsymbol{P}(\lambda)$ 的次数为 n 时，考虑 λ-矩阵 $\boldsymbol{Q}(\lambda)=\boldsymbol{P}(\lambda)-(\lambda\boldsymbol{E}-\boldsymbol{A})\boldsymbol{A}_0$，这里 $\boldsymbol{A}_0$ 为 $\boldsymbol{P}(\lambda)$ 的 λ^n 的系数矩阵，则 $\boldsymbol{Q}(\lambda)$ 的次数小于 n，从而存在 λ-矩阵 $\boldsymbol{P}_2(\lambda)$ 和常值矩阵 $\boldsymbol{R}_1$，使得

$$\boldsymbol{Q}(\lambda)=(\lambda\boldsymbol{E}-\boldsymbol{A})\boldsymbol{P}_2(\lambda)+\boldsymbol{R}_1,$$

于是只须取 $\boldsymbol{P}_1(\lambda)=\boldsymbol{P}_2(\lambda)+\lambda^n\boldsymbol{A}_0$ 即可．同理可证 $\boldsymbol{Q}_1(\lambda)$ 和 $\boldsymbol{R}_2$ 的存在性．证毕．

本引理相当于 λ-矩阵的带余除法，由于矩阵乘法不满足交换律，因此 λ-矩阵带余除法的表达式右端就存在除式乘商式和商式乘除式两种不同的形式．类似0不能做除数，当除式最高次项的系数矩阵不可逆时，带余除法可能无法进行．

以下证明定理 3.12 中的充分性．

证明 充分性．设 $\lambda\boldsymbol{E}-\boldsymbol{A}$ 与 $\lambda\boldsymbol{E}-\boldsymbol{B}$ 等价，则存在可逆的 λ– 矩阵 $\boldsymbol{P}(\lambda)$ 和 $\boldsymbol{Q}(\lambda)$，使

$$\boldsymbol{P}(\lambda)(\lambda\boldsymbol{E}-\boldsymbol{A})\boldsymbol{Q}(\lambda)=\lambda\boldsymbol{E}-\boldsymbol{B},$$

故有 $\boldsymbol{P}(\lambda)(\lambda\boldsymbol{E}-\boldsymbol{A})=(\lambda\boldsymbol{E}-\boldsymbol{B})\boldsymbol{Q}(\lambda)^{-1}$．先根据引理 3.13，将 $\boldsymbol{P}(\lambda)$ 和 $\boldsymbol{Q}(\lambda)^{-1}$ 分别写为

$$\boldsymbol{P}(\lambda)=(\lambda\boldsymbol{E}-\boldsymbol{B})\boldsymbol{P}_1(\lambda)+\boldsymbol{R}_1,\quad \boldsymbol{Q}(\lambda)^{-1}=\boldsymbol{Q}_1(\lambda)(\lambda\boldsymbol{E}-\boldsymbol{A})+\boldsymbol{R}_2,$$

其中 $\boldsymbol{R}_1,\boldsymbol{R}_2$ 都是常值矩阵．代入前式，再适当变形可以得到

$$(\lambda\boldsymbol{E}-\boldsymbol{B})(\boldsymbol{P}_1(\lambda)-\boldsymbol{Q}_1(\lambda))(\lambda\boldsymbol{E}-\boldsymbol{A})=(\lambda\boldsymbol{E}-\boldsymbol{B})\boldsymbol{R}_2-\boldsymbol{R}_1(\lambda\boldsymbol{E}-\boldsymbol{A}),$$

比较两端的次数得 $\boldsymbol{P}_1(\lambda)=\boldsymbol{Q}_1(\lambda)$，于是 $\boldsymbol{R}_1(\lambda\boldsymbol{E}-\boldsymbol{A})=(\lambda\boldsymbol{E}-\boldsymbol{B})\boldsymbol{R}_2$．再变形成 $\lambda(\boldsymbol{R}_1-\boldsymbol{R}_2)=\boldsymbol{R}_1\boldsymbol{A}-\boldsymbol{B}\boldsymbol{R}_2$，就有 $\boldsymbol{R}_1=\boldsymbol{R}_2$，故 $\boldsymbol{R}_1\boldsymbol{A}=\boldsymbol{B}\boldsymbol{R}_1$．只须再证明 $\boldsymbol{R}_1$ 是可逆阵即可．

设 $\boldsymbol{P}(\lambda)^{-1}=(\lambda\boldsymbol{E}-\boldsymbol{B})\boldsymbol{P}_2(\lambda)+\boldsymbol{R}_0$，其中 $\boldsymbol{R}_0$ 是只含常数的矩阵，则有

$$\begin{aligned}\boldsymbol{P}(\lambda)\boldsymbol{P}(\lambda)^{-1}&=((\lambda\boldsymbol{E}-\boldsymbol{B})\boldsymbol{P}_1(\lambda)+\boldsymbol{R}_1)((\lambda\boldsymbol{E}-\boldsymbol{B})\boldsymbol{P}_2(\lambda)+\boldsymbol{R}_0)\\&=(\lambda\boldsymbol{E}-\boldsymbol{B})\boldsymbol{P}_1(\lambda)\boldsymbol{P}(\lambda)^{-1}+\boldsymbol{R}_1(\lambda\boldsymbol{E}-\boldsymbol{B})\boldsymbol{P}_2(\lambda)+\boldsymbol{R}_1\boldsymbol{R}_0,\end{aligned}$$

即

$$\boldsymbol{E}=(\lambda\boldsymbol{E}-\boldsymbol{B})\boldsymbol{P}_1(\lambda)\boldsymbol{P}(\lambda)^{-1}+\boldsymbol{R}_1(\lambda\boldsymbol{E}-\boldsymbol{B})\boldsymbol{P}_2(\lambda)+\boldsymbol{R}_1\boldsymbol{R}_0.$$

比较两端的次数有 $\boldsymbol{R}_1\boldsymbol{R}_0=\boldsymbol{E}$，即 $\boldsymbol{R}_1$ 是可逆阵，因此 $\boldsymbol{A}$ 与 $\boldsymbol{B}$ 相似．证毕．

定义 3.9 设 $\boldsymbol{A}$ 为常值方阵，则 λ-矩阵 $\lambda\boldsymbol{E}-\boldsymbol{A}$ 的不变因子和初等因子称为常值矩阵 $\boldsymbol{A}$ 的**不变因子**和**初等因子**．

结合定理 3.12 以及定理 3.9，有如下推论．

推论 3.14 设 $\boldsymbol{A}$ 与 $\boldsymbol{B}$ 为常值方阵，则下列命题等价：

(1) $\boldsymbol{A}$ 与 $\boldsymbol{B}$ 相似；

(2) $\lambda\boldsymbol{E}-\boldsymbol{A}$ 与 $\lambda\boldsymbol{E}-\boldsymbol{B}$ 等价；

(3) $\boldsymbol{A}$ 与 $\boldsymbol{B}$ 具有相同的行列式因子；

(4) $\boldsymbol{A}$ 与 $\boldsymbol{B}$ 具有相同的不变因子；

(5) $\boldsymbol{A}$ 与 $\boldsymbol{B}$ 具有相同的初等因子．

对比定理 3.9，这里第 (5) 条结论中不再需要秩的条件，这是因为任何矩阵的特征多项式必定是非零多项式，故相应的 λ-矩阵必定是满秩的．

注 3.4 若将矩阵 $\boldsymbol{B}$ 看作矩阵 $\boldsymbol{A}$ 的相似变换，则上述推论指出，矩阵的特征值、行列式因子、初等因子、不变因子，都是在相似变换下保持不变的，这就是不变量的观点．数学的很多研究都是围绕寻求变换下的不变量展开的．

由于对角矩阵的初等因子都是一次的，于是有下面的推论．

推论 3.15 n 阶矩阵 $\boldsymbol{A}$ 相似于对角阵的充分必要条件是 $\boldsymbol{A}$ 的初等因子都是一次多项式．

相比第 1 章中的定理 1.35，推论 3.15 更加本质，相比定理 1.36，推论 3.15 给出了充分必要条件．但计算初等因子，需要对不变因子做因式分解，并不容易做到，然而为验证推论 3.15 的条件，并不需要显式求出初等因子．

定理 3.16 n 阶方阵 $\boldsymbol{A}$ 相似于对角阵的充分必要条件是 $\gcd(d_n(\lambda),d_n'(\lambda))=1$，这里 $d_n(\lambda)$ 为 $\boldsymbol{A}$ 的第 n 个不变因子．

证明 由推论 3.15 可知，方阵 $\boldsymbol{A}$ 相似于对角阵的充分必要条件是 $\boldsymbol{A}$ 的初等因子都是 λ 的一次多项式，而 $\boldsymbol{A}$ 的初等因子都是 λ 的一次多项式当且仅当 $d_n(\lambda)$ 无重根（因为前面的不变因子都是 $d_n(\lambda)$ 的因式，从而只要 $d_n(\lambda)$ 没有重根，前面的不变因子也不会有重根）．再根据

定理 2.28 立得结论．证毕．

例 3.8 设 $A=\begin{pmatrix}2&1&0\\1&1&1\\2&-1&3\end{pmatrix}$，判断 A 是否相似于对角阵．

解 通过观察，易见

$$\lambda E-A=\begin{pmatrix}\lambda-2&-1&0\\-1&\lambda-1&-1\\-2&1&\lambda-3\end{pmatrix},$$

存在 1 阶、2 阶子式为非零常数，故

$$d_3(\lambda)=\det(\lambda E-A)=\lambda^3-6\lambda^2+11\lambda-7\,.$$

由于

$$\gcd(d_3(\lambda),d_3'(\lambda))=\gcd(\lambda^3-6\lambda^2+11\lambda-7,3\lambda^2-12\lambda+11)=1\,,$$

故 A 相似于对角阵．

当矩阵不能相似对角化时，同样需要寻求一个与其相似且形状相对简单的矩阵．为此考虑下面的例子．

例 3.9 求 n_0 阶方阵 $J_0=\begin{pmatrix}\lambda_0&1&&\\&\lambda_0&\ddots&\\&&\ddots&1\\&&&\lambda_0\end{pmatrix}$ 的初等因子．

解 因为

$$\lambda E-J_0=\begin{pmatrix}\lambda-\lambda_0&-1&&\\&\lambda-\lambda_0&\ddots&\\&&\ddots&-1\\&&&\lambda-\lambda_0\end{pmatrix},$$

易见存在 J_0 的 (n_0-1) 阶子式为非零常数，故行列式因子 $D_1(\lambda)=\cdots=D_{n_0-1}(\lambda)=1$，而 $D_{n_0}(\lambda)=(\lambda-\lambda_0)^{n_0}$，从而 J_0 的不变因子为 $d_1(\lambda)=\cdots=d_{n_0-1}(\lambda)=1$，$d_{n_0}(\lambda)=(\lambda-\lambda_0)^{n_0}$，所以 J_0 的初等因子为 $(\lambda-\lambda_0)^{n_0}$．

根据例 3.9，对任意给定的一组初等因子，均可通过形如例 3.9 中的矩阵，构造出一个分块对角阵，使其初等因子恰为给定的因子．

定义 3.10 分块矩阵

$$J=\begin{pmatrix}J_1&&&\\&J_2&&\\&&\ddots&\\&&&J_s\end{pmatrix}\tag{3.1}$$

称为 **Jordan 标准形**，其中

$$J_k = \begin{pmatrix} \lambda_k & 1 & & \\ & \lambda_k & \ddots & \\ & & \ddots & 1 \\ & & & \lambda_k \end{pmatrix} \quad (1 \leqslant k \leqslant s),$$

为 n_k 阶上三角矩阵，称为一个 **Jordan 块**.

根据例 3.9 和定理 3.11 的结论立即得到下面的定理.

定理 3.17 式 (3.1) 中的 $\boldsymbol{J}$ 的初等因子全体为 $(\lambda-\lambda_1)^{n_1}, (\lambda-\lambda_2)^{n_2}, \cdots, (\lambda-\lambda_s)^{n_s}$.

结合推论 3.14，就得到本章的核心定理.

定理 3.18 若 n 阶方阵 $\boldsymbol{A}$ 的初等因子是 $(\lambda-\lambda_1)^{n_1}, (\lambda-\lambda_2)^{n_2}, \cdots, (\lambda-\lambda_s)^{n_s}$，则 $\boldsymbol{A}$ 相似于分块对角阵 $\boldsymbol{J}$，其定义如式 (3.1) .

根据上述结论，为计算矩阵 $\boldsymbol{A}$ 的 Jordan 标准形 $\boldsymbol{J}$，只须计算 $\lambda\boldsymbol{E}-\boldsymbol{A}$ 的标准形，但过渡矩阵 $\boldsymbol{P}$ 的计算过程相对复杂.

例 3.10 求 $\boldsymbol{A} = \begin{pmatrix} 1 & -1 & 0 \\ 2 & 4 & -1 \\ 0 & 0 & 3 \end{pmatrix}$ 的 Jordan 标准形 $\boldsymbol{J}$ 和过渡矩阵 $\boldsymbol{P}$，使 $\boldsymbol{A} = \boldsymbol{P}\boldsymbol{J}\boldsymbol{P}^{-1}$.

解 对 $\lambda\boldsymbol{E}-\boldsymbol{A}$ 作初等变换，得

$$\lambda\boldsymbol{E}-\boldsymbol{A} = \begin{pmatrix} \lambda-1 & 1 & 0 \\ -2 & \lambda-4 & 1 \\ 0 & 0 & \lambda-3 \end{pmatrix} \xrightarrow{c_1 \leftrightarrow c_2} \begin{pmatrix} 1 & \lambda-1 & 0 \\ \lambda-4 & -2 & 1 \\ 0 & 0 & \lambda-3 \end{pmatrix}$$

$$\xrightarrow[r_2-(\lambda-4)r_1]{c_2-(\lambda-1)c_1} \begin{pmatrix} 1 & 0 & 0 \\ 0 & -\lambda^2+5\lambda-6 & 1 \\ 0 & 0 & \lambda-3 \end{pmatrix},$$

此时右下矩阵块的 1 阶行列式因子为 1，2 阶行列式因子为 $(\lambda-2)(\lambda-3)^2$，于是 $\boldsymbol{A}$ 的不变因子为 1，1，$(\lambda-2)(\lambda-3)^2$，初等因子为 $(\lambda-2)$，$(\lambda-3)^2$，从而 $\boldsymbol{A}$ 的 Jordan 标准形为

$$\boldsymbol{J} = \begin{pmatrix} 2 & 0 & 0 \\ 0 & 3 & 1 \\ 0 & 0 & 3 \end{pmatrix}.$$

为求过渡矩阵 $\boldsymbol{P}$，设 $\boldsymbol{P} = (\boldsymbol{p}_1\ \boldsymbol{p}_2\ \boldsymbol{p}_3)$，这里 $\boldsymbol{p}_1, \boldsymbol{p}_2, \boldsymbol{p}_3$ 为列矩阵. 由 $\boldsymbol{A} = \boldsymbol{P}\boldsymbol{J}\boldsymbol{P}^{-1}$，得

$$\boldsymbol{A}(\boldsymbol{p}_1\ \boldsymbol{p}_2\ \boldsymbol{p}_3) = (\boldsymbol{p}_1\ \boldsymbol{p}_2\ \boldsymbol{p}_3)\begin{pmatrix} 2 & 0 & 0 \\ 0 & 3 & 1 \\ 0 & 0 & 3 \end{pmatrix}.$$

即 $\boldsymbol{A}\boldsymbol{p}_1 = 2\boldsymbol{p}_1, \boldsymbol{A}\boldsymbol{p}_2 = 3\boldsymbol{p}_2, \boldsymbol{A}\boldsymbol{p}_3 = \boldsymbol{p}_2 + 3\boldsymbol{p}_3$.

解方程组 $(\boldsymbol{A}-2\boldsymbol{E})\boldsymbol{p}_1=\boldsymbol{0}$，得 $\boldsymbol{p}_1=(1\ -1\ 0)^{\mathrm{T}}$.

解方程组 $(\boldsymbol{A}-3\boldsymbol{E})\boldsymbol{p}_2=\boldsymbol{0}$，得 $\boldsymbol{p}_2=(1\ -2\ 0)^{\mathrm{T}}$.

解方程组 $(\boldsymbol{A}-3\boldsymbol{E})\boldsymbol{p}_3=\boldsymbol{p}_2$，得 $\boldsymbol{p}_3=(0\ -1\ 1)^{\mathrm{T}}$.

于是 $\boldsymbol{P}=(\boldsymbol{p}_1\ \boldsymbol{p}_2\ \boldsymbol{p}_3)=\begin{pmatrix}1&1&0\\-1&-2&-1\\0&0&1\end{pmatrix}$.

例 3.11 设 $\boldsymbol{A}=\begin{pmatrix}2&0&0\\1&1&1\\1&-1&3\end{pmatrix}$，求 $\boldsymbol{A}$ 的 Jordan 标准形 $\boldsymbol{J}$ 和过渡矩阵 $\boldsymbol{P}$，使 $\boldsymbol{A}=\boldsymbol{P}\boldsymbol{J}\boldsymbol{P}^{-1}$.

解 对 $\lambda\boldsymbol{E}-\boldsymbol{A}$ 作初等变换，得

$$\lambda\boldsymbol{E}-\boldsymbol{A}=\begin{pmatrix}\lambda-2&0&0\\-1&\lambda-1&-1\\-1&1&\lambda-3\end{pmatrix}\to\begin{pmatrix}1&-(\lambda-1)&1\\\lambda-2&0&0\\-1&1&\lambda-3\end{pmatrix}$$

$$\to\begin{pmatrix}1&0&0\\0&(\lambda-1)(\lambda-2)&-(\lambda-2)\\0&-(\lambda-2)&\lambda-2\end{pmatrix},$$

易见右下矩阵块的 1 阶行列式因子为 $(\lambda-2)$，2 阶行列式因子为 $(\lambda-2)^3$，故 $\boldsymbol{A}$ 的初等因子为 $(\lambda-2)$，$(\lambda-2)^2$，从而 $\boldsymbol{A}$ 的 Jordan 标准形为 $\boldsymbol{J}=\begin{pmatrix}2&0&0\\0&2&1\\0&0&2\end{pmatrix}$.

为求过渡矩阵 $\boldsymbol{P}$，设 $\boldsymbol{P}=(\boldsymbol{p}_1\ \boldsymbol{p}_2\ \boldsymbol{p}_3)$，这里 $\boldsymbol{p}_1,\boldsymbol{p}_2,\boldsymbol{p}_3$ 为列矩阵. 由 $\boldsymbol{AP}=\boldsymbol{PJ}$，得

$$(\boldsymbol{A}\boldsymbol{p}_1\ \boldsymbol{A}\boldsymbol{p}_2\ \boldsymbol{A}\boldsymbol{p}_3)=(2\boldsymbol{p}_1\ 2\boldsymbol{p}_2\ \boldsymbol{p}_2+2\boldsymbol{p}_3).$$

解方程组 $(\boldsymbol{A}-2\boldsymbol{E})\boldsymbol{X}=\boldsymbol{0}$，得基础解系 $\boldsymbol{X}_1=(1\,1\,0)^{\mathrm{T}}$, $\boldsymbol{X}_2=(1\,0\,-1)^{\mathrm{T}}$，因 $\boldsymbol{p}_1$ 和 $\boldsymbol{p}_2$ 是 $(\boldsymbol{A}-2\boldsymbol{E})\boldsymbol{X}=\boldsymbol{0}$ 的 2 个线性无关的解，且 $\boldsymbol{p}_2$ 还需要使关于 $\boldsymbol{p}_3$ 的方程 $(\boldsymbol{A}-2\boldsymbol{E})\boldsymbol{p}_3=\boldsymbol{p}_2$ 有解. 于是，设 $\boldsymbol{p}_2=k_1\boldsymbol{X}_1+k_2\boldsymbol{X}_2$，则

$$(\boldsymbol{A}-2\boldsymbol{E}\ \ \boldsymbol{p}_2)=\begin{pmatrix}0&0&0&k_1+k_2\\1&-1&1&k_1\\1&-1&1&-k_2\end{pmatrix}\to\begin{pmatrix}1&-1&1&-k_2\\0&0&0&k_1+k_2\\0&0&0&0\end{pmatrix}.$$

当 $k_1+k_2=0$ 时，$(\boldsymbol{A}-2\boldsymbol{E})\boldsymbol{p}_3=\boldsymbol{p}_2$ 有解，取 $k_1=1,k_2=-1$，即 $\boldsymbol{p}_2=\boldsymbol{X}_1-\boldsymbol{X}_2=(0\ 1\ 1)^{\mathrm{T}}$，得 $\boldsymbol{p}_3=(1\ 0\ 0)^{\mathrm{T}}$. 再取 $\boldsymbol{p}_1=\boldsymbol{X}_1=(1\ 1\ 0)^{\mathrm{T}}$（只须与 $\boldsymbol{p}_2$ 线性无关即可），得

$$\boldsymbol{P}=(\boldsymbol{p}_1\ \boldsymbol{p}_2\ \boldsymbol{p}_3)=\begin{pmatrix}1&0&1\\1&1&0\\0&1&0\end{pmatrix}.$$

注 3.5 一般情形下，由于矩阵的初等因子并不能精确求出，因此也就无法精确得到

Jordan 标准形和相应的过渡矩阵，是否存在有效的数值计算方法，成为一个重要的问题.

注 3.6 由于矩阵的 Jordan 标准形和过渡矩阵通常是复矩阵，因此确切地说，本章给出的所有结论中提及的“相似”都是指“复相似”，Jordan 标准形也只是矩阵复相似变换下的标准形. 若考虑“实相似”问题（即要求标准形和过渡矩阵都是实矩阵），结论要复杂得多，读者可参考本章习题以及参考文献 [3] .

3.4 矩阵的零化多项式和最小多项式

本节介绍的矩阵的零化多项式与最小多项式，与矩阵的 Jordan 标准形有关联，且在本书后续的章节中有应用.

与多项式可在数域上求值类似，多项式同样可以在矩阵上求值.

定义 3.11 设多项式 $\varphi(\lambda) = a_0\lambda^n + a_1\lambda^{n-1} + \cdots + a_{n-1}\lambda + a_n$ ，$\boldsymbol{A}$ 为方阵，记

$$\varphi(\boldsymbol{A}) = a_0\boldsymbol{A}^n + a_1\boldsymbol{A}^{n-1} + \cdots + a_{n-1}\boldsymbol{A} + a_n\boldsymbol{E},$$

称为多项式 $\varphi(\lambda)$ 在矩阵 $\boldsymbol{A}$ 上的取值.

多项式在矩阵上的取值，本质即为将多项式的文字符号替换为矩阵，其中矩阵的零次方约定为单位矩阵.

对取定的矩阵，有一类多项式非常特殊，即如下定义.

定义 3.12 设 $\boldsymbol{A}$ 是 n 阶方阵，若存在多项式 $\varphi(\lambda)$，使 $\varphi(\boldsymbol{A}) = \boldsymbol{0}$，则称 $\varphi(\lambda)$ 为 $\boldsymbol{A}$ 的一个**零化多项式**.

例 3.12 设矩阵 $\boldsymbol{A} = \begin{pmatrix} 2 & 1 \\ 0 & 2 \end{pmatrix}$，验证 $\varphi(\lambda) = \lambda^3 - 3\lambda^2 + 4$ 是 $\boldsymbol{A}$ 的一个零化多项式.

证明 直接计算，有

$$\boldsymbol{A}^3 - 3\boldsymbol{A}^2 + 4\boldsymbol{E} = \begin{pmatrix} 2 & 1 \\ 0 & 2 \end{pmatrix}^3 - 3\begin{pmatrix} 2 & 1 \\ 0 & 2 \end{pmatrix}^2 + 4\begin{pmatrix} 1 & 0 \\ 0 & 1 \end{pmatrix} = \boldsymbol{0},$$

于是，多项式 $\varphi(\lambda) = \lambda^3 - 3\lambda^2 + 4$ 是 $\boldsymbol{A}$ 的一个零化多项式.

下面的定理指出，数域 $\mathbf{F}$ 上的方阵，在 $\mathbf{F}(\lambda)$ 中必定存在零化多项式.

定理 3.19 (Cayley-Hamilton[1]) 矩阵 $\boldsymbol{A}$ 的特征多项式 $f(\lambda) = |\lambda\boldsymbol{E} - \boldsymbol{A}|$ 是 $\boldsymbol{A}$ 的一个零化多项式.

本定理不能简单地将 $|\lambda\boldsymbol{E} - \boldsymbol{A}|$ 中的 λ 以 $\boldsymbol{A}$ 取代，因为 $|\boldsymbol{A}\boldsymbol{E} - \boldsymbol{A}| = 0$ 中的 0 是数 0，而关于 λ 的多项式 $|\lambda\boldsymbol{E} - \boldsymbol{A}|$ 在矩阵 $\boldsymbol{A}$ 上的取值是矩阵.

证明 设 $f(\lambda) = |\lambda\boldsymbol{E}-\boldsymbol{A}| = \lambda^n+a_1\lambda^{n-1}+\cdots+a_{n-1}\lambda+a_n$ 是方阵 $\boldsymbol{A}$ 的特征多项式，$(\lambda\boldsymbol{E}-\boldsymbol{A})^*$ 是特征矩阵 $\lambda\boldsymbol{E} - \boldsymbol{A}$ 的伴随矩阵. 由于 $(\lambda\boldsymbol{E} - \boldsymbol{A})^*$ 的每个元素都是 $\lambda\boldsymbol{E} - \boldsymbol{A}$ 的某个元素的代数余子式，从而至多是 λ 的 $n-1$ 次多项式，故可设

$$(\lambda\boldsymbol{E} - \boldsymbol{A})^* = \boldsymbol{B}_0\lambda^{n-1} + \boldsymbol{B}_1\lambda^{n-2} + \cdots + \boldsymbol{B}_{n-2}\lambda + \boldsymbol{B}_{n-1},$$

[1]全名为 William Rowan Hamilton (1805–1865)，哈密尔顿，英国数学家.

其中 $\boldsymbol{B}_j\,(j=0,1,\cdots,n-1)$ 是 n 阶常值方阵，于是

$$\begin{aligned}(\lambda\boldsymbol{E}-\boldsymbol{A})(\lambda\boldsymbol{E}-\boldsymbol{A})^* &= (\lambda\boldsymbol{E}-\boldsymbol{A})(\boldsymbol{B}_0\lambda^{n-1}+\boldsymbol{B}_1\lambda^{n-2}+\cdots+\boldsymbol{B}_{n-2}\lambda+\boldsymbol{B}_{n-1})\\ &= \boldsymbol{B}_0\lambda^n+(\boldsymbol{B}_1-\boldsymbol{A}\boldsymbol{B}_0)\lambda^{n-1}+\cdots+(\boldsymbol{B}_{n-1}-\boldsymbol{A}\boldsymbol{B}_{n-2})\lambda+\boldsymbol{A}\boldsymbol{B}_{n-1}\,.\end{aligned}$$

又因为

$$(\lambda\boldsymbol{E}-\boldsymbol{A})(\lambda\boldsymbol{E}-\boldsymbol{A})^* = |\lambda\boldsymbol{E}-\boldsymbol{A}|\boldsymbol{E} = (\lambda^n+a_1\lambda^{n-1}+\cdots+a_{n-1}\lambda+a_n)\boldsymbol{E},$$

比较这两个等式 λ 的同次乘幂的系数矩阵，可得

$$\begin{aligned}\boldsymbol{B}_0 &= \boldsymbol{E}\,,\\ \boldsymbol{B}_1-\boldsymbol{A}\boldsymbol{B}_0 &= a_1\boldsymbol{E}\,,\\ &\vdots\\ \boldsymbol{B}_{n-1}-\boldsymbol{A}\boldsymbol{B}_{n-2} &= a_{n-1}\boldsymbol{E}\,,\\ -\boldsymbol{A}\boldsymbol{B}_{n-1} &= a_n\boldsymbol{E}\,,\end{aligned}$$

分别用 $\boldsymbol{A}^n, \boldsymbol{A}^{n-1},\cdots,\boldsymbol{A}, \boldsymbol{E}$ 从上至下依次左乘这些等式的两边后再相加，得

$$\boldsymbol{0} = \boldsymbol{A}^n+a_1\boldsymbol{A}^{n-1}+\cdots+a_{n-1}\boldsymbol{A}+a_n\boldsymbol{E}\,,$$

即 $f(\boldsymbol{A})=\boldsymbol{0}$. 证毕.

类似数的零化多项式，有下述结论和定义.

定理 3.20 若 $f(x)$ 与 $g(x)$ 同为方阵 $\boldsymbol{A}$ 的零化多项式，则 $\gcd(f(x),g(x))$ 也是 $\boldsymbol{A}$ 的零化多项式.

定义 3.13 方阵 $\boldsymbol{A}$ 的所有零化多项式的最大公因式，称为 $\boldsymbol{A}$ 的**最小多项式**.

定义 3.14 设 $\boldsymbol{A}$ 为 n 阶方阵，则称 $\boldsymbol{A}$ 的首项系数为 1 的次数最低的零化多项式为 $\boldsymbol{A}$ 的**最小多项式**，记作 $m_{\boldsymbol{A}}(\lambda)$.

下面给出最小多项式的一些性质.

定理 3.21 设 $\boldsymbol{A}$ 为 n 阶方阵，则

(1) $m_{\boldsymbol{A}}(\lambda)$ 是唯一的;

(2) $\boldsymbol{A}$ 的一切特征值必为 $m_{\boldsymbol{A}}(\lambda)$ 的根.

证明 (1) 设 $m_1(\lambda), m_2(\lambda)$ 都是 $\boldsymbol{A}$ 的最小多项式，则 $m_1(\lambda)\mid m_2(\lambda)$，$m_2(\lambda)\mid m_1(\lambda)$，故存在常数 c，使 $m_1(\lambda)=cm_2(\lambda)$. 再根据最小多项式的首项系数为 1，得 $c=1$.

(2) 设 λ 是 $\boldsymbol{A}$ 的特征值，则存在 $\boldsymbol{A}$ 的特征向量 $\boldsymbol{\alpha}$，使 $\boldsymbol{A}\boldsymbol{\alpha}=\lambda\boldsymbol{\alpha}$，于是 $m_{\boldsymbol{A}}(\boldsymbol{A})\boldsymbol{\alpha}=m_{\boldsymbol{A}}(\lambda)\boldsymbol{\alpha}$. 而 $m_{\boldsymbol{A}}(\boldsymbol{A})\boldsymbol{\alpha}=\boldsymbol{0}\boldsymbol{\alpha}=\boldsymbol{0}$，故 $m_{\boldsymbol{A}}(\lambda)=0$.

定理 3.22 若矩阵 $\boldsymbol{A}$ 与 $\boldsymbol{B}$ 相似，则 $\boldsymbol{A}$ 与 $\boldsymbol{B}$ 的最小多项式相同.

证明 只须证明 $\boldsymbol{A}$ 与 $\boldsymbol{B}$ 的零化多项式完全相同. 设 $\boldsymbol{A}=\boldsymbol{P}\boldsymbol{B}\boldsymbol{P}^{-1}$，则对一切多项式 $f(\lambda)$，有 $f(\boldsymbol{A})=\boldsymbol{P}f(\boldsymbol{B})\boldsymbol{P}^{-1}$，从而 $f(\boldsymbol{A})=\boldsymbol{0}$ 当且仅当 $f(\boldsymbol{B})=\boldsymbol{0}$. 证毕.

下面的定理指出，方阵的最小多项式，就是该方阵的最后一个不变因子. 为此先证明两个引理.

引理 3.23 对 r 阶方阵

$$\boldsymbol{H}=\begin{pmatrix}0&1&&\\&\ddots&\ddots&\\&&\ddots&1\\&&&0\end{pmatrix},$$

当 $l<r$ 时，

$$\boldsymbol{H}^l=\begin{pmatrix}\overbrace{0\ \cdots\ 0}^{l\text{个}}&1&&\\ \ddots&\ddots&\ddots&\\ &\ddots&\ddots&1\\ &&\ddots&0\\ &&&\vdots\\ &&&0\end{pmatrix};$$

当 $l\geqslant r$ 时，$\boldsymbol{H}^l=\boldsymbol{0}$.

证明 用数学归纳法．当 $l=1$ 时，结论显然成立．设当 $l=k-1$ 时，有

$$\boldsymbol{H}^{k-1}=\begin{pmatrix}\overbrace{0\ \cdots\ 0}^{(k-1)\text{个}}&1&&\\ \ddots&\ddots&\ddots&\\ &\ddots&\ddots&1\\ &&\ddots&0\\ &&&\vdots\\ &&&0\end{pmatrix}.$$

则

$$\boldsymbol{H}^k=\begin{pmatrix}\overbrace{0\ \cdots\ 0}^{(k-1)\text{个}}&1&&\\ \ddots&\ddots&\ddots&\\ &\ddots&\ddots&1\\ &&\ddots&0\\ &&&\vdots\\ &&&0\end{pmatrix}\begin{pmatrix}0&1&&\\&\ddots&\ddots&\\&&\ddots&1\\&&&0\end{pmatrix}=\begin{pmatrix}\overbrace{0\ \cdots\ 0}^{k\text{个}}&1&&\\ \ddots&\ddots&\ddots&\\ &\ddots&\ddots&1\\ &&\ddots&0\\ &&&\vdots\\ &&&0\end{pmatrix},$$

故对一切 $l < r$，结论成立．特别地，

$$H^{r-1} = \begin{pmatrix} 0 & \cdots & 0 & 1 \\ & \ddots & & 0 \\ & & \ddots & \vdots \\ & & & 0 \end{pmatrix}.$$

于是

$$H^r = H^{r-1} \cdot H = \begin{pmatrix} 0 & \cdots & 0 & 1 \\ & \ddots & & 0 \\ & & \ddots & \vdots \\ & & & 0 \end{pmatrix} \begin{pmatrix} 0 & 1 & & \\ & \ddots & \ddots & \\ & & \ddots & 1 \\ & & & 0 \end{pmatrix} = \mathbf{0},$$

故当 $l \geqslant r$ 时，有 $H^l = \mathbf{0}$．证毕．

由上述引理立即得到下面的推论．

推论 3.24 r 阶 Jordan 块

$$J = \begin{pmatrix} \lambda_0 & 1 & & \\ & \lambda_0 & \ddots & \\ & & \ddots & 1 \\ & & & \lambda_0 \end{pmatrix}$$

的最小多项式 $m_J(\lambda) = (\lambda - \lambda_0)^r$．

证明 由引理 3.23 知 $(\lambda - \lambda_0)^r$ 是 J 的一个零化多项式，故 $m_J(\lambda) \mid (\lambda - \lambda_0)^r$，从而 $m_J(\lambda) = (\lambda - \lambda_0)^s\ (s \leqslant r)$．再根据引理 3.23，当 $s < r$ 时，$(J - \lambda_0 E)^s \neq \mathbf{0}$，得 $s = r$．证毕．

引理 3.25 分块对角阵

$$A = \begin{pmatrix} A_1 & & & \\ & A_2 & & \\ & & \ddots & \\ & & & A_s \end{pmatrix},$$

的最小多项式是 $A_1, A_2, \cdots, A_s$ 的最小多项式的最小公倍式．

证明 先指出一个基本事实：对任何多项式 $f(\lambda)$，

$$f(A) = \begin{pmatrix} f(A_1) & & & \\ & f(A_2) & & \\ & & \ddots & \\ & & & f(A_s) \end{pmatrix}.$$

由于 $\operatorname{lcm}(m_{A_1}(\lambda), m_{A_2}(\lambda), \cdots, m_{A_s}(\lambda))$ 是每一个 $m_{A_j}(\lambda)$ 的倍式，故是 A_j 的零化多项式，从而

是 $\boldsymbol{A}$ 的零化多项式，于是

$$m_{\boldsymbol{A}}(\lambda) \mid \operatorname{lcm}(m_{\boldsymbol{A}_1}(\lambda), m_{\boldsymbol{A}_2}(\lambda), \cdots, m_{\boldsymbol{A}_s}(\lambda)).$$

又对一切 j，$m_{\boldsymbol{A}}(\boldsymbol{A}_j) = \boldsymbol{0}$，即 $m_{\boldsymbol{A}}(\lambda)$ 是 $\boldsymbol{A}_j$ 的零化多项式，从而是 $m_{\boldsymbol{A}_j}(\lambda)$ 的倍式．于是，$m_{\boldsymbol{A}}(\lambda)$ 是 $m_{\boldsymbol{A}_1}(\lambda), m_{\boldsymbol{A}_2}(\lambda), \cdots, m_{\boldsymbol{A}_s}(\lambda)$ 的公倍式，故

$$\operatorname{lcm}(m_{\boldsymbol{A}_1}(\lambda), m_{\boldsymbol{A}_2}(\lambda), \cdots, m_{\boldsymbol{A}_s}(\lambda)) \mid m_{\boldsymbol{A}}(\lambda).$$

证毕．

定理 3.26 n 阶矩阵 $\boldsymbol{A}$ 的最小多项式，为矩阵 $\lambda\boldsymbol{E} - \boldsymbol{A}$ 的第 n 个不变因子．

证明 根据定理 3.22，只须考虑 $\boldsymbol{A}$ 的 Jordan 标准形 $\boldsymbol{J}$ 的最小多项式．再根据引理 3.25，$\boldsymbol{J}$ 的最小多项式为各 Jordan 块的最小多项式的最小公倍式，这正是矩阵 $\lambda\boldsymbol{E} - \boldsymbol{A}$ 的第 n 个不变因子．证毕．

类似数的最小多项式，若两个多项式关于某矩阵的最小多项式同余，则两个多项式在该矩阵上的值相同．故计算多项式在矩阵上的取值时，应利用矩阵的最小多项式，对原多项式取模后再求值．

例 3.13 已知 $\boldsymbol{A} = \begin{pmatrix} 3 & 1 & 1 \\ -1 & 1 & -1 \\ 1 & 1 & 3 \end{pmatrix}$，求 $\boldsymbol{A}^{20}$．

解 先求 $\boldsymbol{A}$ 的最小多项式．因为

$$\lambda\boldsymbol{E} - \boldsymbol{A} = \begin{pmatrix} \lambda-3 & -1 & -1 \\ 1 & \lambda-1 & 1 \\ -1 & -1 & \lambda-3 \end{pmatrix} \to \begin{pmatrix} 1 & \lambda-1 & 1 \\ \lambda-1 & -1 & -1 \\ -1 & -1 & \lambda-3 \end{pmatrix}$$

$$\to \begin{pmatrix} 1 & 0 & 0 \\ 0 & -\lambda^2+4\lambda-4 & -\lambda+2 \\ 0 & \lambda-2 & \lambda-2 \end{pmatrix} \to \begin{pmatrix} 1 & 0 & 0 \\ 0 & \lambda-2 & 0 \\ 0 & 0 & (\lambda-2)(\lambda-3) \end{pmatrix},$$

所以 $\boldsymbol{A}$ 的最小多项式 $m_{\boldsymbol{A}}(\lambda) = (\lambda-2)(\lambda-3)$．根据例 2.9，

$$\lambda^{20} \equiv (3^{20} - 2^{20})\lambda + (3 \times 2^{20} - 2 \times 3^{20}) \mod (\lambda-2)(\lambda-3),$$

故

$$\begin{aligned} \boldsymbol{A}^{20} &= (3^{20} - 2^{20})\boldsymbol{A} + (3 \times 2^{20} - 2 \times 3^{20})\boldsymbol{E} = 3^{20}(\boldsymbol{A} - 2\boldsymbol{E}) - 2^{20}(\boldsymbol{A} - 3\boldsymbol{E}) \\ &= 3^{20}\begin{pmatrix} 1 & 1 & 1 \\ -1 & -1 & -1 \\ 1 & 1 & 1 \end{pmatrix} - 2^{20}\begin{pmatrix} 0 & 1 & 1 \\ -1 & -2 & -1 \\ 1 & 1 & 0 \end{pmatrix}. \end{aligned}$$

习题 3

1. 利用初等变换把下列 λ-矩阵化为等价标准形．

(1) $\begin{pmatrix} \lambda-1 & -\lambda^2 & \lambda^2 \\ \lambda & \lambda & \lambda \\ \lambda^2+1 & \lambda^2 & \lambda^2 \end{pmatrix}$； (2) $\begin{pmatrix} \lambda+1 & \lambda^2+1 & \lambda^2 \\ \lambda-1 & \lambda^2-1 & \lambda \\ 3\lambda-1 & 3\lambda^2-1 & \lambda^2+2\lambda \end{pmatrix}$.

2. 求下列λ-矩阵的行列式因子、不变因子和初等因子.

(1) $\begin{pmatrix} \lambda+1 & -2 & 2 \\ 1 & \lambda-2 & 1 \\ -1 & 1 & \lambda-2 \end{pmatrix}$； (2) $\begin{pmatrix} \lambda+1 & -3 & -6 \\ 0 & \lambda-3 & 8 \\ 0 & 2 & \lambda+5 \end{pmatrix}$；

(3) $\begin{pmatrix} \lambda & 0 & 0 & 0 \\ 0 & \lambda-1 & 0 & 0 \\ 0 & 0 & \lambda & 1 \\ 0 & 0 & 0 & \lambda \end{pmatrix}$； (4) $\begin{pmatrix} \lambda & 5 & 1 & 14 \\ 0 & \lambda+1 & 0 & 4 \\ -1 & -1 & \lambda-2 & -6 \\ 0 & -1 & 0 & \lambda-3 \end{pmatrix}$.

3. 设6阶λ-矩阵$\boldsymbol{A}(\lambda)$的秩为5，其初等因子是$\lambda-1, \lambda-1, (\lambda-2)^3, \lambda+2, (\lambda+2)^2$，求$\boldsymbol{A}(\lambda)$的行列式因子、不变因子，以及$\boldsymbol{A}(\lambda)$的等价标准形.

4. 设7阶λ-矩阵$\boldsymbol{A}(\lambda)$的秩为6，其初等因子是$\lambda, \lambda, \lambda^2, \lambda-2, (\lambda-2)^3, (\lambda-2)^3$，求$\boldsymbol{A}(\lambda)$的行列式因子、不变因子，以及$\boldsymbol{A}(\lambda)$的等价标准形.

5. 证明：两个等价的n阶λ-矩阵的行列式只相差一个常数因子.

6. 求下列矩阵的Jordan标准形.

(1) $\begin{pmatrix} 1 & -2 & 2 \\ 1 & -2 & 1 \\ -1 & 1 & -2 \end{pmatrix}$； (2) $\begin{pmatrix} 1 & -3 & 3 \\ -2 & -6 & 13 \\ -1 & -4 & 8 \end{pmatrix}$； (3) $\begin{pmatrix} 4 & -5 & 2 \\ 5 & -7 & 3 \\ 6 & -9 & 4 \end{pmatrix}$； (4) $\begin{pmatrix} 3 & -4 & 0 & 0 \\ 4 & -5 & -2 & 4 \\ 0 & 0 & 3 & -2 \\ 0 & 0 & 2 & -1 \end{pmatrix}$.

7. 分别求单位矩阵和零矩阵的最小多项式.

8. 求下列矩阵的最小多项式，并判断其是否相似于对角矩阵.

(1) $\begin{pmatrix} 3 & 0 & 1 \\ 1 & 2 & 1 \\ -1 & 0 & 1 \end{pmatrix}$； (2) $\begin{pmatrix} 4 & -5 & -6 \\ -2 & 7 & 7 \\ 2 & -5 & -4 \end{pmatrix}$.

9. 对矩阵$\boldsymbol{A}$，若存在正整数k，使$\boldsymbol{A}^k=\boldsymbol{0}$，则$\boldsymbol{A}$称为**幂零阵**. 证明：$\boldsymbol{A}$为幂零阵当且仅当$\boldsymbol{A}$的特征值都等于零.

10. 设非零矩阵$\boldsymbol{A}$是幂零阵，证明：$\boldsymbol{A}$不相似于对角阵.

11. 求3阶幂零阵的全部可能的Jordan标准形.

12. 求3阶幂等阵（即满足$\boldsymbol{A}^2=\boldsymbol{A}$的矩阵$\boldsymbol{A}$）的全部可能的Jordan标准形.

13. 设 3 阶矩阵 $\boldsymbol{A}$ 满足 $\boldsymbol{A}^2 = \boldsymbol{E}$，求 $\boldsymbol{A}$ 的全部可能的 Jordan 标准形.

14. 设 n 阶矩阵 $\boldsymbol{A}$ 满足 $\boldsymbol{A}^2 = \boldsymbol{E}$，证明：$\boldsymbol{A}$ 相似于对角阵.

15. 设 n 阶矩阵 $\boldsymbol{A}$ 满足 $\boldsymbol{A}^3 - \boldsymbol{A} = 10\boldsymbol{E}$，证明：$\boldsymbol{A}$ 相似于对角阵.

16. 设 n 阶方阵 $\boldsymbol{R} = \begin{pmatrix} 0 & 0 & \cdots & 0 & -a_0 \\ 1 & 0 & \cdots & 0 & -a_1 \\ 0 & 1 & \cdots & 0 & -a_2 \\ \vdots & \vdots & & \vdots & \vdots \\ 0 & 0 & \cdots & 1 & -a_{n-1} \end{pmatrix}$.

(1) 求 $\boldsymbol{R}$ 的不变因子全体；

(2) 对 $1 \leqslant j \leqslant n$，计算 $\boldsymbol{R}\boldsymbol{e}_j$，这里 $\boldsymbol{e}_j$ 为单位列矩阵；

(3) 设非零多项式 $f(\lambda) = b_m\lambda^m + b_{m-1}\lambda^{m-1} + \cdots + b_1\lambda + b_0$，$0 < m < n$，证明：$f(\boldsymbol{R})\boldsymbol{e}_1 \neq \boldsymbol{0}$；

(4) 证明：任何方阵必相似于分块对角阵，其中每个对角块均形如 $\boldsymbol{R}$.

17. 设 $\boldsymbol{A}$ 为 n 阶方阵，$\varphi(\lambda)$ 为非常值多项式. 证明：

(1) 若 $\varphi(\lambda) \mid m_{\boldsymbol{A}}(\lambda)$，则 $\varphi(\boldsymbol{A})$ 不可逆；

(2) 设 $d(\lambda) = \gcd(\varphi(\lambda), m_{\boldsymbol{A}}(\lambda))$，则 $\operatorname{rank}\varphi(\boldsymbol{A}) = \operatorname{rank} d(\boldsymbol{A})$；

(3) $\varphi(\boldsymbol{A})$ 可逆，当且仅当 $\varphi(\lambda)$ 与 $m_{\boldsymbol{A}}(\lambda)$ 互素.

18. 设 $\boldsymbol{J}_r$ 为以 λ_0 为特征值的 r 阶 Jordan 块，$\varphi(\lambda)$ 为多项式，且 $(\lambda - \lambda_0)^r \nmid \varphi(\lambda)$.

(1) 证明：矩阵 $\varphi(\boldsymbol{J}_r)$ 最后一列的元素不全为零；

(2) 若 $\boldsymbol{A}$ 与 $\boldsymbol{J}_r$ 相似，证明：存在列矩阵 $\boldsymbol{x}$，使 $\varphi(\boldsymbol{A})\boldsymbol{x} \neq \boldsymbol{0}$.

19. 设 $\boldsymbol{A}$ 为 n 阶非零方阵，$d = \deg m_{\boldsymbol{A}}(\lambda)$. 证明：

(1) 对一切 $n \times 1$ 型矩阵 $\boldsymbol{x}$，都有 $\boldsymbol{x}, \boldsymbol{A}\boldsymbol{x}, \cdots, \boldsymbol{A}^d\boldsymbol{x}$ 线性相关；

(2) 存在列矩阵 $\boldsymbol{x}$，使 $\boldsymbol{x}, \boldsymbol{A}\boldsymbol{x}, \cdots, \boldsymbol{A}^{d-1}\boldsymbol{x}$ 线性无关.

20. 设矩阵 $\boldsymbol{A} = \operatorname{diag}(\boldsymbol{A}_1, \boldsymbol{A}_2, \cdots, \boldsymbol{A}_s)$ 为分块对角阵，且每个矩阵块 $\boldsymbol{A}_k\ (1 \leqslant k \leqslant s)$ 均为方阵. 证明：$\boldsymbol{A}$ 相似于对角阵的充分必要条件是每个矩阵块 $\boldsymbol{A}_k\ (1 \leqslant k \leqslant s)$ 均相似于对角阵.

21. 若方阵 $\boldsymbol{A}$ 与 $\boldsymbol{B}$ 均相似于对角阵，且 $\boldsymbol{AB} = \boldsymbol{BA}$. 证明：

(1) 存在可逆矩阵 $\boldsymbol{P}$，使 $\boldsymbol{P}^{-1}\boldsymbol{AP}$ 与 $\boldsymbol{P}^{-1}\boldsymbol{BP}$ 同为对角阵；

(2) 矩阵 $k\boldsymbol{A} + l\boldsymbol{B}$ 与 $\boldsymbol{AB}$ 均可相似对角化，这里 $k, l \in \mathbf{C}$.

第4章 矩阵函数

当矩阵的元素为依赖于某些变量的函数时，就可以考虑关于矩阵函数的微积分．本章将从矩阵的极限出发，依此引出矩阵关于变量的导数与积分、矩阵幂级数等概念，并给出矩阵幂级数在求解微分方程中的应用．

4.1 矩阵的极限、导数和积分

类似数列可以定义极限、函数可以定义导数和积分，对矩阵构成的序列、元素为函数的矩阵，同样可以定义极限、导数和积分．

定义 4.1 任给 $m\times n$ 型矩阵序列 $\{\boldsymbol{A}_k\}$，其中

$$\boldsymbol{A}_k=\begin{pmatrix} a_{11}^{(k)} & a_{12}^{(k)} & \cdots & a_{1n}^{(k)} \\ a_{21}^{(k)} & a_{22}^{(k)} & \cdots & a_{2n}^{(k)} \\ \vdots & \vdots & & \vdots \\ a_{m1}^{(k)} & a_{m2}^{(k)} & \cdots & a_{mn}^{(k)} \end{pmatrix},$$

如果当 $k\to\infty$ 时，$m\times n$ 个序列 $\{a_{ij}^{(k)}\}$ 都收敛，且分别收敛于 a_{ij}，则称矩阵序列 $\{\boldsymbol{A}_k\}$ 收敛于矩阵

$$\boldsymbol{A}=\begin{pmatrix} a_{11} & a_{12} & \cdots & a_{1n} \\ a_{21} & a_{22} & \cdots & a_{2n} \\ \vdots & \vdots & & \vdots \\ a_{m1} & a_{m2} & \cdots & a_{mn} \end{pmatrix},$$

并称 $\boldsymbol{A}$ 是序列 $\{\boldsymbol{A}_k\}$ 在 $k\to\infty$ 时的极限，记作

$$\lim_{k\to\infty}\boldsymbol{A}_k=\boldsymbol{A}.$$

例 4.1 已知

$$\boldsymbol{A}_k=\begin{pmatrix} \dfrac{1}{k} & \dfrac{2k^2-1}{3k^2+4} \\ \left(1+\dfrac{1}{k}\right)^k & \cos\dfrac{1}{k^3} \end{pmatrix},$$

求 $\{\boldsymbol{A}_k\}$ 在 $k \to \infty$ 时的极限.

解 令

$$\boldsymbol{A} = \lim_{k\to\infty} \boldsymbol{A}_k ,$$

则

$$\boldsymbol{A} = \begin{pmatrix} \lim\limits_{k\to\infty} \dfrac{1}{k} & \lim\limits_{k\to\infty} \dfrac{2k^2-1}{3k^2+4} \\ \lim\limits_{k\to\infty} \left(1+\dfrac{1}{k}\right)^k & \lim\limits_{k\to\infty} \cos\dfrac{1}{k^3} \end{pmatrix} = \begin{pmatrix} 0 & \dfrac{2}{3} \\ \mathrm{e} & 1 \end{pmatrix}.$$

定理 4.1 已知 $\boldsymbol{A}_k, \boldsymbol{B}_k, \boldsymbol{A}, \boldsymbol{B}$ 为矩阵，a_k, b_k, a, b 为数，$\lim\limits_{k\to\infty} \boldsymbol{A}_k = \boldsymbol{A}, \lim\limits_{k\to\infty} \boldsymbol{B}_k = \boldsymbol{B}$，$\lim\limits_{k\to\infty} a_k = a, \lim\limits_{k\to\infty} b_k = b$，则

(1) $\lim\limits_{k\to\infty}(a_k\boldsymbol{A}_k + b_k\boldsymbol{B}_k) = a\boldsymbol{A} + b\boldsymbol{B}$；

(2) $\lim\limits_{k\to\infty}(\boldsymbol{A}_k\boldsymbol{B}_k) = \boldsymbol{A}\boldsymbol{B}$.

证明 (1) 令矩阵 $\boldsymbol{C}_k = a_k\boldsymbol{A}_k + b_k\boldsymbol{B}_k$，则 $\boldsymbol{C}_k$ 的第 i 行第 j 列元素为

$$c_{ij}^{(k)} = a_k a_{ij}^{(k)} + b_k b_{ij}^{(k)} ,$$

于是

$$\lim_{k\to\infty} c_{ij}^{(k)} = \lim_{k\to\infty} a_k \lim_{k\to\infty} a_{ij}^{(k)} + \lim_{k\to\infty} b_k \lim_{k\to\infty} b_{ij}^{(k)} = a a_{ij} + b b_{ij} ,$$

因此

$$\lim_{k\to\infty} \boldsymbol{C}_k = a\boldsymbol{A} + b\boldsymbol{B} .$$

(2) 令矩阵 $\boldsymbol{C}_k = \boldsymbol{A}_k\boldsymbol{B}_k$，则 $\boldsymbol{C}_k$ 的第 i 行第 j 列元素为

$$c_{ij}^{(k)} = \sum_{m=1}^{n} a_{im}^{(k)} b_{mj}^{(k)} ,$$

于是

$$\lim_{k\to\infty} c_{ij}^{(k)} = \sum_{m=1}^{n} \lim_{k\to\infty} a_{im}^{(k)} \lim_{k\to\infty} b_{mj}^{(k)} ,$$

从而

$$\lim_{k\to\infty} \boldsymbol{C}_k = \boldsymbol{A}\boldsymbol{B} .$$

证毕.

推论 4.2 已知 $\boldsymbol{P}, \boldsymbol{Q}, \boldsymbol{A}_k, \boldsymbol{A} \in \mathbf{C}^{n\times n}$，$\lim\limits_{k\to\infty} \boldsymbol{A}_k = \boldsymbol{A}$，则

$$\lim_{k\to\infty} \boldsymbol{P}\boldsymbol{A}_k\boldsymbol{Q} = \boldsymbol{P}\boldsymbol{A}\boldsymbol{Q} .$$

现在考虑其矩阵元素是实变量 t 的函数的 $m\times n$ 型矩阵

$$A(t)=\begin{pmatrix} a_{11}(t) & a_{12}(t) & \cdots & a_{1n}(t)\\ a_{21}(t) & a_{22}(t) & \cdots & a_{2n}(t)\\ \vdots & \vdots & & \vdots\\ a_{m1}(t) & a_{m2}(t) & \cdots & a_{mn}(t)\end{pmatrix},$$

其所有元素 $a_{ij}(t)$ 定义在区间 $[a,b]$ 上，函数矩阵 $A(t)$ 在 $[a,b]$ 上有界、有极限、连续、可微、可积等概念，可用其 $m\times n$ 个元素 $a_{ij}(t)$ 同时在 $[a,b]$ 上有界、有极限、连续、可微、可积来定义．例如

$$\frac{\mathrm{d}}{\mathrm{d}t}A(t)=\left[\frac{\mathrm{d}}{\mathrm{d}t}a_{ij}(t)\right]_{m\times n},$$

$$\int A(t)\,\mathrm{d}t=\left[\int a_{ij}(t)\,\mathrm{d}t\right]_{m\times n},$$

$$\int_a^b A(t)\,\mathrm{d}t=\left[\int_a^b a_{ij}(t)\,\mathrm{d}t\right]_{m\times n}.$$

例 4.2 已知 $A(t)=\begin{pmatrix}\sin t & 2t^3\\ 2\sqrt{t} & e^{2t}\end{pmatrix}$，求 $\frac{\mathrm{d}}{\mathrm{d}t}A(t)$.

解 直接计算，得

$$\frac{\mathrm{d}}{\mathrm{d}t}A(t)=\begin{pmatrix}\frac{\mathrm{d}}{\mathrm{d}t}(\sin t) & \frac{\mathrm{d}}{\mathrm{d}t}(2t^3)\\ \frac{\mathrm{d}}{\mathrm{d}t}(2\sqrt{t}) & \frac{\mathrm{d}}{\mathrm{d}t}(e^{2t})\end{pmatrix}=\begin{pmatrix}\cos t & 6t^2\\ \frac{1}{\sqrt{t}} & 2e^{2t}\end{pmatrix}.$$

定理 4.3 (1) 若 $A(t)$, $B(t)$ 为同阶可微矩阵，则

$$\frac{\mathrm{d}}{\mathrm{d}t}(A(t)+B(t))=\frac{\mathrm{d}}{\mathrm{d}t}A(t)+\frac{\mathrm{d}}{\mathrm{d}t}B(t);$$

(2) 若 $A(t)$, $B(t)$ 分别为 $m\times n$ 型和 $n\times l$ 型可微矩阵，则

$$\frac{\mathrm{d}}{\mathrm{d}t}(A(t)B(t))=\left(\frac{\mathrm{d}}{\mathrm{d}t}A(t)\right)B(t)+A(t)\left(\frac{\mathrm{d}}{\mathrm{d}t}B(t)\right);$$

(3) 若 $A(t)$ 与 $A^{-1}(t)$ 皆可微，则

$$\frac{\mathrm{d}}{\mathrm{d}t}(A^{-1}(t))=-A^{-1}(t)\left(\frac{\mathrm{d}}{\mathrm{d}t}A(t)\right)A^{-1}(t).$$

证明 (1) 和 (2) 易证，以下证明 (3)．对 $A(t)A^{-1}(t)=E$ 两边求导，得

$$\left(\frac{\mathrm{d}}{\mathrm{d}t}A(t)\right)A^{-1}(t)+A(t)\frac{\mathrm{d}}{\mathrm{d}t}A^{-1}(t)=\mathbf{0},$$

移项并两边左乘 $A^{-1}(t)$，得

$$\frac{\mathrm{d}}{\mathrm{d}t}A^{-1}(t)=-A^{-1}(t)\left(\frac{\mathrm{d}}{\mathrm{d}t}A(t)\right)A^{-1}(t).$$

4.2 矩阵幂级数

类似数列的级数，可以定义矩阵序列的级数.

定义 4.2 设 $\boldsymbol{A}_k \in \mathbf{C}^{m\times n}$，令 $\boldsymbol{S}_N = \sum_{k=0}^{N} \boldsymbol{A}_k$，若矩阵序列 $\{\boldsymbol{S}_N\}$ 收敛到 $\boldsymbol{S}$，则称矩阵级数 $\sum_{k=0}^{\infty} \boldsymbol{A}_k$ 收敛，并记 $\boldsymbol{S} = \sum_{k=0}^{\infty} \boldsymbol{A}_k$；否则，称矩阵级数 $\sum_{k=0}^{\infty} \boldsymbol{A}_k$ 发散.

易见，$\sum_{k=0}^{\infty} \boldsymbol{A}_k$ 收敛的充分必要条件是所有 $m\times n$ 个数列级数 $\sum_{k=0}^{\infty} a_{ij}^{k}$ 都收敛.

矩阵级数中，以矩阵多项式序列的极限定义的矩阵幂级数是最简单又很有用的一种.

定义 4.3 设 $\boldsymbol{A}$ 为 n 阶方阵，则称 $\sum_{k=0}^{\infty} a_k\boldsymbol{A}^k$（约定 $\boldsymbol{A}^0 = \boldsymbol{E}$）为关于矩阵 $\boldsymbol{A}$ 的**幂级数**. 若记 $f(\lambda) = \sum_{k=0}^{\infty} a_k\lambda^k$，则矩阵幂级数 $\sum_{k=0}^{\infty} a_k\boldsymbol{A}^k$ 也记为 $f(\boldsymbol{A})$.

一个自然的问题是，矩阵幂级数何时收敛.

例 4.3 考虑矩阵幂级数 $\sum_{k=0}^{\infty} \boldsymbol{A}^k$. 若 $\boldsymbol{A}$ 为对角阵，则易见级数收敛的充分必要条件是所有对角元的绝对值小于 1.

为此，先不加证明地引用一个定理（参见参考文献 [7]）.

定理 4.4 对幂级数 $f(\lambda) = \sum_{k=0}^{\infty} a_k\lambda^k$，存在**收敛半径** $R \in [0, +\infty]$，当 $|\lambda| < R$ 时，级数收敛；当 $|\lambda| > R$ 时，级数发散. 进一步，幂级数 $f(\lambda)$ 的导数幂级数 $\sum_{k=0}^{\infty} ka_k\lambda^{k-1}$ 的收敛半径，与 $f(\lambda)$ 的收敛半径相同，且在收敛区域内满足 $f'(\lambda) = \sum_{k=0}^{\infty} ka_k\lambda^{k-1}$.

幂级数的收敛半径有多种计算方法. 若关于级数 $f(\lambda) = \sum_{k=0}^{\infty} a_k\lambda^k$ 系数的极限 $\lim\limits_{n\to\infty} \sqrt[n]{|a_n|}$ 或 $\lim\limits_{n\to\infty} \left|\dfrac{a_n}{a_{n-1}}\right|$ 存在，则该极限的倒数就是收敛半径. 若复变量函数 $f(\lambda)$ 在 $|z - z_0| < r$ 内解析，则其对应的 Taylor 级数 $f(\lambda) = \sum_{k=0}^{\infty} a_k(\lambda - \lambda_0)^k$ 必定在 $|z - z_0| < r$ 内收敛（参见参考文献 [7]）.

幂级数的收敛半径，亦决定了相应矩阵幂级数的敛散性.

引理 4.5 若 $f(z) = \sum_{k=0}^{\infty} a_kz^k$ 的收敛半径为 R，则在收敛区域内 $\sum_{k=s}^{\infty} \mathrm{C}_k^s a_k z^{k-s} = \dfrac{1}{s!}f^{(s)}(z)$.

证明 因为 $C_k^s a_k z^{k-s} = \dfrac{k!}{s!(k-s)!} a_k z^{k-s} = \dfrac{1}{s!} a_k \dfrac{d^s}{dz^s} z^k$，所以

$$\sum_{k=s}^{\infty} C_k^s a_k z^{k-s} = \frac{1}{s!} \sum_{k=s}^{\infty} a_k \frac{d^s}{dz^s} z^k = \frac{1}{s!} f^{(s)}(z).$$

证毕.

下面的定理，给出了关于 Jordan 块的幂级数表达式.

定理 4.6 设 $f(z) = \sum\limits_{k=0}^{\infty} a_k z^k$ 的收敛半径为 R，r 阶 Jordan 块 $\boldsymbol{J} = \lambda \boldsymbol{E} + \boldsymbol{H}$，其中 $\boldsymbol{H}$ 的定义如引理 3.23，则当 $|\lambda| < R$ 时，矩阵幂级数 $\sum\limits_{k=0}^{\infty} a_k \boldsymbol{J}^k$ 收敛，且

$$f(\boldsymbol{J}) = \sum_{k=0}^{r-1} \frac{1}{k!} f^{(k)}(\lambda) \boldsymbol{H}^k = \begin{pmatrix} f(\lambda) & f'(\lambda) & \frac{1}{2!} f''(\lambda) & \cdots & \frac{1}{(r-1)!} f^{(r-1)}(\lambda) \\ & f(\lambda) & f'(\lambda) & \cdots & \frac{1}{(r-2)!} f^{(r-2)}(\lambda) \\ & & \ddots & \ddots & \vdots \\ & & & \ddots & f'(\lambda) \\ & & & & f(\lambda) \end{pmatrix}. \tag{4.1}$$

证明 因为单位矩阵 $\boldsymbol{E}$ 与 $\boldsymbol{H}$ 乘法可交换，于是根据引理 3.23，

$$\boldsymbol{J}^k = (\lambda \boldsymbol{E} + \boldsymbol{H})^k = \lambda^k \boldsymbol{E} + C_k^1 \lambda^{k-1} \boldsymbol{H} + \cdots + C_k^{k-1} \lambda \boldsymbol{H}^{k-1} + \boldsymbol{H}^k$$

$$= \begin{pmatrix} \lambda^k & C_k^1 \lambda^{k-1} & \cdots & \cdots & C_k^{r-1} \lambda^{k-r+1} \\ & \ddots & \ddots & & \vdots \\ & & \ddots & \ddots & \vdots \\ & & & \ddots & C_k^1 \lambda^{k-1} \\ & & & & \lambda^k \end{pmatrix},$$

这里当 $j > k$ 时，约定 $C_k^j = 0$，进而

$$\sum_{k=0}^{\infty} a_k \boldsymbol{J}^k = \begin{pmatrix} \sum\limits_{k=0}^{\infty} a_k \lambda^k & \sum\limits_{k=0}^{\infty} a_k C_k^1 \lambda^{k-1} & \cdots & \cdots & \sum\limits_{k=0}^{\infty} a_m C_k^{r-1} \lambda^{k-r+1} \\ & \sum\limits_{k=0}^{\infty} a_k \lambda^k & \cdots & \cdots & \sum\limits_{k=0}^{\infty} a_k C_k^{r-2} \lambda^{k-r+2} \\ & & \ddots & & \vdots \\ & & & \ddots & \vdots \\ & & & & \sum\limits_{k=0}^{\infty} a_k \lambda^k \end{pmatrix}.$$

从而根据引理 4.5 知，当 $|\lambda| < R$ 时，有

$$f(\boldsymbol{J}) = \begin{pmatrix} f(\lambda) & f'(\lambda) & \frac{1}{2!}f''(\lambda) & \cdots & \frac{1}{(r-1)!}f^{(r-1)}(\lambda) \\ & f(\lambda) & f'(\lambda) & \cdots & \frac{1}{(r-2)!}f^{(r-2)}(\lambda) \\ & & \ddots & \ddots & \vdots \\ & & & \ddots & f'(\lambda) \\ & & & & f(\lambda) \end{pmatrix}.$$

证毕.

对一般的矩阵幂级数，有下述定理.

定理 4.7 设幂级数 $f(z) = \sum\limits_{k=0}^{\infty} a_k z^k$ 的收敛半径为 R，方阵 $\boldsymbol{A}$ 的一切特征值的模均小于 R（称方阵 $\boldsymbol{A}$ 的一切特征值的模的最大值为 $\boldsymbol{A}$ 的**谱半径**，记为 $\rho(\boldsymbol{A})$），则矩阵幂级数 $\sum\limits_{k=0}^{\infty} a_k \boldsymbol{A}^k$ 收敛，且 $f(\boldsymbol{A}) = \boldsymbol{P} f(\boldsymbol{J}) \boldsymbol{P}^{-1}$，这里 $\boldsymbol{A} = \boldsymbol{P}\boldsymbol{J}\boldsymbol{P}^{-1}$，$\boldsymbol{J}$ 为 $\boldsymbol{A}$ 的 Jordan 标准形，$\boldsymbol{P}$ 为过渡矩阵.

证明 设 $\boldsymbol{A}$ 的 Jordan 标准形

$$\boldsymbol{J} = \begin{pmatrix} \boldsymbol{J}_1 & & \\ & \ddots & \\ & & \boldsymbol{J}_s \end{pmatrix},$$

因为对一切正整数 n，

$$\sum_{k=0}^{n} a_k \boldsymbol{J}^n = \begin{pmatrix} \sum\limits_{k=0}^{n} a_k \boldsymbol{J}_1^k & & \\ & \ddots & \\ & & \sum\limits_{k=0}^{n} a_k \boldsymbol{J}_s^k \end{pmatrix},$$

故当 $\rho(\boldsymbol{A}) < R$ 时，

$$f(\boldsymbol{J}) = \begin{pmatrix} f(\boldsymbol{J}_1) & & \\ & \ddots & \\ & & f(\boldsymbol{J}_s) \end{pmatrix},$$

于是

$$f(\boldsymbol{A}) = \lim_{n\to\infty} \sum_{k=0}^{n} a_k \boldsymbol{A}^k = \lim_{n\to\infty} \boldsymbol{P}\left(\sum_{k=0}^{n} a_k \boldsymbol{J}^k\right)\boldsymbol{P}^{-1} = \boldsymbol{P}\left(\lim_{n\to\infty}\sum_{k=0}^{n} a_k \boldsymbol{J}^k\right)\boldsymbol{P}^{-1} = \boldsymbol{P} f(\boldsymbol{J}) \boldsymbol{P}^{-1}.$$

证毕.

注 4.1 当矩阵谱半径大于幂级数的收敛半径时，$f(\lambda)$ 在至少一个 Jordan 块上的取值是没有定义的，从而“矩阵谱半径小于幂级数的收敛半径”这一条件不能再改进了.

推论 4.8 若幂级数 $f(\lambda)$ 在矩阵 $\boldsymbol{A}$ 上的取值有定义，矩阵 $\boldsymbol{B}$ 与 $\boldsymbol{A}$ 相似，则 $f(\boldsymbol{B})$ 有定义且与 $f(\boldsymbol{A})$ 相似.

证明 由定理 4.7 知 $f(\boldsymbol{A})$ 有定义且与 $f(\boldsymbol{J})$ 相似，其中 $\boldsymbol{J}$ 为 $\boldsymbol{A}$ 的 Jordan 标准形. 而 $\boldsymbol{B}$ 与 $\boldsymbol{A}$ 相似，从而具有相同的 Jordan 标准形，得证.

在诸多幂级数中，

$$\mathrm{e}^z = \sum_{k=0}^{\infty} \frac{z^k}{k!} = 1 + z + \frac{z^2}{2!} + \cdots + \frac{z^n}{n!} + \cdots,$$

$$\sin z = \sum_{k=0}^{\infty} \frac{(-1)^k}{(2k+1)!} z^{2k+1} = z - \frac{z^3}{3!} + \frac{z^5}{5!} - \frac{z^7}{7!} + \cdots,$$

$$\cos z = \sum_{k=0}^{\infty} \frac{(-1)^k}{(2k)!} z^{2k} = 1 - \frac{z^2}{2!} + \frac{z^4}{4!} - \frac{z^6}{6!} + \cdots,$$

为三种最为常见的初等函数. 众所周知，上述三个幂级数在整个复平面上收敛，于是对一切方阵 $\boldsymbol{A} \in \mathbf{C}^{n\times n}$ ，$\mathrm{e}^{\boldsymbol{A}}$ ，$\sin \boldsymbol{A}$ 和 $\cos \boldsymbol{A}$ 有定义，特别地，

$$\mathrm{e}^{\boldsymbol{A}} = \sum_{k=0}^{\infty} \frac{\boldsymbol{A}^k}{k!} = \boldsymbol{E} + \boldsymbol{A} + \frac{1}{2!}\boldsymbol{A}^2 + \cdots + \frac{1}{n!}\boldsymbol{A}^n + \cdots. \tag{4.2}$$

由于三角函数可根据 Euler[1] 公式

$$\cos z = \frac{\mathrm{e}^{\mathrm{i}z} + \mathrm{e}^{-\mathrm{i}z}}{2}, \quad \sin z = \frac{\mathrm{e}^{\mathrm{i}z} - \mathrm{e}^{-\mathrm{i}z}}{2\mathrm{i}},$$

表示为指数函数（参见参考文献 [7]），故以下只介绍矩阵指数函数的性质和计算方法.

例 4.4 计算 $\mathrm{e}^{\boldsymbol{0}}$.

解 零矩阵可看作特征值全为零的对角矩阵，故

$$\mathrm{e}^{\boldsymbol{0}} = \begin{pmatrix} \mathrm{e}^0 & & & \\ & \mathrm{e}^0 & & \\ & & \ddots & \\ & & & \mathrm{e}^0 \end{pmatrix} = \begin{pmatrix} 1 & & & \\ & 1 & & \\ & & \ddots & \\ & & & 1 \end{pmatrix} = \boldsymbol{E}.$$

证毕.

定理 4.9 $\det \mathrm{e}^{\boldsymbol{A}} = \mathrm{e}^{\operatorname{tr} \boldsymbol{A}}$.

证明 设 $\boldsymbol{A} = \boldsymbol{P}\boldsymbol{J}\boldsymbol{P}^{-1}$ ，其中 $\boldsymbol{J} = \operatorname{diag}(\boldsymbol{J}_1, \cdots, \boldsymbol{J}_s)$ 为 $\boldsymbol{A}$ 的 Jordan 标准形，其中每个 Jordan 块 $\boldsymbol{J}_k$ 的特征值为 λ_k ，阶数为 $n_k\,(1 \leqslant k \leqslant s)$. 由定理 4.7 、推论 4.8 和定理 4.6 ，得

$$\det \mathrm{e}^{\boldsymbol{A}} = \det \mathrm{e}^{\boldsymbol{J}} = \det \mathrm{e}^{\boldsymbol{J}_1} \cdots \det \mathrm{e}^{\boldsymbol{J}_s} = \mathrm{e}^{n_1\lambda_1 + \cdots + n_s\lambda_s}.$$

注意到 $n_1\lambda_1 + \cdots + n_s\lambda_s$ 为 $\boldsymbol{A}$ 的所有特征值的和，故 $n_1\lambda_1 + \cdots + n_s\lambda_s = \operatorname{tr} \boldsymbol{A}$. 证毕.

定理 4.10 若 n 阶方阵 $\boldsymbol{A}$ 与 $\boldsymbol{B}$ 满足 $\boldsymbol{AB} = \boldsymbol{BA}$ ，则 $\mathrm{e}^{\boldsymbol{A}}\mathrm{e}^{\boldsymbol{B}} = \mathrm{e}^{\boldsymbol{B}}\mathrm{e}^{\boldsymbol{A}} = \mathrm{e}^{\boldsymbol{A}+\boldsymbol{B}}$.

[1] 全名为 Leonhard Euler (1707–1783)，欧拉，瑞士数学家.

证明 对一切正整数 k，因为 $\boldsymbol{AB}=\boldsymbol{BA}$，所以

$$\frac{1}{k!}(\boldsymbol{A}+\boldsymbol{B})^k=\frac{1}{k!}\sum_{m=0}^{k}\frac{k!}{m!(k-m)!}\boldsymbol{A}^m\boldsymbol{B}^{k-m}=\sum_{m=0}^{k}\frac{\boldsymbol{A}^m}{m!}\frac{\boldsymbol{B}^{k-m}}{(k-m)!},$$

从而

$$\mathrm{e}^{\boldsymbol{A}+\boldsymbol{B}}=\sum_{k=0}^{\infty}\frac{(\boldsymbol{A}+\boldsymbol{B})^k}{k!}=\sum_{k=0}^{\infty}\sum_{m=0}^{k}\frac{\boldsymbol{A}^m}{m!}\frac{\boldsymbol{B}^{k-m}}{(k-m)!}. \tag{4.3}$$

令 $n=k-m$，n 将取遍所有非负整数．对每一个固定的 n，式 (4.3) 右端级数中包含

$$\sum_{m=0}^{\infty}\frac{\boldsymbol{A}^m}{m!}\boldsymbol{B}^n=\mathrm{e}^{\boldsymbol{A}}\boldsymbol{B}^n, \tag{4.4}$$

于是式 (4.3) 右端可进一步化为

$$\sum_{k=0}^{\infty}\sum_{m=0}^{k}\frac{\boldsymbol{A}^m}{m!}\frac{\boldsymbol{B}^{k-m}}{(k-m)!}=\sum_{n=0}^{\infty}\mathrm{e}^{\boldsymbol{A}}\frac{\boldsymbol{B}^n}{n!}=\mathrm{e}^{\boldsymbol{A}}\sum_{n=0}^{\infty}\frac{\boldsymbol{B}^n}{n!}=\mathrm{e}^{\boldsymbol{A}}\mathrm{e}^{\boldsymbol{B}}, \tag{4.5}$$

即 $\mathrm{e}^{\boldsymbol{A}+\boldsymbol{B}}=\mathrm{e}^{\boldsymbol{A}}\mathrm{e}^{\boldsymbol{B}}$．交换 $\boldsymbol{A}$ 和 $\boldsymbol{B}$ 的位置，得到 $\mathrm{e}^{\boldsymbol{B}+\boldsymbol{A}}=\mathrm{e}^{\boldsymbol{B}}\mathrm{e}^{\boldsymbol{A}}$，而 $\mathrm{e}^{\boldsymbol{A}+\boldsymbol{B}}=\mathrm{e}^{\boldsymbol{B}+\boldsymbol{A}}$，故 $\mathrm{e}^{\boldsymbol{A}+\boldsymbol{B}}=\mathrm{e}^{\boldsymbol{B}}\mathrm{e}^{\boldsymbol{A}}$．证毕．

注 4.2 上面的证明中，式 (4.4) 与式 (4.5) 用到了交换级数项的求和次序，这对幂级数在收敛区域内是可行的，但在幂级数的收敛区域外，或对其他的级数，并不都能随意交换求和次序．

定理 4.11 对一切 n 阶方阵 $\boldsymbol{A}$，$\mathrm{e}^{\boldsymbol{A}}$ 可逆，且 $\left(\mathrm{e}^{\boldsymbol{A}}\right)^{-1}=\mathrm{e}^{-\boldsymbol{A}}$．

证明 令 $\boldsymbol{B}=-\boldsymbol{A}$，利用定理 4.10 并结合例 4.4，得

$$\mathrm{e}^{-\boldsymbol{A}}\mathrm{e}^{\boldsymbol{A}}=\mathrm{e}^{-\boldsymbol{A}+\boldsymbol{A}}=\mathrm{e}^{-\boldsymbol{0}}=\boldsymbol{E}.$$

即 $\mathrm{e}^{-\boldsymbol{A}}=\left(\mathrm{e}^{\boldsymbol{A}}\right)^{-1}$．证毕．

定理 4.12 矩阵 $\boldsymbol{A}$ 与 $\mathrm{e}^{\boldsymbol{A}t}$ 乘法可交换，且 $\dfrac{\mathrm{d}}{\mathrm{d}t}\mathrm{e}^{\boldsymbol{A}t}=\mathrm{e}^{\boldsymbol{A}t}\boldsymbol{A}=\boldsymbol{A}\mathrm{e}^{\boldsymbol{A}t}$．

证明 根据矩阵指数函数的定义式 (4.2)，有

$$\mathrm{e}^{\boldsymbol{A}t}=\sum_{k=0}^{\infty}\frac{1}{k!}(\boldsymbol{A}t)^k=\sum_{k=0}^{\infty}\frac{1}{k!}\boldsymbol{A}^kt^k.$$

故矩阵 $\mathrm{e}^{\boldsymbol{A}t}$ 中的每个元素都是关于 t 的收敛幂级数，从而可以关于 t 逐项求导，即

$$\frac{\mathrm{d}}{\mathrm{d}t}\mathrm{e}^{\boldsymbol{A}t}=\sum_{k=0}^{\infty}\frac{1}{k!}\boldsymbol{A}^k\frac{\mathrm{d}}{\mathrm{d}t}t^k=\sum_{k=0}^{\infty}\frac{1}{k!}\boldsymbol{A}^kkt^{k-1}=\sum_{k=0}^{\infty}\frac{1}{k!}\boldsymbol{A}^{k+1}t^k=\mathrm{e}^{\boldsymbol{A}t}\boldsymbol{A}=\boldsymbol{A}\mathrm{e}^{\boldsymbol{A}t}.$$

证毕．

上述定理与数值指数函数的性质十分类似，由此说明将式 (4.2) 作为矩阵指数函数的定义式是合理的．

4.3 矩阵函数的计算方法

本节介绍矩阵函数的计算方法.

直接根据定理 4.7，可以得到矩阵函数的第 1 种计算方法，分 3 个步骤：

第 1 步，计算 $\boldsymbol{A}$ 的 Jordan 标准形 $\boldsymbol{J}$，过渡矩阵 $\boldsymbol{P}$ 及其逆矩阵 $\boldsymbol{P}^{-1}$；

第 2 步，根据定理 4.6，计算 $f(\boldsymbol{J})$；

第 3 步，根据 $f(\boldsymbol{A})=\boldsymbol{P}f(\boldsymbol{J})\boldsymbol{P}^{-1}$ 得到 $f(\boldsymbol{A})$.

例 4.5 设 $\boldsymbol{A}=\begin{pmatrix}2&0&0\\1&1&1\\1&-1&3\end{pmatrix}$，求矩阵函数 $\boldsymbol{A}^{20}$, $\mathrm{e}^{\boldsymbol{A}}$, $\sin\boldsymbol{A}$, $\mathrm{e}^{\boldsymbol{A}t}$.

解 由例 3.11 知 $\boldsymbol{A}$ 的 Jordan 标准形、过渡矩阵分别为

$$\boldsymbol{J}=\begin{pmatrix}2&0&0\\0&2&1\\0&0&2\end{pmatrix},\quad \boldsymbol{P}=\begin{pmatrix}1&0&1\\1&1&0\\0&1&0\end{pmatrix},$$

进而求得过渡矩阵的逆矩阵

$$\boldsymbol{P}^{-1}=\begin{pmatrix}0&1&-1\\0&0&1\\1&-1&1\end{pmatrix}.$$

记 $f_1(\boldsymbol{A})=\boldsymbol{A}^{20}$，$f_2(\boldsymbol{A})=\mathrm{e}^{\boldsymbol{A}t}$. 由于 $\boldsymbol{J}$ 的 Jordan 块的最高阶数为 2，于是先求出

$$f_1(x)=x^{20},\quad f_1'(x)=20x^{19};\quad f_2(x)=\mathrm{e}^{xt},\quad f_2'(x)=t\mathrm{e}^{xt},$$

代入式 (4.1)，得到

$$f_1(\boldsymbol{J})=\boldsymbol{J}^{20}=\begin{pmatrix}2^{20}&0&0\\0&2^{20}&20\times2^{19}\\0&0&2^{20}\end{pmatrix}=2^{20}\begin{pmatrix}1&0&0\\0&1&10\\0&0&1\end{pmatrix},$$

$$f_2(\boldsymbol{J})=\mathrm{e}^{\boldsymbol{J}t}=\begin{pmatrix}\mathrm{e}^{2t}&0&0\\0&\mathrm{e}^{2t}&t\mathrm{e}^{2t}\\0&0&\mathrm{e}^{2t}\end{pmatrix}=\mathrm{e}^{2t}\begin{pmatrix}1&0&0\\0&1&t\\0&0&1\end{pmatrix}.$$

再由 $f(\boldsymbol{A})=\boldsymbol{P}f(\boldsymbol{J})\boldsymbol{P}^{-1}$，得

$$\boldsymbol{A}^{20}=\boldsymbol{P}f_1(\boldsymbol{J})\boldsymbol{P}^{-1}=2^{20}\begin{pmatrix}1&0&1\\1&1&0\\0&1&0\end{pmatrix}\begin{pmatrix}1&0&0\\0&1&10\\0&0&1\end{pmatrix}\begin{pmatrix}0&1&-1\\0&0&1\\1&-1&1\end{pmatrix}=2^{20}\begin{pmatrix}1&0&0\\10&-9&10\\10&-10&11\end{pmatrix},$$

$$\mathrm{e}^{\boldsymbol{A}t}=\boldsymbol{P}f_2(\boldsymbol{J})\boldsymbol{P}^{-1}=\mathrm{e}^{2t}\begin{pmatrix}1&0&1\\1&1&0\\0&1&0\end{pmatrix}\begin{pmatrix}1&0&0\\0&1&t\\0&0&1\end{pmatrix}\begin{pmatrix}0&1&-1\\0&0&1\\1&-1&1\end{pmatrix}=\mathrm{e}^{2t}\begin{pmatrix}1&0&0\\t&1-t&t\\t&-t&1+t\end{pmatrix}.$$

在 e^{At} 中令 $t=1$，得

$$\mathrm{e}^{A}=\mathrm{e}^{2}\begin{pmatrix}1&0&0\\1&0&1\\1&-1&2\end{pmatrix}.$$

利用 Euler 公式，并在 e^{At} 中令 $t=\pm\mathrm{i}$，得

$$\sin \boldsymbol{A}=\frac{\mathrm{e}^{\mathrm{i}A}-\mathrm{e}^{-\mathrm{i}A}}{2\mathrm{i}}=\begin{pmatrix}\sin 2&0&0\\\cos 2&\sin 2-\cos 2&\cos 2\\\cos 2&-\cos 2&\sin 2+\cos 2\end{pmatrix}.$$

上述根据定理 4.7 来计算 $f(\boldsymbol{A})$ 的方法，需要计算过渡矩阵 $\boldsymbol{P}$ 及其逆 $\boldsymbol{P}^{-1}$，当多个 Jordan 块的对角元相同时，过渡矩阵的计算过程较繁．以下介绍的第 2 种算法，有效地避开了这一困难．

第 2 种计算方法基于下述定理．

定理 4.13 设 $f(\lambda)$ 和 $g(\lambda)$ 为幂级数，$\boldsymbol{A}$ 为 n 阶方阵，$\lambda_1,\lambda_2,\cdots,\lambda_t$ 是矩阵 $\boldsymbol{A}$ 的全体互不相同的特征值，$\boldsymbol{A}$ 的最小多项式为 $m_{\boldsymbol{A}}(\lambda)=(\lambda-\lambda_1)^{m_1}(\lambda-\lambda_2)^{m_2}\cdots(\lambda-\lambda_t)^{m_t}$，记 $m=\deg m_{\boldsymbol{A}}(\lambda)$．若 $f(\boldsymbol{A})$ 和 $g(\boldsymbol{A})$ 均有定义，且

$$\begin{aligned}
&f(\lambda_1)=g(\lambda_1),\quad f'(\lambda_1)=g'(\lambda_1),\ \cdots,\quad f^{(m_1-1)}(\lambda_1)=g^{(m_1-1)}(\lambda_1),\\
&f(\lambda_2)=g(\lambda_2),\quad f'(\lambda_2)=g'(\lambda_2),\ \cdots,\quad f^{(m_2-1)}(\lambda_2)=g^{(m_2-1)}(\lambda_2),\\
&\qquad\vdots\qquad\qquad\qquad\qquad\qquad\qquad\qquad\vdots\\
&f(\lambda_t)=g(\lambda_t),\quad f'(\lambda_t)=g'(\lambda_t),\ \cdots,\quad f^{(m_t-1)}(\lambda_t)=g^{(m_t-1)}(\lambda_t),
\end{aligned}\tag{4.6}$$

则 $f(\boldsymbol{A})=g(\boldsymbol{A})$．上述 m 个方程左右两端的值分别称为 $f(\lambda)$ 与 $g(\lambda)$ 关于矩阵 $\boldsymbol{A}$ 的谱上的值．

证明 由定理 4.7 立即得到 $f(\boldsymbol{J})=g(\boldsymbol{J})$，其中 $\boldsymbol{J}$ 是 $\boldsymbol{A}$ 的 Jordan 标准形，进而 $f(\boldsymbol{A})=\boldsymbol{P}f(\boldsymbol{J})\boldsymbol{P}^{-1}=\boldsymbol{P}g(\boldsymbol{J})\boldsymbol{P}^{-1}=g(\boldsymbol{A})$．证毕．

对给定的矩阵 $\boldsymbol{A}$ 和幂级数 $f(\lambda)$，若满足式 (4.6) 的 $g(\lambda)$ 为多项式，则直接计算矩阵多项式 $g(\boldsymbol{A})$，即可得到矩阵幂级数 $f(\boldsymbol{A})$ 的值．于是计算矩阵幂级数 $f(\boldsymbol{A})$ 转化为满足式 (4.6) 的多项式 $g(\lambda)$ 的存在性问题．以下定理指出，这样的多项式 $g(\lambda)$ 必定存在．

定理 4.14 满足式 (4.6)，且次数低于 m 的多项式存在且唯一．

证明 考虑同余方程组

$$g(\lambda)\equiv f(\lambda_k)+f'(\lambda_k)(\lambda-\lambda_k)+\cdots+\frac{f^{(m_k-1)}}{(m_k-1)!}(\lambda-\lambda_k)^{m_k-1}\mod(\lambda-\lambda_k)^{m_k}\ (1\leqslant k\leqslant t),$$

由中国剩余定理（定理 2.17）知，该同余方程的解，关于模 $m_{\boldsymbol{A}}(\lambda)$ 存在且唯一．以下说明式 (4.6) 与上述同余方程等价．事实上，考虑 $g(\lambda)$ 在 λ_k 点的 Taylor 展开式，二者的等价性立得．证毕．

注 4.3 当 $f(\lambda)$ 为多项式时，$g(\lambda)$ 就是 $f(\lambda)$ 关于 $m_{\boldsymbol{A}}(\lambda)$ 的余式，上述定理本质上说明，对一般的幂级数 $f(\lambda)$，也可以定义 $f(\lambda)$ 关于最小多项式 $m_{\boldsymbol{A}}(\lambda)$ 的余式（即定理 4.13 中的 $g(\lambda)$）．将求 $f(\boldsymbol{A})$ 转化为求 $g(\boldsymbol{A})$ 的做法，本质上就是在多项式、矩阵的 Jordan 标准形两章中，利用

零化多项式计算多项式的值的思想.

例 4.6 设矩阵 $A=\begin{pmatrix}2&1&4\\0&2&0\\0&3&1\end{pmatrix}$，求 e^{At}.

解 先求 A 的最小多项式 $m_A(\lambda)$. 由

$$\lambda E-A=\begin{pmatrix}\lambda-2&-1&-4\\0&\lambda-2&0\\0&-3&\lambda-1\end{pmatrix}\to\begin{pmatrix}1&(\lambda-2)&-4\\-(\lambda-2)&0&0\\3&0&\lambda-1\end{pmatrix}$$

$$\to\begin{pmatrix}1&0&0\\0&(\lambda-2)^2&-4(\lambda-2)\\0&-3(\lambda-2)&\lambda+11\end{pmatrix}\to\begin{pmatrix}1&0&0\\0&1&0\\0&0&(\lambda-2)^2(\lambda-1)\end{pmatrix},$$

得 $m_A(\lambda)=(\lambda-1)(\lambda-2)^2$，于是满足式 (4.6) 的多项式 $g(\lambda)$ 至多为 2 次. 此时 $f(\lambda)=e^{\lambda t}$，故

$$f(1)=e^t,\ f(2)=e^{2t},\ f'(2)=te^{2t},$$

从而可设

$$g(\lambda)=e^{2t}+te^{2t}(\lambda-2)+a_2(\lambda-2)^2,$$

根据余式定理（定理 2.6），有 $g(1)=f(1)$，解得 $a_2=e^t-e^{2t}+te^{2t}$，于是

$$g(\lambda)=(4e^t-3e^{2t}+2te^{2t})+(-4e^t+4e^{2t}-3te^{2t})\lambda+(e^t-e^{2t}+te^{2t})\lambda^2.$$

从而

$$e^{At}=g(A)=(4e^t-3e^{2t}+2te^{2t})E+(-4e^t+4e^{2t}-3te^{2t})A+(e^t-e^{2t}+te^{2t})A^2$$

$$=\begin{pmatrix}e^{2t}&12e^t-12e^{2t}+13te^{2t}&-4e^t+4e^{2t}\\0&e^{2t}&0\\0&-3e^t+3e^{2t}&e^t\end{pmatrix}.$$

矩阵函数 $f(A)$ 的第 2 种计算方法也可总结为 3 个步骤：

第 1 步，求出矩阵 A 的最小多项式 $m_A(\lambda)$，并对其在复数域 $\mathbf{C}$ 上作因式分解；

第 2 步，求出满足式 (4.6) 的多项式 $g(\lambda)$，即求出 $f(\lambda)$ 关于 $m_A(\lambda)$ 的余式；

第 3 步，直接计算 $g(A)$，从而得到 $f(A)$.

由例 4.6 可以看出，当矩阵 A 的最小多项式次数很低时，利用第 2 种方法直接计算 $g(A)$ 的计算量并不大. 当矩阵 A 的不同的 Jordan 块有相同的对角元时，A 的最小多项式的次数会大大低于矩阵 A 的阶数，采用第 2 种方法直接计算 $g(A)$ 是可行的，而此时利用第 1 种方法计算过渡矩阵很不容易，第 2 种方法的优越性由此得以体现.

无论采用上述哪种方法，矩阵的特征值必须显式求出. 当矩阵的特征值无法显式求出时，矩阵函数如何近似计算，是计算数学的问题之一，本书不再展开.

4.4 利用矩阵函数求解线性微分方程组

本节给出矩阵函数的一个应用——求解一阶线性常系数微分方程组.

考虑如下的一阶线性常系数常微分方程组

$$\begin{cases} x_1'(t) = a_{11}x_1(t) + a_{12}x_2(t) + \cdots + a_{1n}x_n(t) + f_1(t)\,, \\ x_2'(t) = a_{21}x_1(t) + a_{22}x_2(t) + \cdots + a_{2n}x_n(t) + f_2(t)\,, \\ \quad\vdots \\ x_n'(t) = a_{n1}x_1(t) + a_{n2}x_2(t) + \cdots + a_{nn}x_n(t) + f_n(t)\,. \end{cases} \tag{4.7}$$

若记

$$\boldsymbol{A} = \begin{pmatrix} a_{11} & a_{12} & \cdots & a_{1n} \\ a_{21} & a_{22} & \cdots & a_{2n} \\ \vdots & \vdots & & \vdots \\ a_{n1} & a_{n2} & \cdots & a_{nn} \end{pmatrix}, \quad \boldsymbol{X}(t) = \begin{pmatrix} x_1(t) \\ x_2(t) \\ \vdots \\ x_n(t) \end{pmatrix}, \quad \boldsymbol{F}(t) = \begin{pmatrix} f_1(t) \\ f_2(t) \\ \vdots \\ f_n(t) \end{pmatrix}.$$

则方程组 (4.7) 可写成如下矩阵形式：

$$\boldsymbol{X}'(t) = \boldsymbol{A}\boldsymbol{X}(t) + \boldsymbol{F}(t), \tag{4.8}$$

利用矩阵函数的知识，并参考常微分方程的求解技巧，可得求解方程组 (4.8) 的如下定理.

定理 4.15 一阶线性常系数常微分方程组 (4.8) 的解为

$$\boldsymbol{X}(t) = \mathrm{e}^{\boldsymbol{A}t}\boldsymbol{X}(0) + \int_0^t \mathrm{e}^{\boldsymbol{A}(t-\tau)}\boldsymbol{F}(\tau)\,\mathrm{d}\tau \tag{4.9}$$

证明 将方程组 (4.8) 的两边左乘 $\mathrm{e}^{-\boldsymbol{A}t}$，得

$$\mathrm{e}^{-\boldsymbol{A}t}\boldsymbol{X}'(t) = \mathrm{e}^{-\boldsymbol{A}t}\boldsymbol{A}\boldsymbol{X}(t) + \mathrm{e}^{-\boldsymbol{A}t}\boldsymbol{F}(t)\,.$$

根据定理 4.12，上式可化为

$$\frac{\mathrm{d}}{\mathrm{d}t}(\mathrm{e}^{-\boldsymbol{A}t}\boldsymbol{X}(t)) = \mathrm{e}^{-\boldsymbol{A}t}\boldsymbol{F}(t)\,,$$

两边对 t 在 $[0,t]$ 上积分，得

$$\mathrm{e}^{-\boldsymbol{A}t}\boldsymbol{X}(t) - \boldsymbol{X}(0) = \int_0^t \mathrm{e}^{-\boldsymbol{A}\tau}\boldsymbol{F}(\tau)\,\mathrm{d}\tau\,,$$

上式两边左乘 $\mathrm{e}^{\boldsymbol{A}t}$ 即得结论. 证毕.

注 4.4 当 $\boldsymbol{F}(t) = 0$ 时，此时的方程组称为**齐次**的，否则称为**非齐次**的. 若记初值 $\boldsymbol{X}(0) = \boldsymbol{C}$，则 $\boldsymbol{X}(t) = \mathrm{e}^{\boldsymbol{A}t}\boldsymbol{C}$ 称为齐次线性方程组 $\boldsymbol{X}'(t) = \boldsymbol{A}\boldsymbol{X}(t)$ 的**通解**. 该表达式与 $\boldsymbol{X}(t)$ 为数值函数时，相应的常微分方程的通解表达式形式相同，由此再次看出矩阵指数函数定义的合理性.

例 4.7 求方程组

$$\begin{cases} x_1'(t) = 3x_1(t) + 8x_3(t)\,, \\ x_2'(t) = 3x_1(t) - x_2(t) + 6x_3(t)\,, \\ x_3'(t) = -2x_1(t) - 5x_3(t)\,, \end{cases} \tag{4.10}$$

满足初值条件 $x_1(0)=1$，$x_2(0)=2$，$x_3(0)=-3$ 的解.

解 令 $\boldsymbol{X}(t)=\begin{pmatrix}x_1(t)\\x_2(t)\\x_3(t)\end{pmatrix}$, $\boldsymbol{A}=\begin{pmatrix}3&0&8\\3&-1&6\\-2&0&-5\end{pmatrix}$, $\boldsymbol{X}(0)=\begin{pmatrix}1\\2\\-3\end{pmatrix}$，则由定理 4.15 知，$\boldsymbol{X}(t)=\mathrm{e}^{\boldsymbol{A}t}\boldsymbol{X}(0)$. 为此，先计算 $\mathrm{e}^{\boldsymbol{A}t}$.

$$\lambda\boldsymbol{E}-\boldsymbol{A}=\begin{pmatrix}\lambda-3&0&-8\\-3&\lambda+1&-6\\2&0&\lambda+5\end{pmatrix}\to\begin{pmatrix}\lambda-3&0&-8\\1&-(\lambda+1)&-(\lambda-1)\\2&0&\lambda+5\end{pmatrix}$$

$$\to\begin{pmatrix}1&-(\lambda+1)&-(\lambda-1)\\\lambda-3&0&-8\\2&0&\lambda+5\end{pmatrix}\to\begin{pmatrix}1&0&0\\0&(\lambda-3)(\lambda+1)&(\lambda-5)(\lambda+1)\\0&2(\lambda+1)&3(\lambda+1)\end{pmatrix}$$

$$\to\begin{pmatrix}1&0&0\\0&\lambda+1&0\\0&0&(\lambda+1)^2\end{pmatrix},$$

故 $\boldsymbol{A}$ 的最小多项式为 $m_{\boldsymbol{A}}(\lambda)=(\lambda+1)^2$. 令

$$p(\lambda)=\mathrm{e}^{-t}+t\mathrm{e}^{-t}(\lambda+1)=t\mathrm{e}^{-t}\lambda+(\mathrm{e}^{-t}+t\mathrm{e}^{-t}),$$

则 $p(-1)=\mathrm{e}^{\lambda t}|_{t=-1}$，$p'(-1)=\dfrac{\mathrm{d}}{\mathrm{d}t}\mathrm{e}^{\lambda t}|_{t=-1}$，故原问题的解为

$$\boldsymbol{X}(t)=\mathrm{e}^{\boldsymbol{A}t}\boldsymbol{X}(0)=p(\boldsymbol{A})\boldsymbol{X}(0)=(t\mathrm{e}^{-t}\boldsymbol{A}+(\mathrm{e}^{-t}+t\mathrm{e}^{-t})\boldsymbol{E})\boldsymbol{X}(0)$$

$$=t\mathrm{e}^{-t}\begin{pmatrix}3&0&8\\3&-1&6\\-2&0&-5\end{pmatrix}\begin{pmatrix}1\\2\\-3\end{pmatrix}+(\mathrm{e}^{-t}+t\mathrm{e}^{-t})\begin{pmatrix}1\\2\\-3\end{pmatrix}=\begin{pmatrix}\mathrm{e}^{-t}-20t\mathrm{e}^{-t}\\2\mathrm{e}^{-t}-15t\mathrm{e}^{-t}\\-3\mathrm{e}^{-t}+10t\mathrm{e}^{-t}\end{pmatrix}.$$

例 4.8 求微分方程组 $\boldsymbol{X}'(t)=\boldsymbol{A}\boldsymbol{X}(t)+\boldsymbol{F}(t)$，满足初始条件 $\boldsymbol{X}(0)=(1\,0\,0)^{\mathrm{T}}$ 的解，其中

$$\boldsymbol{A}=\begin{pmatrix}-6&1&0\\-11&0&1\\-6&0&0\end{pmatrix},\quad \boldsymbol{F}(t)=\begin{pmatrix}2\\6\\2\end{pmatrix}.$$

解 为求原问题的解，须先计算 $\mathrm{e}^{\boldsymbol{A}t}$. 由 $|\lambda\boldsymbol{E}-\boldsymbol{A}|=(\lambda+1)(\lambda+2)(\lambda+3)$，得

$$\boldsymbol{J}=\begin{pmatrix}-1&0&0\\0&-2&0\\0&0&-3\end{pmatrix},\quad \boldsymbol{P}=\begin{pmatrix}1&1&1\\5&4&3\\6&3&2\end{pmatrix},\quad \boldsymbol{P}^{-1}=\frac{1}{2}\begin{pmatrix}1&-1&1\\-8&4&-2\\9&-3&1\end{pmatrix},$$

其中 $\boldsymbol{J}$ 为 $\boldsymbol{A}$ 的 Jordan 标准形，$\boldsymbol{P}$ 为过渡矩阵. 进而

$$\mathrm{e}^{\boldsymbol{A}t}=\boldsymbol{P}\mathrm{e}^{\boldsymbol{J}t}\boldsymbol{P}^{-1}=\boldsymbol{P}\mathrm{diag}\,(\mathrm{e}^{-t},\mathrm{e}^{-2t},\mathrm{e}^{-3t})\boldsymbol{P}^{-1},$$

从而原问题的解为

$$
\begin{aligned}
\boldsymbol{X}(t) &= \mathrm{e}^{\boldsymbol{A}t}\boldsymbol{X}(0) + \int_0^t \mathrm{e}^{\boldsymbol{A}(t-\tau)}\boldsymbol{F}(\tau)\,\mathrm{d}\tau \\
&= \boldsymbol{P}\begin{pmatrix} \mathrm{e}^{-t} & 0 & 0 \\ 0 & \mathrm{e}^{-2t} & 0 \\ 0 & 0 & \mathrm{e}^{-3t} \end{pmatrix}\boldsymbol{P}^{-1}\boldsymbol{X}(0) + \boldsymbol{P}\int_0^t \begin{pmatrix} \mathrm{e}^{-(t-\tau)} & 0 & 0 \\ 0 & \mathrm{e}^{-2(t-\tau)} & 0 \\ 0 & 0 & \mathrm{e}^{-3(t-\tau)} \end{pmatrix}\boldsymbol{P}^{-1}\boldsymbol{F}(\tau)\,\mathrm{d}\tau \\
&= \begin{pmatrix} \dfrac{3}{2}\mathrm{e}^{-t} - 5\mathrm{e}^{-2t} + \dfrac{25}{6}\mathrm{e}^{-3t} + \dfrac{1}{3} \\ \dfrac{15}{2}\mathrm{e}^{-t} - 20\mathrm{e}^{-2t} + \dfrac{25}{2}\mathrm{e}^{-3t} \\ 9\mathrm{e}^{-t} - 15\mathrm{e}^{-2t} + \dfrac{25}{3}\mathrm{e}^{-3t} - \dfrac{7}{3} \end{pmatrix}.
\end{aligned}
$$

习题 4

1. 设函数矩阵 $\boldsymbol{A}(t) = \begin{pmatrix} \sin t & -\mathrm{e}^t & t \\ \cos t & \mathrm{e}^t & t^2 \\ 1 & 0 & 0 \end{pmatrix}$，试求 $\dfrac{\mathrm{d}}{\mathrm{d}t}\boldsymbol{A}(t)$，$\left|\dfrac{\mathrm{d}}{\mathrm{d}t}\boldsymbol{A}(t)\right|$，$\lim\limits_{t\to 0}\boldsymbol{A}(t)$.

2. 设函数矩阵 $\boldsymbol{A}(t) = \begin{pmatrix} \mathrm{e}^{2t} & t\mathrm{e}^t & 1 \\ \mathrm{e}^{-t} & 2\mathrm{e}^{2t} & 0 \\ 3t & 0 & 0 \end{pmatrix}$，试求 $\int \boldsymbol{A}(t)\,\mathrm{d}t$，$\int_0^t \boldsymbol{A}(t)\,\mathrm{d}t$.

3. 判断级数 $\sum\limits_{n=0}^{\infty}\dfrac{1}{10^n}\begin{pmatrix} 1 & 2 \\ 8 & 1 \end{pmatrix}^n$ 是否收敛．如果收敛，计算出结果．

4. 已知矩阵 $\boldsymbol{A} = \begin{pmatrix} 0 & 1 \\ -2 & 1 \end{pmatrix}$, $\boldsymbol{B} = \begin{pmatrix} 0 & -1 \\ 4 & 4 \end{pmatrix}$，试求 $\mathrm{e}^{\boldsymbol{A}}$，$\mathrm{e}^{\boldsymbol{B}}$.

5. 已知矩阵 $\boldsymbol{A} = \begin{pmatrix} 0 & -\theta \\ \theta & 0 \end{pmatrix}$，试证：$\mathrm{e}^{\boldsymbol{A}t} = \begin{pmatrix} \cos\theta t & -\sin\theta t \\ \sin\theta t & \cos\theta t \end{pmatrix}$.

6. 设矩阵 $\boldsymbol{A} = \begin{pmatrix} \sigma & -\theta \\ \theta & \sigma \end{pmatrix}$，利用上题结果求 $\mathrm{e}^{\boldsymbol{A}}$.

7. 设 $\boldsymbol{A} = \begin{pmatrix} 9 & -6 & -7 \\ -1 & -1 & 1 \\ 10 & -6 & -8 \end{pmatrix}$，求 $\mathrm{e}^{2\boldsymbol{A}t}$.

8. 设 $\boldsymbol{A}=\begin{pmatrix}3&1&-3\\-7&-2&9\\-2&-1&4\end{pmatrix}$，求 $\mathrm{e}^{\boldsymbol{A}t}$.

9. 已知 $\boldsymbol{A}=\begin{pmatrix}2&2&1\\1&3&1\\1&2&2\end{pmatrix}$, $\boldsymbol{B}=\begin{pmatrix}3&0&0&0\\0&-2&1&0\\0&0&-2&1\\0&0&0&-2\end{pmatrix}$，试求 $\cos\boldsymbol{A}$，$\sin\boldsymbol{B}$，$\mathrm{e}^{\boldsymbol{B}t}$.

10. 已知 $\boldsymbol{A}=\begin{pmatrix}0&1\\0&-2\end{pmatrix}$, $\boldsymbol{B}=\begin{pmatrix}-2&1&1\\0&2&0\\-4&1&3\end{pmatrix}$，试求 $\mathrm{e}^{\boldsymbol{A}t}$，$\mathrm{e}^{\boldsymbol{B}t}$，$\sin\boldsymbol{B}t$.

11. 求常系数线性齐次微分方程组

$$\begin{cases}x_1'(t)=-7x_1-7x_2+5x_3\,,\\x_2'(t)=-8x_1-8x_2-5x_3\,,\\x_3'(t)=-5x_2\,,\end{cases}$$

满足初始条件 $x_1(0)=3$，$x_2(0)=-2$，$x_3(0)=1$ 的解.

12. 求常系数线性微分方程组

$$\begin{cases}x_1'(t)=\ \ x_1(t)-x_2(t)\,,\\x_2'(t)=4x_1(t)-3x_2(t)+1\,,\end{cases}$$

满足初始条件 $x_1(0)=1$，$x_2(0)=2$ 的解.

13. 求微分方程组 $\boldsymbol{X}'(t)=\boldsymbol{A}\boldsymbol{X}(t)$ 的通解，其中 $\boldsymbol{A}=\begin{pmatrix}2&1&1\\0&3&1\\0&-1&1\end{pmatrix}$.

14. 求微分方程组 $\boldsymbol{X}'(t)=\boldsymbol{A}\boldsymbol{X}(t)+\boldsymbol{F}(t)$ 的通解，其中 $\boldsymbol{A}=\begin{pmatrix}3&1\\1&3\end{pmatrix}$，$\boldsymbol{F}(t)=\begin{pmatrix}1\\-1\end{pmatrix}$.

15. 设 $\boldsymbol{A}$ 为方阵，$\boldsymbol{B}=\mathrm{e}^{\boldsymbol{A}}$. 证明：$\bar{\boldsymbol{B}}\boldsymbol{B}^{\mathrm{T}}=\boldsymbol{E}$ 当且仅当 $\bar{\boldsymbol{A}}+\boldsymbol{A}^{\mathrm{T}}=\boldsymbol{0}$.

16. 设 $\boldsymbol{A}=\boldsymbol{P}\boldsymbol{J}\boldsymbol{P}^{-1}$，其中 $\boldsymbol{J}$ 为方阵 $\boldsymbol{A}$ 的 Jordan 标准形，证明：微分方程组 $\boldsymbol{X}'(t)=\boldsymbol{A}\boldsymbol{X}(t)$ 的通解可表示为 $\boldsymbol{P}\mathrm{e}^{\boldsymbol{J}t}\boldsymbol{C}$，其中 $\boldsymbol{C}$ 为任意常值列矩阵.

第5章 线性空间与线性变换

包括数、向量、矩阵、多项式、函数等在内的很多数学对象，加法和数乘（统称为线性运算）都是定义在这些数学对象上的最基本的两种运算，且定义在这些数学对象上的很多映射，都保持线性运算，即与线性运算可以交换次序．本章将在一个统一的框架内研究这些具有共同特点的数学对象．需要指出的是，将具备一定共性的不同数学对象放在一个框架下研究其共同的性质，正是代数学的重要思想和特点．

5.1 线性空间

在定义矩阵的加法与数乘运算时，发现同一类型的矩阵全体关于这两种运算满足以下8条性质：

(1) 加法交换律：$\boldsymbol{A}+\boldsymbol{B}=\boldsymbol{B}+\boldsymbol{A}$；

(2) 加法结合律：$(\boldsymbol{A}+\boldsymbol{B})+\boldsymbol{C}=\boldsymbol{A}+(\boldsymbol{B}+\boldsymbol{C})$；

(3) 对任何矩阵$\boldsymbol{A}$，有$\boldsymbol{0}+\boldsymbol{A}=\boldsymbol{A}$，这里$\boldsymbol{0}$为零矩阵；

(4) 对任何矩阵$\boldsymbol{A}$，$\boldsymbol{A}+(-\boldsymbol{A})=\boldsymbol{0}$；

(5) $1\boldsymbol{A}=\boldsymbol{A}$；

(6) 对任何数k, l，任何矩阵$\boldsymbol{A}$，有$k(l\boldsymbol{A})=(kl)\boldsymbol{A}$；

(7) 分配律Ⅰ：对任何数k, l，任何矩阵$\boldsymbol{A}$，有$(k+l)\boldsymbol{A}=k\boldsymbol{A}+l\boldsymbol{A}$；

(8) 分配律Ⅱ：对任何数k，任何矩阵$\boldsymbol{A}, \boldsymbol{B}$，有$k(\boldsymbol{A}+\boldsymbol{B})=k\boldsymbol{A}+k\boldsymbol{B}$．

回顾诸如向量、多项式、函数等数学对象，发现对这些数学对象，也可以定义加法和数乘运算，且这两种运算也有类似的8条性质．将这些共性抽象出来，就得到线性空间的概念．

定义5.1 设V为一个非空集合，$\mathbf{F}$是一个数域．对V中任意两个元素$\boldsymbol{v}_1, \boldsymbol{v}_2$，存在唯一的$V$中元素与它们对应，称为$\boldsymbol{v}_1$与$\boldsymbol{v}_2$的和，记为$\boldsymbol{v}_1+\boldsymbol{v}_2$，即在$V$上定义了加法运算．对$\mathbf{F}$中任意元素$k$和$V$中任意元素$\boldsymbol{v}$，存在唯一的$V$中元素与它们对应，称为$k$与$\boldsymbol{v}$的积，记为$k\boldsymbol{v}$，即在$V$上定义了数乘运算．这两种运算满足以下8条性质：

(1) 加法交换律：对任何$\boldsymbol{v}_1, \boldsymbol{v}_2\in V$，有$\boldsymbol{v}_1+\boldsymbol{v}_2=\boldsymbol{v}_2+\boldsymbol{v}_1$；

(2) 加法结合律：对任何$\boldsymbol{v}_1, \boldsymbol{v}_2, \boldsymbol{v}_3\in V$，有$(\boldsymbol{v}_1+\boldsymbol{v}_2)+\boldsymbol{v}_3=\boldsymbol{v}_1+(\boldsymbol{v}_2+\boldsymbol{v}_3)$；

(3) 存在 $\mathbf{0} \in V$（称为**零元素**），使对任何 $\boldsymbol{v} \in V$，有 $\mathbf{0} + \boldsymbol{v} = \boldsymbol{v}$；

(4) 对任何 $\boldsymbol{v} \in V$，存在 $-\boldsymbol{v} \in V$（称为 $\boldsymbol{v}$ 的**负元素**），使 $\boldsymbol{v} + (-\boldsymbol{v}) = \mathbf{0}$；

(5) 对任何 $\boldsymbol{v} \in V$，$1\boldsymbol{v} = \boldsymbol{v}$；

(6) 对任何 $k, l \in \mathbf{F}$，任何 $\boldsymbol{v} \in V$，有 $k(l\boldsymbol{v}) = (kl)\boldsymbol{v}$；

(7) 分配律 I：对任何 $k, l \in \mathbf{F}$，任何 $\boldsymbol{v} \in V$，有 $(k + l)\boldsymbol{v} = k\boldsymbol{v} + l\boldsymbol{v}$；

(8) 分配律 II：对任何 $k \in \mathbf{F}$，任何 $\boldsymbol{v}_1, \boldsymbol{v}_2 \in V$，有 $k(\boldsymbol{v}_1 + \boldsymbol{v}_2) = k\boldsymbol{v}_1 + k\boldsymbol{v}_2$.

此时称 V 为数域 $\mathbf{F}$ 上的**线性空间**或**向量空间**，V 中元素称为**向量**.

实数域或复数域上的线性空间，分别简称为**实线性空间**或**复线性空间**，在具体问题中最常见.

以下是关于线性空间的例子.

例 5.1 平面（或空间）中全体向量构成的集合，关于向量的加法和数乘构成实线性空间，该空间中的零元素是零向量.

例 5.2 全体 $m \times n$ 型实矩阵构成的集合 $\mathbf{R}^{m\times n}$，关于矩阵加法和数乘构成实线性空间，该空间中的零元素是零矩阵. 当 $n = 1$ 时，该空间称为**列矩阵空间**，简记为 $\mathbf{R}^m$. 特别地，实数域 $\mathbf{R}$ 可以看作 1×1 型实矩阵全体构成的实线性空间.

从上面两例可以看出，线性空间是向量空间的推广.

例 5.3 全体系数在数域 $\mathbf{F}$ 上的多项式构成的集合 $\mathbf{F}[x]$，关于多项式的加法和数乘构成数域 $\mathbf{F}$ 上的线性空间，该空间中的零元素是零多项式.

例 5.4 定义在 $[a,b]$ 上的实值连续函数全体构成的集合 $C([a,b])$，关于函数的加法与数乘构成实线性空间，其零元素为零常值函数.

线性空间中的零元素、负元素、加法、数乘形式上可能完全不同于传统意义上的零、负元素、加法、数乘，比如下面的例子.

例 5.5 在全体正实数构成的集合 $\mathbf{R}^+$ 上，定义加法为 $\boldsymbol{a} \oplus \boldsymbol{b} = \boldsymbol{ab}$，定义数乘为 $k \cdot \boldsymbol{a} = \boldsymbol{a}^k$，则 $\mathbf{R}^+$ 关于加法和数乘构成实线性空间，该空间中的零元素是 1，$\boldsymbol{a}$ 的负元素为 $\boldsymbol{a}^{-1}$.

通过上述例子可以看出，线性空间中的元素，在不同的例子中可以是不同的数学对象，加法、数乘也就具有相应不同的定义. 从这个意义上说，零元素、负元素、加法、数乘只是借用了矩阵范畴中的相应名称，它们在线性空间中，扮演了与矩阵集合中零元素、负元素、加法、数乘相同的角色.

注 5.1 线性空间与集合是两个不同的概念，线性空间包含了四个要素：集合 V、数域 $\mathbf{F}$、加法和数乘. 即使同一个集合，如果数域取得不同，或者加法、数乘的定义方式不同，也是不同的线性空间.

例 5.6 在复数集 $\mathbf{C}$ 上，数域 $\mathbf{F}$ 取为复数域，取加法和数乘分别为复数的加法和乘法，则复数集 $\mathbf{C}$ 构成复线性空间. 现将集合仍取为全体复数集 $\mathbf{C}$，数域 $\mathbf{F}$ 取为实数域，则容易验证复数集 $\mathbf{C}$ 构成实线性空间. 这两个线性空间的本质差别，将在下节给出.

由线性空间的 8 条基本性质，还可以推出下述直观上很自然的性质.

命题 5.1 设 V 为数域 $\mathbf{F}$ 上的线性空间，则

(1) V 上的零元素是唯一的，对任何 $\boldsymbol{v}\in V$，$\boldsymbol{v}$ 的负元素是唯一的；

(2) 消去律：对任何 $\boldsymbol{v}_1, \boldsymbol{v}_2, \boldsymbol{w}\in V$，若 $\boldsymbol{v}_1+\boldsymbol{w}=\boldsymbol{v}_2+\boldsymbol{w}$，则 $\boldsymbol{v}_1=\boldsymbol{v}_2$；

(3) 对任何 $\boldsymbol{v}\in V$，$0\boldsymbol{v}=\boldsymbol{0}, (-1)\boldsymbol{v}=-\boldsymbol{v}$；

(4) 若 $k\boldsymbol{v}=\boldsymbol{0}$，则 $k=0$ 或 $\boldsymbol{v}=\boldsymbol{0}$.

证明 (1) 设 $\boldsymbol{0}$ 和 $\boldsymbol{0}'$ 都是零元素，则 $\boldsymbol{0}\overset{3}{=}\boldsymbol{0}+\boldsymbol{0}'\overset{3}{=}\boldsymbol{0}'$（等号上面的数字 3 表示这一步是根据线性空间的第 3 条基本性质，下同），于是零元素唯一.

(2) $\boldsymbol{v}_1\overset{3,4}{=\!=}\boldsymbol{v}_1+(\boldsymbol{w}+(-\boldsymbol{w}))\overset{2}{=}(\boldsymbol{v}_1+\boldsymbol{w})+(-\boldsymbol{w})=(\boldsymbol{v}_2+\boldsymbol{w})+(-\boldsymbol{w})\overset{2}{=}\boldsymbol{v}_2+(\boldsymbol{w}+(-\boldsymbol{w}))\overset{3,4}{=\!=}\boldsymbol{v}_2$.

(3) 因 $0\boldsymbol{v}+\boldsymbol{v}\overset{5}{=}0\boldsymbol{v}+1\boldsymbol{v}\overset{7}{=}(0+1)\boldsymbol{v}=1\boldsymbol{v}\overset{5}{=}\boldsymbol{v}\overset{3}{=}\boldsymbol{0}+\boldsymbol{v}$，根据消去律，得 $0\boldsymbol{v}=\boldsymbol{0}$. 而 $\boldsymbol{v}+(-1)\boldsymbol{v}\overset{7}{=}(1-1)\boldsymbol{v}=0\boldsymbol{v}=\boldsymbol{0}\overset{4}{=}\boldsymbol{v}+(-\boldsymbol{v})$，再根据消去律，得 $(-1)\boldsymbol{v}=-\boldsymbol{v}$.

(4) 只须证当 $k\neq 0$ 时必有 $\boldsymbol{v}=\boldsymbol{0}$. 事实上，此时 $\boldsymbol{0}=k^{-1}\boldsymbol{0}=k^{-1}k\boldsymbol{v}\overset{6}{=}(k^{-1}k)\boldsymbol{v}=1\boldsymbol{v}\overset{5}{=}\boldsymbol{v}$.

证毕.

5.2 线性空间的维数、基与坐标

通过上一节的例子发现，很多不同的数学集合上，都可以定义线性空间结构. 本节将指出，所有的有限维线性空间，本质上都可以看作列矩阵线性空间.

先给出一般线性空间中线性相关的定义.

定义 5.2 设 V 为数域 $\mathbf{F}$ 上的线性空间，$\boldsymbol{v}_1,\cdots,\boldsymbol{v}_m$ 为 V 中的 m 个元素，若存在 $\mathbf{F}$ 中不全为零的数 $l_1,\cdots,l_m$，使

$$l_1\boldsymbol{v}_1+l_2\boldsymbol{v}_2+\cdots+l_m\boldsymbol{v}_m=\boldsymbol{0},$$

则称 $\boldsymbol{v}_1,\cdots,\boldsymbol{v}_m$ **线性相关**；否则，称 $\boldsymbol{v}_1,\cdots,\boldsymbol{v}_m$ **线性无关**.

当 V 取为矩阵空间时，这一定义与矩阵空间中的相应定义完全一致.

有了线性相关的定义，就可以进一步定义向量组的极大线性无关组与秩.

定义 5.3 设 V 为线性空间，W 为 V 的非空子集. 若 $\{\boldsymbol{w}_1,\cdots,\boldsymbol{w}_n\}\subset W$，且满足

(1) $\boldsymbol{w}_1,\cdots,\boldsymbol{w}_n$ 线性无关；

(2) 对任何 $\boldsymbol{w}\in W$，均有 $\boldsymbol{w}, \boldsymbol{w}_1,\cdots,\boldsymbol{w}_n$ 线性相关，

则 $\{\boldsymbol{w}_1,\cdots,\boldsymbol{w}_n\}$ 称为 W 的一个**极大线性无关组**，n 称为向量组 W 的**秩**. 特别地，若 W 中只含零向量，约定 W 的其极大线性无关组为空集，秩为 0.

对该定义，有两点问题需要进一步说明. 首先，对任何向量组，其极大线性无关组必定存在. 其次，秩的定义不依赖于极大线性无关组的选取. 对有限向量组（即 W 为有限集时），有下述定理.

定理 5.2 对有限向量组 W，极大线性无关组必定存在，且任意极大线性无关组所含向量个数相同.

证明 W 为零向量组时，该定理自然成立，故可设 W 为非零向量组，首先证明极大线性无关组的存在性.

任取 W 中的非零向量 $\boldsymbol{w}_1$，令 $S_1=\{\boldsymbol{w}_1\}$，则 S_1 作为向量组是一个线性无关组．若对任何 W 中向量 $\boldsymbol{w}$，$\boldsymbol{w}, \boldsymbol{w}_1$ 均线性相关，则 S_1 即为极大线性无关组；否则，必存在 W 中向量 $\boldsymbol{w}_2$，使 $\boldsymbol{w}_1, \boldsymbol{w}_2$ 线性无关，令 $S_2=\{\boldsymbol{w}_1, \boldsymbol{w}_2\}$．

若 S_2 已为 W 的极大线性无关组，则存在性得证；否则，必存在 W 中向量 $\boldsymbol{w}_3$，使 $S_3=\{\boldsymbol{w}_1, \boldsymbol{w}_2, \boldsymbol{w}_3\}$ 为线性无关组．由于 W 中只有有限个元素，因此必定存在有限数 n，使依此法构造的 $S_n=\{\boldsymbol{w}_1, \boldsymbol{w}_2, \cdots, \boldsymbol{w}_n\}$ 为 W 的极大线性无关组．

以下证明 n 不随极大线性无关组的选取而改变．用反证法，设 $\boldsymbol{v}_1, \cdots, \boldsymbol{v}_m$ 也是 W 的一个极大线性无关组，且 $m>n$．因对任何 j，有 $\boldsymbol{v}_j, \boldsymbol{w}_1, \cdots, \boldsymbol{w}_n$ 线性相关，于是，存在不全为零的数 $k, l_{1j}, \cdots, l_{nj}$，使

$$k\boldsymbol{v}_j+l_{1j}\boldsymbol{w}_1+l_{2j}\boldsymbol{w}_2+\cdots+l_{nj}\boldsymbol{w}_n=\boldsymbol{0}.$$

此时，易知 $k\neq 0$（否则 $\boldsymbol{w}_1, \cdots, \boldsymbol{w}_n$ 将线性相关），于是可不失一般性地假设 $k=-1$，此时

$$l_{1j}\boldsymbol{w}_1+l_{2j}\boldsymbol{w}_2+\cdots+l_{nj}\boldsymbol{w}_n=\boldsymbol{v}_j.$$

令 $\boldsymbol{A}=(l_{ij})_{n\times m}$，考虑矩阵方程 $\boldsymbol{AX}=\boldsymbol{0}$．一方面，$\operatorname{rank}A\leqslant n<m$，因此 $\boldsymbol{AX}=\boldsymbol{0}$ 存在非零解，设为 $x_1, \cdots, x_m$．另一方面

$$x_1\boldsymbol{v}_1+x_2\boldsymbol{v}_2+\cdots+x_m\boldsymbol{v}_m=\left(\sum_{k=1}^{m} l_{1k}x_k\right)\boldsymbol{w}_1+\left(\sum_{k=1}^{m} l_{2k}x_k\right)\boldsymbol{w}_2+\cdots+\left(\sum_{k=1}^{m} l_{nk}x_k\right)\boldsymbol{w}_n=\boldsymbol{0},$$

这与 $\boldsymbol{v}_1, \cdots, \boldsymbol{v}_m$ 线性无关矛盾，于是 $m\leqslant n$．

同理 $n\leqslant m$，从而 $m=n$．证毕．

向量组的秩有很好的几何意义．

例 5.7 考虑空间向量全体构成的实线性空间 V，$W=\{\boldsymbol{v}_1, \boldsymbol{v}_2, \boldsymbol{v}_3\}$ 为非零向量组，则 W 的秩为 1，当且仅当 $\boldsymbol{v}_1, \boldsymbol{v}_2, \boldsymbol{v}_3$ 共线；W 的秩为 2，当且仅当 $\boldsymbol{v}_1, \boldsymbol{v}_2, \boldsymbol{v}_3$ 共面且不共线；W 的秩为 3，当且仅当 $\boldsymbol{v}_1, \boldsymbol{v}_2, \boldsymbol{v}_3$ 不共面．

当向量组包含无穷多个向量时，有限的极大线性无关组可能不存在，举例如下．

例 5.8 $\mathbf{R}[x]$ 中的向量组 $\{1, x, x^2, \cdots\}$，其任意有限子集作为向量组都是线性无关的．

注 5.2 本书对极大线性无关组的定义，要求极大线性无关组中只能包含有限个向量，是出于简单化的需要，如去掉这一限制，相关定义将涉及集合论中的部分概念，超出了本书的讨论范围．

定义 5.4 设 V 为数域 $\mathbf{F}$ 上的线性空间，若 V 作为向量组，存在有限的极大线性无关组 $\boldsymbol{v}_1, \cdots, \boldsymbol{v}_n$，则称 V 为**有限维线性空间**，n 为 V 的**维数**，记为 $\dim V=n$．$\boldsymbol{v}_1, \cdots, \boldsymbol{v}_n$ 称为 V 的一组**基**．进一步，对任何 $\boldsymbol{w}\in V$，存在唯一的 $x_1, \cdots, x_n\in\mathbf{F}$，使

$$\boldsymbol{w}=x_1\boldsymbol{v}_1+\cdots+x_n\boldsymbol{v}_n, \tag{5.1}$$

记 $\operatorname{crd}(w:\boldsymbol{v}_1, \cdots, \boldsymbol{v}_n)=(x_1\ \cdots\ x_n)^{\mathrm{T}}$，称为向量 $\boldsymbol{w}$ 在基 $\boldsymbol{v}_1, \cdots, \boldsymbol{v}_n$ 下的**坐标**．

n 维线性空间在选定一组基后，任意一个向量可以唯一对应为 $\mathbf{F}^n$ 中的一个列矩阵．反之，任意一个 $\mathbf{F}^n$ 中的列矩阵，由式 (5.1) 也唯一确定了一个 V 中的向量．因此选定一组基，构造了有限维线性空间 V 到列矩阵空间 $\mathbf{F}^n$ 的一一对应．不仅如此，这一对应还是保持线性

运算的，即对任意 $w_1 . w_2 \in V, l_1, l_2 \in \mathbf{F}$，有

$$\operatorname{crd}(l_1 w_1 + l_2 w_2 : v_1, \cdots, v_n) = l_1 \operatorname{crd}(w_1 : v_1, \cdots, v_n) + l_2 \operatorname{crd}(w_2 : v_1, \cdots, v_n),$$

于是一切 n 维线性空间上的线性运算都可对应为 $\mathbf{F}^n$ 上的线性运算.

例 5.9 全体 $m \times n$ 型实矩阵构成的实线性空间 $\mathbf{R}^{m\times n}$，可选择 $E_{ij}\,(1 \leqslant i \leqslant m,\ 1 \leqslant j \leqslant n)$ 作为该空间的一组基，于是 $\mathbf{R}^{m\times n}$ 是 $m \times n$ 维实线性空间. 当 $m = n = 2$ 时，矩阵 $\begin{pmatrix} a & b \\ c & d \end{pmatrix}$ 在基 $E_{11}, E_{12}, E_{21}, E_{22}$ 下的坐标为 $(a\ b\ c\ d)^{\mathrm{T}}$.

需要注意的是，基向量的排列次序不能随意改变，不同的排列次序，对应了不同的基，同一向量的坐标也就随之改变. 本例中，如果将基向量的次序排列为 $E_{11}, E_{21}, E_{12}, E_{22}$，那么相应的坐标应改为 $(a\ c\ b\ d)^{\mathrm{T}}$.

例 5.10 平面中全体向量构成的实线性空间，任意两个不共线的向量，都可以作为该空间的一组基，于是平面向量空间的维数为 2；空间中全体向量构成的实线性空间，任意三个不共面的向量，都可以作为该空间的一组基，于是空间向量空间的维数为 3.

例 5.11 全体次数小于 n 的实系数多项式构成的集合 $\mathbf{R}_n[x]$，关于多项式的加法和数乘构成实线性空间，$1, x, \cdots, x^{n-1}$ 为该空间的一组基，于是 $\dim \mathbf{R}_n[x] = n$.

例 5.12 全体正实数构成的集合 $\mathbf{R}^+$，按例 5.5 中定义的加法和数乘构成实线性空间，任何不等于 1 的正实数都可以作为它的一组基，从而 $\dim \mathbf{R}^+ = 1$.

上节指出，同一个集合，选取不同的数域，将得到不同的线性空间，这两个线性空间本质的差别是维数.

例 5.13 复数集 $\mathbf{C}$，作为复线性空间，是 1 维的，任何一个非零复数都可作为该线性空间的一组基，然而若将 $\mathbf{C}$ 看作实线性空间，则是 2 维的，此时 $1, \mathrm{i}$ 是 $\mathbf{C}$ 的一组基.

在线性空间中选定一组基，其本质就是解析几何中建立坐标系的思想. 在初等几何课程中，用纯几何方法研究平面或空间中的点线面的关系是非常困难的，但一旦在平面或空间建立了坐标系，所有的点和向量就可对应为坐标，点线面的很多性质都转化为坐标的代数运算，于是很多问题得到了简化，在一般的线性空间中也是同样的道理.

通过上述例子可以看出，对一切线性空间，选定基后，向量的坐标都是列矩阵，该线性空间的加法、数乘运算都可以转化为列矩阵的线性运算. 很多线性空间上除了加法、数乘外还有其他运算，例如 2 阶方阵就有乘法、行列式等运算，这些运算与列矩阵的运算没有自然的对应. 这是因为乘法、行列式并不是线性空间的运算，线性空间只包含了 $\mathbf{R}^{2\times 2}$ 的部分性质，前面提到的很多线性空间的例子也是如此.

刻画一个线性空间，只须找出其任何一组基就够了，有下述显而易见的定理.

定理 5.3 设 $v_1, \cdots, v_n$ 是线性空间 V 的一组基，则 $V = \operatorname{span}\{v_1, \cdots, v_n\}$.

线性空间基的选取是不唯一的，就像平面坐标系的建立方式有无穷多种一样，在不同的基下，同一向量的坐标通常不会相同，在具体应用中，同一向量在不同基下坐标之间的关系非常重要.

设 $u_1, \cdots, u_n$ 和 $v_1, \cdots, v_n$ 都是 V 的基，向量 w 在这两组基下的坐标分别为 $(x_1\ \cdots\ x_n)^{\mathrm{T}}$ 和

$(y_1 \ \cdots \ y_n)^{\mathrm{T}}$，于是

$$\boldsymbol{w} = x_1\boldsymbol{u}_1 + \cdots + x_n\boldsymbol{u}_n = y_1\boldsymbol{v}_1 + \cdots + y_n\boldsymbol{v}_n \ .$$

要建立两组坐标之间的关系，只须将 $\boldsymbol{v}_1, \cdots, \boldsymbol{v}_n$ 用 $\boldsymbol{u}_1, \cdots, \boldsymbol{u}_n$ 线性表示即可．为此，设

$$\boldsymbol{v}_j = t_{1j}\boldsymbol{u}_1 + \cdots + t_{nj}\boldsymbol{u}_n = \sum_{i=1}^{n} t_{ij}\boldsymbol{u}_i \quad (j = 1, \cdots, n) \ ,$$

即

$$\operatorname{crd}(\boldsymbol{v}_j : \boldsymbol{u}_1, \cdots, \boldsymbol{u}_n) = (t_{1j} \cdots t_{nj})^{\mathrm{T}} \ ,$$

从而

$$\boldsymbol{w} = \sum_{j=1}^{n} y_j\boldsymbol{v}_j = \sum_{j=1}^{n} y_j\left(\sum_{i=1}^{n} t_{ij}\boldsymbol{u}_i\right) = \sum_{j=1}^{n}\sum_{i=1}^{n} t_{ij}y_j\boldsymbol{u}_i = \sum_{i=1}^{n}\left(\sum_{j=1}^{n} t_{ij}y_j\right)\boldsymbol{u}_i \ ,$$

由坐标的唯一性得

$$x_i = \sum_{j=1}^{n} t_{ij}y_j \ .$$

若记矩阵

$$\boldsymbol{T}_{\boldsymbol{uv}} = (t_{ij})_{n\times n} = (\operatorname{crd}(\boldsymbol{v}_1 : \boldsymbol{u}_1, \cdots, \boldsymbol{u}_n), \cdots, \operatorname{crd}(\boldsymbol{v}_n : \boldsymbol{u}_1, \cdots, \boldsymbol{u}_n)) \ ,$$

则

$$\operatorname{crd}(\boldsymbol{w} : \boldsymbol{u}_1, \cdots, \boldsymbol{u}_n) = \boldsymbol{T}_{\boldsymbol{uv}}\operatorname{crd}(\boldsymbol{w} : \boldsymbol{v}_1, \cdots, \boldsymbol{v}_n) \ . \tag{5.2}$$

矩阵 $\boldsymbol{T}_{\boldsymbol{uv}}$ 称为由基 $\boldsymbol{u}_1, \cdots, \boldsymbol{u}_n$ 到基 $\boldsymbol{v}_1, \cdots, \boldsymbol{v}_n$ 的**过渡矩阵**，式(5.2)称为**坐标变换公式**．

关于过渡矩阵，有如下定理，证明从略．

定理 5.4 设 $\boldsymbol{u}_1, \cdots, \boldsymbol{u}_n$，$\boldsymbol{v}_1, \cdots, \boldsymbol{v}_n$ 和 $\boldsymbol{w}_1, \cdots, \boldsymbol{w}_n$ 分别为线性空间 V 的三组基，则

(1) $\boldsymbol{T}_{\boldsymbol{uu}} = \boldsymbol{E}$；

(2) $\boldsymbol{T}_{\boldsymbol{uv}}\boldsymbol{T}_{\boldsymbol{vu}} = \boldsymbol{E}$；

(3) $\boldsymbol{T}_{\boldsymbol{uv}}\boldsymbol{T}_{\boldsymbol{vw}} = \boldsymbol{T}_{\boldsymbol{uw}}$．

5.3 子空间

类似于集合有子集合，线性空间也有子空间的概念．

定义 5.5 设 V 是数域 $\mathbf{F}$ 上的线性空间，W 是 V 的非空子集合，若 W 关于 V 上的加法和数乘构成线性空间，则 W 称为 V 的**子空间**．

以下是关于子空间的例子．

例 5.14 对任何线性空间 V，V 和 $\{\mathbf{0}\}$ 总是 V 的子空间，称为**平凡子空间**．

例 5.15 平面向量全体可以看作空间向量全体的子空间．

例 5.16 全体定义在区间 $[a, b]$ 上的无穷次连续可微函数构成的集合 $C^{\infty}([a, b])$ 可以看作 $C([a, b])$ 的子空间．

例 5.17 将多项式看作定义在 $[a, b]$ 上的函数，则 $\mathbf{R}[x]$ 可以看作 $C^{\infty}([a, b])$ 的子空间．

例 5.18 例 5.5 中的 $\mathbf{R}^+$ 不能看作 $\mathbf{R}$ 的子空间，因为两个空间上的加法、数乘定义不一致.

在验证子空间时，并不需要对子集合逐一验证线性空间的 8 条基本性质，有如下定理.

定理 5.5 设 V 是数域 $\mathbf{F}$ 上的线性空间，W 是 V 的非空子集合，若 W 关于 V 上的加法和数乘封闭，即对任何 $\boldsymbol{w}, \boldsymbol{w}_1, \boldsymbol{w}_2 \in W,\ k \in \mathbf{F}$，都有 $\boldsymbol{w}_1 + \boldsymbol{w}_2, k\boldsymbol{w} \in W$，则 W 为 V 的子空间.

证明 若对任何 $\boldsymbol{w}, \boldsymbol{w}_1, \boldsymbol{w}_2 \in W,\ k \in \mathbf{F}$，都有 $\boldsymbol{w}_1 + \boldsymbol{w}_2, k\boldsymbol{w} \in W$，则 V 上的加法、数乘可看作 W 上的加法、数乘，从而 W 上的加法、数乘满足与 V 上相同的性质，于是 W 可以看作 V 的子空间. 证毕.

由该定理，容易验证下面的例子.

例 5.19 设 V 为 $\mathbf{F}$ 上的线性空间，$\boldsymbol{v}_1, \cdots, \boldsymbol{v}_m \in V$ 为 m 个给定的向量，则

$$\operatorname{span}\{\boldsymbol{v}_1, \cdots, \boldsymbol{v}_m\} = \{k_1\boldsymbol{v}_1 + \cdots + k_m\boldsymbol{v}_m \mid k_1, \cdots, k_m \in \mathbf{F}\}$$

关于 V 的加法、数乘封闭，从而为 V 的子空间，称为由 $\boldsymbol{v}_1, \cdots, \boldsymbol{v}_m$ **生成的子空间**. 特别地，当 $V = \mathbf{F}^n$ 时，记矩阵 $\boldsymbol{A} = (\boldsymbol{v}_1\ \boldsymbol{v}_2\ \cdots\ \boldsymbol{v}_m)$，则上述子空间也记为 $\mathcal{R}(\boldsymbol{A})$.

关于子空间与全空间基的关系，先给出一个很有用的基的扩充定理.

定理 5.6 设 V 为 n 维线性空间，W 为其 k 维子空间 $(k < n)$，设 $\boldsymbol{w}_1, \cdots, \boldsymbol{w}_k$ 为 W 的一组基，则存在 $\boldsymbol{w}_{k+1}, \cdots, \boldsymbol{w}_n \in V$，使 $\boldsymbol{w}_1, \cdots, \boldsymbol{w}_n$ 为 V 的一组基.

证明 取 $\boldsymbol{w}_{k+1} \notin W$，则 $\boldsymbol{w}_1, \cdots, \boldsymbol{w}_k, \boldsymbol{w}_{k+1}$ 线性无关，若 $W_1 = \operatorname{span}\{\boldsymbol{w}_1, \cdots, \boldsymbol{w}_k, \boldsymbol{w}_{k+1}\} = V$，则 $\boldsymbol{w}_1, \cdots, \boldsymbol{w}_k, \boldsymbol{w}_{k+1}$ 为 V 的一组基. 否则，再取 $\boldsymbol{w}_{k+2} \notin W_1$，则 $\boldsymbol{w}_1, \cdots, \boldsymbol{w}_k, \boldsymbol{w}_{k+1}, \boldsymbol{w}_{k+2}$ 线性无关. 因为 V 是有限维的，所以经过有限步后，可得 $\boldsymbol{w}_1, \cdots, \boldsymbol{w}_n$ 为 V 的一组基. 证毕.

对同一个线性空间 V 的两个子空间 V_1 与 V_2，有以下两种重要的运算.

定理 5.7 集合 $V_1 \cap V_2$ 和 $V_1 + V_2 = \{\boldsymbol{v}_1 + \boldsymbol{v}_2 \mid \boldsymbol{v}_1 \in V_1, \boldsymbol{v}_2 \in V_2\}$ 均为 V 的子空间，分别称为 V_1 与 V_2 的**交空间**和**和空间**.

注 5.3 集合 $V_1 \cup V_2$ 通常不是 V 的子空间. 例如，在 2 维欧氏空间 $\mathbf{R}^2$ 中，x 轴和 y 轴都可看作全平面的子空间，但其并集不构成子空间.

和空间和交空间的维数，满足下面的恒等式.

定理 5.8 设 V_1, V_2 是线性空间 V 的有限维子空间，则 $\dim V_1 + \dim V_2 = \dim(V_1 \cap V_2) + \dim(V_1 + V_2)$.

证明 取 $V_1 \cap V_2$ 的基 $\boldsymbol{u}_1, \cdots, \boldsymbol{u}_k$，将其分别扩充为 V_1 的基 $\boldsymbol{u}_1, \cdots, \boldsymbol{u}_k, \boldsymbol{v}_1, \cdots, \boldsymbol{v}_m$ 和 V_2 的基 $\boldsymbol{u}_1, \cdots, \boldsymbol{u}_k, \boldsymbol{w}_1, \cdots, \boldsymbol{w}_n$，以下证明 $\boldsymbol{u}_1, \cdots, \boldsymbol{u}_k, \boldsymbol{v}_1, \cdots, \boldsymbol{v}_m, \boldsymbol{w}_1, \cdots, \boldsymbol{w}_n$ 构成 $V_1 + V_2$ 的基，于是定理得证.

任何 $V_1 + V_2$ 中的向量可以写为 $\boldsymbol{u}_1, \cdots, \boldsymbol{u}_k, \boldsymbol{v}_1, \cdots, \boldsymbol{v}_m, \boldsymbol{w}_1, \cdots, \boldsymbol{w}_n$ 的线性组合是显然的，从而只须证明这组向量线性无关即可. 设存在一组数 $x_1, \cdots, x_k, y_1, \cdots, y_m$ 以及 $z_1, \cdots, z_n$，使

$$x_1\boldsymbol{u}_1 + \cdots + x_k\boldsymbol{u}_k + y_1\boldsymbol{v}_1 + \cdots + y_m\boldsymbol{v}_m + z_1\boldsymbol{w}_1 + \cdots + z_n\boldsymbol{w}_n = \boldsymbol{0},$$

于是

$$x_1\boldsymbol{u}_1 + \cdots + x_k\boldsymbol{u}_k + y_1\boldsymbol{v}_1 + \cdots + y_m\boldsymbol{v}_m = -(z_1\boldsymbol{w}_1 + \cdots + z_n\boldsymbol{w}_n).$$

注意到上式左端的向量在 V_1 中，右端的向量在 V_2 中，于是左端向量也在 V_2 中，从而

$y_1 = \cdots = y_m = 0$，同理，$z_1 = \cdots = z_n = 0$．于是

$$x_1\boldsymbol{u}_1 + \cdots + x_k\boldsymbol{u}_k = \boldsymbol{0},$$

从而 $x_1 = \cdots = x_k = 0$，故 $\boldsymbol{u}_1, \cdots, \boldsymbol{u}_k, \boldsymbol{v}_1, \cdots, \boldsymbol{v}_m, \boldsymbol{w}_1, \cdots, \boldsymbol{w}_n$ 线性无关．证毕．

对两个子空间的和而言，有一种情形十分特殊．

定义 5.6 设 V_1, V_2 是线性空间 V 的子空间，若 $V_1 \cap V_2 = \{\boldsymbol{0}\}$，则 V_1, V_2 的和称为**直和**，其和空间记为 $V_1 \oplus V_2$．

关于直和的判别，有下述定理．

定理 5.9 设 V_1, V_2 是线性空间 V 的子空间，则以下条件等价：

(1) V_1 与 V_2 的和是直和；

(2) 对任何 $\boldsymbol{v} \in V_1 + V_2$，存在唯一分解式 $\boldsymbol{v} = \boldsymbol{v}_1 + \boldsymbol{v}_2$，其中 $\boldsymbol{v}_1 \in V_1, \boldsymbol{v}_2 \in V_2$；

(3) 若 $\boldsymbol{0} = \boldsymbol{v}_1 + \boldsymbol{v}_2$，其中 $\boldsymbol{v}_1 \in V_1, \boldsymbol{v}_2 \in V_2$，则 $\boldsymbol{v}_1 = \boldsymbol{v}_2 = \boldsymbol{0}$；

(4) 存在 V_1 的一组基 $\boldsymbol{w}_1, \cdots, \boldsymbol{w}_k$ 和 V_2 的一组基 $\boldsymbol{w}_{k+1}, \cdots, \boldsymbol{w}_n$，使 $\boldsymbol{w}_1, \cdots, \boldsymbol{w}_n$ 恰好构成 $V_1 + V_2$ 的一组基；

(5) $\dim V_1 + \dim V_2 = \dim(V_1 + V_2)$．

证明 设(1)成立，即 $V_1 \cap V_2 = \{\boldsymbol{0}\}$．此时若有 $\boldsymbol{v} = \boldsymbol{v}_1 + \boldsymbol{v}_2 = \boldsymbol{v}_1' + \boldsymbol{v}_2'$，其中 $\boldsymbol{v}_1, \boldsymbol{v}_1' \in V_1, \boldsymbol{v}_2, \boldsymbol{v}_2' \in V_2$，则 $\boldsymbol{v}_1 - \boldsymbol{v}_1' = \boldsymbol{v}_2' - \boldsymbol{v}_2$．又因为 $\boldsymbol{v}_1 - \boldsymbol{v}_1' \in V_1, \boldsymbol{v}_2' - \boldsymbol{v}_2 \in V_2$，从而 $\boldsymbol{v}_1 - \boldsymbol{v}_1' = \boldsymbol{v}_2' - \boldsymbol{v}_2 \in V_1 \cap V_2 = \{\boldsymbol{0}\}$，即 $\boldsymbol{v}_1 = \boldsymbol{v}_1', \boldsymbol{v}_2' = \boldsymbol{v}_2$，于是分解是唯一的，即由(1)可推出(2)．

由(2)可推出(3)是显然的．

设(3)成立，并设 $\boldsymbol{w}_1, \cdots, \boldsymbol{w}_k$ 和 $\boldsymbol{w}_{k+1}, \cdots, \boldsymbol{w}_n$ 分别为 V_1 与 V_2 的一组基，将证明 $\boldsymbol{w}_1, \cdots, \boldsymbol{w}_n$ 线性无关，从而构成 $V_1 + V_2$ 的一组基．事实上，若

$$l_1\boldsymbol{w}_1 + \cdots + l_k\boldsymbol{w}_k + l_{k+1}\boldsymbol{w}_{k+1} + \cdots + l_n\boldsymbol{w}_n = \boldsymbol{0},$$

则因 $l_1\boldsymbol{w}_1 + \cdots + l_k\boldsymbol{w}_k \in V_1$，$l_{k+1}\boldsymbol{w}_{k+1} + \cdots + l_n\boldsymbol{w}_n \in V_2$，故

$$l_1\boldsymbol{w}_1 + \cdots + l_k\boldsymbol{w}_k = l_{k+1}\boldsymbol{w}_{k+1} + \cdots + l_n\boldsymbol{w}_n = \boldsymbol{0},$$

从而

$$l_1 = \cdots = l_k = l_{k+1} = \cdots = l_n = 0,$$

于是 $\boldsymbol{w}_1, \cdots, \boldsymbol{w}_n$ 线性无关，即由(3)可推出(4)．

直接根据维数的定义可知，由(4)可推出(5)．

直接根据定理5.8可知 $\dim(V_1 \cap V_2) = 0$，即由(5)可推出(1)．

综上，定理中5个条件等价．证毕．

类似地，可以定义多个子空间的和与直和．

定义 5.7 设 $V_1, \cdots, V_m$ 均为 n 维线性空间 V 的子空间，则

$$V_1 + \cdots + V_m = \{\boldsymbol{v}_1 + \cdots + \boldsymbol{v}_m \mid \boldsymbol{v}_i \in V_i,\ i = 1, \cdots, m\}$$

构成 V 的子空间，称为 $V_1, \cdots, V_m$ 的**和空间**．若对任何交集为空的指标集 $I_1 = \{i_1, \cdots, i_k\}$ 和 $I_2 = \{i_{k+1}, \cdots, i_l\}$（这里 I_1 和 I_2 均为 $\{1, \cdots, n\}$ 的子集），都有 $V_{i_1} + \cdots + V_{i_k}$ 与 $V_{i_{k+1}} + \cdots + V_{i_l}$ 的和是直和，则称 $V_1, \cdots, V_m$ 的和为**直和**，并记和空间为 $V_1 \oplus \cdots \oplus V_m$．

注 5.4 对多个子空间来说，即使两两之间的和都是直和，其整体的和也未必是直和，

参见本章习题.

对于多个子空间的直和判别，有类似的结论，证明留作习题.

定理 5.10 设 $V_1,\cdots,V_m$ 是 n 维线性空间 V 的子空间，则以下陈述等价：

(1) $V_1,\cdots,V_m$ 的和是直和；

(2) 对任何 $\boldsymbol{v}\in V_1+\cdots+V_m$，存在唯一分解式 $\boldsymbol{v}=\boldsymbol{v}_1+\cdots+\boldsymbol{v}_m$，其中 $\boldsymbol{v}_i\in V_i\,(i=1,\cdots,m)$；

(3) 若 $\boldsymbol{0}=\boldsymbol{v}_1+\cdots+\boldsymbol{v}_m$，其中 $\boldsymbol{v}_i\in V_i\,(i=1,\cdots,m)$，则 $\boldsymbol{v}_1=\cdots=\boldsymbol{v}_m=\boldsymbol{0}$；

(4) 存在 $V_i\,(i=1,\cdots,m)$ 的一组基 $\boldsymbol{w}_{k_{i-1}+1},\cdots,\boldsymbol{w}_{k_i}$，这里 $k_0=0$，$k_m=n$，使得 $\boldsymbol{w}_1,\cdots,\boldsymbol{w}_n$ 恰好构成 $V_1+\cdots+V_m$ 的一组基；

(5) $\dim V_1+\cdots+\dim V_m=\dim(V_1+\cdots+V_m)$.

5.4 线性变换

在初等代数课程中，实数到实数的映射（即函数）是一个重要的概念和研究对象，这一概念在高等代数中的推广，就是线性空间到其自身的映射.

在所有的函数中，正比例函数 $f(x)=kx$ 是最简单的一类函数. 正比例函数具有以下性质：对一切 $x,y,k\in\mathbf{R}$，满足

$$f(x+y)=f(x)+f(y),\quad f(kx)=kf(x).$$

正比例函数在线性空间上的对应正是本节将介绍的线性变换.

定义 5.8 设 V 为数域 $\mathbf{F}$ 上的线性空间，$\mathscr{A}$ 为 V 到 V 的映射，满足

(1) 对任何 $\boldsymbol{v},\boldsymbol{w}\in V$，$\mathscr{A}(\boldsymbol{v}+\boldsymbol{w})=\mathscr{A}\boldsymbol{v}+\mathscr{A}\boldsymbol{w}$；

(2) 对任何 $\boldsymbol{v}\in V$，$k\in\mathbf{F}$，$\mathscr{A}(k\boldsymbol{v})=k\mathscr{A}\boldsymbol{v}$，

则 $\mathscr{A}$ 称为 V 上的一个**线性变换**.

本书中，线性变换用花体字母表示.

以下是关于线性变换的例子.

例 5.20 V 为线性空间，则 V 上的映射

$$\begin{aligned}\mathscr{O}:V&\to V\\ \boldsymbol{v}&\mapsto\boldsymbol{0}\end{aligned}\quad\text{和}\quad\begin{aligned}\mathrm{id}:V&\to V\\ \boldsymbol{v}&\mapsto\boldsymbol{v}\end{aligned}$$

均为 V 上的线性变换，分别称为**零变换**和**恒同变换**.

例 5.21 设 $\boldsymbol{A}$ 为 n 阶方阵，对 $\mathbf{R}^n$ 上的列矩阵 $\boldsymbol{v}$，定义映射 $\mathscr{A}\boldsymbol{v}=\boldsymbol{A}\boldsymbol{v}$，则 $\mathscr{A}$ 为 $\mathbf{R}^n$ 上的线性变换.

注 5.5 例 5.21 中线性变换的定义式与 $\mathbf{R}$ 上的正比例函数具有相似的形式，下节将指出，任意的线性变换都可以转化为这一形式.

例 5.22 空间向量全体组成的 3 维线性空间 $\mathbf{R}^3$，对向量 $\boldsymbol{v}$，$\mathscr{A}\boldsymbol{v}$ 为 $\boldsymbol{v}$ 在 xOy 平面的投影，则 $\mathscr{A}$ 为 $\mathbf{R}^3$ 上的线性变换.

例 5.23 数域 $\mathbf{F}$ 上次数小于 n 的多项式空间 $\mathbf{F}[x]_n$ 上定义映射 $\dfrac{\mathrm{d}}{\mathrm{d}x}(f(x)) = \dfrac{\mathrm{d}f}{\mathrm{d}x}(x)$，则 $\dfrac{\mathrm{d}}{\mathrm{d}x}$ 为 $\mathbf{F}[x]_n$ 上的线性变换.

例 5.24 $[a,b]$ 上无穷次连续可微函数全体构成的线性空间 $C^\infty([a,b])$，其上定义映射 $\dfrac{\mathrm{d}}{\mathrm{d}x}: f(x) \mapsto f'(x)$ 与 $\displaystyle\int_a^x : f(x) \mapsto \int_0^x f(t)\,\mathrm{d}t$，则 $\dfrac{\mathrm{d}}{\mathrm{d}x}$ 与 $\displaystyle\int_0^x$ 均为 $C^\infty([a,b])$ 上的线性变换.

例 5.25 平面向量全体组成的 2 维线性空间 $\mathbf{R}^2$，$\mathscr{A}$ 定义为将向量逆时针旋转 θ 角，$\mathscr{B}$ 定义为将向量关于 x 轴反射，则 $\mathscr{A}$ 和 $\mathscr{B}$ 均为 $\mathbf{R}^2$ 上的线性变换.

对线性变换，可以定义运算，进而得到更多的线性变换.

定理 5.11 设 V 为数域 $\mathbf{F}$ 上的线性空间，$\mathscr{A}$ 和 $\mathscr{B}$ 为 V 上的线性变换，$k \in \mathbf{F}$，定义 $\mathscr{A} + \mathscr{B}$ 和 $k\mathscr{A}$ 为 V 上的映射，其在向量 $\boldsymbol{v} \in V$ 上的作用为

$$(\mathscr{A} + \mathscr{B})\boldsymbol{v} = \mathscr{A}\boldsymbol{v} + \mathscr{B}\boldsymbol{v}, \quad (k\mathscr{A})\boldsymbol{v} = k\mathscr{A}\boldsymbol{v},$$

则 $\mathscr{A} + \mathscr{B}$ 和 $k\mathscr{A}$ 也是 V 上的线性变换. 进一步，若记 $\mathrm{End}(V)$ 为 V 上一切线性变换的全体，则 $\mathrm{End}(V)$ 在上述加法、数乘的定义下，构成 $\mathbf{F}$ 上的线性空间.

证明 首先证明 $\mathscr{A} + \mathscr{B}$ 和 $k\mathscr{A}$ 是 V 上的线性变换. 任取 $\boldsymbol{v}_1, \boldsymbol{v}_2 \in V$，有

$$\begin{aligned}(\mathscr{A} + \mathscr{B})(\boldsymbol{v}_1 + \boldsymbol{v}_2) &= \mathscr{A}(\boldsymbol{v}_1 + \boldsymbol{v}_2) + \mathscr{B}(\boldsymbol{v}_1 + \boldsymbol{v}_2) \\ &= \mathscr{A}\boldsymbol{v}_1 + \mathscr{A}\boldsymbol{v}_2 + \mathscr{B}\boldsymbol{v}_1 + \mathscr{B}\boldsymbol{v}_2 = (\mathscr{A}\boldsymbol{v}_1 + \mathscr{B}\boldsymbol{v}_1) + (\mathscr{A}\boldsymbol{v}_2 + \mathscr{B}\boldsymbol{v}_2) \\ &= (\mathscr{A} + \mathscr{B})\boldsymbol{v}_1 + (\mathscr{A} + \mathscr{B})\boldsymbol{v}_2,\end{aligned}$$

即 $\mathscr{A} + \mathscr{B}$ 保持加法，类似可证 $\mathscr{A} + \mathscr{B}$ 保持数乘，过程略，从而 $\mathscr{A} + \mathscr{B}$ 是 V 上的线性变换. 类似可证 $k\mathscr{A}$ 是 V 上的线性变换，过程略.

其次证明线性变换关于加法、数乘运算满足线性空间的 8 个条件. 先证明加法交换律 $\mathscr{A} + \mathscr{B} = \mathscr{B} + \mathscr{A}$ 成立，只须证对任何 $\boldsymbol{v} \in V$，有 $(\mathscr{A} + \mathscr{B})v = (\mathscr{B} + \mathscr{A})v$. 事实上

$$(\mathscr{A} + \mathscr{B})v = \mathscr{A}v + \mathscr{B}v = \mathscr{B}v + \mathscr{A}v = (\mathscr{B} + \mathscr{A})v.$$

该空间的零元素为零变换，连同其他 6 条性质的证明都是类似的，从略. 证毕.

线性变换作为映射，还有自然的复合运算，通常将复合运算记为乘法.

定理 5.12 设 V 为数域 $\mathbf{F}$ 上的线性空间，$\mathscr{A}$，$\mathscr{B}$ 为 V 上的线性变换，定义 $\mathscr{A}\mathscr{B}$ 为 V 上的映射，其在向量 $\boldsymbol{v} \in V$ 上的作用为

$$(\mathscr{A}\mathscr{B})\boldsymbol{v} = \mathscr{A}(\mathscr{B}\boldsymbol{v}),$$

则 $\mathscr{A}\mathscr{B}$ 也是 V 上的线性变换.

证明与上一定理类似，这里略去.

基于线性变换的乘法运算，可以进一步定义线性变换的幂与多项式.

定义 5.9 设 V 为数域 $\mathbf{F}$ 上的线性空间，$\mathscr{A}$ 为 V 上的线性变换，n 为正整数，定义

$$\mathscr{A}^n = \underbrace{\mathscr{A} \cdots \mathscr{A}}_{n\text{个}}.$$

对任意 $\mathbf{F}[x]$ 中的多项式 $f(x) = a_0 + a_1x + \cdots + a_nx^n$，定义

$$f(\mathscr{A}) = a_0\mathrm{id} + a_1\mathscr{A} + \cdots + a_n\mathscr{A}^n.$$

根据定理 5.11 和定理 5.12，线性变换的幂与多项式都是线性变换.

若一个线性变换作为映射是可逆的，可以定义其逆映射，有如下定理.

定理 5.13 可逆线性变换的逆映射也是线性变换.

证明 设 $\mathscr{A}$ 为 V 上的可逆线性变换，记 $\mathscr{A}^{-1}$ 为其逆映射. 以下验证 $\mathscr{A}^{-1}$ 为线性变换. 任取 $\boldsymbol{w}_1, \boldsymbol{w}_2, \boldsymbol{w} \in V$，$k \in \mathbf{F}$，因

$$\begin{aligned} \boldsymbol{w}_1 + \boldsymbol{w}_2 &= \mathscr{A}\mathscr{A}^{-1}\boldsymbol{w}_1 + \mathscr{A}\mathscr{A}^{-1}\boldsymbol{w}_2 = \mathscr{A}(\mathscr{A}^{-1}\boldsymbol{w}_1 + \mathscr{A}^{-1}\boldsymbol{w}_2), \\ k\boldsymbol{w} &= k\mathscr{A}\mathscr{A}^{-1}\boldsymbol{w} = \mathscr{A}(k\mathscr{A}^{-1}\boldsymbol{w}), \end{aligned}$$

以 $\mathscr{A}^{-1}$ 作用于上式两边，得到

$$\begin{aligned} \mathscr{A}^{-1}(\boldsymbol{w}_1 + \boldsymbol{w}_2) &= \mathscr{A}^{-1}\mathscr{A}(\mathscr{A}^{-1}\boldsymbol{w}_1 + \mathscr{A}^{-1}\boldsymbol{w}_2) = \mathscr{A}^{-1}\boldsymbol{w}_1 + \mathscr{A}^{-1}\boldsymbol{w}_2, \\ \mathscr{A}^{-1}(k\boldsymbol{w}) &= \mathscr{A}^{-1}\mathscr{A}(k\mathscr{A}^{-1}\boldsymbol{w}) = k\mathscr{A}^{-1}\boldsymbol{w}. \end{aligned}$$

证毕.

通过上述定义和定理，不难发现线性变换和方阵存在一些相似之处：方阵和线性变换都有加法、数乘、乘法运算；部分方阵可以求逆，部分线性变换有逆变换. 下一节将指出，这种相似并不是巧合，线性变换和方阵存在密切的联系.

5.5 线性变换的矩阵

在线性空间中选定一组基后，向量的线性运算就可以转化为向量坐标的线性运算. 利用这一思想，线性变换同样可以通过向量坐标来描述.

设 V 为 n 维线性空间，$\boldsymbol{v}_1, \cdots, \boldsymbol{v}_n$ 为 V 的一组基，$\mathscr{A}$ 为 V 上的线性变换，任取 V 上的向量 $\boldsymbol{v}$，考虑 $\boldsymbol{v}$ 和 $\mathscr{A}\boldsymbol{v}$ 的坐标之间的关系. 设

$$\operatorname{crd}(\boldsymbol{v} : \boldsymbol{v}_1, \cdots, \boldsymbol{v}_n) = (x_1 \cdots x_n)^{\mathrm{T}},$$

即

$$\boldsymbol{v} = x_1\boldsymbol{v}_1 + \cdots + x_n\boldsymbol{v}_n,$$

于是

$$\mathscr{A}\boldsymbol{v} = x_1\mathscr{A}\boldsymbol{v}_1 + \cdots + x_n\mathscr{A}\boldsymbol{v}_n,$$

从而

$$\operatorname{crd}(\mathscr{A}\boldsymbol{v} : \boldsymbol{v}_1, \cdots, \boldsymbol{v}_n) = x_1\operatorname{crd}(\mathscr{A}\boldsymbol{v}_1 : \boldsymbol{v}_1, \cdots, \boldsymbol{v}_n) + \cdots + x_n\operatorname{crd}(\mathscr{A}\boldsymbol{v}_n : \boldsymbol{v}_1, \cdots, \boldsymbol{v}_n).$$

令 $\boldsymbol{A} = (\operatorname{crd}(\mathscr{A}\boldsymbol{v}_1 : \boldsymbol{v}_1, \cdots, \boldsymbol{v}_n), \cdots, \operatorname{crd}(\mathscr{A}\boldsymbol{v}_n : \boldsymbol{v}_1, \cdots, \boldsymbol{v}_n))$，则

$$\operatorname{crd}(\mathscr{A}\boldsymbol{v} : \boldsymbol{v}_1, \cdots, \boldsymbol{v}_n) = \boldsymbol{A}\operatorname{crd}(\boldsymbol{v} : \boldsymbol{v}_1, \cdots, \boldsymbol{v}_n). \tag{5.3}$$

式 (5.3) 给出了 $\boldsymbol{v}$ 和 $\mathscr{A}\boldsymbol{v}$ 的坐标之间的关系，这一关系与例 5.21 中线性变换的形式完全相同，即对任何线性空间上的线性变换，选定线性空间的一组基之后，向量的像和向量自身坐标之间满足形如式 (5.3) 的简单关系，式 (5.3) 中的 $\boldsymbol{A}$ 称为**线性变换 $\mathscr{A}$ 在基 $\boldsymbol{v}_1, \cdots, \boldsymbol{v}_n$ 下的矩阵**.

下面给出上一节给出的线性变换在某组基下的矩阵.

例 5.26 V 上的零变换和恒同变换在任何基下的矩阵均为零矩阵和单位矩阵.

例 5.27 选择 $e_1, \cdots, e_n$ 为 $\mathbf{R}^n$ 的基，$\mathbf{R}^n$ 上线性变换 $\mathscr{A}v = Av$ 的矩阵恰为 A .

例 5.28 选择 e_1, e_2 为 $\mathbf{R}^2$ 的基，线性变换 $\mathscr{A}$ 为将向量逆时针旋转 θ 角，$\mathscr{B}$ 为将向量关于 x 轴反射，则 $\mathscr{A}, \mathscr{B}$ 在 e_1, e_2 下的矩阵分别为

$$A = \begin{pmatrix} \cos\theta & -\sin\theta \\ \sin\theta & \cos\theta \end{pmatrix}, \quad B = \begin{pmatrix} 1 & 0 \\ 0 & -1 \end{pmatrix}.$$

例 5.29 选取 e_1, e_2, e_3 为 $\mathbf{R}^3$ 的一组基，对向量 v，$\mathscr{A}v$ 为 v 在 xOy 平面的投影，则 $\mathscr{A}$ 在 e_1, e_2, e_3 下的矩阵为

$$A = \begin{pmatrix} 1 & 0 & 0 \\ 0 & 1 & 0 \\ 0 & 0 & 0 \end{pmatrix}.$$

事实上，任选 xOy 平面上的线性无关的向量 v_1, v_2，$\mathscr{A}$ 在 v_1, v_2, e_3 下的矩阵均为上述 A .

例 5.30 选取 $1, x, \cdots, x^{n-1}$ 为 $\mathbf{F}[x]_n$ 的一组基，其上的线性变换 $\dfrac{\mathrm{d}}{\mathrm{d}x}: f(x) \mapsto f'(x)$ 在这组基下的矩阵为

$$\begin{pmatrix} 0 & 1 & & & \\ & 0 & 2 & & \\ & & \ddots & \ddots & \\ & & & \ddots & n-1 \\ & & & & 0 \end{pmatrix}.$$

类似向量的坐标保持向量的线性运算，线性变换的矩阵保持线性变换的加法、数乘和复合运算，有以下定理.

定理 5.14 设 V 为 $\mathbf{F}$ 上的线性空间，$\mathscr{A}, \mathscr{B}$ 为 V 上的线性变换，$k \in \mathbf{F}$， A, B 分别为 $\mathscr{A}, \mathscr{B}$ 在基 $v_1, \cdots, v_n$ 下的矩阵，则 $\mathscr{A} + \mathscr{B}, k\mathscr{A}$ 和 $\mathscr{A}\mathscr{B}$ 在基 $v_1, \cdots, v_n$ 下的矩阵分别为 $A + B, kA$ 和 AB .

通过这一定理可以看出，线性变换加法、数乘和乘法，分别对应了矩阵的相应运算.

推论 5.15 若线性空间 V 上的线性变换 $\mathscr{A}$ 是可逆的，$\mathscr{A}$ 在基 $v_1, \cdots, v_n$ 下的矩阵为 A，则 $\mathscr{A}$ 的逆变换在基 $v_1, \cdots, v_n$ 下的矩阵为 A^{-1} .

证明 设 $\mathscr{A}^{-1}$ 在基 $v_1, \cdots, v_n$ 下的矩阵为 B . 根据 $\mathscr{A}^{-1}\mathscr{A} = \mathrm{id}$，且恒同变换在任何基下的矩阵均为单位阵，根据定理 5.14，$BA = E$，即 $B = A^{-1}$. 证毕.

与向量在不同基下有不同的坐标一样，线性变换在不同的基下，也有不同的矩阵，不同的矩阵之间也满足一定的关系，有以下定理.

定理 5.16 设 $\mathscr{A}$ 是线性空间 V 上的线性变换，$v_1, \cdots, v_n$ 和 $w_1, \cdots, w_n$ 为 V 的两组基，T 为 $v_1, \cdots, v_n$ 到 $w_1, \cdots, w_n$ 的过渡矩阵，A_v 与 A_w 分别为 $\mathscr{A}$ 在 $v_1, \cdots, v_n$ 和 $w_1, \cdots, w_n$ 下的矩阵，则 A_v 与 A_w 相似，且

$$A_w = T^{-1}A_vT.$$

证明 任取 V 中向量 $\boldsymbol{v}$，由式 (5.3)，得

$$\operatorname{crd}(\mathscr{A}\boldsymbol{v}:\boldsymbol{v}_1,\cdots,\boldsymbol{v}_n)=\boldsymbol{A}_v\operatorname{crd}(\boldsymbol{v}:\boldsymbol{v}_1,\cdots,\boldsymbol{v}_n), \tag{5.4}$$

将坐标变换公式

$$\operatorname{crd}(\mathscr{A}\boldsymbol{v}:\boldsymbol{v}_1,\cdots,\boldsymbol{v}_n)=\boldsymbol{T}\operatorname{crd}(\mathscr{A}\boldsymbol{v}:\boldsymbol{w}_1,\cdots,\boldsymbol{w}_n),$$

$$\operatorname{crd}(\boldsymbol{v}:\boldsymbol{v}_1,\cdots,\boldsymbol{v}_n)=\boldsymbol{T}\operatorname{crd}(\boldsymbol{v}:\boldsymbol{w}_1,\cdots,\boldsymbol{w}_n),$$

代入式 (5.4) 有

$$\boldsymbol{T}\operatorname{crd}(\mathscr{A}\boldsymbol{v}:\boldsymbol{w}_1,\cdots,\boldsymbol{w}_n)=\boldsymbol{A}_v\boldsymbol{T}\operatorname{crd}(\boldsymbol{v}:\boldsymbol{w}_1,\cdots,\boldsymbol{w}_n),$$

即

$$\operatorname{crd}(\mathscr{A}\boldsymbol{v}:\boldsymbol{w}_1,\cdots,\boldsymbol{w}_n)=\boldsymbol{T}^{-1}\boldsymbol{A}_v\boldsymbol{T}\operatorname{crd}(\boldsymbol{v}:\boldsymbol{w}_1,\cdots,\boldsymbol{w}_n).$$

又因为

$$\operatorname{crd}(\mathscr{A}\boldsymbol{v}:\boldsymbol{w}_1,\cdots,\boldsymbol{w}_n)=\boldsymbol{A}_w\operatorname{crd}(\boldsymbol{v}:\boldsymbol{w}_1,\cdots,\boldsymbol{w}_n),$$

由 $\boldsymbol{v}$ 的任意性，$\boldsymbol{A}_w=\boldsymbol{T}^{-1}\boldsymbol{A}_v\boldsymbol{T}$．证毕．

由定理 5.16 知，线性变换在不同基下的矩阵相似，而行列式、迹、不变因子、特征多项式、零化多项式和最小多项式都是矩阵相似变换下的不变量，故可将线性变换在任何一组基下的矩阵的行列式、迹、不变因子、特征多项式、零化多项式和最小多项式称为该线性变换的行列式、迹、不变因子、特征多项式、零化多项式和最小多项式．

例 5.31 在实线性空间 $\mathbf{R}^{n\times n}$ 上，定义映射 $\mathscr{T}$ 为 $\boldsymbol{A}\mapsto\boldsymbol{A}^{\mathrm{T}}$，易证其为线性变换．选择 $E_{kk}(1\leqslant k\leqslant n), E_{ij}+E_{ji}, E_{ij}-E_{ji}(1\leqslant i<j\leqslant n)$ 为全空间的基（基的证明留作习题），则该变换在这组基下的矩阵 $\boldsymbol{T}=\operatorname{diag}\left(\boldsymbol{E}_p,-\boldsymbol{E}_q\right)$，其中 $p=\dfrac{n(n+1)}{2}$，$q=\dfrac{n(n-1)}{2}$．从而，λ^2-1 是 $\mathscr{T}$ 的最小多项式．

某些矩阵相似变换下的不变量，依赖于数域的选择，例如特征值、初等因子、Jordan 标准形等，对线性变换定义这些概念时，同样与数域的选择有关．

定义 5.10 设 $\mathscr{A}$ 为数域 $\mathbf{F}$ 上线性空间 V 上的线性变换，若对 $\lambda\in\mathbf{F}$，存在非零向量 $\boldsymbol{v}\in V$，使 $\mathscr{A}\boldsymbol{v}=\lambda\boldsymbol{v}$，则称 λ 为线性变换 $\mathscr{A}$ 的**特征值**，非零向量 $\boldsymbol{v}$ 称为 $\mathscr{A}$ 关于特征值 λ 的**特征向量**．

线性变换的特征值与矩阵的特征值的联系如下．

定理 5.17 设 $\mathscr{A}$ 为数域 $\mathbf{F}$ 上线性空间 V 上的线性变换，$\boldsymbol{v}_1,\cdots,\boldsymbol{v}_n$ 为 V 的任意一组基，$\boldsymbol{A}$ 为 $\mathscr{A}$ 在基 $\boldsymbol{v}_1,\cdots,\boldsymbol{v}_n$ 下的矩阵，则线性变换 $\mathscr{A}$ 的特征值就是矩阵 $\boldsymbol{A}$ 在数域 $\mathbf{F}$ 上的特征值．

由于谈及矩阵 $\boldsymbol{A}$ 的特征值时，通常默认是复数域上的特征值，因此当线性空间的数域 $\mathbf{F}$ 不为 $\mathbf{C}$ 时，矩阵的特征值就未必是对应线性变换的特征值．

例 5.32 考虑实线性空间 $\mathbf{R}^2$ 上的旋转变换，若旋转角度不为 π 的整数倍，则任意非零向量旋转后，都不会与该向量共线（即线性相关），故这样的旋转变换没有特征值．这一结

论也可通过定理 5.17 得到．事实上，旋转变换对应的矩阵 $\begin{pmatrix} \cos\theta & -\sin\theta \\ \sin\theta & \cos\theta \end{pmatrix}$ 的两个特征值分别为 $e^{\pm i\theta}$，都不是实数．

5.6　与线性变换相关的子空间

线性空间结合具体的线性变换，可得到一些特殊的子空间，这类子空间在研究线性变换时特别重要．

先介绍线性变换的核空间和像空间．

定义 5.11　设 V 为数域 $\mathbf{F}$ 上的线性空间，$\mathscr{A}$ 为 V 上的线性变换．集合

$$\ker\mathscr{A} = \{\boldsymbol{v} \in V \mid \mathscr{A}\boldsymbol{v} = \mathbf{0}\}$$

称为线性变换 $\mathscr{A}$ 的**核**，集合

$$\mathrm{Im}\mathscr{A} = \{\mathscr{A}\boldsymbol{v} \mid \boldsymbol{v} \in V\}$$

称为线性变换 $\mathscr{A}$ 的**像**．

若将线性变换看作函数概念在线性空间的推广，则线性变换的像与核，就可看作函数的值域和零点的相应推广．而且可以证明，像与核都是子空间．

定理 5.18　设 V 为数域 $\mathbf{F}$ 上的线性空间，$\mathscr{A}$ 为 V 上的线性变换，则

(1) $\ker\mathscr{A}$ 和 $\mathrm{Im}\mathscr{A}$ 都是 V 的子空间；

(2) 若 $\boldsymbol{v}_1,\cdots,\boldsymbol{v}_n$ 为 V 的一组基，则 $\mathrm{Im}\mathscr{A} = \mathrm{span}\{\mathscr{A}\boldsymbol{v}_1,\cdots,\mathscr{A}\boldsymbol{v}_n\}$；

(3) $\dim\ker\mathscr{A} + \dim\mathrm{Im}\mathscr{A} = \dim V$．

证明　(1) 设 $\boldsymbol{u}_1, \boldsymbol{u}_2 \in \ker\mathscr{A}$, $l_1, l_2 \in \mathbf{F}$，则 $\mathscr{A}\boldsymbol{u}_1 = \mathscr{A}\boldsymbol{u}_2 = \mathbf{0}$，于是

$$\mathscr{A}(l_1\boldsymbol{u}_1 + l_2\boldsymbol{u}_2) = l_1\mathscr{A}\boldsymbol{u}_1 + l_2\mathscr{A}\boldsymbol{u}_2 = \mathbf{0},$$

从而 $l_1\boldsymbol{u}_1 + l_2\boldsymbol{u}_2 \in \ker\mathscr{A}$，即 $\ker\mathscr{A}$ 是 V 的子空间．设 $\boldsymbol{w}_1, \boldsymbol{w}_2 \in \mathrm{Im}\mathscr{A}$，则存在 $\boldsymbol{v}_1, \boldsymbol{v}_2 \in V$，使 $\boldsymbol{w}_1 = \mathscr{A}\boldsymbol{v}_1$, $\boldsymbol{w}_2 = \mathscr{A}\boldsymbol{v}_2$，从而

$$l_1\boldsymbol{w}_1 + l_2\boldsymbol{w}_2 = l_1\mathscr{A}\boldsymbol{v}_1 + l_2\mathscr{A}\boldsymbol{v}_2 = \mathscr{A}(l_1\boldsymbol{v}_1 + l_2\boldsymbol{v}_2),$$

于是 $l_1\boldsymbol{w}_1 + l_2\boldsymbol{w}_2 \in \mathrm{Im}\mathscr{A}$．

(2) $\mathrm{span}\{\mathscr{A}\boldsymbol{v}_1,\cdots,\mathscr{A}\boldsymbol{v}_n\} \subset \mathrm{Im}\mathscr{A}$ 是显然的，从而只须证 $\mathrm{Im}\mathscr{A} \subset \mathrm{span}\{\mathscr{A}\boldsymbol{v}_1,\cdots,\mathscr{A}\boldsymbol{v}_n\}$ 就可得到 $\mathrm{Im}\mathscr{A} = \mathrm{span}\{\mathscr{A}\boldsymbol{v}_1,\cdots,\mathscr{A}\boldsymbol{v}_n\}$．事实上，任取 $\boldsymbol{w} \in \mathrm{Im}\mathscr{A}$，存在 $\boldsymbol{v} \in V$，使 $\boldsymbol{w} = \mathscr{A}\boldsymbol{v}$．因 $\boldsymbol{v}_1,\cdots,\boldsymbol{v}_n$ 为 V 的一组基，于是存在 $l_1,\cdots,l_n \in \mathbf{F}$，使 $\boldsymbol{v} = l_1\boldsymbol{v}_1 + \cdots + l_n\boldsymbol{v}_n$，从而

$$\boldsymbol{w} = \mathscr{A}\boldsymbol{v} = \mathscr{A}(l_1\boldsymbol{v}_1 + \cdots + l_n\boldsymbol{v}_n) = l_1\mathscr{A}\boldsymbol{v}_1 + \cdots + l_n\mathscr{A}\boldsymbol{v}_n,$$

即 $\boldsymbol{w} \in \mathrm{span}\{\mathscr{A}\boldsymbol{v}_1,\cdots,\mathscr{A}\boldsymbol{v}_n\}$，亦即 $\mathrm{Im}\mathscr{A} \subset \mathrm{span}\{\mathscr{A}\boldsymbol{v}_1,\cdots,\mathscr{A}\boldsymbol{v}_n\}$．

(3) 取 $\boldsymbol{u}_1,\cdots,\boldsymbol{u}_k$ 为 $\ker\mathscr{A}$ 的一组基，并将其扩充为 V 的基 $\boldsymbol{u}_1,\cdots,\boldsymbol{u}_k,\boldsymbol{u}_{k+1},\cdots,\boldsymbol{u}_n$，以下证 $\mathscr{A}\boldsymbol{u}_{k+1},\cdots,\mathscr{A}\boldsymbol{u}_n$ 构成 $\mathrm{Im}\mathscr{A}$ 的一组基，从而 $\dim\ker\mathscr{A} + \dim\mathrm{Im}\mathscr{A} = \dim V$．因为

$$\mathrm{Im}\mathscr{A} = \mathrm{span}\{\mathscr{A}\boldsymbol{u}_1,\cdots,\mathscr{A}\boldsymbol{u}_k,\mathscr{A}\boldsymbol{u}_{k+1},\cdots,\mathscr{A}\boldsymbol{u}_n\} = \mathrm{span}\{\mathscr{A}\boldsymbol{u}_{k+1},\cdots,\mathscr{A}\boldsymbol{u}_n\},$$

故只须证明 $\mathscr{A}\boldsymbol{u}_{k+1},\cdots,\mathscr{A}\boldsymbol{u}_n$ 线性无关．设存在 $l_{k+1},\cdots,l_n \in \mathbf{F}$，使

$$\mathbf{0} = l_{k+1}\mathscr{A}\boldsymbol{u}_{k+1} + \cdots + l_n\mathscr{A}\boldsymbol{u}_n = \mathscr{A}(l_{k+1}\boldsymbol{u}_{k+1} + \cdots + l_n\boldsymbol{u}_n),$$

从而 $l_{k+1}\boldsymbol{u}_{k+1}+\cdots+l_n\boldsymbol{u}_n\in\ker\mathscr{A}$，于是 $l_{k+1}=\cdots=l_n=0$，从而 $\mathscr{A}\boldsymbol{u}_{k+1},\cdots,\mathscr{A}\boldsymbol{u}_n$ 线性无关．证毕．

利用线性变换的矩阵，结合定理 5.18，可具体计算出线性变换核空间与像空间的基．设线性变换的矩阵为 $\boldsymbol{A}$，则线性变换的核空间就是齐次线性方程 $\boldsymbol{Ax}=\boldsymbol{0}$ 的解空间，于是该方程的一个基础解系，就是核空间的一组基．根据定理 5.18，$\mathrm{Im}\mathscr{A}=\mathrm{span}\{\mathscr{A}\boldsymbol{v}_1,\cdots,\mathscr{A}\boldsymbol{v}_n\}$，而 $\boldsymbol{A}$ 的每一列正是 $\mathscr{A}\boldsymbol{v}_1,\cdots,\mathscr{A}\boldsymbol{v}_n$ 的坐标，从而为求像空间的一组基，只须求出 $\boldsymbol{A}$ 作为列向量组的极大线性无关组即可．

例 5.33 求 $\mathbf{F}[x]_n$ 上的线性变换 $\dfrac{\mathrm{d}}{\mathrm{d}x}:f(x)\mapsto f'(x)$ 的核空间与像空间．

解 选取 $1,x,\cdots,x^{n-1}$ 为 $\mathbf{F}[x]_n$ 的一组基，则 $\dfrac{\mathrm{d}}{\mathrm{d}x}$ 在这组基下的矩阵为

$$\boldsymbol{A}=\begin{pmatrix}0&1&&&\\&0&2&&\\&&\ddots&\ddots&\\&&&\ddots&n-1\\&&&&0\end{pmatrix}.$$

于是 $\mathrm{Im}\dfrac{\mathrm{d}}{\mathrm{d}x}$ 为由坐标为 $(1\ 0\ \cdots\ 0)^{\mathrm{T}},(0\ 2\ 0\ \cdots\ 0)^{\mathrm{T}},\cdots,(0\ \cdots\ 0\ n{-}1\ 0)^{\mathrm{T}}$ 的向量，即 $1,2x,\cdots,(n-1)x^{n-2}$ 张成的线性空间，去掉非零系数，$\mathrm{Im}\dfrac{\mathrm{d}}{\mathrm{d}x}$ 可化简为 $\mathrm{span}\{1,x,\cdots,x^{n-2}\}$．又因为线性方程组 $\boldsymbol{Ax}=\boldsymbol{0}$ 的基础解系为 $\{(1\ 0\ \cdots\ 0)^{\mathrm{T}}\}$，故 $\ker\dfrac{\mathrm{d}}{\mathrm{d}x}=\mathrm{span}\{1\}$．

注 5.6 虽然同一个线性变换的核空间与像空间的维数和等于全空间的维数，但核空间与像空间通常不构成直和，如上面的例子．

另一类与线性变换相关的重要子空间为线性变换的不变子空间．

定义 5.12 设 $\mathscr{A}$ 为线性空间 V 上的线性变换，W 为 V 的子空间，若对任何 $\boldsymbol{w}\in W$，都有 $\mathscr{A}\boldsymbol{w}\in W$，则称 W 为 $\mathscr{A}$ 的**不变子空间**．此时 $\mathscr{A}$ 也可看作 W 上的线性变换，称为 $\mathscr{A}$ 在 W 上的**限制**．

以下为关于不变子空间的例子．

例 5.34 对任何线性空间 V 上的线性变换 $\mathscr{A}$，零空间和 V 总是 $\mathscr{A}$ 的不变子空间．这种不变子空间是平凡的，没有特别的价值．

例 5.35 设 λ 为线性空间 V 上的线性变换 $\mathscr{A}$ 的特征值，$\boldsymbol{p}$ 为对应的一个特征向量，则 $\mathrm{span}\{\boldsymbol{p}\}$ 是 $\mathscr{A}$ 的不变子空间．进一步，记

$$E_\lambda(\mathscr{A})=\{\boldsymbol{v}\in V\mid\mathscr{A}(\boldsymbol{v})=\lambda\boldsymbol{v}\},$$

则 $E_\lambda(\mathscr{A})$ 构成 V 的子空间，且为 $\mathscr{A}$ 的不变子空间，称为 λ 对应的**特征子空间**．

例 5.36 设 λ 为线性空间 V 上的线性变换 $\mathscr{A}$ 的特征值，定义

$$R_\lambda(\mathscr{A})=\{\boldsymbol{v}\in V\mid\text{存在正整数 }k\text{，使 }(\lambda\mathrm{id}-\mathscr{A})^k(\boldsymbol{v})=\boldsymbol{0}\},$$

则 $R_\lambda(\mathscr{A})$ 构成 V 的子空间，且为 $\mathscr{A}$ 的不变子空间，称为 λ 对应的**根子空间**.

$E_\lambda(\mathscr{A})$ 和 $R_\lambda(\mathscr{A})$ 为子空间的证明留作习题.

因任何矩阵在复数域上必定存在特征值，因此可以借助特征向量构造出不变子空间.

定理 5.19 任何复线性空间上的线性变换，必定存在 1 维的不变子空间.

证明 任取该线性变换的一个特征向量 $\boldsymbol{p}$，则 $\operatorname{span}\{\boldsymbol{p}\}$ 是 1 维不变子空间. 证毕.

利用不变子空间，可以简化线性变换的矩阵.

定理 5.20 设 $\mathscr{A}$ 为线性空间 V 上的线性变换，V 有子空间直和分解 $V = W_1 \oplus W_2$，$\boldsymbol{w}_1, \cdots, \boldsymbol{w}_k$ 和 $\boldsymbol{w}_{k+1}, \cdots, \boldsymbol{w}_n$ 分别为子空间 W_1, W_2 的基，若 W_1 为 $\mathscr{A}$ 的不变子空间，则 $\mathscr{A}$ 在 $\boldsymbol{w}_1, \cdots, \boldsymbol{w}_n$ 下的矩阵为形如

$$\begin{pmatrix} \boldsymbol{A}_1 & \boldsymbol{B} \\ \boldsymbol{0} & \boldsymbol{A}_2 \end{pmatrix}$$

的分块上三角矩阵，这里 $\boldsymbol{A}_1, \boldsymbol{A}_2$ 分别为 k 阶和 $(n-k)$ 阶方阵. 进一步，W_2 为 $\mathscr{A}$ 的不变子空间，当且仅当 $\boldsymbol{B} = \boldsymbol{0}$，即 $\mathscr{A}$ 在 $\boldsymbol{w}_1, \cdots, \boldsymbol{w}_n$ 下的矩阵为分块对角阵.

基于上面的定理，再利用归纳法，不难得到下面的结论.

定理 5.21 设 $\mathscr{A}$ 为 n 维线性空间 V 上的线性变换，V 有子空间直和分解 $V = W_1 \oplus \cdots \oplus W_m$，则存在 V 的一组基，使 $\mathscr{A}$ 在这组基下的矩阵为形如 $\operatorname{diag}(\boldsymbol{A}_1, \cdots, \boldsymbol{A}_m)$ 的分块对角阵，这里 $\boldsymbol{A}_i$ 为 $\dim W_i$ 阶方阵 $(i = 1, \cdots, m)$. 特别地，若 V 有 n 个线性无关的特征向量 $\boldsymbol{v}_1, \cdots, \boldsymbol{v}_n$，则 $\mathscr{A}$ 在基 $\boldsymbol{v}_1, \cdots, \boldsymbol{v}_n$ 下的矩阵为对角阵，此时称 $\mathscr{A}$ **可对角化**.

例 5.37 求 $\mathbf{R}^n$ 关于线性变换 $\mathscr{A}: \boldsymbol{x} \mapsto \boldsymbol{A}\boldsymbol{x}$ 的非平凡的不变子空间直和分解，其中

$$\boldsymbol{A} = \begin{pmatrix} 2 & 0 & 0 \\ 1 & 1 & 1 \\ 1 & -1 & 3 \end{pmatrix}.$$

解 由例 3.11 知 $\boldsymbol{A} = \boldsymbol{P}\boldsymbol{J}\boldsymbol{P}^{-1}$，其中

$$\boldsymbol{J} = \begin{pmatrix} 2 & 0 & 0 \\ 0 & 2 & 1 \\ 0 & 0 & 2 \end{pmatrix}, \quad \boldsymbol{P} = \begin{pmatrix} 1 & 0 & 1 \\ 1 & 1 & 0 \\ 0 & 1 & 0 \end{pmatrix},$$

故 $\mathscr{A}$ 在基 $(1\ 1\ 0)^{\mathrm{T}}, (0\ 1\ 1)^{\mathrm{T}}, (1\ 0\ 0)^{\mathrm{T}}$ 下的矩阵为 $\boldsymbol{J}$. 由定理 5.21 知 $V_1 = \operatorname{span}\{(1\ 1\ 0)^{\mathrm{T}}\}, V_2 = \operatorname{span}\{(0\ 1\ 1)^{\mathrm{T}}, (1\ 0\ 0)^{\mathrm{T}}\}$ 为 $\mathscr{A}$ 的不变子空间，且 $\mathbf{R}^n = V_1 \oplus V_2$.

因一切复矩阵都复相似于矩阵的 Jordan 标准形，因此对复线性空间上的线性变换，总可以找到一组基，使该线性变换在这组基下的矩阵恰为 Jordan 标准形. 但对实线性空间上的线性变换，如果对应的矩阵的特征值不全为实数，就不能照搬复线性空间的做法，然而只要全空间维数大于 3，仍可构造出非平凡的不变子空间.

定理 5.22 任何实线性空间上的线性变换，必定存在 1 维或 2 维的不变子空间.

证明 不妨设实线性空间为 $\mathbf{R}^n$ 且 $n \geqslant 2$，线性变换为 $\boldsymbol{X} \mapsto \boldsymbol{A}\boldsymbol{X}$. 若矩阵 $\boldsymbol{A}$ 存在实特征值，$\boldsymbol{p}$ 为从属于该特征值的特征向量，则子空间 $\operatorname{span}\{\boldsymbol{p}\}$ 就是一个 1 维不变子空间. 若矩阵

$\boldsymbol{A}$ 无实特征值，则设 $\lambda = a + \mathrm{i}b\,(a, b \in \mathbf{R})$ 为 $\boldsymbol{A}$ 的一个复特征值，$\boldsymbol{p}$ 为相应的特征向量（注意此时 $\boldsymbol{p}$ 是一个复的列矩阵），对 $\boldsymbol{A}\boldsymbol{p} = \lambda\boldsymbol{p}$ 两边取共轭，并注意到 $\boldsymbol{A} = \bar{\boldsymbol{A}}$，得到 $\boldsymbol{A}\bar{\boldsymbol{p}} = \bar{\lambda}\bar{\boldsymbol{p}}$，即 $\bar{\lambda}$ 也是 $\boldsymbol{A}$ 的特征值，$\bar{\boldsymbol{p}}$ 是相应的特征向量．此时由定理 1.32，$\boldsymbol{p}$ 与 $\bar{\boldsymbol{p}}$ 线性无关，进而

$$\boldsymbol{q}_1 = \frac{1}{2}(\boldsymbol{p} + \bar{\boldsymbol{p}}),\quad \boldsymbol{q}_2 = \frac{1}{2\mathrm{i}}(\boldsymbol{p} - \bar{\boldsymbol{p}})$$

线性无关且均为实矩阵，故 $W = \operatorname{span}\{\boldsymbol{q}_1, \boldsymbol{q}_2\}$ 为 $\mathbf{R}^n$ 的一个 2 维子空间．以下证明 W 为不变子空间．事实上

$$\boldsymbol{A}\boldsymbol{q}_1 = \frac{1}{2}(\boldsymbol{A}\boldsymbol{p} + \boldsymbol{A}\bar{\boldsymbol{p}}) = \frac{1}{2}((a + \mathrm{i}b)\boldsymbol{p} + (a - \mathrm{i}b)\bar{\boldsymbol{p}}) = a\boldsymbol{q}_1 - b\boldsymbol{q}_2 \in W,$$
$$\boldsymbol{A}\boldsymbol{q}_2 = \frac{1}{2\mathrm{i}}(\boldsymbol{A}\boldsymbol{p} - \boldsymbol{A}\bar{\boldsymbol{p}}) = \frac{1}{2\mathrm{i}}((a + \mathrm{i}b)\boldsymbol{p} - (a - \mathrm{i}b)\bar{\boldsymbol{p}}) = b\boldsymbol{q}_1 + a\boldsymbol{q}_2 \in W.$$

证毕．

进一步，还可得到下面的结论．

定理 5.23 设 $\mathscr{A}$ 为 n 维实线性空间 V 上的线性变换，则存在 V 的一组基，使 $\mathscr{A}$ 在这组基下的矩阵为如下分块下三角矩阵：

$$\boldsymbol{R} = \begin{pmatrix} \boldsymbol{A}_{11} & & & & & \\ \vdots & \ddots & & & & \\ \boldsymbol{A}_{k1} & \cdots & \boldsymbol{A}_{kk} & & & \\ \boldsymbol{A}_{k+1\,1} & \cdots & \boldsymbol{A}_{k+1\,k} & \lambda_{2k+1\,2k+1} & & \\ \vdots & & & \vdots & \ddots & \\ \boldsymbol{A}_{n1} & \cdots & \boldsymbol{A}_{nk} & \lambda_{n\,2k+1} & \cdots & \lambda_{nn} \end{pmatrix}. \tag{5.5}$$

这里所有的 λ_{ij} 均为实数，且 $\lambda_{2k+1\,2k+1}, \cdots, \lambda_{nn}$ 为 $\mathscr{A}$ 的全体实特征值；所有的 $\boldsymbol{A}_{ij}$ 均为实矩阵，列数均为 2，当 $1 \leqslant i \leqslant k$ 时，行数为 2，当 $i > k$ 时，行数为 1．

证明 对 n 做归纳．当 $n = 1, 2$ 时，显然成立．设 $n \leqslant m$ 时，结论成立．

当 $n \leqslant m + 1$ 时，若 $\mathscr{A}$ 存在实特征值，记为 λ_{m+1}，取 $\boldsymbol{v}_{m+1}$ 为相应的单位特征向量，记 $W = \operatorname{span}\{\boldsymbol{v}_{m+1}\}$；若 $\mathscr{A}$ 无实特征值，则根据定理 5.22 取其 2 维的不变子空间 W，并取其基为 $\boldsymbol{v}_m, \boldsymbol{v}_{m+1}$．无论哪种情形，均将其扩充为全空间的基 $\boldsymbol{v}_1, \cdots, \boldsymbol{v}_{m+1}$，此时根据定理 5.20，$\mathscr{A}$ 在这组基下的矩阵分别为

$$\begin{pmatrix} \boldsymbol{B} & \\ * & \lambda_{m+1\,m+1} \end{pmatrix} \text{或} \begin{pmatrix} \boldsymbol{B} & \\ * & \boldsymbol{A}_{kk} \end{pmatrix}.$$

无论哪种情形，均将矩阵 $\boldsymbol{B}$ 看作 W 的直和补空间 W' 上的线性变换．因 $\dim W' < m$，根据归纳假设，可适当选择 W' 的基，使其矩阵形如式 (5.5)．证毕．

注 5.7 如果将定理 6.15 中基向量的次序倒置，则相应的 $\boldsymbol{R}$ 将变成分块上三角矩阵．

关于实线性变换的不变子空间直和分解同样存在，但结论要比复线性空间复杂，本书不再展开，有兴趣的读者可参见参考文献 [3]．

由上述定理，读者可以再次体会到数域不同，线性空间的一些结论也会有所不同，其中

当数域选取为复数时，结论最为简明．导致这一差别的根本原因是复数域为**代数封闭域**（参见参考文献 [1]），而实数域、有理数域则不是．

习题 5

1. 在 $\mathbf{R}^4$ 中取基

$$\boldsymbol{e}_1=\begin{pmatrix}1\\0\\0\\0\end{pmatrix},\ \boldsymbol{e}_2\begin{pmatrix}0\\1\\0\\0\end{pmatrix},\ \boldsymbol{e}_3=\begin{pmatrix}0\\0\\1\\0\end{pmatrix},\ \boldsymbol{e}_4=\begin{pmatrix}0\\0\\0\\1\end{pmatrix}.$$

(1) 验证 $\boldsymbol{v}_1=\begin{pmatrix}2\\1\\-1\\1\end{pmatrix},\boldsymbol{v}_2=\begin{pmatrix}0\\3\\1\\0\end{pmatrix},\boldsymbol{v}_3=\begin{pmatrix}5\\3\\2\\1\end{pmatrix},\boldsymbol{v}_4=\begin{pmatrix}6\\6\\1\\3\end{pmatrix}$ 也是一组基；

(2) 求由 $\boldsymbol{e}_1, \boldsymbol{e}_2, \boldsymbol{e}_3, \boldsymbol{e}_4$ 到 $\boldsymbol{v}_1, \boldsymbol{v}_2, \boldsymbol{v}_3, \boldsymbol{v}_4$ 的过渡矩阵；

(3) 求向量 $(1, 3, -1, 2)^{\mathrm{T}}$ 在基 $\boldsymbol{v}_1, \boldsymbol{v}_2, \boldsymbol{v}_3, \boldsymbol{v}_4$ 下的坐标．

2. 在 $\mathbf{R}^{2\times2}$ 中，取

$$\boldsymbol{E}_1=\begin{pmatrix}1&0\\0&0\end{pmatrix},\boldsymbol{E}_2=\begin{pmatrix}1&0\\0&1\end{pmatrix},\boldsymbol{E}_3=\begin{pmatrix}0&1\\1&0\end{pmatrix},\boldsymbol{E}_4=\begin{pmatrix}0&1\\-1&0\end{pmatrix}.$$

(1) 证明：$\boldsymbol{E}_1, \boldsymbol{E}_2, \boldsymbol{E}_3, \boldsymbol{E}_4$ 构成 $\mathbf{R}^{2\times2}$ 的一组基；

(2) 已知 $\mathbf{R}^{2\times2}$ 中元素 $\boldsymbol{A}$ 在基 $\boldsymbol{E}_1, \boldsymbol{E}_2, \boldsymbol{E}_3, \boldsymbol{E}_4$ 下的坐标为 $(1\quad 2\quad 3\quad 4)^{\mathrm{T}}$，求 $\boldsymbol{A}$；

(3) 求 $\boldsymbol{B}=\begin{pmatrix}1&2\\3&4\end{pmatrix}$ 在基 $\boldsymbol{E}_1, \boldsymbol{E}_2, \boldsymbol{E}_3, \boldsymbol{E}_4$ 下的坐标．

3. 在 $\mathbf{R}^3$ 中，取

$$\boldsymbol{F}_1=\begin{pmatrix}1\\0\\0\end{pmatrix},\boldsymbol{F}_2=\begin{pmatrix}1\\1\\0\end{pmatrix},\boldsymbol{F}_3=\begin{pmatrix}1\\1\\1\end{pmatrix}.$$

(1) 证明：$\boldsymbol{F}_1, \boldsymbol{F}_2, \boldsymbol{F}_3$ 构成 $\mathbf{R}^3$ 的一组基；

(2) 已知 $\mathbf{R}^3$ 中元素 $\boldsymbol{A}$ 在基 $\boldsymbol{F}_1, \boldsymbol{F}_2, \boldsymbol{F}_3$ 下的坐标为 $(1, 2, 3)^{\mathrm{T}}$，求 $\boldsymbol{A}$；

(3) 求 $\boldsymbol{B}=(1, 2, 3)^{\mathrm{T}}$ 在基 $\boldsymbol{F}_1, \boldsymbol{F}_2, \boldsymbol{F}_3$ 下的坐标．

4. 证明：$\boldsymbol{v}_1 = \begin{pmatrix}1\\2\\1\end{pmatrix}$，$\boldsymbol{v}_2 = \begin{pmatrix}2\\3\\3\end{pmatrix}$，$\boldsymbol{v}_3 = \begin{pmatrix}3\\7\\10\end{pmatrix}$ 与 $\boldsymbol{w}_1 = \begin{pmatrix}3\\1\\4\end{pmatrix}$，$\boldsymbol{w}_2 = \begin{pmatrix}5\\2\\1\end{pmatrix}$，$\boldsymbol{w}_3 = \begin{pmatrix}1\\1\\-6\end{pmatrix}$ 都可作为 $\mathbf{R}^3$ 的基，并求出 $\boldsymbol{v}_1, \boldsymbol{v}_2, \boldsymbol{v}_3$ 到 $\boldsymbol{w}_1, \boldsymbol{w}_2, \boldsymbol{w}_3$ 的过渡矩阵.

5. 证明定理 5.3 和定理 5.4 .

6. 设 $\boldsymbol{v}_1, \boldsymbol{v}_2, \boldsymbol{v}_3$ 为 $\mathbf{R}^3$ 中的非零向量.

(1) 给出 $\operatorname{span}\{\boldsymbol{v}_1\}$ 的几何解释；

(2) 给出 $\operatorname{span}\{\boldsymbol{v}_1, \boldsymbol{v}_2\}$ 的几何解释；

(3) 给出 $\operatorname{span}\{\boldsymbol{v}_1, \boldsymbol{v}_2, \boldsymbol{v}_3\}$ 的几何解释；

(4) 若 $\boldsymbol{v}_1, \boldsymbol{v}_2, \boldsymbol{v}_3$ 线性无关，给出 $\operatorname{span}\{\boldsymbol{v}_1, \boldsymbol{v}_2\}$ 与 $\operatorname{span}\{\boldsymbol{v}_3\}$ 的和空间与交空间的几何解释.

7. 设 V_1, V_2 均为 $\mathbf{R}^n$ 的 2 维子空间.

(1) 当 $n = 3$ 时，给出 $V_1 \cap V_2$ 与 $V_1 + V_2$ 可能的维数以及各自的几何解释；

(2) 当 $n = 4$ 时，给出 $V_1 \cap V_2$ 与 $V_1 + V_2$ 可能的维数以及各自的几何解释.

8. 证明定理 5.7 .

9. 设 V_1, V_2 为线性空间 V 的子空间，试问 $V_1 \cup V_2$ 是否为 V 的子空间？

10. 设 V_1, V_2, V_3 为线性空间 V 的子空间，且 $V_1 \cap V_2 \cap V_3 = \{\mathbf{0}\}$，试问 $V_1 + V_2 + V_3$ 是否为直和？

11. 证明定理 5.10 .

12. 设 $V_1, V_2, \cdots, V_n$ 为线性空间 V 的子空间，举例说明，即使 $V_1, V_2, \cdots, V_n$ 两两的交空间均为零空间，其和 $V_1 + V_2 + \cdots + V_n$ 也未必是直和.

13. 设 $\mathbf{R}^{2\times 2}$ 为所有 2 阶实方阵关于矩阵的加法和数乘构成的实线性空间，在 $\mathbf{R}^{2\times 2}$ 上定义变换 $\mathscr{T}$ 如下：对任意 $\boldsymbol{A} \in \mathbf{R}^{2\times 2}$，

$$\mathscr{T}(\boldsymbol{A}) = \begin{pmatrix}1 & 0\\1 & 1\end{pmatrix}\boldsymbol{A}\begin{pmatrix}1 & 0\\3 & 2\end{pmatrix}.$$

(1) 证明：$\mathscr{T}$ 是 $\mathbf{R}^{2\times 2}$ 上的一个线性变换；

(2) 求 $\mathscr{T}$ 在 $\mathbf{R}^{2\times 2}$ 的基

$$\boldsymbol{E}_{11} = \begin{pmatrix}1 & 0\\0 & 0\end{pmatrix},\ \boldsymbol{E}_{12} = \begin{pmatrix}0 & 1\\0 & 0\end{pmatrix},\ \boldsymbol{E}_{21} = \begin{pmatrix}0 & 0\\1 & 0\end{pmatrix},\ \boldsymbol{E}_{22} = \begin{pmatrix}0 & 0\\0 & 1\end{pmatrix}$$

下的矩阵.

14. 考虑关于函数的集合 $V = \left\{(a_2x^2 + a_1x + a_0)\mathrm{e}^x \mid a_0, a_1, a_2 \in \mathbf{R}\right\}$. 证明：

(1) 该集合关于函数的线性运算构成 3 维实线性空间；

(2) 求导算子 $D: f \mapsto f'$ 为 V 上的线性变换，并给出 D 在基 $\alpha_1 = x^2\mathrm{e}^x, \alpha_2 = x\mathrm{e}^x, \alpha_3 = \mathrm{e}^x$ 下的矩阵.

15. 考虑关于函数的集合 $V = \{a\cos x + b\sin x + c \mid a, b, c \in \mathbf{R}\}$.

(1) 证明：V 中元素关于函数的线性运算构成 3 维实线性空间，其中

$$W = \{a\cos x + b\sin x \mid a, b \in \mathbf{R}\}$$

为其 2 维子空间.

(2) 分别考虑定义在该集合上关于变量 x 的求导、在区间 $[-\pi, \pi]$ 的定积分、在原点求值，则上述哪些变换是 V 上的线性变换？对线性变换，给出其在某组基下的矩阵.

(3) 对 (2) 中得到的线性变换，哪些以 W 为不变子空间？

(4) 对 (2) 中得到的线性变换，是否存在一组基，使其在这组基下的矩阵为对角阵？

16. 将上一题中的所有三角函数，改为对应的双曲函数（即 $\cos x$ 和 $\sin x$ 分别改为 $\cosh x$ 和 $\sinh x$），所有的问题，结论如何？

17. 设 $\mathscr{A}$ 是线性空间 V 上的线性变换.

(1) 若 $\mathscr{A}^2 = \mathscr{A}$ ，证明：$V = \ker\mathscr{A} \oplus \operatorname{Im}\mathscr{A}$.

(2) 若 $V = \ker\mathscr{A} \oplus \operatorname{Im}\mathscr{A}$ ，证明：$\operatorname{Im}\mathscr{A}^2 = \operatorname{Im}\mathscr{A}$.

(3) 上述 (1) (2) 的逆命题是否成立？说明理由.

18. 定义映射 $\mathscr{T}: \mathbf{R}^{2\times 2} \to \mathbf{R}^{2\times 2}$ 为

$$\mathscr{T}(\boldsymbol{A}) = \begin{pmatrix} 1 & 2 \\ 0 & 0 \end{pmatrix}\boldsymbol{A}, \quad \boldsymbol{A} \in \mathbf{R}^{2\times 2}.$$

(1) 证明：$\mathscr{T}$ 是 $\mathbf{R}^{2\times 2}$ 上的线性变换；

(2) 求 $\mathscr{T}$ 在基

$$\boldsymbol{E}_1 = \begin{pmatrix} 1 & 0 \\ 0 & 0 \end{pmatrix}, \ \boldsymbol{E}_2 = \begin{pmatrix} 1 & 0 \\ 0 & 1 \end{pmatrix}, \ \boldsymbol{E}_3 = \begin{pmatrix} 0 & 1 \\ 1 & 0 \end{pmatrix}, \ \boldsymbol{E}_4 = \begin{pmatrix} 0 & 1 \\ -1 & 0 \end{pmatrix}$$

下的矩阵；

(3) 已知 $\mathbf{R}^{2\times 2}$ 中元素 $\boldsymbol{A}$ 在基 $\boldsymbol{E}_1, \boldsymbol{E}_2, \boldsymbol{E}_3, \boldsymbol{E}_4$ 下的坐标为 $(1\,2\,3\,4)^{\mathrm{T}}$ ，求 $\mathscr{T}(\boldsymbol{A})$ ；

(4) 求 $\ker\mathscr{T}$ 和 $\operatorname{Im}\mathscr{T}$ ；

(5) 求 $\mathscr{T}$ 的不变因子和最小多项式；

(6) 是否存在一组基，使 $\mathscr{T}$ 在这组基下的矩阵为对角阵？如存在，求出这组基和相应的对角阵.

19. 记 $\mathrm{sl}(n, \mathbf{R})$ 为数域 $\mathbf{R}$ 上全体迹为 0 的 n 阶方阵构成的集合.

(1) 证明：$\mathrm{sl}(n, \mathbf{R})$ 为线性空间，并求其维数和一组基；

(2) 对方阵 $\boldsymbol{A}, \boldsymbol{B}$，定义 $[\boldsymbol{A}, \boldsymbol{B}] = \boldsymbol{AB} - \boldsymbol{BA}$，证明：对一切 $\boldsymbol{A}, \boldsymbol{B}$，有 $[\boldsymbol{A}, \boldsymbol{B}] \in \mathrm{sl}(n, \mathbf{R})$；

(3) 取定矩阵 $\boldsymbol{A} \in \mathrm{sl}(n, \mathbf{R})$，在 $\mathrm{sl}(n, \mathbf{R})$ 上定义映射 $\mathrm{ad}_{\boldsymbol{A}}$ 为 $\mathrm{ad}_{\boldsymbol{A}}(\boldsymbol{M}) = [\boldsymbol{A}, \boldsymbol{M}]$，证明：$\mathrm{ad}_{\boldsymbol{A}}$ 是 $\mathrm{sl}(n, \mathbf{R})$ 上的线性变换；

(4) 记 $\mathrm{so}(n, \mathbf{R})$ 为所有反对称实矩阵构成的集合，证明：$\mathrm{so}(n, \mathbf{R})$ 为 $\mathrm{sl}(n, \mathbf{R})$ 的子空间，并求其维数和一组基；

(5) 若 $\boldsymbol{A}, \boldsymbol{B} \in \mathrm{so}(n, \mathbf{R})$，证明：$[\boldsymbol{A}, \boldsymbol{B}] \in \mathrm{so}(n, \mathbf{R})$；

(6) 证明：$\mathrm{so}(n, \mathbf{R})$ 是 $\mathrm{ad}_{\boldsymbol{A}}$ 的不变子空间；

(7) 取 $\boldsymbol{A} = \begin{pmatrix} 0 & 1 \\ -1 & 0 \end{pmatrix}$，分别求 $\mathrm{ad}_{\boldsymbol{A}}$ 作为 $\mathrm{so}(2, \mathbf{R})$ 上的线性变换和作为 $\mathrm{sl}(2, \mathbf{R})$ 上的线性变换的一个矩阵.

20. 复数集 $\mathbf{C}$ 上的共轭变换 $z \mapsto \bar{z}$ 是否是 $\mathbf{C}$ 作为复线性空间上的线性变换？是否是 $\mathbf{C}$ 作为实线性空间上的线性变换？

21. 设矩阵 $\boldsymbol{A}$ 可以相似对角化，证明：$\boldsymbol{A}$ 可以表示成矩阵 $\boldsymbol{P}_1, \cdots, \boldsymbol{P}_n$ 的线性组合，其中 $\boldsymbol{P}_1, \cdots, \boldsymbol{P}_n$ 满足

(1) 对一切 i，有 $\boldsymbol{P}_i^2 = \boldsymbol{P}_i$；

(2) 对一切 $i \neq j$，有 $\boldsymbol{P}_i \boldsymbol{P}_j = \boldsymbol{0}$；

(3) $\boldsymbol{E} = \boldsymbol{P}_1 + \cdots + \boldsymbol{P}_n$.

给出具体的构造方法，并讨论该分解的唯一性.

22. 已知 $\mathscr{A}$ 为线性空间 V 上的线性变换，$\boldsymbol{v} \in V$，$k \geqslant 1$ 为正整数，满足 $\mathscr{A}^k \boldsymbol{v} = \boldsymbol{0}$ 且 $\mathscr{A}^{k-1} \boldsymbol{v} \neq \boldsymbol{0}$.

(1) 证明：$\boldsymbol{v}, \mathscr{A}\boldsymbol{v}, \cdots, \mathscr{A}^{k-1}\boldsymbol{v}$ 线性无关，特别地，$k \leqslant \dim V$；

(2) 证明：$W = \mathrm{span}\{\boldsymbol{v}, \mathscr{A}\boldsymbol{v}, \cdots, \mathscr{A}^{k-1}\boldsymbol{v}\}$ 为 $\mathscr{A}$ 的不变子空间；

(3) 求 $\mathscr{A}$ 在 W 上的限制 $\mathscr{A}|_W$ 在基 $\boldsymbol{v}, \mathscr{A}\boldsymbol{v}, \cdots, \mathscr{A}^{k-1}\boldsymbol{v}$ 下的矩阵.

23. 已知 $\mathscr{A}$ 为线性空间 V 上的线性变换，$\alpha_i \in V$，$k_i \geqslant 1$ 为正整数，其中 $i = 1, 2, \cdots, s$，满足 $(\mathscr{A} - \lambda_i \mathrm{id})^{k_i} \boldsymbol{v}_i = \boldsymbol{0}$ 且 $(\mathscr{A} - \lambda_i \mathrm{id})^{k_i - 1} \boldsymbol{v}_i \neq \boldsymbol{0}$，并记

$$W_i = \mathrm{span}\{\boldsymbol{v}_i, (\mathscr{A} - \lambda_i \mathrm{id})\boldsymbol{v}_i, \cdots, (\mathscr{A} - \lambda_i \mathrm{id})^{k_i - 1} \boldsymbol{v}_i\}.$$

(1) 证明：λ_i 必为线性变换 $\mathscr{A}$ 的特征值；

(2) 证明：若 $\lambda_i \neq \lambda_j$，则 $W_i \cap W_j = \{\boldsymbol{0}\}$；

(3) 若 $V = W_1 \oplus W_2 \oplus \cdots \oplus W_s$，求 V 的一组基，使 $\mathscr{A}$ 在该组基下的矩阵恰为 Jordan 标准形.

24. 设 V 为线性空间，W 为其子空间．对任何 $\boldsymbol{u} \in V$，定义集合

$$[\boldsymbol{u}] = \{\boldsymbol{v} \in V \mid \boldsymbol{v} - \boldsymbol{u} \in W\},$$

称为一个**等价类**，其中 $\boldsymbol{u}$ 称为该等价类的一个**代表元**．证明以下命题：

(1) $[\boldsymbol{u}] = [0]$，当且仅当 $\boldsymbol{u} \in W$；

(2) 若 $\boldsymbol{u}_1, \boldsymbol{u}_2 \in V$，则 $[\boldsymbol{u}_1] = [\boldsymbol{u}_2]$，当且仅当 $\boldsymbol{u}_1 - \boldsymbol{u}_2 \in W$；

(3) 对任何 $\boldsymbol{u}, \boldsymbol{u}_1, \boldsymbol{u}_2 \in V, l \in \mathbf{R}$，定义 $[\boldsymbol{u}_1] + [\boldsymbol{u}_2] = [\boldsymbol{u}_1 + \boldsymbol{u}_2]$, $l[\boldsymbol{u}] = [l\boldsymbol{u}]$，试问如此定义是否合理（即该定义是否依赖于等价类代表元的选取）；

(4) 定义 $V/W = \{[\boldsymbol{u}] : \boldsymbol{u} \in V\}$，则 V/W 为线性空间（称为 V 关于 W 的**商空间**）；

(5) 试求出 V/W 的一组基，并以此证明：$\dim V/W = \dim V - \dim W$；

(6) 若 $\mathscr{A}$ 为 V 上的线性变换，对一切 $[\boldsymbol{u}] \in V/W$，定义 $\bar{\mathscr{A}}[\boldsymbol{u}] = [\mathscr{A}\boldsymbol{u}]$，证明该定义是合理的，且 $\bar{\mathscr{A}}$ 是 V/W 上的线性变换（称为 $\mathscr{A}$ 在商空间 V/W 上的**诱导**）．

25. 设 V 和 W 分别为数域 $\mathbf{F}$ 上的 m 维和 n 维线性空间，映射 $\mathscr{A} : V \to W$ 满足：

(1) 对一切 $\boldsymbol{v}_1, \boldsymbol{v}_2 \in V$，$\mathscr{A}(\boldsymbol{v}_1 + \boldsymbol{v}_2) = \mathscr{A}\boldsymbol{v}_1 + \mathscr{A}\boldsymbol{v}_2$；

(2) 对一切 $\boldsymbol{v} \in V$，$k \in \mathbf{F}$，$\mathscr{A}(k\boldsymbol{v}) = k\mathscr{A}\boldsymbol{v}$，

此时称 $\mathscr{A}$ 为 V 到 W 的**线性映射**．

(1) 设 $\boldsymbol{v}_1, \cdots, \boldsymbol{v}_m$ 和 $\boldsymbol{w}_1, \cdots, \boldsymbol{w}_n$ 分别为 V 和 W 的一组基，$n \times m$ 型矩阵

$$\boldsymbol{A} = (\operatorname{crd}(\mathscr{A}\boldsymbol{v}_1 : \boldsymbol{w}_1, \cdots, \boldsymbol{w}_n), \cdots, \operatorname{crd}(\mathscr{A}\boldsymbol{v}_m : \boldsymbol{w}_1, \cdots, \boldsymbol{w}_n)),$$

证明：对一切 $\boldsymbol{v} \in V$，$\operatorname{crd}(\mathscr{A}\boldsymbol{v} : \boldsymbol{w}_1, \cdots, \boldsymbol{w}_n) = \boldsymbol{A}\operatorname{crd}(\boldsymbol{v} : \boldsymbol{v}_1, \cdots, \boldsymbol{v}_m)$；

(2) 设 $\tilde{\boldsymbol{v}}_1, \cdots, \tilde{\boldsymbol{v}}_m$ 和 $\tilde{\boldsymbol{w}}_1, \cdots, \tilde{\boldsymbol{w}}_n$ 分别为 V 和 W 的另一组基，$\tilde{\boldsymbol{A}}$ 为按 (1) 中规则在这两组基下得到的矩阵，$\boldsymbol{P}$ 和 $\boldsymbol{Q}$ 分别为 $\boldsymbol{v}_1, \cdots, \boldsymbol{v}_m$ 到 $\tilde{\boldsymbol{v}}_1, \cdots, \tilde{\boldsymbol{v}}_m$，和 $\boldsymbol{w}_1, \cdots, \boldsymbol{w}_n$ 到 $\tilde{\boldsymbol{w}}_1, \cdots, \tilde{\boldsymbol{w}}_n$ 的过渡矩阵．证明：$\tilde{\boldsymbol{A}} = \boldsymbol{Q}^{-1}\boldsymbol{A}\boldsymbol{P}$．

第6章 内积空间

在线性空间中，向量的运算只涉及加法和数乘，而在很多实际问题中，向量除了线性运算，还有其他的属性（例如向量的长度、两个向量之间的夹角等），因此需要对线性空间赋予更丰富的内容.

6.1 实内积与欧氏空间

在解析几何中，两个向量之间可以定义内积运算．以空间向量为例，设 $\boldsymbol{x}=(x_1\ \ x_2\ \ x_3)^{\mathrm{T}}$，$\boldsymbol{y}=(y_1\ \ y_2\ \ y_3)^{\mathrm{T}}$，$\boldsymbol{x}$ 与 $\boldsymbol{y}$ 的内积 $(\boldsymbol{x},\boldsymbol{y})$ 定义为

$$(\boldsymbol{x},\boldsymbol{y})=x_1y_1+x_2y_2+x_3y_3\ . \tag{6.1}$$

下面将这种内积推广到一般的实线性空间.

定义 6.1 设 V 为实线性空间，对 V 中任意两个向量 $\boldsymbol{x}$ 和 $\boldsymbol{y}$，定义运算 $(\boldsymbol{x},\boldsymbol{y})\in\mathbf{R}$，并满足以下条件：

(1)（正定性）对任何 $\boldsymbol{x}\in V$, $(\boldsymbol{x},\boldsymbol{x})\geqslant 0$，等号成立当且仅当 $\boldsymbol{x}=\mathbf{0}$；

(2)（对称性）对任何 $\boldsymbol{x},\boldsymbol{y}\in V$, $(\boldsymbol{x},\boldsymbol{y})=(\boldsymbol{y},\boldsymbol{x})$；

(3)（双线性性）对任何 $\boldsymbol{x},\boldsymbol{y},\boldsymbol{z}\in V$, $k,l\in\mathbf{R}$, $(k\boldsymbol{x}+l\boldsymbol{y},\boldsymbol{z})=k(\boldsymbol{x},\boldsymbol{z})+l(\boldsymbol{y},\boldsymbol{z})$，

则 $(\boldsymbol{x},\boldsymbol{y})$ 称为 $\boldsymbol{x}$ 和 $\boldsymbol{y}$ 的**内积**，定义了内积运算的实线性空间 V 称为**实内积空间**，有限维的实内积空间也称为**Euclid**[1]**空间**或**欧氏空间**.

易见，解析几何中的内积是一种特殊的内积.

以下是有关内积空间的例子.

例 6.1 在 $\mathbf{R}^n$ 中，对 $x=(x_1\ \cdots\ x_n)^{\mathrm{T}}$ 与 $y=(y_1\ \cdots\ y_n)^{\mathrm{T}}$，定义

$$(\boldsymbol{x},\boldsymbol{y})=\boldsymbol{x}^{\mathrm{T}}\boldsymbol{y}=\sum_{i=1}^{n}x_iy_i\ .$$

容易验证上述定义满足内积的条件，称为 $\mathbf{R}^n$ 上的**标准内积**，通常情况下，$\mathbf{R}^n$ 上的内积都默认为该标准内积.

例 6.2 设 $\boldsymbol{G}$ 为 n 阶正定矩阵，对任意 $\boldsymbol{x},\boldsymbol{y}\in\mathbf{R}^n$ 上定义 $(\boldsymbol{x},\boldsymbol{y})=\boldsymbol{x}^{\mathrm{T}}\boldsymbol{G}\boldsymbol{y}$，可以验证上述定义满足内积的条件，于是在这种内积下，$\mathbf{R}^n$ 也构成欧氏空间，当 $\boldsymbol{G}$ 为单位矩阵时，这里的

---

[1]Euclid（约公元前330—公元前275），欧几里得，古希腊数学家.

内积就是标准内积.

例 6.3 对实线性空间 $C([a,b])$ 上的任意函数 f, g，定义

$$(f,g)=\int_a^b f(x)g(x)\mathrm{d}x\,, \tag{6.2}$$

可以验证上述定义满足内积的条件，于是在上述内积定义下，$C([a,b])$ 是实内积空间，但该空间是无限维的.

通过内积，可以进一步定义向量的长度（在内积空间中，习惯上称其为范数）.

定义 6.2 设 $(\cdot,\cdot)$ 为实线性空间 V 上的内积，$\|\boldsymbol{x}\|=\sqrt{(\boldsymbol{x},\boldsymbol{x})}$ 称为由内积诱导的**范数**.

根据内积的 3 条性质，可以推出 Cauchy[1]不等式、范数的基本性质、平行四边形恒等式和极化恒等式.

定理 6.1 (Cauchy 不等式) 设 $(\cdot,\cdot)$ 为实线性空间 V 上的内积，则对一切 $\boldsymbol{x},\boldsymbol{y}\in V$，有

$$|(\boldsymbol{x},\boldsymbol{y})|\leqslant\|\boldsymbol{x}\|\cdot\|\boldsymbol{y}\|\,,$$

等号成立当且仅当 $\boldsymbol{x}, \boldsymbol{y}$ 线性相关.

证明 任取实数 k 与向量 $\boldsymbol{x}, \boldsymbol{y}$，不妨设 $\boldsymbol{y}$ 为非零向量，有

$$0\leqslant(\boldsymbol{x}+k\boldsymbol{y},\boldsymbol{x}+k\boldsymbol{y})=(\boldsymbol{x},\boldsymbol{x})+2k(\boldsymbol{x},\boldsymbol{y})+k^2(\boldsymbol{y},\boldsymbol{y})\,.$$

将上式右端看作关于 k 的二次函数，则该函数的判别式非正，即

$$4(\boldsymbol{x},\boldsymbol{y})^2-4(\boldsymbol{x},\boldsymbol{x})(\boldsymbol{y},\boldsymbol{y})\leqslant 0\,,$$

从而 $|(\boldsymbol{x},\boldsymbol{y})|\leqslant\|\boldsymbol{x}\|\cdot\|\boldsymbol{y}\|$. 若等号成立，则上述关于 k 的二次函数存在实零点，因此 $\boldsymbol{x}+k\boldsymbol{y}=\boldsymbol{0}$，即 $\boldsymbol{x}, \boldsymbol{y}$ 线性相关. 证毕.

定理 6.2 (范数的基本性质) 设 V 是实内积空间，$\|\cdot\|$ 为由内积诱导的范数，则

(1)（正定性）对任意 $\boldsymbol{x}\in V$，$\|\boldsymbol{x}\|\geqslant 0$，等号成立当且仅当 $\boldsymbol{x}=\boldsymbol{0}$；

(2)（齐次性）对任意 $k\in\mathbf{R}$，$\boldsymbol{x}\in V$，$\|k\boldsymbol{x}\|=|k|\cdot\|\boldsymbol{x}\|$；

(3)（三角不等式）对任意 $\boldsymbol{x}, \boldsymbol{y}\in V$，$\|\boldsymbol{x}\|+\|\boldsymbol{y}\|\geqslant\|\boldsymbol{x}+\boldsymbol{y}\|$，等号成立当且仅当 $\boldsymbol{x}$ 与 $\boldsymbol{y}$ 线性相关.

证明 性质 (1) 和 (2) 都可以直接根据内积性质和范数定义得到，只须证明三角不等式. 事实上，对任意 $\boldsymbol{x}, \boldsymbol{y}\in V$，

$$\|\boldsymbol{x}+\boldsymbol{y}\|^2=(\boldsymbol{x}+\boldsymbol{y},\boldsymbol{x}+\boldsymbol{y})=\|\boldsymbol{x}\|^2+2(\boldsymbol{x},\boldsymbol{y})+\|\boldsymbol{y}\|^2\leqslant\|\boldsymbol{x}\|^2+2\|\boldsymbol{x}\|\cdot\|\boldsymbol{y}\|+\|\boldsymbol{y}\|^2,$$

于是三角不等式成立，上式最后一个不等号利用了内积的 Cauchy 不等式. 证毕.

定理 6.3 设 $(\cdot,\cdot)$ 为实线性空间 V 上的内积，$\|\cdot\|$ 为由内积诱导的范数，则

(1) 平行四边形恒等式：对任意 $\boldsymbol{x}, \boldsymbol{y}\in V$，$2(\|\boldsymbol{x}\|^2+\|\boldsymbol{y}\|^2)=\|\boldsymbol{x}+\boldsymbol{y}\|^2+\|\boldsymbol{x}-\boldsymbol{y}\|^2$.

(2) 极化恒等式：对任意 $\boldsymbol{x}, \boldsymbol{y}\in V$，$4(\boldsymbol{x},\boldsymbol{y})=\|\boldsymbol{x}+\boldsymbol{y}\|^2-\|\boldsymbol{x}-\boldsymbol{y}\|^2$.

该定理的证明可以直接通过内积与范数的关系得到，留作习题.

注 6.1 上述定理在 $\mathbf{R}^2$ 和 $\mathbf{R}^3$ 中，恰为初等几何中的基本定理，于是这些定理可以看作这些初等几何基本定理在一般实内积空间上的推广. 对不同空间上不同形式的内积，上述等式或不等式便呈现出多种不同的形式.

---

[1]全名为 Augustin-Louis Cauchy (1789–1857)，柯西，法国数学家.

根据 Cauchy 不等式，可以定义两个向量之间的夹角.

定义 6.3 实内积空间 V 中任意两个向量 $\boldsymbol{x}, \boldsymbol{y}$ 的夹角定义为 $\arccos\dfrac{(\boldsymbol{x},\boldsymbol{y})}{\|\boldsymbol{x}\|\cdot\|\boldsymbol{y}\|}$. 特别地，当 $(\boldsymbol{x},\boldsymbol{y})=0$ 时，称向量 $\boldsymbol{x}$ 与 $\boldsymbol{y}$ **正交**.

在 2 维和 3 维欧氏空间中，如此定义的向量夹角，与几何上两个向量的夹角一致.

两个非零的正交向量，必定不共线，从而线性无关. 一般地，有如下定理.

定理 6.4 设 $\boldsymbol{v}_1,\cdots,\boldsymbol{v}_m$ 为实内积空间 V 中的一组两两正交的非零向量，则 $\boldsymbol{v}_1,\cdots,\boldsymbol{v}_m$ 必定线性无关.

证明 设 $l_1\boldsymbol{v}_1+\cdots+l_n\boldsymbol{v}_n=\boldsymbol{0}$，等式两边与 $\boldsymbol{v}_i$ 做内积，有

$$0=\sum_{j=1}^{n}l_j(\boldsymbol{v}_i,\boldsymbol{v}_j)=l_i(\boldsymbol{v}_i,\boldsymbol{v}_i),$$

由 $\boldsymbol{v}_i$ 非零知 $l_i=0$，由 i 的任意性，定理得证. 证毕.

6.2 标准正交基、度量矩阵与正交补空间

在 2 维与 3 维欧氏空间建立坐标系时，正交坐标基（即直角坐标系）因在计算中有很多便利之处，成为应用最多的一种坐标系. 本节首先将这一想法推广到一般的欧氏空间.

定义 6.4 若两两正交的向量组 $\boldsymbol{e}_1,\cdots,\boldsymbol{e}_n$ 为欧氏空间 V 的一组基，则称 $\boldsymbol{e}_1,\cdots,\boldsymbol{e}_n$ 为 V 的一组**正交基**. 进一步，若对一切 i, $\|\boldsymbol{e}_i\|=1$，则称这一组基为**标准正交基**.

下面的结论是欧氏空间的基本定理.

定理 6.5 (Gram[1]-Schmidt[2]) 对任何欧氏空间，标准正交基必定存在.

证明 任取欧氏空间的一组基 $\boldsymbol{v}_1,\cdots,\boldsymbol{v}_n$，令

$$\begin{aligned}
\boldsymbol{f}_1&=\boldsymbol{v}_1,\\
\boldsymbol{f}_2&=\boldsymbol{v}_2-\frac{(\boldsymbol{v}_2,\boldsymbol{f}_1)}{(\boldsymbol{f}_1,\boldsymbol{f}_1)}\boldsymbol{f}_1,\\
&\ \ \vdots\\
\boldsymbol{f}_n&=\boldsymbol{v}_n-\frac{(\boldsymbol{v}_n,\boldsymbol{f}_1)}{(\boldsymbol{f}_1,\boldsymbol{f}_1)}\boldsymbol{f}_1-\frac{(\boldsymbol{v}_n,\boldsymbol{f}_2)}{(\boldsymbol{f}_2,\boldsymbol{f}_2)}\boldsymbol{f}_2-\cdots-\frac{(\boldsymbol{v}_n,\boldsymbol{f}_{n-1})}{(\boldsymbol{f}_{n-1},\boldsymbol{f}_{n-1})}\boldsymbol{f}_{n-1}.
\end{aligned}\tag{6.3}$$

直接验证可得 $\boldsymbol{f}_1,\cdots,\boldsymbol{f}_n$ 是非零的正交向量组，故 $\boldsymbol{f}_1,\cdots,\boldsymbol{f}_n$ 是欧氏空间的一组正交基. 再令 $\boldsymbol{e}_i=\dfrac{\boldsymbol{f}_i}{\|\boldsymbol{f}_i\|}\ (i=1,\cdots,n)$，则 $\boldsymbol{e}_1,\cdots,\boldsymbol{e}_n$ 是欧氏空间的一组标准正交基（长度为1的向量也称为**单位向量**，最后一步称为向量的**单位化**）. 证毕.

注 6.2 上述证明中将任意一组基生成正交基的方法称为 **Schmidt 正交化法**，这一方法有明显的几何意义，向量 $\dfrac{(\boldsymbol{v}_i,\boldsymbol{f}_j)}{(\boldsymbol{f}_j,\boldsymbol{f}_j)}\boldsymbol{f}_j$ 恰为 $\boldsymbol{v}_i$ 在 $\boldsymbol{f}_j$ 方向上的正交投影.

[1]全名为 Jørgen Pedersen Gram (1850–1916)，格拉姆，丹麦数学家.

[2]全名为 Erhard Schmidt (1876–1959)，施密特，德国数学家.

由Schmidt正交化的过程，不难得到下面的定理，证明留作习题.

定理 6.6 设 $\boldsymbol{v}_1,\cdots,\boldsymbol{v}_n$ 为欧氏空间 $\mathbf{R}^n$ 的一组基，则存在 $\mathbf{R}^n$ 一组标准正交基 $\boldsymbol{f}_1,\cdots,\boldsymbol{f}_n$，使 $\boldsymbol{f}_1,\cdots,\boldsymbol{f}_n$ 到 $\boldsymbol{v}_1,\cdots,\boldsymbol{v}_n$ 的过渡矩阵 $\boldsymbol{R}$ 为上三角矩阵.

推论 6.7 (正交三角分解) 对任何可逆实矩阵 $\boldsymbol{A}$，存在正交矩阵 $\boldsymbol{Q}$ 与上三角矩阵 $\boldsymbol{R}$，使 $\boldsymbol{A}=\boldsymbol{QR}$.

证明 视 $\boldsymbol{A}$ 为列向量组 $(\boldsymbol{v}_1\ \cdots\ \boldsymbol{v}_n)$，根据定理 6.6，存在标准正交基 $\boldsymbol{f}_1,\cdots,\boldsymbol{f}_n$，使得 $\boldsymbol{f}_1,\cdots,\boldsymbol{f}_n$ 到 $\boldsymbol{v}_1,\cdots,\boldsymbol{v}_n$ 的过渡矩阵 $\boldsymbol{R}$ 为上三角矩阵. 记 $\boldsymbol{Q}=(\boldsymbol{f}_1\ \cdots\ \boldsymbol{f}_n)$，则 $\boldsymbol{Q}$ 为正交矩阵，且 $\boldsymbol{A}=\boldsymbol{QR}$. 证毕.

选择正交基或标准正交基作为欧氏空间的基是很方便的，例如向量在正交基下的坐标分量可以通过正交投影直接得到.

定理 6.8 设 $\boldsymbol{f}_1,\cdots,\boldsymbol{f}_n$ 是欧氏空间 V 的一组正交基，则对任何 $\boldsymbol{v}\in V$，有 $\boldsymbol{v}=\sum\limits_{i=1}^{n}\dfrac{(\boldsymbol{v},\boldsymbol{f}_i)}{(\boldsymbol{f}_i,\boldsymbol{f}_i)}\boldsymbol{f}_i$.

证明 设 $v=x_1\boldsymbol{f}_1+\cdots+x_n\boldsymbol{f}_n$，等式两边与 $\boldsymbol{f}_i$ 做内积，有

$$(\boldsymbol{v},\boldsymbol{f}_i)=\sum_{j=1}^{n}x_j(\boldsymbol{f}_j,\boldsymbol{f}_i)=x_i(\boldsymbol{f}_i,\boldsymbol{f}_i).$$

得证. 证毕.

进一步，如果选择欧氏空间的一组标准正交基，则空间上的内积与坐标的关系，恰为标准内积的定义式.

定理 6.9 设 $\boldsymbol{e}_1,\cdots,\boldsymbol{e}_n$ 为欧氏空间 V 的一组标准正交基，向量 $\boldsymbol{x},\boldsymbol{y}\in V$ 在这组基下的坐标分别为 $(x_1\cdots x_n)^{\mathrm{T}}$ 和 $(y_1\cdots y_n)^{\mathrm{T}}$，则 $(\boldsymbol{x},\boldsymbol{y})=\sum\limits_{i=1}^{n}x_iy_i$.

证明 直接计算得

$$(\boldsymbol{x},\boldsymbol{y})=\left(\sum_{i=1}^{n}x_i\boldsymbol{e}_i,\ \sum_{j=1}^{n}y_j\boldsymbol{e}_j\right)=\sum_{i=1}^{n}\sum_{j=1}^{n}x_iy_j(\boldsymbol{e}_i,\boldsymbol{e}_j)=\sum_{i=1}^{n}x_iy_i.$$

证毕.

上述定理指出，所有的欧氏空间上的内积本质上都是 $\mathbf{R}^n$ 上的标准内积. 以下定理进一步指出，在一般坐标系下，内积必定可写成例 6.2 的形式.

定理 6.10 设 $\boldsymbol{f}_1,\cdots,\boldsymbol{f}_n$ 是欧氏空间 V 的一组基，对任何 $\boldsymbol{x},\boldsymbol{y}\in V$，其坐标 $\boldsymbol{X}=\mathrm{crd}(\boldsymbol{x}:\boldsymbol{f}_1,\cdots,\boldsymbol{f}_n)=(x_1\ \cdots\ x_n)^{\mathrm{T}},\boldsymbol{Y}=\mathrm{crd}(\boldsymbol{y}:\boldsymbol{f}_1,\cdots,\boldsymbol{f}_n)=(y_1\ \cdots\ y_n)^{\mathrm{T}}$，则 $(\boldsymbol{x},\boldsymbol{y})=\boldsymbol{X}^{\mathrm{T}}\boldsymbol{G}\boldsymbol{Y}$，这里 $\boldsymbol{G}=((\boldsymbol{f}_i,\boldsymbol{f}_j))_{1\leqslant i,j\leqslant n}$ 是正定矩阵，称为基 $\boldsymbol{f}_1,\cdots,\boldsymbol{f}_n$ 下的**度量矩阵**.

证明 直接计算得

$$(\boldsymbol{x},\boldsymbol{y})=\left(\sum_{i=1}^{n}x_i\boldsymbol{f}_i,\ \sum_{j=1}^{n}y_j\boldsymbol{f}_j\right)=\sum_{i=1}^{n}\sum_{j=1}^{n}x_iy_j(\boldsymbol{f}_i,\boldsymbol{f}_j)=\boldsymbol{X}^{\mathrm{T}}\boldsymbol{G}\boldsymbol{Y}.$$

$\boldsymbol{G}$ 的正定性可由内积的基本性质立即得到. 证毕.

类似同一线性变换在不同坐标系下的矩阵具有相似关系，同一个内积在不同坐标系下的

度量矩阵具有合同关系.

定理 6.11 设 $\boldsymbol{v}_1,\cdots,\boldsymbol{v}_n$ 和 $\boldsymbol{w}_1,\cdots,\boldsymbol{w}_n$ 分别是欧氏空间 V 的两组基，这两组基下的度量矩阵分别为 $\boldsymbol{G}$ 和 $\tilde{\boldsymbol{G}}$，设 $\boldsymbol{P}$ 为由 $\boldsymbol{v}_1,\cdots,\boldsymbol{v}_n$ 到 $\boldsymbol{w}_1,\cdots,\boldsymbol{w}_n$ 的过渡矩阵，则 $\tilde{\boldsymbol{G}}=\boldsymbol{P}^{\mathrm{T}}\boldsymbol{G}\boldsymbol{P}$.

证明 任取 $\boldsymbol{x},\boldsymbol{y}\in V$，设

$$\boldsymbol{X}=\operatorname{crd}(\boldsymbol{x}:\boldsymbol{v}_1,\cdots,\boldsymbol{v}_n),\qquad \boldsymbol{Y}=\operatorname{crd}(\boldsymbol{y}:\boldsymbol{v}_1,\cdots,\boldsymbol{v}_n),$$

$$\tilde{\boldsymbol{X}}=\operatorname{crd}(\boldsymbol{x}:\boldsymbol{w}_1,\cdots,\boldsymbol{w}_n),\qquad \tilde{\boldsymbol{Y}}=\operatorname{crd}(\boldsymbol{y}:\boldsymbol{w}_1,\cdots,\boldsymbol{w}_n),$$

则 $\boldsymbol{X}=\boldsymbol{P}\tilde{\boldsymbol{X}},\ \boldsymbol{Y}=\boldsymbol{P}\tilde{\boldsymbol{Y}}$，于是

$$(\boldsymbol{x},\boldsymbol{y})=\boldsymbol{X}^{\mathrm{T}}\boldsymbol{G}\boldsymbol{Y}=(\boldsymbol{P}\tilde{\boldsymbol{X}})^{\mathrm{T}}\boldsymbol{G}(\boldsymbol{P}\tilde{\boldsymbol{Y}})=\tilde{\boldsymbol{X}}^{\mathrm{T}}(\boldsymbol{P}^{\mathrm{T}}\boldsymbol{G}\boldsymbol{P})\tilde{\boldsymbol{Y}}.$$

又因为 $(\boldsymbol{x},\boldsymbol{y})=\tilde{\boldsymbol{X}}^{\mathrm{T}}\tilde{\boldsymbol{G}}\tilde{\boldsymbol{Y}}$，由 $\boldsymbol{x},\boldsymbol{y}$ 的任意性得 $\tilde{\boldsymbol{G}}=\boldsymbol{P}^{\mathrm{T}}\boldsymbol{G}\boldsymbol{P}$. 证毕.

该定理有下面的直接推论.

推论 6.12 若 $\boldsymbol{P}$ 为欧氏空间一组标准正交基到另一组标准正交基的过渡矩阵，则 $\boldsymbol{P}\boldsymbol{P}^{\mathrm{T}}=\boldsymbol{P}^{\mathrm{T}}\boldsymbol{P}=\boldsymbol{E}$，这样的矩阵称为**正交矩阵**.

证明 只须注意到，此时两组基下的度量矩阵都为单位阵即可. 证毕.

结合标准正交基的存在性定理 6.3，又有如下推论.

推论 6.13 所有正定矩阵都与单位矩阵合同.

对无穷维内积空间，同样可以引进正交基，下面是一个著名的例子.

例 6.4 在 $C([-\pi,\pi])$ 上按式(6.2)定义内积，则 $1,\cos x,\sin x,\cdots,\cos nx,\sin nx,\ldots$ 是一组正交向量，这正是Fourier[1]级数的代数背景. 根据Fourier级数的理论，任何一个定义在 $[-\pi,\pi]$ 上的平方可积函数，都可以写为

$$a_0+\sum_{n=1}^{\infty}(a_n\cos nx+b_n\sin nx)\ ,\tag{6.4}$$

这里

$$a_0=\frac{1}{2\pi}\int_{-\pi}^{\pi}f(x)\mathrm{d}x=\frac{(f(x),1)}{(1,1)}\ ,$$

$$a_n=\frac{1}{\pi}\int_{-\pi}^{\pi}f(x)\cos nx\mathrm{d}x=\frac{(f(x),\cos nx)}{(\cos nx,\cos nx)}\ ,$$

$$b_n=\frac{1}{\pi}\int_{-\pi}^{\pi}f(x)\sin nx\mathrm{d}x=\frac{(f(x),\sin nx)}{(\sin nx,\sin nx)}\ .$$

根据式 (6.4)，$1,\ \cos x,\ \sin x,\cdots,\cos nx,\ \sin nx,\ \cdots$ 就是一组正交基，无穷维线性空间区别于有限维线性空间之处在于，如何定义向量的无穷级数. 根据微积分的理论，级数 (6.4) 并不一定逐点收敛，即使收敛，级数 (6.4) 的值与 $f(x)$ 也未必相等，关于这一内容的讨论已超出线性代数的范畴，此处不再展开.

一个空间的标准正交基同样不是唯一的，如同 2 维欧氏空间中将任意一个直角坐标系旋转后仍为直角坐标系一样.

---

[1]全名为 Jean-Baptiste Joseph Fourier (1768–1830)，傅里叶，法国数学家、物理学家.

通过标准正交基，可以构造欧氏空间的一种重要的子空间直和分解.

定义 6.5 设 W 是欧氏空间 V 的子空间，记 $W^{\perp}$ 为一切与 W 中向量都正交的向量构成的集合，称为 W 在 V 中的**正交补空间**.

定理 6.14 设 W 是欧氏空间 V 的子空间，则 V 有直和分解 $V = W \oplus W^{\perp}$.

证明 设 $\boldsymbol{w}_1, \cdots, \boldsymbol{w}_k$ 为 W 的标准正交基，将其扩充为 V 的标准正交基 $\boldsymbol{w}_1, \cdots, \boldsymbol{w}_n$ （只须先扩充为 V 的基，再Schmidt正交化即可），令 $W' = \mathrm{span}\{\boldsymbol{w}_{k+1}, \cdots, \boldsymbol{w}_n\}$ ，则 $V = W \oplus W'$.

以下证明 $W' = W^{\perp}$. 因对一切 $i \in \{k+1, \cdots, n\}$ ，$\boldsymbol{w}_i$ 与一切 W 中元素正交，故 $\boldsymbol{w}_i \in W^{\perp}$ ，从而 $W' \subset W^{\perp}$. 而对一切 $\boldsymbol{w}' \in W^{\perp}$ ，设 $\boldsymbol{w}' = l_1\boldsymbol{w}_1 + \cdots + l_n\boldsymbol{w}_n$ ，且 $\boldsymbol{w}'$ 与 W 中一切向量都正交，特别地，必与 $\boldsymbol{w}_i\ (1 \leqslant i \leqslant k)$ 正交，从而 $0 = (\boldsymbol{w}', \boldsymbol{w}_i) = l_i$ ，故 $\boldsymbol{w}' = l_{k+1}\boldsymbol{w}_{k+1} + \cdots + l_n\boldsymbol{w}_n \in W'$ ，即 $W^{\perp} \subset W'$. 证毕.

将本节的结论与线性变换相结合，可得到下面的结论.

定理 6.15 设 $\mathscr{A}$ 为 n 维欧氏空间上的线性变换，则存在标准正交基，使 $\mathscr{A}$ 在这组基下的矩阵为如下分块下三角矩阵：

$$\boldsymbol{R} = \begin{pmatrix} \boldsymbol{A}_{11} & & & & & \\ \vdots & \ddots & & & & \\ \boldsymbol{A}_{k1} & \cdots & \boldsymbol{A}_{kk} & & & \\ \boldsymbol{A}_{k+1\,1} & \cdots & \boldsymbol{A}_{k+1\,k} & \lambda_{2k+1\,2k+1} & & \\ \vdots & & & \vdots & \ddots & \\ \boldsymbol{A}_{n1} & \cdots & \boldsymbol{A}_{nk} & \lambda_{n\,2k+1} & \cdots & \lambda_{nn} \end{pmatrix}. \tag{6.5}$$

这里所有的 λ_{ij} 均为数，且 $\lambda_{2k+1\,2k+1}, \cdots, \lambda_{nn}$ 为 $\mathscr{A}$ 的全体实特征值；所有的 $\boldsymbol{A}_{ij}$ 均为矩阵，列数均为2，当 $1 \leqslant i \leqslant k$ 时，行数为2；当 $i > k$ 时，行数为1.

只须将定理5.23证明中选取的基改为标准正交基，直和补空间改为正交补空间即可.

推论 6.16 任何实方阵 $\boldsymbol{A}$ 均正交相似于形如式(6.5)的分块下三角矩阵 $\boldsymbol{R}$ 或形如其转置形式的分块上三角矩阵，即存在正交矩阵 $\boldsymbol{P}$，使 $\boldsymbol{A} = \boldsymbol{P}^{\mathrm{T}}\boldsymbol{R}\boldsymbol{P}$.

证明 只须在 $\mathbf{R}^n$ 上考虑线性变换 $\boldsymbol{x} \mapsto \boldsymbol{A}\boldsymbol{x}$ ，则由定理6.15，存在一组标准正交基，在这组基下，该线性变换的矩阵为 $\boldsymbol{R}$，而此时的过渡矩阵为正交矩阵. 证毕.

通过正交补空间，还可以得到如下重要结论.

定理 6.17 设 W 是欧氏空间 V 的子空间，$\boldsymbol{v}$ 为 V 中任意取定的向量，则定义在 W 上的函数 $d(\boldsymbol{w}) = \|\boldsymbol{w} - \boldsymbol{v}\|$ 必定可唯一地取到最小值，最小值取到当且仅当 $\boldsymbol{v} - \boldsymbol{w} \in W^{\perp}$.

证明 取 $\boldsymbol{v}$ 在直和分解 $V = W \oplus W^{\perp}$ 下的唯一分解 $\boldsymbol{v} = \boldsymbol{v}_1 + \boldsymbol{v}_2$ ，这里 $\boldsymbol{v}_1 \in W, \boldsymbol{v}_2 \in W^{\perp}$ ，于是

$$\begin{aligned} \|\boldsymbol{v} - \boldsymbol{w}\|^2 &= ((\boldsymbol{v}_1 - \boldsymbol{w}) + \boldsymbol{v}_2, (\boldsymbol{v}_1 - \boldsymbol{w}) + \boldsymbol{v}_2) = \|\boldsymbol{v}_1 - \boldsymbol{w}\|^2 + \|\boldsymbol{v}_2\|^2 + 2(\boldsymbol{v}_1 - \boldsymbol{w}, \boldsymbol{v}_2) \\ &= \|\boldsymbol{v}_1 - \boldsymbol{w}\|^2 + \|\boldsymbol{v}_2\|^2 \geqslant \|\boldsymbol{v}_2\|^2 , \end{aligned} \tag{6.6}$$

等号成立当且仅当 $\boldsymbol{v}_1 = \boldsymbol{w}$ ，即 $\boldsymbol{w}$ 是唯一的，$\boldsymbol{w} = \boldsymbol{v}_1$ 当且仅当 $\boldsymbol{v} - \boldsymbol{w} \in W^{\perp}$. 证毕.

从几何上看，这个定理就是“点到平面（或直线）的距离由垂线段实现”在欧氏空间上

的推广．式 (6.6) 中的

$$\|\boldsymbol{v}-\boldsymbol{w}\|^2=\|\boldsymbol{v}_1-\boldsymbol{w}\|^2+\|\boldsymbol{v}_2\|^2$$

就是一般欧氏空间上的勾股定理．

定理 6.18 若欧氏空间中的向量 $\boldsymbol{v}, \boldsymbol{w}$ 正交，则 $\|\boldsymbol{v}\pm\boldsymbol{w}\|^2=\|\boldsymbol{v}\|^2+\|\boldsymbol{w}\|^2$．

6.3 复内积与酉空间

在复线性空间上，同样可以定义内积，这在其他学科同样也有很多应用．复内积和实内积的大部分性质是相同的，只有个别结论不同．这些不同之处应当引起特别的关注．

定义 6.6 设 V 为复线性空间，对 V 中任意两个向量 $\boldsymbol{x}, \boldsymbol{y}$，定义运算 $(\boldsymbol{x},\boldsymbol{y})\in\mathbf{C}$，并满足以下条件：

(1)（正定性）对任何 $\boldsymbol{x}\in V$, $(\boldsymbol{x},\boldsymbol{x})\geqslant 0$，等号成立当且仅当 $\boldsymbol{x}=\boldsymbol{0}$；

(2)（共轭对称性）对任何 $\boldsymbol{x}, \boldsymbol{y}\in V$, $(\boldsymbol{x},\boldsymbol{y})=\overline{(\boldsymbol{y},\boldsymbol{x})}$；

(3)（共轭双线性性）对任何 $\boldsymbol{x}, \boldsymbol{y}, \boldsymbol{z}\in V$, $k, l\in\mathbf{C}$，$(k\boldsymbol{x}+l\boldsymbol{y},\boldsymbol{z})=k(\boldsymbol{x},\boldsymbol{z})+l(\boldsymbol{y},\boldsymbol{z})$，

则 $(\cdot,\cdot)$ 称为复线性空间 V 上的一个**内积**，V 称为**复内积空间**，有限维的复内积空间也称为**酉空间**．

例 6.5 在 $\mathbf{C}^n$ 中，对 $\boldsymbol{x}=(x_1\ \cdots\ x_n)^{\mathrm{T}}$ 与 $\boldsymbol{y}=(y_1\ \cdots\ y_n)^{\mathrm{T}}$，定义

$$(\boldsymbol{x},\boldsymbol{y})=\boldsymbol{x}^{\mathrm{T}}\bar{\boldsymbol{y}}=\sum_{i=1}^{n}x_i\bar{y}_i\,.$$

容易验证上述定义满足内积的条件，称为 $\mathbf{C}^n$ 上的**标准酉内积**．

注 6.3 标准酉内积定义中，对第二个向量的坐标分量加复共轭是必要的，因为在复数域上，完全平方式并不是正定的，模平方才是正定的．

通过复内积，同样可以定义复向量的范数．

定义 6.7 设 $(\cdot,\cdot)$ 为复线性空间 V 上的内积，$\|\boldsymbol{x}\|=\sqrt{(\boldsymbol{x},\boldsymbol{x})}$ 称为由内积诱导的**范数**．

复内积空间上的 Cauchy 不等式、范数基本性质与实内积空间上相应结论是相同的，但极化恒等式要做修正．

定理 6.19 (Cauchy 不等式) 设 $(\cdot,\cdot)$ 为实线性空间 V 上的内积，则对一切 $\boldsymbol{x}, \boldsymbol{y}\in V$，有 $|(\boldsymbol{x},\boldsymbol{y})|\leqslant\|\boldsymbol{x}\|\cdot\|\boldsymbol{y}\|$，等号成立当且仅当 $\boldsymbol{x}, \boldsymbol{y}$ 线性相关．

注 6.4 由 Cauchy 不等式，可以定义两个非零复向量的夹角为 $\arccos\dfrac{|(\boldsymbol{x},\boldsymbol{y})|}{\|\boldsymbol{x}\|\cdot\|\boldsymbol{y}\|}$．与两个非零实向量夹角定义方式不同，由于分子上的内积不一定是实数，因此须加绝对值，从而复向量的夹角落在区间 $\left[0,\dfrac{\pi}{2}\right]$ 上．

定理 6.20 (范数的基本性质) 设 V 是复内积空间，$\|\cdot\|$ 为由内积诱导的范数，则

(1)（正定性）对任意 $\boldsymbol{x}\in V$，$\|\boldsymbol{x}\|\geqslant 0$，等号成立当且仅当 $\boldsymbol{x}=\boldsymbol{0}$；

(2)（齐次性）对任意 $k\in\mathbf{C}$，$\boldsymbol{x}\in V$，$\|k\boldsymbol{x}\|=|k|\cdot\|\boldsymbol{x}\|$；

(3)（三角不等式）对任意 $\boldsymbol{x}, \boldsymbol{y} \in V$，$\|\boldsymbol{x}\| + \|\boldsymbol{y}\| \geqslant \|\boldsymbol{x} + \boldsymbol{y}\|$．

定理 6.21 (极化恒等式) 设 $(\cdot, \cdot)$ 为复线性空间 V 上的内积，$\|\cdot\|$ 为由内积诱导的范数，则对任意 $\boldsymbol{x}, \boldsymbol{y} \in V$，

$$4(\boldsymbol{x}, \boldsymbol{y}) = \|\boldsymbol{x} + \boldsymbol{y}\|^2 - \|\boldsymbol{x} - \boldsymbol{y}\|^2 + \|\boldsymbol{x} + \mathrm{i}\boldsymbol{y}\|^2 - \|\boldsymbol{x} - \mathrm{i}\boldsymbol{y}\|^2 .$$

欧氏空间中的大部分结论，在酉空间都有平行的推广，例如下面两个定理，证明与欧氏空间的相应结论类似，这里略去．

定理 6.22 酉空间上必定存在标准正交基，在标准正交基下，酉内积的定义为 $\mathbf{C}^n$ 上的标准酉内积．

定义 6.8 满足 $\boldsymbol{H}^{\mathrm{T}} = \bar{\boldsymbol{H}}$ 的 n 阶复方阵 $\boldsymbol{H}$ 称为 **Hermite 矩阵**．进一步，若对一切非零复向量 $z \in \mathbf{C}^n$，有 $z^{\mathrm{T}}\boldsymbol{H}\bar{z} > 0$，则称 $\boldsymbol{H}$ 为**正定**的．

定理 6.23 在任何一组基 $z_1, z_2, \cdots, z_n$ 下，酉空间上的度量矩阵 $((z_i, z_j))_{1\leqslant i,j\leqslant n}$ 必为正定 Hermite 矩阵．

定理 6.24 设 $\boldsymbol{v}_1, \cdots, \boldsymbol{v}_n$ 和 $\boldsymbol{w}_1, \cdots, \boldsymbol{w}_n$ 分别是酉空间 V 的两组基，这两组基下的度量矩阵分别为 $\boldsymbol{G}$ 和 $\tilde{\boldsymbol{G}}$，设 $\boldsymbol{T}$ 为由 $\boldsymbol{v}_1, \cdots, \boldsymbol{v}_n$ 到 $\boldsymbol{w}_1, \cdots, \boldsymbol{w}_n$ 的过渡矩阵，则 $\tilde{\boldsymbol{G}} = \boldsymbol{T}^{\mathrm{T}}\boldsymbol{G}\bar{\boldsymbol{T}}$．

推论 6.25 若 n 阶复方阵 $\boldsymbol{U}$ 满足 $\boldsymbol{U}^{\mathrm{T}}\bar{\boldsymbol{U}} = \boldsymbol{E}$，这样的矩阵称为**酉矩阵**．酉空间上，标准正交基到标准正交基的过渡矩阵必为酉矩阵．

推论 6.26 一切正定 Hermite 矩阵必定与单位矩阵合同．这里，两个复矩阵 $\boldsymbol{A}$ 和 $\boldsymbol{B}$ 合同定义为存在可逆矩阵 $\boldsymbol{Q}$，使 $\boldsymbol{A} = \boldsymbol{Q}^{\mathrm{T}}\boldsymbol{B}\bar{\boldsymbol{Q}}$．

定理 6.27 设 W 为酉空间 V 的子空间，定义

$$W^{\perp} = \{\boldsymbol{v} \in V \mid \text{对一切 } \boldsymbol{w} \in W\text{，有 } (\boldsymbol{v}, \boldsymbol{w}) = 0\},$$

称为 W 的正交补空间，则 $V = W \oplus W^{\perp}$．

定理 6.28 设 W 是酉空间 V 的子空间，$\boldsymbol{v}$ 为 V 中任意取定的向量，则定义在 W 上的函数 $d(\boldsymbol{w}) = \|\boldsymbol{w} - \boldsymbol{v}\|$ 必定可唯一地取到最小值，最小值取到当且仅当 $\boldsymbol{v} - \boldsymbol{w} \in W^{\perp}$．

定理 6.29 若酉空间中的向量 $\boldsymbol{v}, \boldsymbol{w}$ 正交，则 $\|\boldsymbol{v} \pm \boldsymbol{w}\|^2 = \|\boldsymbol{v}\|^2 + \|\boldsymbol{w}\|^2$．

定理 6.30 设 $\mathscr{A}$ 为酉空间上的线性变换，则存在标准正交基，使 $\mathscr{A}$ 在这组基下的矩阵为上（下）三角矩阵．

推论 6.31 任何复方阵 $\boldsymbol{A}$ 均酉相似于上（下）三角矩阵 $\boldsymbol{R}$，即存在酉矩阵 $\boldsymbol{U}$，使 $\boldsymbol{A} = \boldsymbol{U}^{\mathrm{H}}\boldsymbol{R}\boldsymbol{U}$．

定理 6.30 的结论比对应的定理 6.15 更强，证明方法也更加简明．因为复线性变换总存在特征值，从而必可分离出 1 维的不变子空间．该定理也可以借助 Jordan 标准形得到，见本章习题．

6.4 正规变换

线性空间配备内积后，与内积存在某些特殊关系的线性变换，就会显现出某些特别的性质．其中，正规变换就是最有代表性的一类线性变换．

为介绍正规变换，先介绍共轭变换的概念.

定理 6.32 设 $\mathscr{A}$ 为酉空间 V 上的线性变换，则存在唯一的线性变换 $\mathscr{A}^*$，使对一切 $\boldsymbol{x}, \boldsymbol{y} \in V$，有 $(\mathscr{A}\boldsymbol{x}, \boldsymbol{y}) = (\boldsymbol{x}, \mathscr{A}^*\boldsymbol{y})$，此时 $\mathscr{A}^*$ 称为 $\mathscr{A}$ 的**共轭变换**. 进一步，在标准正交基下，$\mathscr{A}$ 与 $\mathscr{A}^*$ 对应的矩阵互为共轭转置.

证明 首先证明，共轭变换如果存在，必然唯一. 若不然，设 $\mathscr{A}^*, \mathscr{A}_1^*$ 都是 $\mathscr{A}$ 的共轭变换且不相同，从而存在 $\boldsymbol{v} \in V$，使 $\boldsymbol{w} = \mathscr{A}^*\boldsymbol{v} - \mathscr{A}_1^*\boldsymbol{v} \neq \boldsymbol{0}$. 然而

$$0 = (\mathscr{A}\boldsymbol{w}, \boldsymbol{v}) - (\mathscr{A}\boldsymbol{w}, \boldsymbol{v}) = (\boldsymbol{w}, \mathscr{A}^*\boldsymbol{v}) - (\boldsymbol{w}, \mathscr{A}_1^*\boldsymbol{v}) = (\boldsymbol{w}, \mathscr{A}^*\boldsymbol{v} - \mathscr{A}_1^*\boldsymbol{v}) = (\boldsymbol{w}, \boldsymbol{w}),$$

与 $\boldsymbol{w} \neq \boldsymbol{0}$ 矛盾，从而共轭变换的唯一性得证.

以下证明存在性. 取 V 的一组标准正交基，记 $\boldsymbol{A}$ 为 $\mathscr{A}$ 在这组基下的矩阵，则

$$(\mathscr{A}\boldsymbol{x}, \boldsymbol{y}) = (\boldsymbol{A}\,\mathrm{crd}\,\boldsymbol{x})^{\mathrm{T}}\overline{\mathrm{crd}\,\boldsymbol{y}} = (\mathrm{crd}\,\boldsymbol{x})^{\mathrm{T}}\overline{\boldsymbol{A}^{\mathrm{H}}\mathrm{crd}\,\boldsymbol{y}}. \tag{6.7}$$

从而定义 $\mathscr{A}^*$ 在这组标准正交基下的的矩阵为 $\boldsymbol{A}^{\mathrm{H}}$，则 $\mathscr{A}^*$ 为 $\mathscr{A}$ 的共轭变换. 证毕.

根据上面的证明过程，可立即得到如下推论

推论 6.33 在标准正交基下，$\mathscr{A}$ 与 $\mathscr{A}^*$ 对应的矩阵互为共轭转置.

注 6.5 如定理中的酉空间改为欧氏空间，则共轭转置即为转置，证明方法完全相同. 因此本节的所有定理对欧氏空间都是成立的.

明确了共轭变换的定义后，正规变换的定义可立即给出.

定义 6.9 若内积空间上的线性变换 $\mathscr{A}$，与其共轭变换 $\mathscr{A}^*$ 可交换，即 $\mathscr{A}\mathscr{A}^* = \mathscr{A}^*\mathscr{A}$，则该变换称为**正规变换**.

根据定理 6.32 立即得到下面的结论.

定理 6.34 设 $\boldsymbol{A}$ 为内积空间上的正规变换 $\mathscr{A}$ 在标准正交基下的矩阵，则 $\boldsymbol{A}\boldsymbol{A}^{\mathrm{H}} = \boldsymbol{A}^{\mathrm{H}}\boldsymbol{A}$，这样的矩阵 $\boldsymbol{A}$ 称为**正规矩阵**.

正规矩阵有两种常见的特例，陈述为如下定理.

定理 6.35 酉矩阵和 Hermite 矩阵都是正规矩阵，特别地，正交矩阵和实对称矩阵都是实正规矩阵.

正规矩阵有一个重要性质.

引理 6.36 分块上三角的正规矩阵，必定为分块对角矩阵. 特别地，上三角的正规矩阵，必定是对角矩阵.

证明 设 $\boldsymbol{A} = \begin{pmatrix} \boldsymbol{A}_1 & \boldsymbol{B} \\ \boldsymbol{0} & \boldsymbol{A}_2 \end{pmatrix}$ 为正规矩阵，故 $\boldsymbol{A}\boldsymbol{A}^{\mathrm{H}} = \boldsymbol{A}^{\mathrm{H}}\boldsymbol{A}$，即

$$\begin{pmatrix} \boldsymbol{A}_1\boldsymbol{A}_1^{\mathrm{H}} + \boldsymbol{B}\boldsymbol{B}^{\mathrm{H}} & \boldsymbol{B}\boldsymbol{A}_2^{\mathrm{H}} \\ \boldsymbol{A}_2\boldsymbol{B}^{\mathrm{H}} & \boldsymbol{A}_2\boldsymbol{A}_2^{\mathrm{H}} \end{pmatrix} = \begin{pmatrix} \boldsymbol{A}_1^{\mathrm{H}}\boldsymbol{A}_1 & \boldsymbol{A}_1^{\mathrm{H}}\boldsymbol{B} \\ \boldsymbol{B}^{\mathrm{H}}\boldsymbol{A}_1 & \boldsymbol{B}^{\mathrm{H}}\boldsymbol{B} + \boldsymbol{A}_2^{\mathrm{H}}\boldsymbol{A}_2 \end{pmatrix},$$

从而 $\boldsymbol{A}_1\boldsymbol{A}_1^{\mathrm{H}} + \boldsymbol{B}\boldsymbol{B}^{\mathrm{H}} = \boldsymbol{A}_1^{\mathrm{H}}\boldsymbol{A}_1$. 两边取迹，得到 $\mathrm{tr}\,\boldsymbol{B}\boldsymbol{B}^{\mathrm{H}} = \sum\limits_{i=1}^{n}\sum\limits_{j=1}^{n}|a_{ij}|^2 = 0$，故 $\boldsymbol{B} = \boldsymbol{0}$. 证毕.

由这一性质可立即得到下面的重要结论.

定理 6.37 若 W 是酉空间 V 上正规变换 $\mathscr{A}$ 的不变子空间，则 $W^{\perp}$ 也是 $\mathscr{A}$ 的不变子空

间.

证明 任取 W 一组标准正交基，并将其扩充为 V 的标准正交基，则根据定理 5.20 可设 $\mathscr{A}$ 在这组基下的矩阵

$$A=\begin{pmatrix} A_1 & B \\ 0 & A_2 \end{pmatrix}.$$

为证 $W^{\perp}$ 也是 $\mathscr{A}$ 的不变子空间，只须证明 $B=0$．由于 $\mathscr{A}$ 是正规变换，根据定理6.34，A 是正规矩阵，再根据引理6.36得到 $B=0$．证毕.

定理 6.38 对任何正规变换，必定存在一组标准正交基，使其在这组基下的矩阵为对角矩阵.

证明 由定理6.30，必定存在一组标准正交基，使该变换在这组基下的矩阵为上三角矩阵．而正规变换在标准正交基下的矩阵又是正规矩阵，由引理6.36知，该矩阵只能是对角矩阵．证毕.

注 6.6 如果在欧氏空间上考虑正规变换，由于只能保证线性变换存在不超过2维的不变子空间，故定理6.38结论中的对角矩阵，需要修正为“由阶数不超过2的方阵块构成的分块对角矩阵”，证明留作习题.

定理 6.39 矩阵为正规矩阵的充分必要条件是该矩阵酉相似于对角矩阵.

证明 必要性是定理6.38的直接推论．对充分性，只须设 $A=U^{\mathrm{H}}\Lambda U$，这里 U 和 Λ 分别为酉矩阵和对角阵，则

$$AA^{\mathrm{H}}=U^{\mathrm{H}}\Lambda UU^{\mathrm{H}}\Lambda^{\mathrm{H}}U=U^{\mathrm{H}}\Lambda\Lambda^{\mathrm{H}}U=U^{\mathrm{H}}\Lambda^{\mathrm{H}}\Lambda U=U^{\mathrm{H}}\Lambda^{\mathrm{H}}UU^{\mathrm{H}}\Lambda U=A^{\mathrm{H}}A.$$

证毕.

作为特殊的正规矩阵，酉矩阵和 Hermite 矩阵还有很多特别的性质，这里先列举两条关于特征值的结论，其他结论将在后续小节中介绍.

定理 6.40 酉矩阵的特征值必为单位复数 $\mathrm{e}^{\mathrm{i}\theta}\ (\theta\in\mathbf{R})$.

证明 设 U 为酉矩阵，λ 为其特征值，X 为其特征向量，以下证明 $|\lambda|=1$．考虑酉空间上的通常内积 (UX,UX)．一方面，

$$(UX,UX)=(UX)^{\mathrm{T}}\overline{UX}=X^{\mathrm{T}}U^{\mathrm{T}}\bar{U}\bar{X}=X^{\mathrm{T}}\overline{X}=\|X\|^2,$$

另一方面，

$$(UX,UX)=(\lambda X,\lambda X)=|\lambda|^2\|X\|^2,$$

从而 $|\lambda|=1$，即 λ 为单位复数．证毕.

定理 6.41 Hermite 矩阵的特征值必为实数.

证明 设 H 为 Hermite 矩阵，λ 为其特征值，X 为其特征向量，以下证明 $\lambda=\bar{\lambda}$．考虑酉空间上的通常内积 (HX,X)．一方面，

$$(HX,X)=(\lambda X,X)=\lambda\|X\|^2,$$

另一方面，

$$(HX,X)=(HX)^{\mathrm{T}}\bar{X}=X^{\mathrm{T}}H^{\mathrm{T}}\bar{X}=X^{\mathrm{T}}\overline{HX}=X^{\mathrm{T}}\overline{\lambda X}=\bar{\lambda}\|X\|^2.$$

从而 $\lambda=\bar{\lambda}$，即 λ 为实数．证毕.

注 6.7 正交矩阵和实对称矩阵，分别可看作实的酉矩阵和 Hermite 矩阵，因此上面的结论对正交矩阵和实对称矩阵也各自成立.

6.5 正交变换

本节介绍欧氏空间上保内积的线性变换——正交变换.

定义 6.10 设 $\mathscr{A}$ 为欧氏空间 V 上的线性变换，满足对任何 $\boldsymbol{v} \in V$，有 $\|\mathscr{A}\boldsymbol{v}\| = \|\boldsymbol{v}\|$，则 $\mathscr{A}$ 称为 V 上的**正交变换**.

由定义，正交变换是保持向量范数不变的线性变换，事实上正交变换不仅保持向量范数，还保持向量内积，于是也保持向量夹角及空间中任何两点之间的距离.

定理 6.42 设 $\mathscr{A}$ 是欧氏空间 V 上的正交变换，则对任何 $\boldsymbol{x},\boldsymbol{y} \in V$，有 $(\mathscr{A}\boldsymbol{x},\mathscr{A}\boldsymbol{y}) = (\boldsymbol{x},\boldsymbol{y})$.

证明 由极化恒等式 $4(\boldsymbol{x},\boldsymbol{y}) = \|\boldsymbol{x}+\boldsymbol{y}\|^2 - \|\boldsymbol{x}-\boldsymbol{y}\|^2$，有

$$\begin{aligned}(\mathscr{A}\boldsymbol{x},\mathscr{A}\boldsymbol{y}) &= \frac{1}{4}(\|\mathscr{A}\boldsymbol{x}+\mathscr{A}\boldsymbol{y}\|^2 - \|\mathscr{A}\boldsymbol{x}-\mathscr{A}\boldsymbol{y}\|^2) = \frac{1}{4}(\|\mathscr{A}(\boldsymbol{x}+\boldsymbol{y})\|^2 - \|\mathscr{A}(\boldsymbol{x}-\boldsymbol{y})\|^2)\\ &= \frac{1}{4}(\|\boldsymbol{x}+\boldsymbol{y}\|^2 - \|\boldsymbol{x}-\boldsymbol{y}\|^2) = (\boldsymbol{x},\boldsymbol{y}).\end{aligned}$$

证毕.

注 6.8 根据上述定理，内积和范数是欧氏空间正交变换下的不变量.

推论 6.43 欧氏空间上的线性变换是正交变换，当且仅当它将欧氏空间的标准正交基变为标准正交基，当且仅当它在标准正交基下的矩阵为正交矩阵.

证明 设 $\mathscr{A}$ 是 n 维欧氏空间 V 上的正交变换，$\boldsymbol{e}_1,\cdots,\boldsymbol{e}_n$ 是 V 的一组标准正交基，则 $\mathscr{A}\boldsymbol{e}_1,\cdots,\mathscr{A}\boldsymbol{e}_n$ 是 V 上两两正交的单位向量组，故也是 V 上的标准正交基.

又 $\mathscr{A}$ 在基 $\boldsymbol{e}_1,\cdots,\boldsymbol{e}_n$ 下的矩阵为

$$\boldsymbol{A} = (\operatorname{crd}(\mathscr{A}\boldsymbol{e}_1 : \boldsymbol{e}_1,\cdots,\boldsymbol{e}_n),\cdots,\operatorname{crd}(\mathscr{A}\boldsymbol{e}_n : \boldsymbol{e}_1,\cdots,\boldsymbol{e}_n)),$$

在标准正交基下，内积与坐标的关系为 $\mathbf{R}^n$ 上的标准内积关系，于是对一切 $1 \leqslant i,\ j \leqslant n$，

$$\operatorname{crd}(\mathscr{A}\boldsymbol{e}_i : \boldsymbol{e}_1,\cdots,\boldsymbol{e}_n)^{\mathrm{T}}\operatorname{crd}(\mathscr{A}\boldsymbol{e}_j : \boldsymbol{e}_1,\cdots,\boldsymbol{e}_n) = (\boldsymbol{e}_i,\boldsymbol{e}_j) = \delta_{ij},$$

从而 $\boldsymbol{A}^{\mathrm{T}}\boldsymbol{A} = \boldsymbol{E}$，即 $\boldsymbol{A}$ 为正交矩阵.

反之，若线性变换 $\mathscr{A}$ 在标准正交基下的矩阵为正交矩阵 $\boldsymbol{A}$，则 $\mathscr{A}$ 将标准正交基变为标准正交基，且对任何向量 $\boldsymbol{x}$，设其坐标为 $\boldsymbol{X}$，有

$$\|\mathscr{A}\boldsymbol{x}\|^2 = (\mathscr{A}\boldsymbol{x},\mathscr{A}\boldsymbol{x}) = (\boldsymbol{A}\boldsymbol{X})^{\mathrm{T}}(\boldsymbol{A}\boldsymbol{X}) = \boldsymbol{X}^{\mathrm{T}}\boldsymbol{A}^{\mathrm{T}}\boldsymbol{A}\boldsymbol{X} = \boldsymbol{X}^{\mathrm{T}}\boldsymbol{X} = (\boldsymbol{x},\boldsymbol{x}),$$

从而 $\mathscr{A}$ 为正交变换. 证毕.

注 6.9 欧氏空间上的正交变换，在酉空间的对应为**酉变换**，即对一切 $\boldsymbol{v} \in V$，有 $\|\mathscr{A}\boldsymbol{v}\| = \|\boldsymbol{v}\|$ 成立的线性变换. 可以类似地证明，酉变换保持向量的夹角和范数；酉变换将酉空间上的一组标准正交基，变为标准正交基；酉变换在标准正交基下的矩阵为酉矩阵.

基于下面的定理，正交变换（矩阵）可以按行列式进行分类.

定理 6.44 正交矩阵的行列式必为 ± 1.

证明　对正交矩阵 $\boldsymbol{P}$，因为 $1 = \det\boldsymbol{E} = \det\boldsymbol{P}\boldsymbol{P}^{\mathrm{T}} = \det\boldsymbol{P}\det\boldsymbol{P}^{\mathrm{T}} = (\det\boldsymbol{P})^2$，所以 $\det\boldsymbol{P} = \pm 1$.

定义 6.11　行列式为 1 的正交变换（矩阵）称为**第一类正交变换（矩阵）**，行列式为 -1 的正交变换（矩阵）称为**第二类正交变换（矩阵）**. 全体 n 阶正交矩阵构成的集合记为 $\mathrm{O}(n)$，全体 n 阶第一类正交矩阵构成的集合记为 $\mathrm{SO}(n)$.

定理 6.45　（第一类）正交变换是可逆的，且其逆变换也是（第一类）正交变换.（第一类）正交变换的复合是（第一类）正交变换.

只须利用（第一类）正交矩阵的逆和乘积都是（第一类）正交矩阵即可.

例 6.6　$\mathbf{R}^2$ 上的旋转与反射变换都是正交变换，其中旋转变换是第一类的，反射变换是第二类的.

$\mathbf{R}^2$ 上的反射可以推广到高维欧氏空间.

定理 6.46　设 $\boldsymbol{v}$ 为 $\mathbf{R}^n$ 中给定的单位向量，则一切与 $\boldsymbol{v}$ 正交的向量构成 $(n-1)$ 维子空间 W（n 维线性空间的 $(n-1)$ 维子空间也称为一个**超平面**），$\boldsymbol{v}$ 称为该超平面 W 的单位法向量，线性变换 $\mathscr{A}\boldsymbol{x} = \boldsymbol{x} - 2(\boldsymbol{x},\boldsymbol{v})\boldsymbol{v}$ 是一个第二类正交变换，称为关于超平面 W 的**镜面反射**. 进一步，设 $\boldsymbol{v}$ 在某标准正交基下的坐标为 $\boldsymbol{N}$，则 $\mathscr{A}$ 在该标准正交基下的矩阵为 $\boldsymbol{E} - 2\boldsymbol{N}\boldsymbol{N}^{\mathrm{T}}$，这一类矩阵称为 **Householder**[1]**矩阵**.

证明　易见 $W = \mathrm{span}\{\boldsymbol{v}\}^{\perp}$，故 $\dim W = n-1$. 对一切 $\boldsymbol{x} \in V$，有

$$\begin{aligned}\|\mathscr{A}\boldsymbol{x}\|^2 &= (\mathscr{A}\boldsymbol{x},\mathscr{A}\boldsymbol{x}) = (\boldsymbol{x} - 2(\boldsymbol{x},\boldsymbol{v})\boldsymbol{v}, \boldsymbol{x} - 2(\boldsymbol{x},\boldsymbol{v})\boldsymbol{v})\\ &= (\boldsymbol{x},\boldsymbol{x}) + 4(\boldsymbol{x},\boldsymbol{v})^2(\boldsymbol{v},\boldsymbol{v}) - 4(\boldsymbol{x},\boldsymbol{v})(\boldsymbol{x},\boldsymbol{v}) = (\boldsymbol{x},\boldsymbol{x}) = \|\boldsymbol{x}\|^2,\end{aligned}$$

故 $\mathscr{A}$ 是正交变换. 取 $\mathbf{R}^n$ 的一组标准正交基，设 $\boldsymbol{x}$ 与 $\boldsymbol{v}$ 在这组基下的坐标分别为 $\boldsymbol{X}$ 与 $\boldsymbol{N}$，则 $\mathscr{A}\boldsymbol{x}$ 在这组基下的坐标为

$$\boldsymbol{X} - 2(\boldsymbol{x},\boldsymbol{v})\boldsymbol{N} = \boldsymbol{X} - 2(\boldsymbol{N}^{\mathrm{T}}\boldsymbol{X})\boldsymbol{N} = \boldsymbol{X} - 2\boldsymbol{N}(\boldsymbol{N}^{\mathrm{T}}\boldsymbol{X}) = (\boldsymbol{E} - 2\boldsymbol{N}\boldsymbol{N}^{\mathrm{T}})\boldsymbol{X},$$

即 $\mathscr{A}$ 在这组标准正交基下的矩阵为 $\boldsymbol{E} - 2\boldsymbol{N}\boldsymbol{N}^{\mathrm{T}}$.

最后证 $\mathscr{A}$ 是第二类正交变换. 取 $\boldsymbol{w}_1,\cdots,\boldsymbol{w}_{n-1}$ 为 W 的一组基，于是 $\boldsymbol{w}_1,\cdots,\boldsymbol{w}_{n-1}, \boldsymbol{v}$ 是 $\mathbf{R}^n$ 的一组基. 注意到

$$\begin{aligned}&\mathscr{A}\boldsymbol{w}_i = \boldsymbol{w}_i - 2(\boldsymbol{w}_i,\boldsymbol{v})\boldsymbol{v} = \boldsymbol{w}_i = 1\cdot\boldsymbol{w}_i\ (1 \leqslant i \leqslant n-1),\\ &\mathscr{A}\boldsymbol{v} = \boldsymbol{v} - 2(\boldsymbol{v},\boldsymbol{v})\boldsymbol{v} = -\boldsymbol{v} = (-1)\cdot\boldsymbol{v},\end{aligned}$$

从而 $\mathscr{A}$ 在基 $\boldsymbol{w}_1,\cdots,\boldsymbol{w}_{n-1},\boldsymbol{v}$ 下的矩阵为 $\mathrm{diag}\,(1,\cdots,1,-1)$，于是 $\mathscr{A}$ 的行列式为 -1 . 证毕.

定理 6.46 的证明蕴含了 $\boldsymbol{w}_1,\cdots,\boldsymbol{w}_{n-1}, \boldsymbol{v}$ 是 $\mathscr{A}$ 的特征向量，其中 $\boldsymbol{v}$ 对应的特征值为 -1，其余特征向量对应的特征值均为 1 .

在应用中，$\mathbf{R}^2$ 和 $\mathbf{R}^3$ 上的正交变换是最常见的，下面给出这两个空间上正交变换的标准形. 在以下定理的证明中，将多次用到定理 6.37 和定理 6.40 .

定理 6.47　对 $\mathbf{R}^2$ 上的正交变换，必定存在一组标准正交基，使该正交变换在这组基下的矩阵为

[1]全名为 Alston Scott Householder (1904–1993)，豪斯霍德，美国数学家.

$$P_1=\begin{pmatrix}\cos\theta & -\sin\theta\\ \sin\theta & \cos\theta\end{pmatrix}\quad 或\quad P_2=\begin{pmatrix}1 & 0\\ 0 & -1\end{pmatrix}.$$

证明 设 $\mathscr{A}$ 为 $\mathbf{R}^2$ 上的正交变换，按其行列式，分两种情况讨论.

情形1. $\mathscr{A}$ 有两个实特征值 λ_1, λ_2，取 $\boldsymbol{e}_1$ 为 λ_1 对应的单位特征向量，由 $\mathscr{A}$ 为正规变换，故 $\operatorname{span}\{\boldsymbol{e}_1\}^{\perp}$ 是 $\mathscr{A}$ 的不变子空间，取其中的单位向量 $\boldsymbol{e}_2$，则 $\boldsymbol{e}_2$ 必定是 λ_2 对应的特征向量. 于是 $\mathscr{A}$ 在标准正交基 $\boldsymbol{e}_1, \boldsymbol{e}_2$ 下的矩阵为 $\boldsymbol{P}_2$ 或 $\boldsymbol{P}_1$ 对应 θ 为 0 或 π 的情形.

情形2. $\mathscr{A}$ 有一对互为共轭的复特征值，此时 $\mathscr{A}$ 的行列式为 1．任取一组标准正交基 $\boldsymbol{e}_1, \boldsymbol{e}_2$，设 $\mathscr{A}$ 在这组基下的矩阵为

$$\boldsymbol{A}=\begin{pmatrix}a & b\\ c & d\end{pmatrix}.$$

因 $\boldsymbol{A}$ 须为正交矩阵，故 $a^2+c^2=b^2+d^2=1,\ ab+cd=0$，于是可设 $a=\cos\theta_1, c=\sin\theta_1, b=\cos\theta_2, d=\sin\theta_2$，从而

$$0=\cos\theta_1\cos\theta_2+\sin\theta_1\sin\theta_2=\cos(\theta_1-\theta_2).$$

再由 $ad-bc=1$，得

$$1=\cos\theta_1\sin\theta_2-\sin\theta_1\cos\theta_2=\sin(\theta_2-\theta_1).$$

于是 $\theta_2=\theta_1+\dfrac{\pi}{2}$，代入 $\boldsymbol{A}$ 即得 $\boldsymbol{A}=\boldsymbol{P}_1$．证毕.

定理 6.48 对 $\mathbf{R}^3$ 上的正交变换，必定存在一组标准正交基，使该正交变换在这组基下的矩阵为

$$\boldsymbol{Q}_1=\begin{pmatrix}1 & & \\ & \cos\theta & -\sin\theta\\ & \sin\theta & \cos\theta\end{pmatrix}\quad 或\quad \boldsymbol{Q}_2=\begin{pmatrix}-1 & & \\ & \cos\theta & -\sin\theta\\ & \sin\theta & \cos\theta\end{pmatrix}.$$

证明 因3阶实矩阵的特征多项式为3次多项式，故由连续函数的介值定理知其必有一个实零点，即 $\mathbf{R}^3$ 上线性变换至少有一个实特征值 λ_1．另外两个特征值为实数或互为共轭的一对复数.

当三个特征值均为实数时，必定存在两个同号，此时均可归结为Jordan标准形为 $\boldsymbol{Q}_1$ 或 $\boldsymbol{Q}_2$，当 $\theta=0$ 或 π 时，相应的过渡矩阵必可取为正交矩阵.

当存在一对互为共轭的复特征值时，设 $\boldsymbol{e}_1$ 为实特征值 λ_1 对应的单位特征向量．令 $W=\operatorname{span}\{\boldsymbol{e}_1\}^{\perp}$，则 W 是 $\mathscr{A}$ 的不变子空间，故 $\mathscr{A}$ 限制在 W 上可看作 W 上的正交变换，且行列式为 1，于是存在 W 的一组基 $\boldsymbol{w}_1, \boldsymbol{w}_2$，则 $\mathscr{A}$ 在基 $\boldsymbol{e}_1, \boldsymbol{w}_1, \boldsymbol{w}_2$ 下的矩阵为

$$\boldsymbol{A}=\begin{pmatrix}\lambda_1 & \\ & \boldsymbol{A}_1\end{pmatrix}.$$

其中 $\boldsymbol{A}_1$ 为定理6.47中的 $\boldsymbol{P}_1$，此时也均可归结为 $\boldsymbol{Q}_1$ 或 $\boldsymbol{Q}_2$ 之一．证毕.

利用2阶和3阶正交矩阵的相似标准形，结合归纳法，可以给出一般的 n 阶正交矩阵的相似标准形.

定理 6.49 对 $\mathbf{R}^n$ 上的正交变换 $\mathscr{A}$，必定存在一组标准正交基，使该正交变换在这组基

下的矩阵为

$$\mathrm{diag}\,(\boldsymbol{R}_1,\cdots,\boldsymbol{R}_k,\ \lambda_1,\cdots,\lambda_{n-2k})\,, \tag{6.8}$$

这里 $0\leqslant k\leqslant n$ 为确定的整数，$\lambda_j=\pm1\ (1\leqslant j\leqslant n-2k)$，

$$\boldsymbol{R}_i=\begin{pmatrix}\cos\theta_i & -\sin\theta_i\\ \sin\theta_i & \cos\theta_i\end{pmatrix}\quad(1\leqslant i\leqslant k)\,.$$

证明　由于 $n=2,3$ 时结论成立，归纳假设当维数小于 n 时结论成立．对 4 维以上情形，根据定理 5.22，$\mathscr{A}$ 必定存在 1 维或 2 维的不变子空间．取 W 为 $\mathscr{A}$ 的维数最小的非平凡不变子空间，则 $W^\perp$ 也是 $\mathscr{A}$ 的不变子空间，则根据归纳假设，存在 W 和 $W^\perp$ 的标准正交基使 $\mathscr{A}$ 在其上的限制的矩阵分别形如式 (6.8)，而 $\mathbf{R}^n=W\oplus W^\perp$，于是适当调整基向量的次序，可使 $\mathscr{A}$ 在相应基下的矩阵形如式 (6.8)．证毕．

推论 6.50　任何 n 阶正交矩阵必定相似且合同于分块对角阵 (6.8)．

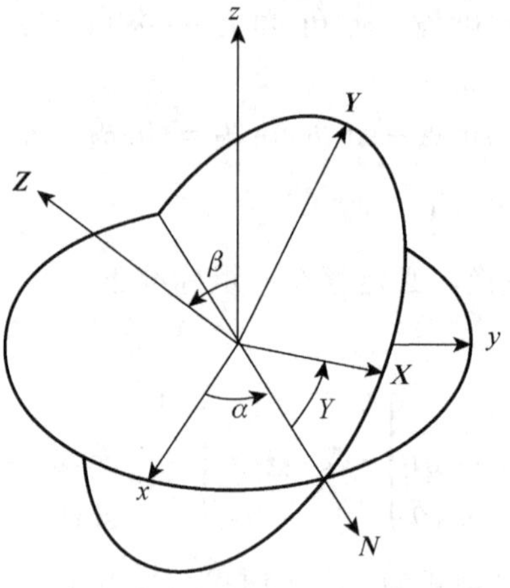

图 6.1

在具体应用中，经常采用 Euler 角来刻画第一类正交变换，证明留做习题．

定理 6.51 (Euler 角)　任何一个第一类正交矩阵 $\boldsymbol{A}$，一定存在如下分解

$$\boldsymbol{A}=\begin{pmatrix}\cos\gamma & -\sin\gamma & \\ \sin\gamma & \cos\gamma & \\ & & 1\end{pmatrix}\begin{pmatrix}1 & & \\ & \cos\beta & -\sin\beta\\ & \sin\beta & \cos\beta\end{pmatrix}\begin{pmatrix}\cos\alpha & -\sin\alpha & \\ \sin\alpha & \cos\alpha & \\ & & 1\end{pmatrix}, \tag{6.9}$$

这里 α,β,γ 为实数（图6.1），称为正交矩阵 $\boldsymbol{A}$ 的 **Euler 角**．

6.6　对称变换

本节介绍欧氏空间上另一种特殊的线性变换——对称变换．

定义 6.12　设 $\mathscr{A}$ 为欧氏空间 V 上的线性变换，满足对任何 $\boldsymbol{x},\boldsymbol{y}\in V$，有 $(\mathscr{A}\boldsymbol{x},\boldsymbol{y})=$

$(\boldsymbol{x},\mathscr{A}\boldsymbol{y})$，则 $\mathscr{A}$ 称为**对称变换**.

类似正交变换，有下面的定理.

定理 6.52 欧氏空间上的线性变换是对称变换，当且仅当它在标准正交基下的矩阵为实对称矩阵.

证明 设 $\mathscr{A}$ 为欧氏空间 V 上的对称变换，$\boldsymbol{e}_1,\cdots,\boldsymbol{e}_n$ 为 V 的一组标准正交基，A 为 $\mathscr{A}$ 在这组基下的矩阵. 因

$$\mathrm{ent}_{ij}\boldsymbol{A}=(\mathscr{A}\boldsymbol{e}_j,\boldsymbol{e}_i)=(\boldsymbol{e}_j,\mathscr{A}\boldsymbol{e}_i)=(\mathscr{A}\boldsymbol{e}_i,\boldsymbol{e}_j)=\mathrm{ent}_{ji}\boldsymbol{A}\,,$$

故 $\boldsymbol{A}$ 为对称矩阵.

反之，设 $\boldsymbol{A}$ 为 $\mathscr{A}$ 在标准正交基 $\boldsymbol{e}_1,\cdots,\boldsymbol{e}_n$ 下的矩阵，任取 $\boldsymbol{x},\boldsymbol{y}\in V$，以 $\boldsymbol{X},\boldsymbol{Y}$ 记它们在基 $\boldsymbol{e}_1,\cdots,\boldsymbol{e}_n$ 下的坐标，则由 $\boldsymbol{A}$ 是对称的，有

$$(\mathscr{A}\boldsymbol{x},\boldsymbol{y})=(\boldsymbol{A}\boldsymbol{X})^{\mathrm{T}}\boldsymbol{Y}=\boldsymbol{X}^{\mathrm{T}}\boldsymbol{A}^{\mathrm{T}}\boldsymbol{Y}=\boldsymbol{X}^{\mathrm{T}}(\boldsymbol{A}\boldsymbol{Y})=(\boldsymbol{x},\mathscr{A}\boldsymbol{y})\,,$$

从而 $\mathscr{A}$ 是对称变换. 证毕.

定理 6.53 欧氏空间上对称变换从属于不同特征值的特征向量必定正交.

证明 设 λ_1,λ_2 为 V 上对称变换 $\mathscr{A}$ 的两个不同的特征值，$\boldsymbol{e}_1,\boldsymbol{e}_2$ 为相应的特征向量，则

$$\lambda_1(\boldsymbol{e}_1,\boldsymbol{e}_2)=(\lambda_1\boldsymbol{e}_1,\boldsymbol{e}_2)=(\mathscr{A}\boldsymbol{e}_1,\boldsymbol{e}_2)=(\boldsymbol{e}_1,\mathscr{A}\boldsymbol{e}_2)=(\boldsymbol{e}_1,\lambda_2\boldsymbol{e}_2)=\lambda_2(\boldsymbol{e}_1,\boldsymbol{e}_2)\,,$$

从而 $(\boldsymbol{e}_1,\boldsymbol{e}_2)=0$. 证毕.

对称变换同样有非常简单的标准形.

定理 6.54 任何欧氏空间上的对称变换，都存在一组标准正交基，使其在这组基下的矩阵为对角阵，即任何实对称矩阵必正交相似于对角阵.

证明 设 $\mathscr{A}$ 为欧氏空间 V 上的对称变换，当 $\dim V=1$ 时，结论是显然的. 以下对 $\dim V$ 做归纳，设 $\dim V<n$ 时结论是成立的. 当 $\dim V<n$ 时，设 λ_1 为 $\mathscr{A}$ 的实特征值，$\boldsymbol{e}_1$ 为相应的单位特征向量，考虑 $W=\mathrm{span}\{e_1\}^{\perp}$，由定理 6.37 为 $\mathscr{A}$ 的不变子空间. 由归纳假设，存在 W 的标准正交基 $\boldsymbol{e}_2,\cdots,\boldsymbol{e}_n$，使 $\mathscr{A}$ 限制在 W 上的矩阵为对角阵，从而 $\mathscr{A}$ 在 $\boldsymbol{e}_1,\cdots,\boldsymbol{e}_n$ 下的矩阵为对角阵. 证毕.

对称矩阵 Jordan 标准形的一个直接应用是化简二次型.

例 6.7 考虑 n 元实函数

$$f(x_1,\cdots,x_n)=\sum_{i,j=1}^{n}a_{ij}x_ix_j\,.$$

不失一般性，设 $a_{ij}=a_{ji}$. 当该函数只含有完全平方项时，即对一切 $i\neq j$，系数 $a_{ij}=0$ 时，该函数的分析性质（比如函数图像如何，函数临界值的性质如何等）是容易得出的，对一般情形，希望能将其化为只含有完全平方项的二次型. 容易想到的方法是配方，但配方换元对应的坐标变换不一定是正交变换，于是换元后的函数图像与原函数的图像形状不一定相同，因此希望寻求一个正交坐标变换将其化为只有完全平方项的二次型.

为此，令 $\boldsymbol{A}=(a_{ij})$ 为实对称矩阵，$\boldsymbol{x}=(x_1\ \cdots\ x_n)^{\mathrm{T}}$，则 $f(x_1,\cdots,x_n)=\boldsymbol{x}^{\mathrm{T}}\boldsymbol{A}\boldsymbol{x}$，根据上面的定理，存在正交矩阵 $\boldsymbol{P}$，使 $\boldsymbol{A}=\boldsymbol{P}^{\mathrm{T}}\boldsymbol{J}\boldsymbol{P}$，这里 $\boldsymbol{J}=\mathrm{diag}\,(\mu_1,\cdots,\mu_n)$ 为实对角阵，每个对角

元为 $\boldsymbol{A}$ 的特征值，于是若令 $\boldsymbol{y}=(y_1\ \cdots\ y_n)^{\mathrm{T}}=\boldsymbol{PX}$，则

$$f(x_1,\cdots,x_n)=\boldsymbol{y}^{\mathrm{T}}\boldsymbol{J}\boldsymbol{y}=\mu_1y_1^2+\ldots+\mu_ny_n^2,$$

且该坐标变换是正交变换.

当 $\boldsymbol{P}$ 只是一般的可逆矩阵时，若存在对角阵 $\boldsymbol{\Lambda}=\mathrm{diag}\,(\lambda_1,\cdots,\lambda_n)$，使 $\boldsymbol{A}=\boldsymbol{P}^{\mathrm{T}}\boldsymbol{\Lambda}\boldsymbol{P}$，此时 $\boldsymbol{A}$ 和 $\boldsymbol{\Lambda}$ 只是合同关系，$\boldsymbol{\Lambda}$ 的对角元通常不再是 $\boldsymbol{A}$ 的特征值，但仍存在不变量，这正是第 1 章中的定理 1.41 .

定理 6.55 若实对称矩阵 $\boldsymbol{A}$ 与 $\boldsymbol{B}$ 合同，充分必要条件是 $\boldsymbol{A}$ 与 $\boldsymbol{B}$ 有相同的正惯性指数和负惯性指数.

必要性的证明已在第 1 章中给出，以下证明充分性. 为此先证明下述引理.

引理 6.56 设 W 为 $\mathbf{R}^n$ 的子空间，$\boldsymbol{A}$ 为是对称矩阵，$f(\boldsymbol{x})=\boldsymbol{x}^{\mathrm{T}}\boldsymbol{A}\boldsymbol{x}$ 为 $\mathbf{R}^n$ 的二次型. 若对任何非零向量 $\boldsymbol{x}\in W$，都有 $f(\boldsymbol{x})>0\,(<0)$，就称 f 限制在子空间 W 上为正（负）定的，则子空间 W 的最大维数为 $\boldsymbol{A}$ 的正（负）惯性指数.

证明 设 $\lambda_1,\cdots,\lambda_p$ 为 $\boldsymbol{A}$ 的正特征值全体，$\boldsymbol{e}_1,\cdots,\boldsymbol{e}_p$ 为相应的单位特征向量，则 f 限制在子空间 $W_+=\mathrm{span}\,\{\boldsymbol{e}_1,\cdots,\boldsymbol{e}_p\}$ 上正定. 事实上，对任何 $\boldsymbol{x}=x_1\boldsymbol{e}_1+\cdots+x_p\boldsymbol{e}_p$，$x_1,\cdots,x_p$ 不全为零，则

$$f(\boldsymbol{x})=\lambda_1x_1^2+\cdots+\lambda_px_p^2>0\,.$$

于是子空间 W 的最大维数至少为 p .

以下证明当 $\dim W>p$ 时，f 限制在子空间 W 上不可能正定. 由于 $W_+^{\perp}$ 是 $\boldsymbol{A}$ 的全体非正特征值对应的特征向量张成的子空间，从而对一切 $\boldsymbol{x}\in W_+^{\perp}$，$f(\boldsymbol{x})\leqslant 0$. 考虑 $W\cap W_+^{\perp}$，显然该交空间不可能只包含零元素，否则 $W+W_+^{\perp}$ 将是直和，但

$$\dim W+\dim W_+^{\perp}>p+(n-p)=n\,,$$

这是不可能的. 于是存在非零向量 $\boldsymbol{x}\in W\cap W_+^{\perp}$，从而 $f(\boldsymbol{x})\leqslant 0$，即 f 限制在子空间 W 上不是正定的.

同理可证另一半结论. 证毕.

定理 6.55 的充分性证明 设 $\boldsymbol{A}=\boldsymbol{P}^{\mathrm{T}}\boldsymbol{B}\boldsymbol{P}$，$\boldsymbol{P}$ 为可逆矩阵，令 $\boldsymbol{y}=\boldsymbol{P}\boldsymbol{x}$，考虑二次型 $f(\boldsymbol{x})=\boldsymbol{x}^{\mathrm{T}}\boldsymbol{A}\boldsymbol{x}$ 和 $g(\boldsymbol{y})=\boldsymbol{y}^{\mathrm{T}}\boldsymbol{B}\boldsymbol{y}$. 因 $f(\boldsymbol{x})=g(\boldsymbol{y})$，故 $f(\boldsymbol{x})$ 和 $g(\boldsymbol{y})$ 可看作同一个二次型在不同坐标系下的表示，于是应有相同的正定子空间和负定子空间. 从而根据引理 6.56，$\boldsymbol{A}$ 与 $\boldsymbol{B}$ 有相同个数的正特征值和负特征值. 证毕.

欧氏空间上的对称变换，在酉空间上的对应为 **Hermite 变换**，即对一切 $\boldsymbol{x},\boldsymbol{y}\in V$，满足 $(\mathscr{A}\boldsymbol{x},\boldsymbol{y})=(\boldsymbol{x},\mathscr{A}\boldsymbol{y})$ 的线性变换. 类似可证，Hermite 变换在标准正交基下的矩阵为 Hermite 矩阵，对任何 Hermite 变换，均存在标准正交基，使其在这组基下的矩阵为实对角矩阵.

习题 6

1. 证明内积的平行四边形恒等式和极化恒等式（定理 6.3）.

2. 求 $\mathbf{R}^3$ 上的一组标准正交基 $\boldsymbol{v}_1, \boldsymbol{v}_2, \boldsymbol{v}_3$，其中 $\boldsymbol{v}_1$ 与向量 $(1\ 1\ 1)^{\mathrm{T}}$ 线性相关.

3. 已知 $\mathbf{R}^3$ 中的向量 $\boldsymbol{v} = (1\ 2\ -1)^{\mathrm{T}}, \boldsymbol{w} = (1\ 1\ 0)^{\mathrm{T}}$，求一个与 $\boldsymbol{v}, \boldsymbol{w}$ 都正交的单位向量.

4. 设 A, B, C, D 为实数.

(1) 用内积的观点解释 $\mathbf{R}^2$ 中直线方程 $Ax + By = C$ 的几何意义；

(2) 用内积的观点解释 $\mathbf{R}^3$ 中平面方程 $Ax + By + Cz = D$ 的几何意义；

(3) 从几何的观点解释二元、三元线性方程组解的结构定理.

5. 在 $[-\pi, \pi]$ 上全体连续函数构成的线性空间 $C([-\pi, \pi])$ 上定义内积为

$$(f, g) = \int_{-\pi}^{\pi} f(x)g(x)\,\mathrm{d}x\,.$$

证明： $1, \cos x, \sin x, \cdots, \cos mx, \sin mx, \ldots$ 为该内积空间上的一个正交组.

6. 在一元多项式函数构成的线性空间 $\mathbf{R}[x]$ 上定义内积为

$$(f, g) = \int_{-1}^{1} f(x)g(x)\,\mathrm{d}x\,.$$

试求 $1, x, x^2, x^3$ 的 Schmidt 正交化.

7. 证明定理 6.6 .

8. 在 $\mathbf{R}^3$ 上，定义向量 $\boldsymbol{x} = (x_1\ x_2\ x_3)^{\mathrm{T}}, \boldsymbol{y} = (y_1\ y_2\ y_3)^{\mathrm{T}}$ 的**外积**如下

$$\boldsymbol{x} \times \boldsymbol{y} = \left(\begin{vmatrix} x_2 & x_3 \\ y_2 & y_3 \end{vmatrix} \quad \begin{vmatrix} x_3 & x_1 \\ y_3 & y_1 \end{vmatrix} \quad \begin{vmatrix} x_1 & x_2 \\ y_1 & y_2 \end{vmatrix} \right)^{\mathrm{T}}.$$

(1) 证明：若 $\boldsymbol{z} = (z_1\, z_2\, z_3)^{\mathrm{T}} \in \mathbf{R}^3$，则 $(\boldsymbol{x} \times \boldsymbol{y}, \boldsymbol{z}) = \begin{vmatrix} x_1 & x_2 & x_3 \\ y_1 & y_2 & y_3 \\ z_1 & z_2 & z_3 \end{vmatrix}$；

(2) 证明：$(\boldsymbol{x} \times \boldsymbol{y}, \boldsymbol{x}) = (\boldsymbol{x} \times \boldsymbol{y}, \boldsymbol{y}) = 0$；

(3) 证明：$\|\boldsymbol{x} \times \boldsymbol{y}\| = \|\boldsymbol{x}\| \cdot \|\boldsymbol{y}\| \sin\theta$，其中 θ 为 $\boldsymbol{x}$ 与 $\boldsymbol{y}$ 的夹角；

(4) 试给出 $\|\boldsymbol{x} \times \boldsymbol{y}\|$ 的几何意义；

(5) 试给出 3 阶、2 阶行列式的几何意义；

(6) 外积是否满足结合律，即 $(\boldsymbol{x} \times \boldsymbol{y}) \times \boldsymbol{z} = \boldsymbol{x} \times (\boldsymbol{y} \times \boldsymbol{z})$ 是否一定成立？

9. 设 $\boldsymbol{A}$ 为正交的上三角矩阵，证明：$\boldsymbol{A} = \pm \boldsymbol{E}$.

10. 设 $\boldsymbol{A}, \boldsymbol{B} \in \mathrm{O}(n)$（即为 n 阶正交矩阵）.

(1) 当 $n = 2$ 时，证明：$\boldsymbol{AB} = \boldsymbol{BA}$；

(2) 当 $n = 3$ 时，是否有 $\boldsymbol{AB} = \boldsymbol{BA}$？

11. 证明关于 Euler 角的定理 6.51 .

12. 设 $\boldsymbol{v} \in \mathbf{R}^n$ 为非零矩阵，$\boldsymbol{A} = \boldsymbol{v}\boldsymbol{v}^{\mathrm{T}}$，求 $\boldsymbol{A}$ 的正交对角化.

13. 设 $\boldsymbol{A} = \begin{pmatrix} 0 & a & b \\ -a & 0 & c \\ -b & -c & 0 \end{pmatrix}$.

(1) 计算 $\boldsymbol{A}$ 的实特征值和相应的特征向量；

(2) 证明 $\boldsymbol{A}$ 正交相似于 $\boldsymbol{A} = \begin{pmatrix} 0 & 0 & 0 \\ 0 & 0 & -\omega \\ 0 & \omega & 0 \end{pmatrix}$ 型矩阵，并求出 ω 的值；

(3) 计算 $\mathrm{e}^{\boldsymbol{A}t}$，并指出 (1) (2) 所求的特征向量和 ω 的几何意义.

14. 证明：实反对称矩阵（$\boldsymbol{A}^{\mathrm{T}} = -\boldsymbol{A}$）与反 Hermite 矩阵（$\boldsymbol{A}^{\mathrm{H}} = -\boldsymbol{A}$）的特征值为纯虚数.

15. 证明下述结论：

(1) 酉矩阵必定酉相似于对角元为单位复数的对角矩阵；

(2) Hermite 矩阵必定酉相似于实对角矩阵；

(3) 反 Hermite 矩阵必定酉相似于对角元为纯虚数的对角矩阵.

16. 设 V 为Euclid空间，$\mathscr{A}$ 为 V 上的对称变换，若对一切非零向量 $\boldsymbol{v} \in V$，均有 $(\mathscr{A}\boldsymbol{v}, \boldsymbol{v}) > 0$，这样的对称变换称为**正定**的. 证明：正定的对称变换在标准正交基下的矩阵为正定矩阵.

17. 试给出一个既不是对称变换，也不是正交变换的正规变换.

18. 设 $\boldsymbol{A}$ 为 n 阶实正规矩阵，证明：$\boldsymbol{A}$ 必定正交相似于分块对角阵

$$\mathrm{diag}\,(\rho_1\boldsymbol{R}_1, \cdots, \rho_k\boldsymbol{R}_k, \lambda_1, \cdots, \lambda_{n-2k}),$$

这里 $0 \leqslant k \leqslant n$ 为某个确定的整数，$\lambda_j \in \mathbf{R}\,(1 \leqslant j \leqslant n-2k)$，$\rho_i > 0$，

$$\boldsymbol{R}_i = \begin{pmatrix} \cos\theta_i & -\sin\theta_i \\ \sin\theta_i & \cos\theta_i \end{pmatrix} \quad (1 \leqslant i \leqslant k).$$

19. 设 $\boldsymbol{A}$ 为 n 阶反对称矩阵，证明：上题中的分块对角阵可进一步简化为 $\lambda_j = 0\,(1 \leqslant j \leqslant n-2k)$，$\rho_i > 0$，$\boldsymbol{R}_i = \begin{pmatrix} 0 & -1 \\ 1 & 0 \end{pmatrix}$ $(1 \leqslant i \leqslant k)$.

20. 设欧氏空间 V 上的线性变换 $\mathscr{A}$，满足 $\mathscr{A}^2 = \mathrm{id}$. 证明：$\mathscr{A}$ 是对称变换的充分必要条件是 $\mathscr{A}$ 是正交变换.

21. 设矩阵 $\boldsymbol{A} = (a_{ij})_{n\times n} \in \mathbf{C}^{n\times n}$ 为正规矩阵，$\lambda_1, \lambda_2, \cdots, \lambda_n$ 为 $\boldsymbol{A}$ 的 n 个特征值，证明：$\sum\limits_{i=1}^{n} |\lambda_i|^2 = \sum\limits_{i,j=1}^{n} |a_{ij}|^2$. 若 $\boldsymbol{A}$ 不是正规的，结论将如何修正？

22. 设 V 为 Euclid 空间，$\mathscr{P}$ 为 V 上的线性变换，若对任何 $\boldsymbol{v} \in V$，均有 $\boldsymbol{v} - \mathscr{P}\boldsymbol{v} \in (\operatorname{Im} \mathscr{P})^{\perp}$，则 $\mathscr{P}$ 称为 V 上的**投影变换**.

(1) 证明：对任何 V 上的投影变换 $\mathscr{P}$，有 $\ker \mathscr{P} = (\operatorname{Im} \mathscr{P})^{\perp}$. 该命题的逆命题是否成立？

(2) 证明：线性变换 $\mathscr{P}$ 为 V 上的投影变换的充分必要条件是 $\mathscr{P}$ 是对称变换且满足 $\mathscr{P}^2 = \mathscr{P}$.

(3) 设 $\mathscr{P}_1, \mathscr{P}_2$ 均为 V 上的投影变换，证明：$\mathscr{P}_1 + \mathscr{P}_2$ 为投影变换当且仅当 $\mathscr{P}_1\mathscr{P}_2 = \mathscr{O}$，当且仅当 $\operatorname{Im} \mathscr{P}_1 \perp \operatorname{Im} \mathscr{P}_2$.

(4) 设 $\mathscr{P}_1, \mathscr{P}_2$ 均为 V 上的投影变换，证明：$\mathscr{P}_1 - \mathscr{P}_2$ 为投影变换当且仅当 $\operatorname{Im} \mathscr{P}_1 \supset \operatorname{Im} \mathscr{P}_2$.

(5) 设 $\mathscr{P}_1, \mathscr{P}_2$ 均为 V 上的投影变换，证明：$\mathscr{P}_1\mathscr{P}_2$ 为投影变换当且仅当 $\mathscr{P}_1\mathscr{P}_2 = \mathscr{P}_2\mathscr{P}_1$，且此时有 $\operatorname{Im} \mathscr{P}_1\mathscr{P}_2 = \operatorname{Im} \mathscr{P}_1 \cap \operatorname{Im} \mathscr{P}_2$.

(6) 设 $\mathscr{A}$ 为 V 上的对称变换，证明：$\mathscr{A}$ 可表示为一组投影变换的线性组合，且该组投影变换的像空间的直和恰为 V.

23. 设 $\mathscr{A}$ 为 n 维复线性空间上的正规变换，证明：$\mathscr{A} = \sum\limits_{k=1}^{n} \lambda_k \mathscr{P}_k$，这里 λ_k 为 $\mathscr{A}$ 的特征值，$\mathscr{P}_k$ 为投影变换 $(1 \leqslant k \leqslant n)$. 若 $\mathscr{A}$ 为 n 维实线性空间上的对称变换，结论是否仍然成立？

24. 设 $\boldsymbol{A}$ 为 $m \times n$ 型非零矩阵.

(1) 若 $\boldsymbol{A}$ 为实矩阵，证明：存在正交矩阵 $\boldsymbol{U}, \boldsymbol{V}$，使 $\boldsymbol{A} = \boldsymbol{UDV}$，这里 $r = \operatorname{rank} \boldsymbol{A}$，

$$\boldsymbol{D} = \begin{pmatrix} \boldsymbol{D}_r & \boldsymbol{0} \\ \boldsymbol{0} & \boldsymbol{0} \end{pmatrix},$$

其中 $\boldsymbol{D}_r = \operatorname{diag}(\lambda_1, \lambda_2, \cdots, \lambda_r)$，$\lambda_1 > \lambda_2 > \cdots > \lambda_r > 0$ 称为 $\boldsymbol{A}$ 的**奇异值**;

(2) 若 $\boldsymbol{A}$ 为复矩阵，证明：存在酉矩阵 $\boldsymbol{U}, \boldsymbol{V}$，使 $\boldsymbol{A} = \boldsymbol{UDV}$，这里 $\boldsymbol{D}$ 同 (1) 中定义;

(3) 若将 $\boldsymbol{A}$ 看作线性映射在取定基下对应的矩阵（参见习题 5 第 25 题），试解释奇异值分解的几何意义.

25. 设 $\boldsymbol{A}$ 为 n 阶实对称矩阵，$\boldsymbol{b} \in \mathbf{R}^n, c \in \mathbf{R}, \boldsymbol{X} = (x_1 \ \cdots \ x_n)^{\mathrm{T}}, \boldsymbol{Y} = (\boldsymbol{X}^{\mathrm{T}} \ 1)^{\mathrm{T}}$，记

$$f(\boldsymbol{X}) = \boldsymbol{Y}^{\mathrm{T}} \begin{pmatrix} \boldsymbol{A} & \boldsymbol{b} \\ \boldsymbol{b}^{\mathrm{T}} & c \end{pmatrix} \boldsymbol{Y},$$

考虑方程 $f(\boldsymbol{X}) = 0$.

(1) 当 $n = 2$ 时，方程 $f(\boldsymbol{X}) = 0$ 称为一个二次曲线，试给出所有可能的二次曲线.

(2) 当 $n = 3$ 时，方程 $f(\boldsymbol{X}) = 0$ 称为一个二次曲面，试给出所有可能的二次曲面.

26. 设 $\boldsymbol{B}$ 为方阵.

(1) 若 $\boldsymbol{B}$ 为酉矩阵，是否存在方阵 $\boldsymbol{A}$，使 $\boldsymbol{B} = \mathrm{e}^{\boldsymbol{A}}$？这样的 $\boldsymbol{A}$ 是否唯一？

(2) 若 $\det \boldsymbol{B} = 1$，是否存在方阵 $\boldsymbol{A}$，使 $\boldsymbol{B} = \mathrm{e}^{\boldsymbol{A}}$？这样的 $\boldsymbol{A}$ 是否唯一？

第7章 矩阵分解

矩阵分解对矩阵理论及近代计算数学的发展起了关键作用．所谓矩阵分解，就是将一个矩阵写成某些结构比较简单的或者性质比较熟悉的矩阵的和与积．在前面的章节中，实质上已经提及了一些矩阵分解，例如

(1) 方阵 $\boldsymbol{A}$ 相似于 Jordan 标准形 $\boldsymbol{J}$，即存在可逆阵 $\boldsymbol{P}$，使 $\boldsymbol{A} = \boldsymbol{P}\boldsymbol{J}\boldsymbol{P}^{-1}$；

(2) 正规矩阵 $\boldsymbol{A}$ 酉相似于对角阵 $\boldsymbol{\Lambda}$，即存在酉阵 $\boldsymbol{U}$，使 $\boldsymbol{A} = \boldsymbol{U}\boldsymbol{\Lambda}\boldsymbol{U}^{\mathrm{H}}$；

(3) 方阵 $\boldsymbol{A}$ 酉相似于上三角矩阵 $\boldsymbol{R}$，即存在酉阵 $\boldsymbol{U}$，使 $\boldsymbol{A} = \boldsymbol{U}\boldsymbol{R}\boldsymbol{U}^{\mathrm{H}}$．

本章将依此介绍矩阵的三角分解、正交三角分解、满秩分解、谱分解以及奇异值分解．所有这些分解都在数值代数和最优化问题中扮演着十分重要的角色．

7.1 三角分解

有一类特殊的方阵，其非零元集中在对角元上方或下方．对角线以下全为零的称为**上三角矩阵**，对角线以上全为零的称为**下三角矩阵**，上三角矩阵和下三角矩阵统称**三角矩阵**．特别地，对角线元素均为 1 的上（下）三角矩阵称为**单位上（下）三角矩阵**．

定义 7.1 给定矩阵 $\boldsymbol{A} \in \mathbf{R}^{n\times n}$，若存在下三角矩阵 $\boldsymbol{L} \in \mathbf{R}^{n\times n}$ 和上三角矩阵 $\boldsymbol{U} \in \mathbf{R}^{n\times n}$，使 $\boldsymbol{A} = \boldsymbol{L}\boldsymbol{U}$，这种分解称为矩阵的**三角分解**或**LU 分解**．

LU 分解的本质就是利用 Gauss[1]消去法解线性方程组的过程．考虑 n 元线性方程组

$$\begin{cases} a_{11}x_1 + a_{12}x_1 + \cdots + a_{1n}x_n = b_1\,, \\ a_{21}x_1 + a_{22}x_1 + \cdots + a_{2n}x_n = b_2\,, \\ \qquad\qquad\qquad\vdots \\ a_{n1}x_1 + a_{n2}x_1 + \cdots + a_{nn}x_n = b_n\,. \end{cases}$$

或记为 $\boldsymbol{A}\boldsymbol{x} = \boldsymbol{b}$，其中 $\boldsymbol{A} = (a_{ij})_{1\leqslant i,j\leqslant n}$，$\boldsymbol{x} = (x_1\ x_2\ \cdots\ x_n)^{\mathrm{T}}$，$\boldsymbol{b} = (b_1\ b_2\ \cdots\ b_n)^{\mathrm{T}}$．Gauss 消去法的基本思想是利用矩阵的初等行变换化系数矩阵 $\boldsymbol{A}$ 为上三角矩阵，再用回代法求解上三角线性方程组，具体步骤如下．

记矩阵 $\boldsymbol{A}^{(1)} = \boldsymbol{A}$，向量 $\boldsymbol{b}^{(1)} = \boldsymbol{b}$．如果 $a_{11}^{(1)} \neq 0$，将第 i 个方程（$i = 2, 3, \cdots, n$）加

[1]全名为 Carl Friedrich Gauss (1777–1855)，高斯，德国数学家．

$-\dfrac{a_{i1}^{(1)}}{a_{11}^{(1)}}$ 乘以的第 1 个方程，此时 $\boldsymbol{A}^{(1)}$ 的第 1 列，从第 2 行到第 n 行的元素全化为零，方程组变为

$$\begin{pmatrix} a_{11}^{(1)} & a_{12}^{(1)} & \cdots & a_{1n}^{(1)} \\ 0 & a_{22}^{(2)} & \cdots & a_{2n}^{(2)} \\ \vdots & \vdots & & \vdots \\ 0 & a_{n2}^{(2)} & \cdots & a_{nn}^{(2)} \end{pmatrix} \begin{pmatrix} x_1 \\ x_2 \\ \vdots \\ x_n \end{pmatrix} = \begin{pmatrix} b_1^{(1)} \\ b_2^{(2)} \\ \vdots \\ b_n^{(2)} \end{pmatrix}.$$

记 $l_{i1} = \dfrac{a_{i1}^{(1)}}{a_{11}^{(1)}}$，此时新元素 $a_{ij}^{(2)}$ 的计算公式为

$$a_{ij}^{(2)} = a_{ij}^{(1)} - l_{i1}a_{1j}^{(1)} \quad (i,\ j = 2,\ 3, \cdots,\ n),$$

其中．记

$$\boldsymbol{L}_1 = \begin{pmatrix} 1 & & & \\ -l_{21} & 1 & & \\ \vdots & & \ddots & \\ -l_{n1} & & & 1 \end{pmatrix},$$

就有

$$\boldsymbol{L}_1\boldsymbol{A}^{(1)} = \begin{pmatrix} a_{11}^{(1)} & a_{12}^{(1)} & \cdots & a_{1n}^{(1)} \\ 0 & a_{22}^{(2)} & \cdots & a_{2n}^{(2)} \\ \vdots & \vdots & & \vdots \\ 0 & a_{n2}^{(2)} & \cdots & a_{nn}^{(2)} \end{pmatrix} = \boldsymbol{A}^{(2)}.$$

接下来，如果 $a_{22}^{(2)} \neq 0$，则用同样的方法，将 $\boldsymbol{A}^{(2)}$ 的第 2 列，从第 3 行到第 n 行的元素全化为零．如此继续下去，经过 $n-1$ 步后，可将矩阵 $\boldsymbol{A}$ 变为上三角矩阵 $\boldsymbol{A}^{(n)}$．

记每一步左乘的矩阵为

$$\boldsymbol{L}_i = \begin{pmatrix} 1 & & & & \\ & \ddots & & & \\ & & 1 & & \\ & & -l_{i+1\,i} & 1 & \\ & & \vdots & & \ddots & \\ & & -l_{n\,i} & & & 1 \end{pmatrix} \quad (i = 1,\ 2, \cdots, n-1),$$

其中 $l_{ji}=\dfrac{a_{ji}^{(i)}}{a_{ii}^{(i)}}\ (i+1\leqslant j\leqslant n)$，则有

$$\boldsymbol{L}_{n-1}\cdots\boldsymbol{L}_2\boldsymbol{L}_1\boldsymbol{A}^{(1)}=\boldsymbol{A}^{(n)}=\begin{pmatrix}a_{11}^{(1)} & a_{12}^{(1)} & \cdots & a_{1n}^{(1)}\\ & a_{22}^{(2)} & \cdots & a_{2n}^{(2)}\\ & & \ddots & \vdots\\ & & & a_{nn}^{(n)}\end{pmatrix},$$

上述对 $\boldsymbol{A}$ 的元素进行的消元过程便是 Gauss 消元的全过程．显然，Gauss 消元过程能够进行到底当且仅当每一步的主元素 $a_{11}^{(1)},\ a_{22}^{(2)},\cdots,a_{n-1\,n-1}^{(n-1)}$ 都不为零．

怎样判断 $\boldsymbol{A}$ 的前 $n-1$ 个主元素是否为零呢？由于每一步初等变换不改变行列式的值，矩阵 $\boldsymbol{A}$ 的前 $n-1$ 个顺序主子式应该满足下列关系

$$a_{11}=a_{11}^{(1)},$$

$$\begin{vmatrix}a_{11} & a_{12}\\ a_{21} & a_{22}\end{vmatrix}=\begin{vmatrix}a_{11}^{(1)} & a_{12}^{(1)}\\ 0 & a_{22}^{(2)}\end{vmatrix}=a_{11}^{(1)}a_{22}^{(2)},$$

$$\cdots$$

$$\begin{vmatrix}a_{11} & a_{12} & \cdots & a_{1,\,n-1}\\ a_{21} & a_{22} & & a_{2,\,n-1}\\ \vdots & \vdots & \ddots & \vdots\\ a_{n-1\,1} & a_{n-1\,2} & \cdots & a_{n-1\,n-1}\end{vmatrix}=\begin{vmatrix}a_{11}^{(1)} & a_{12}^{(1)} & \cdots & a_{1n}^{(1)}\\ & a_{22}^{(2)} & & a_{2n}^{(2)}\\ & & \ddots & \vdots\\ & & & a_{n-1\,n-1}^{(n-1)}\end{vmatrix}=a_{11}^{(1)}a_{22}^{(2)}\ldots a_{n-1\,n-1}^{(n-1)},$$

即矩阵 $\boldsymbol{A}$ 的前 $(n-1)$ 个顺序主子式都不为零的情况下，有每一步的主元素 $a_{11}^{(1)},a_{22}^{(2)},\cdots,$ $a_{n-1\,n-1}^{(n-1)}$ 都不为零，反之亦然，即有下述定理．

定理 7.1 给定矩阵 $\boldsymbol{A}\in\mathbf{R}^{n\times n}$，Gauss 消元过程能够进行到底的的充分必要条件是 $\boldsymbol{A}$ 的前 $(n-1)$ 个顺序主子阵均不为零．

通过简单的计算，可知

$$\boldsymbol{L}_i^{-1}=\begin{pmatrix}1 & & & & \\ & \ddots & & & \\ & & 1 & & \\ & & l_{i+1\,i} & 1 & \\ & & \vdots & & \ddots & \\ & & l_{n\,i} & & & 1\end{pmatrix}\quad(i=1,\,2,\cdots,n-1).$$

从而在 Gauss 消去过程中有

$$\boldsymbol{A}=\boldsymbol{L}_1^{-1}\boldsymbol{L}_2^{-1}\cdots\boldsymbol{L}_{n-1}^{-1}\boldsymbol{A}^{(n)}.$$

此时，$\boldsymbol{L}=\boldsymbol{L}_1^{-1}\boldsymbol{L}_2^{-1}\cdots\boldsymbol{L}_{n-1}^{-1}$ 是单位下三角矩阵，$\boldsymbol{U}=\boldsymbol{A}^{(n)}$ 是一个上三角矩阵，于是 $\boldsymbol{A}=\boldsymbol{LU}$．

当 $\boldsymbol{L}$ 是单位下三角矩阵，$\boldsymbol{U}$ 是上三角矩阵时，这种三角分解称为 **Doolittle 分解**．若进一步要求 $\boldsymbol{U}$ 可逆，则有如下定理．

定理 7.2 给定矩阵 $\boldsymbol{A} \in \mathbf{R}^{n\times n}$，存在单位下三角矩阵 $\boldsymbol{L} \in \mathbf{R}^{n\times n}$ 和可逆上三角矩阵 $\boldsymbol{U} \in \mathbf{R}^{n\times n}$，使 $\boldsymbol{A} = \boldsymbol{L}\boldsymbol{U}$ 的充分必要条件是 $\boldsymbol{A}$ 的各阶顺序主子阵均不为零．

例 7.1 已知 $\boldsymbol{A} = \begin{pmatrix} 2 & 3 & 4 \\ -2 & 0 & 2 \\ 2 & -3 & -3 \end{pmatrix}$，计算矩阵 $\boldsymbol{A}$ 的 Doolittle 分解．

解 对矩阵 $\boldsymbol{A}$ 依次用 $r_i + kr_j$ 类型初等变换消去下三角非零元素，其中 $j < i$．于是，对于第 1 列

$$\boldsymbol{L}_1 = \begin{pmatrix} 1 & 0 & 0 \\ 1 & 1 & 0 \\ -1 & 0 & 1 \end{pmatrix}, \quad \boldsymbol{L}_1\boldsymbol{A} = \begin{pmatrix} 2 & 3 & 4 \\ 0 & 3 & 6 \\ 0 & -6 & -7 \end{pmatrix},$$

对于第 2 列

$$\boldsymbol{L}_2 = \begin{pmatrix} 1 & 0 & 0 \\ 0 & 1 & 0 \\ 0 & 2 & 1 \end{pmatrix}, \quad \boldsymbol{L}_2\boldsymbol{L}_1\boldsymbol{A} = \begin{pmatrix} 2 & 3 & 4 \\ 0 & 3 & 6 \\ 0 & 0 & 5 \end{pmatrix},$$

故 $\boldsymbol{A} = \boldsymbol{L}\boldsymbol{U}$，其中

$$\boldsymbol{L} = \boldsymbol{L}_1^{-1}\boldsymbol{L}_2^{-1} = \begin{pmatrix} 1 & 0 & 0 \\ -1 & 1 & 0 \\ 1 & -2 & 1 \end{pmatrix}, \quad \boldsymbol{U} = \begin{pmatrix} 2 & 3 & 4 \\ 0 & 3 & 6 \\ 0 & 0 & 5 \end{pmatrix}.$$

矩阵的三角分解除了 Doolittle 分解，还有以下两种变形：

(1) **Crout[1] 分解**：$\boldsymbol{A} = \boldsymbol{L}\boldsymbol{U}$，这里 $\boldsymbol{L}$ 是下三角矩阵，$\boldsymbol{U}$ 是单位上三角矩阵；

(2) **LDU 分解**：$\boldsymbol{A} = \boldsymbol{L}\boldsymbol{D}\boldsymbol{U}$，这里 $\boldsymbol{L}$ 是单位下三角矩阵，$\boldsymbol{D}$ 是对角矩阵，$\boldsymbol{U}$ 是单位上三角矩阵．

Doolittle 分解、Crout 分解、LDU 分解统称为**三角分解**或 **LU 分解**．如果不作特殊说明，一般所说的 LU 分解就是指 Doolittle 分解．

上述的三种三角分解都具有唯一性．

定理 7.3 若 $\boldsymbol{A}$ 为 n 阶方阵，且所有顺序主子式均不等于零，则 $\boldsymbol{A}$ 的三角分解存在且唯一．

证明 只证明 Doolittle 分解的唯一性，另外两种分解的证明与之类似．设

$$\boldsymbol{A} = \boldsymbol{L}_1\boldsymbol{U}_1 = \boldsymbol{L}_2\boldsymbol{U}_2, \tag{7.1}$$

其中，$\boldsymbol{L}_1$ 和 $\boldsymbol{L}_2$ 为单位下三角矩阵，$\boldsymbol{U}_1$ 和 $\boldsymbol{U}_2$ 为可逆上三角矩阵．于是

$$\boldsymbol{L}_2^{-1}\boldsymbol{L}_1 = \boldsymbol{U}_2\boldsymbol{U}_1^{-1}. \tag{7.2}$$

由于单位下三角矩阵的逆矩阵仍是单位下三角矩阵，单位下三角矩阵与单位下三角矩阵的

[1]全名为 Prescott Durand Crout (1907–1984)，克鲁特，美国数学家．

乘积仍是单位下三角矩阵，且上三角矩阵的逆矩阵仍是上三角矩阵，上三角矩阵与上三角矩阵的乘积仍是上三角矩阵．这样，式 (7.2) 的左边为单位下三角矩阵，而右边为上三角矩阵，所以必有

$$\boldsymbol{L}_2^{-1}\boldsymbol{L}_1 = \boldsymbol{U}_2\boldsymbol{U}_1^{-1} = \boldsymbol{E}.$$

即 $\boldsymbol{L}_1 = \boldsymbol{L}_2$，$\boldsymbol{U}_1 = \boldsymbol{U}_2$．证毕．

矩阵的三角分解也可以通过待定系数法计算．

例 7.2 已知矩阵 $\boldsymbol{A} = \begin{pmatrix} 1 & 2 & 3 & 4 \\ 1 & 4 & 9 & 16 \\ 1 & 8 & 27 & 64 \\ 1 & 16 & 81 & 256 \end{pmatrix}$，计算 $\boldsymbol{A}$ 的 Doolittle 分解．

解 假设

$$\begin{pmatrix} 1 & 2 & 3 & 4 \\ 1 & 4 & 9 & 16 \\ 1 & 8 & 27 & 64 \\ 1 & 16 & 81 & 256 \end{pmatrix} = \begin{pmatrix} 1 & & & \\ l_{21} & 1 & & \\ l_{31} & l_{32} & 1 & \\ l_{41} & l_{42} & l_{43} & 1 \end{pmatrix} \begin{pmatrix} u_{11} & u_{12} & u_{13} & u_{14} \\ & u_{22} & u_{23} & u_{24} \\ & & u_{33} & u_{34} \\ & & & u_{44} \end{pmatrix},$$

根据待定系数依次计算，可得

$$\boldsymbol{L} = \begin{pmatrix} 1 & & & \\ 1 & 1 & & \\ 1 & 3 & 1 & \\ 1 & 7 & 6 & 1 \end{pmatrix}, \quad \boldsymbol{U} = \begin{pmatrix} 1 & 2 & 3 & 4 \\ & 2 & 6 & 12 \\ & & 6 & 24 \\ & & & 24 \end{pmatrix}.$$

当 $\boldsymbol{A}$ 为对称正定矩阵时，还可以得到一个性质更好的三角分解．

定理 7.4 若 $\boldsymbol{A} \in \mathbf{R}^{n\times n}$ 为对称正定矩阵，则存在唯一的对角元素均为正的下三角矩阵 $\boldsymbol{G}$，使 $\boldsymbol{A} = \boldsymbol{G}\boldsymbol{G}^{\mathrm{T}}$，这样的分解称为对称正定矩阵的 **Cholesky**[1] **分解**．

证明 由 Hurwitz 定理（定理 1.40），$\boldsymbol{A}$ 的各阶顺序主子式为正，再根据定理 7.3，$\boldsymbol{A}$ 存在唯一的 LDU 分解 $\boldsymbol{A} = \boldsymbol{L}\boldsymbol{D}\boldsymbol{U}$．由 $\boldsymbol{A}$ 的对称性可得 $\boldsymbol{L}\boldsymbol{D}\boldsymbol{U} = \boldsymbol{U}^{\mathrm{T}}\boldsymbol{D}\boldsymbol{L}^{\mathrm{T}}$，按照分解的唯一性可得 $\boldsymbol{L} = \boldsymbol{U}^{\mathrm{T}}$，从而得到 $\boldsymbol{A} = \boldsymbol{L}\boldsymbol{D}\boldsymbol{L}^{\mathrm{T}}$，即 $\boldsymbol{A}$ 和 $\boldsymbol{D}$ 合同．因 $\boldsymbol{A}$ 正定，由定理 6.55，$\boldsymbol{D}$ 的对角元素均为正数，于是可令 $\boldsymbol{D}^{\frac{1}{2}} = \mathrm{diag}(\sqrt{d_1}, \sqrt{d_2}, \cdots, \sqrt{d_n})$，从而

$$\boldsymbol{A} = \boldsymbol{L}\boldsymbol{D}\boldsymbol{L}^{\mathrm{T}} = \boldsymbol{L}\boldsymbol{D}^{\frac{1}{2}}\boldsymbol{D}^{\frac{1}{2}}\boldsymbol{L}^{\mathrm{T}} = (\boldsymbol{L}\boldsymbol{D}^{\frac{1}{2}})(\boldsymbol{L}\boldsymbol{D}^{\frac{1}{2}})^{\mathrm{T}}.$$

记 $\boldsymbol{G} = \boldsymbol{L}\boldsymbol{D}^{\frac{1}{2}}$，则 $\boldsymbol{A} = \boldsymbol{G}\boldsymbol{G}^{\mathrm{T}}$ 即为所求的分解．该分解的唯一性可由 LDU 分解的唯一性直接得到．证毕．

上述证明同时给出了 Cholesky 分解的构造方法．在实际计算时，也可以通过待定系数法直接计算．

[1] 全名为 André-Louis Cholesky (1875–1918)，乔列斯基，法国数学家．

例 7.3 计算矩阵 $\boldsymbol{A} = \begin{pmatrix} 4 & 2 & -2 \\ 2 & 2 & -3 \\ -2 & -3 & 14 \end{pmatrix}$ 的 Cholesky 分解．

解 利用待定系数法．设 $\boldsymbol{A}$ 的 Cholesky 矩阵分解 $\boldsymbol{A} = \boldsymbol{G}\boldsymbol{G}^{\mathrm{T}}$，其中

$$\boldsymbol{G} = \begin{pmatrix} g_{11} & 0 & 0 \\ g_{21} & g_{22} & 0 \\ g_{31} & g_{32} & g_{33} \end{pmatrix}.$$

根据计算，

$$g_{11} = \sqrt{4} = 2\,，\quad g_{21} = \frac{2}{2} = 1\,，\quad g_{31} = -\frac{2}{2} = 1\,，$$

$$g_{22} = \sqrt{2-1} = 1\,，\quad g_{32} = -2\,，$$

$$g_{33} = \sqrt{14-1-4} = 3\,.$$

由此可得

$$\boldsymbol{G} = \begin{pmatrix} 2 & & \\ 1 & 1 & \\ -1 & -2 & 3 \end{pmatrix}.$$

7.2 正交三角分解

在介绍矩阵的正交三角分解之前，首先回顾 3 类特殊的正交矩阵．

1．**置换矩阵**

将单位矩阵的任意两行（列）交换得到的矩阵，称为**置换矩阵**．例如，将单位矩阵的第 i 行和第 j 行交换，得到置换矩阵

$$\boldsymbol{P}_{ij} = \left(\begin{array}{cccccc} 1 & & & & & \\ & \ddots & & & & \\ & & 0 & & 1 & \\ & & & \ddots & & \\ & & 1 & & 0 & \\ & & & & & \ddots & \\ & & & & & & 1 \end{array}\right) \begin{array}{l} \\ \\ 第\,i\,行 \\ \\ 第\,j\,行 \\ \\ \\ \end{array}.$$

易见，置换矩阵是对称的正交矩阵，任意个置换矩阵的乘积仍然是置换矩阵，置换矩阵的逆矩阵是其自身（即置换矩阵的平方为单位矩阵）．

2．旋转矩阵（Givens[1]矩阵）

对 2 维情形，记 $\boldsymbol{w} = (\boldsymbol{x}, \boldsymbol{y})^{\mathrm{T}} = (r\cos\phi,\ r\sin\phi)^{\mathrm{T}}$ 为 2 维平面中的一个向量，则正交变换

$$\boldsymbol{G} = \begin{pmatrix} \cos\theta & -\sin\theta \\ \sin\theta & \cos\theta \end{pmatrix},$$

作用在向量 $\boldsymbol{w}$ 上，得

$$\boldsymbol{G}\boldsymbol{w} = \begin{pmatrix} \cos\theta & -\sin\theta \\ \sin\theta & \cos\theta \end{pmatrix}\begin{pmatrix} r\cos\phi \\ r\sin\phi \end{pmatrix} = \begin{pmatrix} r\cos(\theta+\phi) \\ r\sin(\theta+\phi) \end{pmatrix},$$

其几何意义为将向量 $\boldsymbol{w}$ 逆时针旋转 θ 角（图 7.1）.

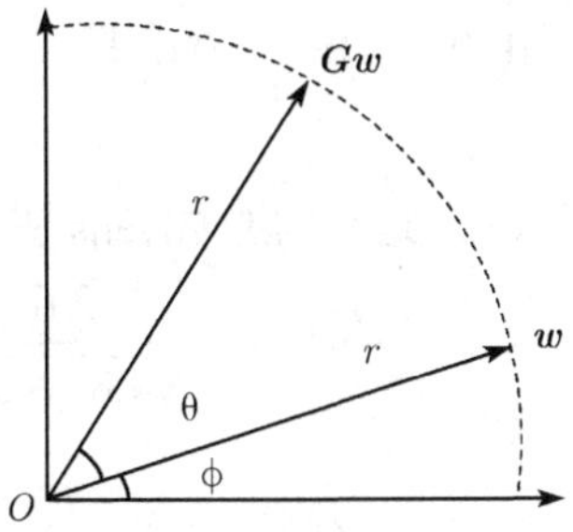

图 7.1

对一般的 n 维情形，正交矩阵

$$\boldsymbol{G}(i,j,\theta) = \begin{pmatrix} 1 & & & & & & \\ & \ddots & & & & & \\ & & \cos\theta & & -\sin\theta & & \\ & & & \ddots & & & \\ & & \sin\theta & & \cos\theta & & \\ & & & & & \ddots & \\ & & & & & & 1 \end{pmatrix} \begin{matrix} \\ \\ 第\ i\ 行 \\ \\ 第\ j\ 行 \\ \\ \\ \end{matrix}$$

称为 **Givens 矩阵**或**旋转矩阵**，对应的线性变换称为 **Givens 变换**或**旋转变换**．记 $\boldsymbol{x} \in \mathbf{R}^n$，其中分量 $x_i = \sqrt{x_i^2 + x_j^2}\cos\phi$，$x_j = \sqrt{x_i^2 + x_j^2}\sin\phi$，$\boldsymbol{y} = \boldsymbol{G}(i,j,\theta)\boldsymbol{x}$，则 $\boldsymbol{y}$ 的分量为

$$\begin{cases} y_i = \sqrt{x_i^2 + x_j^2}\cos(\theta+\phi), \\ y_j = \sqrt{x_i^2 + x_j^2}\sin(\theta+\phi), \\ y_k = x_k \quad (k \neq i,\ k \neq j). \end{cases}$$

其几何意义为将向量 $\boldsymbol{x}$ 在 2 维子空间 $\operatorname{span}\{\boldsymbol{e}_i, \boldsymbol{e}_j\}$ 上的投影在该子空间上逆时针旋转 θ 角，而在其他坐标方向上的分量保持不变.

[1]全名为 Wallace Givens (1910–1993)，吉文斯，美国数学家.

利用 Givens 变换，可以将向量的某个坐标分量变为零．事实上，为将向量 $\boldsymbol{x}$ 的第 j 个坐标分量变为零，只须将该向量在 2 维子空间 $\mathrm{span}\{\boldsymbol{e}_i, \boldsymbol{e}_j\}$ 上的投影旋转至与 $\boldsymbol{e}_i$ 同向，并保持在其他坐标方向上的投影分量不变即可．此时只须在 Givens 矩阵 $\boldsymbol{G}(i, j, \theta)$ 中取

$$\cos\theta = \frac{x_i}{\sqrt{x_i^2 + x_j^2}}, \quad \sin\theta = -\frac{x_j}{\sqrt{x_i^2 + x_j^2}}.$$

例 7.4 用 Givens 变换将上 Hessenberg[1] 型矩阵

$$\boldsymbol{A} = \begin{pmatrix} 4.8 & 2.56 & 2.528 \\ 3.6 & 4.92 & 3.296 \\ 0 & 1.8 & 1.84 \\ 0 & 0 & 0.6 \end{pmatrix}$$

化为行阶梯形矩阵．

解 首先，将 $\boldsymbol{A}$ 的 $(2,1)$-元变为零．为此，构造 Givens 变换 $\boldsymbol{G}(1,2,\theta)$，其中

$$\cos\theta = \frac{4.8}{\sqrt{4.8^2 + 3.6^2}} = 0.8, \quad \sin\theta = -\frac{3.6}{\sqrt{4.8^2 + 3.6^2}} = -0.6,$$

从而

$$\boldsymbol{A}_1 = \boldsymbol{G}(1,2,\theta)\boldsymbol{A} = \begin{pmatrix} 6 & 5 & 4 \\ 0 & 2.4 & 1.12 \\ 0 & 1.8 & 1.84 \\ 0 & 0 & 0.6 \end{pmatrix}.$$

其次，将 $\boldsymbol{A}_1$ 的 $(3,2)$-元变为零且第 1 行保持不变．为此，构造 Givens 变换 $\boldsymbol{G}(2,3,\theta_1)$，其中

$$\cos\theta_1 = \frac{2.4}{\sqrt{2.4^2 + 1.8^2}} = 0.8 = \cos\theta, \quad \sin\theta_1 = -\frac{1.8}{\sqrt{2.4^2 + 1.8^2}} = -0.6 = \sin\theta,$$

从而

$$\boldsymbol{A}_2 = \boldsymbol{G}(2,3,\theta)\boldsymbol{A}_1 = \begin{pmatrix} 6 & 5 & 4 \\ 0 & 3 & 2 \\ 0 & 0 & 0.8 \\ 0 & 0 & 0.6 \end{pmatrix}.$$

最后，将 $\boldsymbol{A}_2$ 的 $(4,3)$-元变为零且前 2 行保持不变．为此，构造 Givens 变换 $\boldsymbol{G}(3,4,\theta_2)$，其中

$$\cos\theta_2 = \frac{0.8}{\sqrt{0.8^2 + 0.6^2}} = 0.8 = \cos\theta, \quad \sin\theta_2 = -\frac{0.6}{\sqrt{0.8^2 + 0.6^2}} = -0.6 = \sin\theta,$$

于是得到行阶梯形矩阵

$$\boldsymbol{R} = \boldsymbol{G}(3,4,\theta)\boldsymbol{A}_2 = \begin{pmatrix} 6 & 5 & 4 \\ 0 & 3 & 2 \\ 0 & 0 & 1 \\ 0 & 0 & 0 \end{pmatrix}.$$

[1] 全名为 Karl Adolf Hessenberg (1904–1959)，海森堡，德国数学家．区别于同样译为海森堡的为德国物理学家，量子力学的奠基人，Werner Karl Heisenberg (1901–1976).

3．**反射矩阵（Householder 矩阵）**

设 $\boldsymbol{w} \in \mathbf{R}^n$，且 $\|\boldsymbol{w}\| = 1$，则

$$\boldsymbol{P} = \boldsymbol{E} - 2\boldsymbol{w}\boldsymbol{w}^{\mathrm{T}}$$

称为 **Householder 矩阵**，相应的线性变换称为 **Householder 变换**．Householder 矩阵有如下性质：

(1) $\boldsymbol{P}^{\mathrm{T}} = \boldsymbol{P}$，即 $\boldsymbol{P}$ 是实对称矩阵；

(2) $\boldsymbol{P}$ 是正交矩阵（定理 6.46）；

(3) 如图 7.2 所示，设 S 为过原点且与 $\boldsymbol{w}$ 垂直的平面，则对一切 $\boldsymbol{v} \in \mathbf{R}^n$，存在分解 $\boldsymbol{v} = \boldsymbol{v}_1 + \boldsymbol{v}_2$，其中 $\boldsymbol{v}_1 \in S$，$\boldsymbol{v}_2 \perp S$，于是 $\boldsymbol{P}\boldsymbol{v}_1 = \boldsymbol{v}_1$，$\boldsymbol{P}\boldsymbol{v}_2 = -\boldsymbol{v}_2$，所以 $\boldsymbol{P}\boldsymbol{v} = \boldsymbol{v}_1 - \boldsymbol{v}_2$，即 $\boldsymbol{P}\boldsymbol{v}$ 是 $\boldsymbol{v}$ 关于 S 的镜像向量．所以，Householder 变换又称**镜面反射变换**，Householder 矩阵也称**初等反射矩阵**．

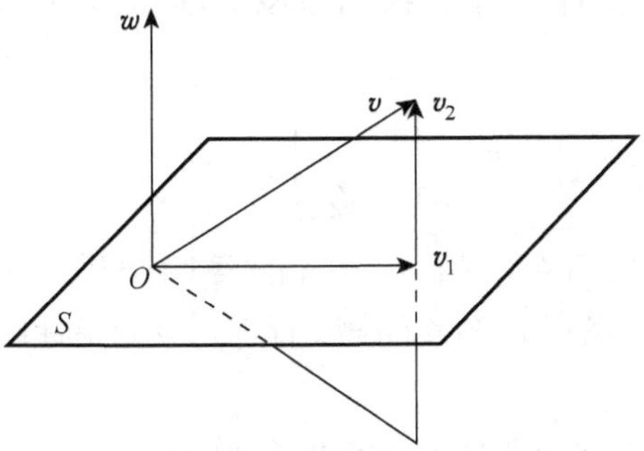

图 7.2

利用 Householder 变换，可将非零向量 $\boldsymbol{x}$ 变为平行于某个坐标轴的向量，即存在 Householder 矩阵 $\boldsymbol{P}$，使

$$\boldsymbol{P}\boldsymbol{x} = k\boldsymbol{e}_j, \tag{7.3}$$

其中 $|k| = \|k\boldsymbol{e}_j\| = \|\boldsymbol{P}\boldsymbol{x}\| = \|\boldsymbol{x}\|$，即 $k = \pm\|\boldsymbol{x}\|$．不失一般性取 $j = 1$，此时只须取

$$\boldsymbol{u} = \boldsymbol{x} - k\boldsymbol{e}_1, \quad \boldsymbol{w} = \frac{\boldsymbol{u}}{\|\boldsymbol{u}\|},$$

就可得到 Householder 矩阵 $\boldsymbol{P}$．在数值计算中，通常取 $k = -\mathrm{sgn}\,(x_1)\|\boldsymbol{x}\|$，这里

$$\mathrm{sgn}\,(x_1) = \begin{cases} 1, & x_1 \geqslant 0, \\ -1, & x_1 < 0, \end{cases}$$

为符号函数，即取 k 符号与 x_1 的相反，此时

$$\boldsymbol{u} = (x_1 + \mathrm{sgn}\,(x_1)\|\boldsymbol{x}\|, x_2, \cdots, x_n)^{\mathrm{T}},$$

第一个分量做的是小数的加法运算，不会损失有效数位．由此得到 $\boldsymbol{P} = \boldsymbol{E} - \beta\boldsymbol{u}\boldsymbol{u}^{\mathrm{T}}$，其中

$$\beta = 2(\|\boldsymbol{u}\|^2)^{-1} = 2(\|\boldsymbol{x}\|(\|\boldsymbol{x}\| + |x_1|))^{-1}.$$

例 7.5 已知 $\boldsymbol{x} = (3\ \ 5\ \ 1\ \ 1)^{\mathrm{T}}$，求 Householder 矩阵 $\boldsymbol{P}$，使 $\boldsymbol{P}\boldsymbol{x} = -\|\boldsymbol{x}\|\boldsymbol{e}_1$．

解 取 $k=-\|\boldsymbol{x}\|=-6$，$\boldsymbol{u}=\boldsymbol{x}-k\boldsymbol{e}_1=(9\ 5\ 1\ 1)^{\mathrm{T}}$，$\|\boldsymbol{u}\|^2=108$，$\beta=\dfrac{1}{54}$，则

$$\boldsymbol{P}=\boldsymbol{E}-\beta\boldsymbol{u}\boldsymbol{u}^{\mathrm{T}}=\frac{1}{54}\begin{pmatrix}-27 & -45 & -9 & -9\\ -45 & 29 & -5 & -5\\ -9 & -5 & 53 & -1\\ -9 & -5 & -1 & 53\end{pmatrix}.$$

定义 7.2 给定矩阵 $\boldsymbol{A}\in\mathbf{R}^{n\times n}$，若存在正交矩阵 $\boldsymbol{Q}\in\mathrm{O}(n)$ 和上三角矩阵 $\boldsymbol{R}\in\mathbf{R}^{n\times n}$ 使 $\boldsymbol{A}=\boldsymbol{Q}\boldsymbol{R}$，这种分解称为矩阵的一个**正交三角分解**或 **QR 分解**.

下面给出正交三角分解的存在唯一性.

定理 7.5 设 $\boldsymbol{A}\in\mathbf{R}^{m\times n}$，则存在正交阵 $\boldsymbol{Q}$，使 $\boldsymbol{A}=\boldsymbol{Q}\boldsymbol{R}$，其中 $\boldsymbol{R}$ 为行阶梯形矩阵.

证明 考虑 $\boldsymbol{A}$ 的第 1 个非零列 $\boldsymbol{a}_1$，取 Householder 矩阵 $\boldsymbol{P}_1$，使 $\boldsymbol{P}_1\boldsymbol{a}_1$ 的元素除了第 1 个分量以外都为零，此时矩阵 $\boldsymbol{P}_1\boldsymbol{A}$ 的第 1 个非零列只有第 1 个分量非零.

对 $\boldsymbol{P}_1\boldsymbol{A}$ 除去第 1 行后的矩阵 $\boldsymbol{A}_1$，同理存在 Householder 矩阵 $\boldsymbol{Q}_1$，使 $\boldsymbol{Q}_1\boldsymbol{A}_1$ 的第 1 个非零列只有第 1 个分量非零. 令

$$\boldsymbol{P}_2=\begin{pmatrix}1 & \\ & \boldsymbol{Q}_1\end{pmatrix},$$

$\boldsymbol{P}_2$ 仍为 Householder 矩阵，且 $\boldsymbol{P}_2\boldsymbol{P}_1\boldsymbol{A}$ 第 1 行与 $\boldsymbol{P}_1\boldsymbol{A}$ 的第 1 行相同，除去第 1 行后的第 1 个非零列只有第 1 个分量非零（该分量在 $\boldsymbol{P}_2\boldsymbol{P}_1\boldsymbol{A}$ 的第 2 行上，且列指标比 $\boldsymbol{P}_1\boldsymbol{A}$ 的第 1 个非零列的列指标大）.

不断重复上述过程，即可找到一列 Householder 矩阵 $\boldsymbol{P}_1,\boldsymbol{P}_2,\cdots,\boldsymbol{P}_k$，使

$$\boldsymbol{P}_k\boldsymbol{P}_{k-1}\cdots\boldsymbol{P}_1\boldsymbol{A}=\boldsymbol{R},$$

其中 $\boldsymbol{R}$ 为行阶梯形矩阵，再令 $\boldsymbol{Q}=(\boldsymbol{P}_k\boldsymbol{P}_{k-1}\cdots\boldsymbol{P}_1)^{\mathrm{T}}$，得 $\boldsymbol{Q}$ 正交且 $\boldsymbol{A}=\boldsymbol{Q}\boldsymbol{R}$. 证毕.

定理 7.6 (正交三角分解) 设 $\boldsymbol{A}\in\mathbf{R}^{n\times n}$，且 $\boldsymbol{A}$ 非奇异，则存在正交阵 $\boldsymbol{Q}$ 与上三角矩阵 $\boldsymbol{R}$，使 $\boldsymbol{A}=\boldsymbol{Q}\boldsymbol{R}$，且当 $\boldsymbol{R}$ 的对角元均为正时，分解是唯一的.

证明 由定理 7.5 可知当 $\boldsymbol{A}$ 非奇异时，$\boldsymbol{R}$ 也非奇异，从而为上三角矩阵. 若 $\boldsymbol{A}=\boldsymbol{Q}\boldsymbol{R}=\boldsymbol{Q}_1\boldsymbol{R}_1$ 均为 $\boldsymbol{A}$ 的QR分解，则 $\boldsymbol{Q}_1^{-1}\boldsymbol{Q}=\boldsymbol{R}_1\boldsymbol{R}^{-1}$. 因 $\boldsymbol{Q}_1^{-1}\boldsymbol{Q}$ 为正交阵，故 $\boldsymbol{R}_1\boldsymbol{R}^{-1}$ 为正交的上三角矩阵，且对角元为正，从而 $\boldsymbol{R}_1\boldsymbol{R}^{-1}$ 只能是单位矩阵，即 $\boldsymbol{R}_1=\boldsymbol{R}$，$\boldsymbol{Q}_1=\boldsymbol{Q}$. 证毕.

注 7.1 因为 $\boldsymbol{A}^{\mathrm{T}}\boldsymbol{A}=(\boldsymbol{Q}\boldsymbol{R})^{\mathrm{T}}\boldsymbol{Q}\boldsymbol{R}=\boldsymbol{R}^{\mathrm{T}}\boldsymbol{Q}^{\mathrm{T}}\boldsymbol{Q}\boldsymbol{R}=\boldsymbol{R}^{\mathrm{T}}\boldsymbol{R}$，故矩阵 $\boldsymbol{A}$ 正交三角分解中的 $\boldsymbol{R}$ 恰好是矩阵 $\boldsymbol{A}^{\mathrm{T}}\boldsymbol{A}$ 的 Cholesky 分解中的上三角矩阵.

至此，本书给出了三种构造正交三角分解的方法：Householder 变换法、Givens 变换法和 Schmidt 正交化法（定理 6.6）.

例 7.6 用 Schmidt 正交化过程计算矩阵 $\boldsymbol{A}=\begin{pmatrix}2 & -2 & -1\\ 2 & 7 & 2\\ 1 & 8 & 7\end{pmatrix}$ 的正交三角分解.

解 令矩阵 $\boldsymbol{A}=(\alpha_1\ \alpha_2\ \alpha_3)$，用 Schmidt 正交化法求正交矩阵 $\boldsymbol{Q}=(\boldsymbol{q}_1\ \boldsymbol{q}_2\ \boldsymbol{q}_3)$ 和一个上三角

矩阵 $\boldsymbol{R}$，使

$$(\boldsymbol{\alpha}_1\ \boldsymbol{\alpha}_2\ \boldsymbol{\alpha}_3)=(\boldsymbol{q}_1\ \boldsymbol{q}_2\ \boldsymbol{q}_3)\begin{pmatrix}r_{11}&r_{12}&r_{13}\\0&r_{22}&r_{23}\\0&0&r_{33}\end{pmatrix},$$

即

$$\boldsymbol{\alpha}_1=r_{11}\boldsymbol{q}_1, \tag{7.4}$$

$$\boldsymbol{\alpha}_2=r_{12}\boldsymbol{q}_1+r_{22}\boldsymbol{q}_2, \tag{7.5}$$

$$\boldsymbol{\alpha}_3=r_{13}\boldsymbol{q}_1+r_{23}\boldsymbol{q}_2+r_{33}\boldsymbol{q}_3. \tag{7.6}$$

经计算，由式 (7.4) 得

$$r_{11}=\|\boldsymbol{\alpha}_1\|=\sqrt{2^2+2^2+1^2}=3,\quad \boldsymbol{q}_1=\frac{\boldsymbol{\alpha}_1}{r_{11}}=\frac{1}{3}\begin{pmatrix}2\\2\\1\end{pmatrix}.$$

由式 (7.5) 有

$$r_{12}=(\boldsymbol{\alpha}_2,\boldsymbol{q}_1)=6,\quad \overline{\boldsymbol{q}}_2=\boldsymbol{\alpha}_2-r_{12}\boldsymbol{q}_1=\begin{pmatrix}-6\\3\\6\end{pmatrix},$$

$$r_{22}=\|\overline{\boldsymbol{q}}_2\|=9,\quad \boldsymbol{q}_2=\frac{\overline{\boldsymbol{q}}_2}{r_{22}}=\frac{1}{3}\begin{pmatrix}-2\\1\\2\end{pmatrix}.$$

由式 (7.6) 有

$$r_{13}=(\boldsymbol{\alpha}_3,\boldsymbol{q}_1)=3,\quad r_{23}=(\boldsymbol{\alpha}_3,\boldsymbol{q}_2)=6,\quad \overline{\boldsymbol{q}}_3=\boldsymbol{\alpha}_3-r_{13}\boldsymbol{q}_1-r_{23}\boldsymbol{q}_2=\begin{pmatrix}1\\-2\\2\end{pmatrix},$$

$$r_{33}=\|\overline{\boldsymbol{q}}_3\|=3,\quad \boldsymbol{q}_3=\frac{\overline{\boldsymbol{q}}_3}{r_{33}}=\frac{1}{3}\begin{pmatrix}1\\-2\\2\end{pmatrix}.$$

因此

$$\boldsymbol{Q}=\frac{1}{3}\begin{pmatrix}2&-2&1\\2&1&-2\\1&2&2\end{pmatrix},\quad \boldsymbol{R}=\begin{pmatrix}3&6&3\\0&9&6\\0&0&3\end{pmatrix}.$$

QR 分解是计算特征值的有力工具，也可用于解方程组 $\boldsymbol{Ax}=\boldsymbol{b}$（只须令 $\boldsymbol{y}=\boldsymbol{Q}^{\mathrm{T}}\boldsymbol{b}$，再解上三角方程组 $\boldsymbol{Rx}=\boldsymbol{y}$ 即可）. 这个计算过程是稳定的，也不必选主元，但是计算量比 Gauss 消元法将近大一倍.

7.3　满秩分解

定义 7.3　设 $\boldsymbol{A}$ 为 $m\times n$ 型矩阵．若 $\operatorname{rank}\boldsymbol{A}=m$，则称 $\boldsymbol{A}$ 为**行满秩矩阵**；若 $\operatorname{rank}\boldsymbol{A}=n$，则称 $\boldsymbol{A}$ 为**列满秩矩阵**．

如果将矩阵看作行（列）向量组，$\boldsymbol{A}$ 为行（列）满秩矩阵，当且仅当矩阵 $\boldsymbol{A}$ 的行（列）向量组线性无关．

定理 7.7　设 $\boldsymbol{A}$ 为 $m\times n$ 型矩阵，且 $\operatorname{rank}\boldsymbol{A}=r>0$，则存在**满秩分解** $\boldsymbol{A}=\boldsymbol{CD}$，其中 $\boldsymbol{C}$ 为 $m\times r$ 型列满秩矩阵，$\boldsymbol{D}$ 为 $r\times n$ 型行满秩矩阵．

证明　因为 $\operatorname{rank}\boldsymbol{A}=r$，所以存在 m 阶可逆阵 $\boldsymbol{P}$，使

$$\boldsymbol{A}=\boldsymbol{P}\begin{pmatrix}\boldsymbol{D}\\ \boldsymbol{0}\end{pmatrix}.$$

这里 $\boldsymbol{D}$ 为 $r\times n$ 型行满秩矩阵．令 $\boldsymbol{P}=(\boldsymbol{C}\ \boldsymbol{P}_1)$，其中 $\boldsymbol{C}$ 是 $m\times r$ 列满秩阵，从而

$$\boldsymbol{A}=(\boldsymbol{C}\ \boldsymbol{P}_1)\begin{pmatrix}\boldsymbol{D}\\ \boldsymbol{0}\end{pmatrix}=\boldsymbol{CD}.$$

证毕．

记 $\boldsymbol{C}=(\boldsymbol{c}_1\ \boldsymbol{c}_2\ \cdots\ \boldsymbol{c}_r)$，$\boldsymbol{D}=(\boldsymbol{d}_1\ \boldsymbol{d}_2\ \cdots\ \boldsymbol{d}_r)^{\mathrm{T}}$，则

$$\boldsymbol{A}=\sum_{i=1}^{r}\boldsymbol{c}_i\boldsymbol{d}_i^{\mathrm{T}},$$

这是 $\boldsymbol{A}$ 的满秩分解的另一种表示形式．

满秩分解不具有唯一性．事实上，若 $\boldsymbol{A}=\boldsymbol{CD}$ 为满秩分解，则对任何可逆阵 $\boldsymbol{P}$，$\boldsymbol{A}=(\boldsymbol{CP})(\boldsymbol{P}^{-1}\boldsymbol{D})$ 亦为满秩分解．

在实际运算中，定理 7.7 中证明的第一步可通过对 $\boldsymbol{A}$ 作初等行变换变为行阶梯形矩阵得到．进一步，若将 $\boldsymbol{A}$ 变为行最简形矩阵，则可同时得到 $\boldsymbol{C}$．

例 7.7　设 $\boldsymbol{A}=\begin{pmatrix}2&1&6&1&0\\3&2&10&1&0\\2&3&10&-1&3\\4&4&16&0&1\end{pmatrix}$，求矩阵 $\boldsymbol{A}$ 的满秩分解．

解　记 $\boldsymbol{A}=(\alpha_1\ \alpha_2\ \alpha_3\ \alpha_4\ \alpha_5)$，通过初等变换可得 $\boldsymbol{A}$ 的行最简形矩阵

$$\boldsymbol{B}=\begin{pmatrix}1&0&2&1&0\\0&1&2&-1&0\\0&0&0&0&1\\0&0&0&0&0\end{pmatrix}.$$

记 $\boldsymbol{B}=(\boldsymbol{\beta}_1\ \boldsymbol{\beta}_2\ \boldsymbol{\beta}_3\ \boldsymbol{\beta}_4\ \boldsymbol{\beta}_5)$．显然 $\boldsymbol{\beta}_1,\boldsymbol{\beta}_2,\boldsymbol{\beta}_5$ 线性无关，且 $\boldsymbol{\beta}_3=2\boldsymbol{\beta}_1+2\boldsymbol{\beta}_2,\ \boldsymbol{\beta}_4=\boldsymbol{\beta}_1-\boldsymbol{\beta}_2$．由于行初等变换保持矩阵列向量组的线性组合关系，因此 $\alpha_1,\alpha_2,\alpha_5$ 线性无关，且 $\alpha_3=2\alpha_1+2\alpha_2$，

$\alpha_4 = \alpha_1 - \alpha_2$．取

$$C = (\alpha_1\,\alpha_2\,\alpha_5) = \begin{pmatrix} 2 & 1 & 0 \\ 3 & 2 & 0 \\ 2 & 3 & 3 \\ 4 & 4 & 1 \end{pmatrix},\quad D = \begin{pmatrix} 1 & 0 & 2 & 1 & 0 \\ 0 & 1 & 2 & -1 & 0 \\ 0 & 0 & 0 & 0 & 1 \end{pmatrix},$$

得到 $A = CD$ 即为要求的满秩分解．

通过本例可以看出，求矩阵 A 的满秩分解，只须先将 A 通过初等行变换变为行最简形矩阵 B，列满秩矩阵 C 取为矩阵 A 的由 B 的各行非零首元所对应的线性无关列，行满秩矩阵 D 取为将 B 的全零行去除后得到的矩阵．

这一方法体现了矩阵的满秩分解的几何意义：将 A 视为列向量组，C 为由向量组 A 张成的线性空间的一组基，D 的每一列为 A 的相应列在基向量组 C 下的坐标．于是，C 可取为 A 的极大线性无关组，这正是例 7.7 的做法．当然，如果选空间的另一组基，就会得到不同的满秩分解．这其中，正交满秩分解是一种常用的满秩分解．

定理 7.8 (正交满秩分解) 若矩阵 $A \in \mathbf{R}^{m\times n}$，且 $\operatorname{rank} A = r$，则存在 $m \times r$ 型列正交矩阵 Q（即要求 Q 的各列构成规范正交的向量组，或等价地，$Q^{\mathrm{T}}Q = E$）和 $r \times n$ 型行满秩矩阵 R，使 $A = QR$．

证明 设 $A = CD$ 为一个满秩分解．由定理 6.6 可令 $C = QR_1$，这里 Q 为列正交矩阵，R_1 为可逆的上三角矩阵．令 $R = R_1D$，即得结论．证毕．

正交满秩分解与定理 7.5 形式相似．如果要求 Q 为正交矩阵，则 R 就无法保证为行满秩矩阵；如果要求 R 行满秩，则 Q 就只能做到列正交，而无法保证为方阵．

满秩分解有很多应用，例如计算矩阵的广义逆（见第 8 章）．

7.4 谱分解

矩阵的谱分解是对可对角化的矩阵的一种分解，其算法本质就是矩阵的相似对角化．

定义 7.4 若矩阵 $A \in \mathbf{R}^{n\times n}$ 可相似对角化，即存在对角矩阵 $\Lambda = \operatorname{diag}\{\lambda_1, \lambda_2, \cdots, \lambda_n\}$ 和可逆矩阵 P，使得 $A = P\Lambda P^{-1}$，该分解称为矩阵 A 的**谱分解**，其中特征值 $\lambda_1, \lambda_2, \cdots, \lambda_n$ 称为矩阵 A 的**谱**．

谱分解存在另一种等价的表达形式，该表达形式有很好的几何意义．

设 $P = (\alpha_1\,\alpha_2\,\cdots\,\alpha_n)$，$P^{-1} = (\beta_1\beta_2\cdots\beta_n)^{\mathrm{T}}$，则 $\alpha_1, \alpha_2, \cdots, \alpha_n$ 线性无关，$\beta_1, \beta_2, \cdots, \beta_n$ 也线性无关，且 $A\alpha_k = \lambda_k\alpha_k\ (1 \leqslant k \leqslant n)$，于是

$$A = P\Lambda P^{-1} = \sum_{k=1}^{n} \lambda_k \alpha_k \beta_k^{\mathrm{T}}. \tag{7.7}$$

进一步记 $A_k = \alpha_k\beta_k^{\mathrm{T}}$，则式 (7.7) 可写为 $A = \sum_{k=1}^{n} \lambda_k A_k$，其中 A_k 满足以下性质：

(1) $\boldsymbol{A}_k^2 = \boldsymbol{A}_k\,(k = 1, 2, \cdots, n)$；

(2) $\boldsymbol{A}_j\boldsymbol{A}_k = \boldsymbol{0}\,(j \neq k)$；

(3) $\sum\limits_{k=1}^{n} \boldsymbol{A}_k = \boldsymbol{E}$.

事实上，

$$\boldsymbol{P}^{-1}\boldsymbol{P} = \begin{pmatrix} \boldsymbol{\beta}_1^{\mathrm{T}}\boldsymbol{\alpha}_1 & \cdots & \boldsymbol{\beta}_1^{\mathrm{T}}\boldsymbol{\alpha}_n \\ \vdots & & \vdots \\ \boldsymbol{\beta}_n^{\mathrm{T}}\boldsymbol{\alpha}_1 & \cdots & \boldsymbol{\beta}_n^{\mathrm{T}}\boldsymbol{\alpha}_n \end{pmatrix} = \boldsymbol{E}\text{，}\ \boldsymbol{P}\boldsymbol{P}^{-1} = \boldsymbol{\alpha}_1\boldsymbol{\beta}_1^{\mathrm{T}} + \cdots + \boldsymbol{\alpha}_n\boldsymbol{\beta}_n^{\mathrm{T}} = \boldsymbol{E}.$$

于是有

$$\boldsymbol{\beta}_k^{\mathrm{T}}\boldsymbol{\alpha}_k = 1\text{，}\ \boldsymbol{\beta}_j^{\mathrm{T}}\boldsymbol{\alpha}_k = 0\,(j \neq k)\text{，}\ \sum_{k=1}^{n} \boldsymbol{\alpha}_k\boldsymbol{\beta}_k^{\mathrm{T}} = \boldsymbol{E}.$$

再结合 $\boldsymbol{A}_k = \boldsymbol{\alpha}_k\boldsymbol{\beta}_k^{\mathrm{T}}$ 就得到上面三个性质.

从线性变换的观点看，$\boldsymbol{A}_k$ 恰为到特征子空间 $\mathrm{span}\{\boldsymbol{\alpha}_k\}$ 的投影变换的矩阵，上述 3 条性质恰好刻画了投影变换的本质特点.

由于正规矩阵必定可以相似对角化，于是存在谱分解，进而实对称矩阵、实反对称矩阵、正交矩阵、Hermite 矩阵、反 Hermite 矩阵、酉矩阵等作为正规矩阵的特例，都存在谱分解. 进一步，对正规矩阵，过渡矩阵 $\boldsymbol{P}$ 可以选为酉矩阵，由此得到的 $\boldsymbol{A}_k$ 是 Hermite 矩阵，$\{\boldsymbol{A}_1, \cdots, \boldsymbol{A}_n\}$是一组正交投影变换.

例 7.8 设 $\boldsymbol{A} = \begin{pmatrix} 4 & -6 & 0 \\ 2 & -3 & 0 \\ -2 & 3 & 2 \end{pmatrix}$, 求 $\boldsymbol{A}$ 的谱分解.

解 先求 $\boldsymbol{A}$ 的特征值和特征向量.

$$|\lambda\boldsymbol{E} - \boldsymbol{A}| = \begin{vmatrix} \lambda - 4 & 6 & 0 \\ -2 & \lambda + 3 & 0 \\ 2 & -3 & \lambda - 2 \end{vmatrix} = \lambda(\lambda - 2)(\lambda - 1)\text{，}$$

因此，$\boldsymbol{A}$ 有 3 个不同的特征值 $\lambda_1 = 0, \lambda_2 = 1, \lambda_3 = 2$，故 $\boldsymbol{A}$ 可对角化，从而 $\boldsymbol{A}$ 的谱分解一定存在. 容易求出它们对应的特征向量为

$$\boldsymbol{P}_1 = (3\ 2\ 0)^{\mathrm{T}}\text{，}\ \boldsymbol{P}_2 = (2\ 1\ 1)^{\mathrm{T}}\text{，}\ \boldsymbol{P}_3 = (0\ 0\ 1)^{\mathrm{T}}.$$

令

$$\boldsymbol{P} = (\boldsymbol{P}_1\ \boldsymbol{P}_2\ \boldsymbol{P}_3) = \begin{pmatrix} 3 & 2 & 0 \\ 2 & 1 & 0 \\ 0 & 1 & 1 \end{pmatrix},$$

显然 P 可逆，且易求得

$$P^{-1}=\begin{pmatrix}\boldsymbol{\beta}_1^{\mathrm{T}}\\ \boldsymbol{\beta}_2^{\mathrm{T}}\\ \boldsymbol{\beta}_3^{\mathrm{T}}\end{pmatrix}=\begin{pmatrix}-1&2&0\\ 2&-3&0\\ -2&3&1\end{pmatrix}.$$

于是有

$$\boldsymbol{A}=\boldsymbol{P}\begin{pmatrix}0&&\\ &1&\\ &&2\end{pmatrix}\boldsymbol{P}^{-1}=(\boldsymbol{P}_1\ \boldsymbol{P}_2\ \boldsymbol{P}_3)\begin{pmatrix}0&&\\ &1&\\ &&2\end{pmatrix}\begin{pmatrix}\boldsymbol{\beta}_1^{\mathrm{T}}\\ \boldsymbol{\beta}_2^{\mathrm{T}}\\ \boldsymbol{\beta}_3^{\mathrm{T}}\end{pmatrix}=\boldsymbol{P}_2\boldsymbol{\beta}_2^{\mathrm{T}}+2\boldsymbol{P}_3\boldsymbol{\beta}_3^{\mathrm{T}},$$

这就是 $\boldsymbol{A}$ 的谱分解．证毕．

注 7.2 Hermite 矩阵的谱分解定理可以进一步推广到 Hilbert[1]空间（维数可以为无穷的完备内积空间）的正规线性变换上，量子力学中所提及谱，正是有限维线性空间上线性变换特征值的推广．在无穷维的内积空间中，正规线性变换的谱比特征值意义更加广泛，这里不再展开．

7.5 奇异值分解

正规矩阵可以酉相似对角化，因此其对应的线性变换具有优良的性质．非正规矩阵，甚至非方阵，能否有类似的分解呢？本节介绍的奇异值分解就是酉相似对角化对一般矩阵的推广．先考虑实矩阵的情形．

定义 7.5 设 $\boldsymbol{A}\in\mathbf{R}^{m\times n}$，半正定矩阵 $\boldsymbol{A}^{\mathrm{T}}\boldsymbol{A}$ 的 n 个特征值记为 $\lambda_1,\lambda_2,\cdots,\lambda_n$．因 $\lambda_i\geqslant 0$，故可令 $\sigma_i=\sqrt{\lambda_i}\,(i=1,2,\cdots,n)$，称为矩阵 $\boldsymbol{A}$ 的**奇异值**．

定理 7.9 (奇异值分解定理) 设矩阵 $\boldsymbol{A}\in\mathbf{R}^{m\times n}$ 的奇异值中有 r 个不等于零，记为 $\sigma_1\geqslant\sigma_2\geqslant\cdots\geqslant\sigma_r>0$．它们构成的 r 阶对角阵记为 $\boldsymbol{D}=\mathrm{diag}\{\sigma_1,\sigma_2,\cdots,\sigma_r\}$．令 $m\times n$ 阶矩阵

$$\boldsymbol{\Sigma}=\begin{pmatrix}\boldsymbol{D}&\boldsymbol{0}\\ \boldsymbol{0}&\boldsymbol{0}\end{pmatrix},$$

则存在正交矩阵 $\boldsymbol{U}\in\mathbf{R}^{m\times m}$，$\boldsymbol{V}\in\mathbf{R}^{n\times n}$，使 $\boldsymbol{A}=\boldsymbol{U}\boldsymbol{\Sigma}\boldsymbol{V}^{\mathrm{T}}$，称为 $\boldsymbol{A}$ 的**奇异值分解**．

证明 记 $r=\mathrm{rank}\,\boldsymbol{A}$，则 $\boldsymbol{A}^{\mathrm{T}}\boldsymbol{A}$ 为 n 阶半正定矩阵且秩为 r，于是存在 n 阶正交矩阵 $\boldsymbol{V}$ 和 r 阶对角阵 $\boldsymbol{D}=\mathrm{diag}\{\sigma_1,\sigma_2,\cdots,\sigma_r\}$，其中 $\sigma_1\geqslant\sigma_2\geqslant\cdots\geqslant\sigma_r>0$，使得

$$\boldsymbol{V}^{\mathrm{T}}(\boldsymbol{A}^{\mathrm{T}}\boldsymbol{A})\boldsymbol{V}=\begin{pmatrix}\boldsymbol{D}^2&\boldsymbol{0}\\ \boldsymbol{0}&\boldsymbol{0}\end{pmatrix},$$

注意到你上式两端为 n 阶方阵，记 $\boldsymbol{V}=(\boldsymbol{V}_1\ \boldsymbol{V}_2)$，其中 $\boldsymbol{V}_1\in\mathbf{R}^{n\times r}$，$\boldsymbol{V}_2\in\mathbf{R}^{n\times(n-r)}$．因为 $\boldsymbol{V}$ 为

[1]全名为 David Hilbert (1862–1943)，希尔伯特，德国数学家．

正交矩阵，所以 $V_1^{\mathrm T}V_1=E_r$，$V_1^{\mathrm T}V_2=0$，从而由

$$\begin{pmatrix}V_1^{\mathrm T}\\V_2^{\mathrm T}\end{pmatrix}A^{\mathrm T}A(V_1\ V_2)=\begin{pmatrix}D^2&0\\0&0\end{pmatrix}$$

可得

$$V_1^{\mathrm T}A^{\mathrm T}AV_1=D^2,$$
$$V_2^{\mathrm T}A^{\mathrm T}AV_2=0,$$

故 $AV_2=0$．而

$$\begin{aligned}A=AVV^{\mathrm T}=A(V_1\ V_2)\begin{pmatrix}V_1^{\mathrm T}\\V_2^{\mathrm T}\end{pmatrix}&=AV_1V_1^{\mathrm T}+AV_2V_2^{\mathrm T}=AV_1V_1^{\mathrm T}\\&=AV_1D^{-1}DV_1^{\mathrm T}=U_1DV_1^{\mathrm T},\end{aligned}$$

其中 $U_1=AV_1D^{-1}$，且

$$U_1^{\mathrm T}U_1=D^{-1}V_1^{\mathrm T}A^{\mathrm T}AV_1D^{-1}=D^{-1}D^2D^{-1}=E_r.$$

将 U_1 扩张成正交矩阵 $U=(U_1\ U_2)$，则

$$U\Sigma V^{\mathrm T}=(U_1\ U_2)\begin{pmatrix}D&0\\0&0\end{pmatrix}\begin{pmatrix}V_1^{\mathrm T}\\V_2^{\mathrm T}\end{pmatrix}=(U_1D\ 0)\begin{pmatrix}V_1^{\mathrm T}\\V_2^{\mathrm T}\end{pmatrix}=U_1DV_1^{\mathrm T}=A.$$

证毕.

定理 7.9 的证明同时给出了奇异值分解的计算方法.

例 7.9 求矩阵 $A=\begin{pmatrix}1&1\\1&-2\\2&1\end{pmatrix}$ 的奇异值分解.

解 因为 $A^{\mathrm T}A=\begin{pmatrix}6&1\\1&6\end{pmatrix}$ 的特征值为 $\lambda_1=7,\lambda_2=5$，故 A 的奇异值为 $\sigma_1=\sqrt7,\sigma_2=\sqrt5$.
又因为 $A^{\mathrm T}A$ 的正交单位特征向量为

$$\begin{pmatrix}\frac{1}{\sqrt2}\\\frac{1}{\sqrt2}\end{pmatrix},\quad\begin{pmatrix}\frac{1}{\sqrt2}\\-\frac{1}{\sqrt2}\end{pmatrix},$$

于是可令

$$D=\begin{pmatrix}\sqrt7&0\\0&\sqrt5\end{pmatrix},\quad\Sigma=\begin{pmatrix}\sqrt7&0\\0&\sqrt5\\0&0\end{pmatrix},\quad V=V^{\mathrm T}=\begin{pmatrix}\frac{1}{\sqrt2}&\frac{1}{\sqrt2}\\\frac{1}{\sqrt2}&-\frac{1}{\sqrt2}\end{pmatrix},$$

以及

$$U_1 = AV_1D^{-1} = \begin{pmatrix} 1 & 1 \\ 1 & -2 \\ 2 & 1 \end{pmatrix} \begin{pmatrix} \frac{1}{\sqrt{2}} & \frac{1}{\sqrt{2}} \\ \frac{1}{\sqrt{2}} & -\frac{1}{\sqrt{2}} \end{pmatrix} \begin{pmatrix} \frac{1}{\sqrt{7}} & 0 \\ 0 & \frac{1}{\sqrt{5}} \end{pmatrix} = \begin{pmatrix} \frac{2}{\sqrt{14}} & 0 \\ -\frac{1}{\sqrt{14}} & \frac{3}{\sqrt{10}} \\ \frac{3}{\sqrt{14}} & \frac{1}{\sqrt{10}} \end{pmatrix}.$$

再将 U_1 扩充为正交矩阵，为此解线性方程组

$$\begin{cases} 2x_1 - x_2 + 3x_3 = 0, \\ 3x_2 + x_3 = 0, \end{cases}$$

得通解为

$$\begin{pmatrix} x_1 \\ x_2 \\ x_3 \end{pmatrix} = k \begin{pmatrix} 5 \\ 1 \\ 3 \end{pmatrix},$$

取 $k = \frac{1}{\sqrt{35}}$ 得到单位化的特解，从而得到正交矩阵

$$U = \begin{pmatrix} \frac{2}{\sqrt{14}} & 0 & \frac{5}{\sqrt{35}} \\ -\frac{1}{\sqrt{14}} & \frac{3}{\sqrt{10}} & \frac{3}{\sqrt{35}} \\ \frac{3}{\sqrt{14}} & \frac{1}{\sqrt{10}} & -\frac{3}{\sqrt{35}} \end{pmatrix}.$$

此时 $A = U\Sigma V^{\mathrm{T}}$ 即为 A 的奇异值分解.

注 7.3 奇异值分解有很好的几何意义．事实上，若将 A 看作线性映射在取定基下对应的矩阵（参见习题 5 第 25 题），奇异值分解定理指出，任何一个由 n 维欧氏空间 V 到 m 维欧氏空间 W 的线性映射 $\mathscr{A}$，均存在 V 的一组标准正交基，使该标准正交基被 $\mathscr{A}$ 映射为 W 上的一组正交向量.

注 7.4 对复矩阵，结论是类似的，只须将本节中所有的正交矩阵改为酉矩阵，所有的转置改为共轭转置即可.

奇异值分解在统计学、信号处理、图像压缩和人工智能等实际工程中有着十分广泛和非常重要的应用．有兴趣的读者可以进一步阅读相关文献和资料.

习题 7

1. 计算下列矩阵的 Doolittle 分解，Crout 三角分解和 LDU 三角分解.

(1) $\begin{pmatrix} 2 & 4 & 6 \\ 2 & 7 & 12 \\ -2 & -10 & -13 \end{pmatrix}$； (2) $\begin{pmatrix} 4 & 8 & 0 \\ 4 & 11 & 6 \\ -6 & -12 & 10 \end{pmatrix}$.

2. 计算下列矩阵的 Cholesky 分解.

(1) $\begin{pmatrix} 1 & 1 & -1 \\ 1 & 2 & -3 \\ -1 & -3 & 6 \end{pmatrix}$； (2) $\begin{pmatrix} 4 & 4 & -6 \\ 4 & 5 & -6 \\ -6 & -6 & 13 \end{pmatrix}$.

3. 计算矩阵 $\begin{pmatrix} 2 & 4 & 6 & 8 \\ 4 & 12 & 20 & 16 \\ 3 & 10 & 20 & 18 \\ 1 & -4 & -9 & 14 \end{pmatrix}$ 的 Doolittle 分解.

4. 计算矩阵 $\begin{pmatrix} 1 & 2 & 3 & 4 \\ 2 & 8 & 10 & 2 \\ 3 & 10 & 14 & 6 \\ 4 & 2 & 6 & 29 \end{pmatrix}$ 的 Cholesky 分解.

5. 计算下列矩阵的满秩分解.

(1) $\begin{pmatrix} 1 & 2 & 3 & 3 \\ 4 & 5 & 9 & 6 \\ 7 & 8 & 15 & 9 \\ 2 & 5 & 7 & 8 \end{pmatrix}$； (2) $\begin{pmatrix} 1 & 3 & -3 & 4 \\ 3 & 5 & -5 & 8 \\ 6 & -1 & 1 & 5 \\ 8 & -6 & 6 & 2 \end{pmatrix}$.

6. 计算下列矩阵的谱分解.

(1) $\begin{pmatrix} 3 & 0 & 1 \\ 0 & 2 & 0 \\ 1 & 0 & 3 \end{pmatrix}$； (2) $\begin{pmatrix} 6 & -2 & 0 \\ -2 & 6 & -2 \\ 0 & -2 & 7 \end{pmatrix}$.

7. 分别计算下列矩阵两种的 QR 分解（要求 $\boldsymbol{Q}$ 为正交矩阵或 $\boldsymbol{R}$ 为行满秩矩阵），并举例说明每一种分解都不唯一.

(1) $\begin{pmatrix} 2 & 1 \\ 1 & 1 \\ 2 & 1 \end{pmatrix}$； (2) $\begin{pmatrix} 1 & 0 \\ 0 & 1 \\ 1 & 1 \end{pmatrix}$； (3) $\begin{pmatrix} 0 & 1 & 1 \\ 1 & 1 & 0 \\ 1 & 0 & 0 \end{pmatrix}$； (4) $\begin{pmatrix} 2 & 2 & 1 \\ 0 & 2 & 2 \\ 2 & 1 & 2 \end{pmatrix}$.

8. 计算下列矩阵的奇异值分解.

(1) $\begin{pmatrix} 2 & 0 \\ 1 & 1 \\ 2 & 1 \end{pmatrix}$；　(2) $\begin{pmatrix} 1 & 0 & 1 \\ 0 & 1 & -1 \end{pmatrix}$.

9. 证明：对任何正定矩阵 $\boldsymbol{H}$，存在唯一的正定矩阵 $\boldsymbol{S}$，使 $\boldsymbol{H}=\boldsymbol{S}^2$．若将正定矩阵改为半正定矩阵，结论如何？

10. 证明：对任意实（复）非退化方阵 $\boldsymbol{A}$，存在唯一的正交（酉）矩阵 $\boldsymbol{Q}$ 和正定矩阵 $\boldsymbol{H}_1$ 和 $\boldsymbol{H}_2$，使 $\boldsymbol{A}=\boldsymbol{Q}\boldsymbol{H}_1=\boldsymbol{H}_2\boldsymbol{Q}$，该分解称为矩阵的**极分解**．若去掉矩阵的非退化条件，结论将如何修正？

11. 设 $\boldsymbol{A}, \boldsymbol{B}$ 均为 n 阶实对称矩阵，且 $\boldsymbol{B}$ 正定，使关于 $\boldsymbol{x}\in\mathbf{R}^n$ 的方程 $\boldsymbol{A}\boldsymbol{x}=\lambda\boldsymbol{B}\boldsymbol{x}$ 存在非零解的 λ 称为 $\boldsymbol{A}$ 相对于 $\boldsymbol{B}$ 的**广义特征值**，相应的非零解 $\boldsymbol{x}$ 称为对应于广义特征值 λ 的**广义特征向量**.

(1) 证明：存在对角阵 $\boldsymbol{\Lambda}=\mathrm{diag}(\lambda_1,\lambda_2,\cdots,\lambda_n)$ 和可逆矩阵 $\boldsymbol{M}=(\boldsymbol{x}_1\ \boldsymbol{x}_2\ \cdots\ \boldsymbol{x}_n)$，使 $\boldsymbol{M}^{\mathrm{T}}\boldsymbol{B}\boldsymbol{M}=\boldsymbol{E}, \boldsymbol{M}^{\mathrm{T}}\boldsymbol{A}\boldsymbol{M}=\boldsymbol{\Lambda}$，其中 $\lambda_1, \lambda_2,\cdots,\lambda_n$ 分别是 $\boldsymbol{A}$ 相对于 $\boldsymbol{B}$ 的广义特征值，$\boldsymbol{x}_1, \boldsymbol{x}_2,\cdots,\boldsymbol{x}_n$ 为对应的广义特征向量．此时，矩阵 $\boldsymbol{M}$ 称为 $\boldsymbol{A}$ 相对于 $\boldsymbol{B}$ 的**主矩阵**，相应的广义特征向量称为**主广义特征向量**.

(2) 若 $\boldsymbol{y}_1, \boldsymbol{y}_2,\cdots,\boldsymbol{y}_n$ 是一组 $\boldsymbol{A}$ 相对于 $\boldsymbol{B}$ 的线性无关的广义特征向量，该组向量是否一定是主广义特征向量？

第 8 章　广义逆矩阵

在线性代数里，对于线性方程组 $\boldsymbol{Ax}=\boldsymbol{b}$，如果方阵 $\boldsymbol{A}$ 是非奇异的，则存在唯一的 $\boldsymbol{A}$ 的逆矩阵 $\boldsymbol{A}^{-1}$，满足等式 $\boldsymbol{AA}^{-1}=\boldsymbol{A}^{-1}\boldsymbol{A}=\boldsymbol{E}$，从而该线性方程组具有唯一的解 $\boldsymbol{x}=\boldsymbol{A}^{-1}\boldsymbol{b}$. 遗憾的是，在工程和应用数学的许多领域中，涉及的矩阵，相当一部分是奇异方阵，甚至不是方阵. 因此，对于一般的矩阵 $\boldsymbol{A}$，需要构造一种具有通常逆矩阵的若干性质的矩阵，服务于实际应用，这就是本章将要介绍的**广义逆矩阵**（也称为**伪逆矩阵**）.

广义逆矩阵的出现，解决了一般的线性方程组的求解问题. 特别地，对无解的线性方程组，利用广义逆矩阵可以很方便地表示方程组的一种近似解——最小二乘解. 广义逆矩阵还在数理统计、多元分析、最优化理论、控制论、网络理论等众多学科有广泛应用，是一种重要的数学工具.

本章将着重介绍广义逆矩阵的概念、性质和计算方法，以及在求解线性方程组中的应用.

8.1　概述

引进广义逆，是为把逆矩阵推广到奇异方阵和非方阵. 这一概念由 Moore[1]在 1920 年首先明确提出.

定义 8.1　给定矩阵 $\boldsymbol{A}\in\mathbf{R}^{m\times n}$，若存在矩阵 $\boldsymbol{X}\in\mathbf{R}^{n\times m}$ 满足

$$\boldsymbol{AX}=\boldsymbol{P}_{\mathcal{R}(\boldsymbol{A})},\quad \boldsymbol{XA}=\boldsymbol{P}_{\mathcal{R}(\boldsymbol{X})}$$

则称 $\boldsymbol{X}$ 为 $\boldsymbol{A}$ 的一个广义逆矩阵. 这里 $\mathcal{R}(\boldsymbol{A})$ 表示由矩阵 $\boldsymbol{A}$ 的作为列矩阵向量组生成的线性子空间（见前文例 5.19），$\boldsymbol{P}_{\mathcal{R}(\boldsymbol{A})}$ 表示在子空间 $\mathcal{R}(\boldsymbol{A})$ 上的正交投影矩阵.

Moore 凭借他天才的几何直觉，利用正交投影算子来定义广义逆，但由于这类定义较为抽象且不便进行有效运算，所以在之后的 30 年并未引起人们的注意. 直到 1955 年，Penrose[2] 以更直接明确的代数形式给出了 Moore 广义逆矩阵的定义.

定义 8.2　给定矩阵 $\boldsymbol{A}\in\mathbf{R}^{m\times n}$，若存在矩阵 $\boldsymbol{X}\in\mathbf{R}^{n\times m}$ 全部（或部分）满足以下 4 个方程（称为 **Penrose-Moore 方程组**）：

---

[1]全名为 Eliakim Hastings Moore (1862–1932)，摩尔，美国数学家.

[2]全名为 Roger Penrose (1931–)，彭罗斯，英国数学家.

(1) $AXA = A$；

(2) $XAX = X$；

(3) $(AX)^{\mathrm{T}} = AX$；

(4) $(XA)^{\mathrm{T}} = XA$，

则称 X 为 A 的一个**广义逆矩阵**.

Penrose 用 4 个方程重新定义了广义逆，证明了这种广义逆的存在唯一性，并建立了广义逆矩阵与线性方程组 $Ax = b$ 的解的联系．自此，广义逆的研究开始蓬勃发展，成为矩阵理论研究的热点.

在实际应用中，为了不同的目的，可以定义不同意义的广义逆，即也可研究满足 Penrose-Moore 方程中的部分方程的矩阵．根据定义 8.2 中广义逆矩阵满足的条件的不同，广义逆矩阵共有 $2^4 - 1 = 15$ 种不同的定义.

如果一个矩阵 $X \in \mathbf{R}^{n\times m}$ 满足 4 个方程中的第 i 和 j 个方程，则称 X 为 $A\{i, j\}$ 的广义逆矩阵，记为 $X \in A^{(i,j)}$．例如，若 X 只满足条件 (1)，则 $X \in A\{1\}$，此时称 X 为 A 的一个 **{1} 逆**（又称为 **g 逆**或**减号逆**），记作 A^- 或 $A^{(1)}$；若 X 满足条件 (1) 和 (2)，则 $X \in A\{1,2\}$，此时称 X 为 A 的一个 **{1,2} 逆**（又称为**自反广义逆**），记作 $A^{(1,2)}$；若 X 满足所有 4 个条件，则 $X \in A\{1,2,3,4\}$，此时称 X 为 A 的一个 **{1,2,3,4} 逆**（又称为**加号逆**或**伪逆**），记作 A^+ 或 $A^{(1,2,3,4)}$.

本章主要介绍减号逆，自反广义逆和加号逆的理论性质、计算方法以应用，其他广义逆矩阵的性质可以类似地得到.

下面的定理给出 Penrose-Moore 方程的一个等价形式.

定理 8.1 设 $A \in \mathbf{R}^{m\times n}$，矩阵 $X \in \mathbf{R}^{n\times m}$ 且满足 4 个 Penrose-Moore 方程，则 Penrose-Moore 方程与下面的条件等价：

$$\begin{cases} XAA^{\mathrm{T}} = A^{\mathrm{T}}, \\ XX^{\mathrm{T}}A^{\mathrm{T}} = X. \end{cases} \tag{8.1}$$

证明 首先证明条件 $AXA = A$，$(XA)^{\mathrm{T}} = XA$ 与 $XAA^{\mathrm{T}} = A^{\mathrm{T}}$ 等价．用 X^{T} 右乘式 (8.1) 的第一式，得到

$$XAA^{\mathrm{T}}X^{\mathrm{T}} = A^{\mathrm{T}}X^{\mathrm{T}},$$

即

$$(XA)(XA)^{\mathrm{T}} = (XA)^{\mathrm{T}}.$$

两边同时转置，得

$$(XA)(XA)^{\mathrm{T}} = XA,$$

由此得

$$(XA)^{\mathrm{T}} = XA.$$

将此式代入式 (8.1) 的第一式，得到

$$(XA)^{\mathrm{T}}A^{\mathrm{T}} = A^{\mathrm{T}},$$

两边同时共轭转置，有

$$\boldsymbol{AXA}=\boldsymbol{A}.$$

反之，由 Penrose-Moore 方程组的(1)和(3)可推出式(8.1)的第一个方程. 事实上，将(3)代入第一个方程，有

$$\boldsymbol{AXA}^{\mathrm{T}}=\boldsymbol{A}.$$

两边取共轭转置，得

$$\boldsymbol{XAA}^{\mathrm{T}}=\boldsymbol{A}^{\mathrm{T}}.$$

同理可证 Penrose-Moore 方程中的 $\boldsymbol{XAX}=\boldsymbol{X}$，$(\boldsymbol{AX})^{\mathrm{T}}=\boldsymbol{AX}$ 与 $\boldsymbol{XX}^{\mathrm{T}}\boldsymbol{A}^{\mathrm{T}}=\boldsymbol{X}$ 等价. 证毕.

下面先看几个广义逆的例子.

例 8.1 已知 $\boldsymbol{A}=\begin{pmatrix}1&0\\1&0\\1&0\end{pmatrix}$，$\boldsymbol{B}=\begin{pmatrix}1&0&0\\0&1&0\end{pmatrix}$，$\boldsymbol{C}=\begin{pmatrix}1&0&0\\0&0&1\end{pmatrix}$，验证 $\boldsymbol{B}$ 和 $\boldsymbol{C}$ 均为 $\boldsymbol{A}$ 的减号逆矩阵.

解 直接计算，有

$$\boldsymbol{ABA}=\begin{pmatrix}1&0\\1&0\\1&0\end{pmatrix}\begin{pmatrix}1&0&0\\0&1&0\end{pmatrix}\begin{pmatrix}1&0\\1&0\\1&0\end{pmatrix}=\begin{pmatrix}1&0&0\\1&0&0\\1&0&0\end{pmatrix}\begin{pmatrix}1&0\\1&0\\1&0\end{pmatrix}=\begin{pmatrix}1&0\\1&0\\1&0\end{pmatrix}=\boldsymbol{A},$$

$$\boldsymbol{ACA}=\begin{pmatrix}1&0\\1&0\\1&0\end{pmatrix}\begin{pmatrix}1&0&0\\0&0&1\end{pmatrix}\begin{pmatrix}1&0\\1&0\\1&0\end{pmatrix}=\begin{pmatrix}1&0&0\\1&0&0\\1&0&0\end{pmatrix}\begin{pmatrix}1&0\\1&0\\1&0\end{pmatrix}=\begin{pmatrix}1&0\\1&0\\1&0\end{pmatrix}=\boldsymbol{A}.$$

由上例可见，$\boldsymbol{A}$ 的减号逆矩阵不唯一.

例 8.2 已知 $\boldsymbol{A}=\begin{pmatrix}1&0\\0&0\end{pmatrix}$，验证 $\boldsymbol{A}$ 的加号逆矩阵为自身.

解 令 $\boldsymbol{X}=\begin{pmatrix}1&0\\0&0\end{pmatrix}$，因 $\boldsymbol{AXA}=\boldsymbol{XAX}=\boldsymbol{AX}=\boldsymbol{XA}=\begin{pmatrix}1&0\\0&0\end{pmatrix}$，从而容易验证 Penrose-Moore 方程组 4 个条件都满足.

后续章节将证明，A 的加号逆矩阵唯一.

例 8.3 已知 $\boldsymbol{B}=\begin{pmatrix}0&1&0\\0&0&0\end{pmatrix}$，验证 $\boldsymbol{B}$ 加号逆矩阵为 $\boldsymbol{B}^{\mathrm{T}}$.

解 直接计算，得

$$\boldsymbol{BB}^{\mathrm{T}}=\begin{pmatrix}1&0\\0&0\end{pmatrix},\quad \boldsymbol{B}^{\mathrm{T}}\boldsymbol{B}=\begin{pmatrix}0&0&0\\0&1&0\\0&0&0\end{pmatrix}$$

都是实对称矩阵，因此 Penrose-Moore 方程组中的 (3) 和 (4) 已经满足．代入计算可知

$$\boldsymbol{B}\boldsymbol{B}^{\mathrm{T}}\boldsymbol{B}=\boldsymbol{B}\,,\quad \boldsymbol{B}^{\mathrm{T}}\boldsymbol{B}\boldsymbol{B}^{\mathrm{T}}=\boldsymbol{B}^{\mathrm{T}}$$

也满足，因此 $\boldsymbol{B}^{\mathrm{T}}$ 为 $\boldsymbol{B}$ 的加号逆矩阵．

8.2 减号逆矩阵

本节介绍减号逆矩阵的性质及其计算方法．

减号逆具有以下基本性质．

定理 8.2 设 $\boldsymbol{A}\in\mathbf{R}^{m\times n}$，广义逆矩阵 $\boldsymbol{A}^{-}\in\boldsymbol{A}\{1\}$ 具有如下性质：

(1) $(\boldsymbol{A}^{-})^{\mathrm{T}}=(\boldsymbol{A}^{\mathrm{T}})^{-}$；

(2) 任取 $\lambda\in\mathbf{R}$，$\lambda^{+}\boldsymbol{A}^{-}\in(\lambda\boldsymbol{A})\{1\}$，其中

$$\lambda^{+}=\begin{cases}\lambda^{-1}, & \lambda\neq 0,\\ 0, & \lambda=0;\end{cases}$$

(3) $\operatorname{rank}\boldsymbol{A}^{-}\geqslant\operatorname{rank}\boldsymbol{A}$；

(4) $\boldsymbol{A}\boldsymbol{A}^{-}$ 和 $\boldsymbol{A}^{-}\boldsymbol{A}$ 都是幂等矩阵，且 $\operatorname{rank}\boldsymbol{A}\boldsymbol{A}^{-}=\operatorname{rank}\boldsymbol{A}^{-}\boldsymbol{A}=\operatorname{rank}\boldsymbol{A}$；

(5) 设矩阵 $\boldsymbol{P}$，$\boldsymbol{Q}$ 可逆，则 $\boldsymbol{Q}^{-1}\boldsymbol{A}^{-}\boldsymbol{P}^{-1}\in(\boldsymbol{P}\boldsymbol{A}\boldsymbol{Q})\{1\}$．

证明 (1) 因为 $\boldsymbol{A}^{\mathrm{T}}(\boldsymbol{A}^{-})^{\mathrm{T}}\boldsymbol{A}^{\mathrm{T}}=(\boldsymbol{A}\boldsymbol{A}^{-}\boldsymbol{A})^{\mathrm{T}}=\boldsymbol{A}^{\mathrm{T}}$，所以 $(\boldsymbol{A}^{-})^{\mathrm{T}}\in\boldsymbol{A}^{\mathrm{T}}\{1\}$．

(2) 若 $\lambda=0$，由定义知零矩阵就是零矩阵的一个 $\{1\}$ 逆．若 $\lambda\neq 0$，则 $\boldsymbol{A}=\boldsymbol{A}\boldsymbol{A}^{-}\boldsymbol{A}$．于是 $\lambda\boldsymbol{A}=(\lambda\boldsymbol{A})(\lambda^{-1}\boldsymbol{A}^{-})(\lambda\boldsymbol{A})$，故 $\lambda^{+}\boldsymbol{A}\in(\lambda\boldsymbol{A})\{1\}$．

(3) 由 $\boldsymbol{A}\boldsymbol{A}^{-}\boldsymbol{A}=\boldsymbol{A}$，根据两个矩阵之积的秩小于等于这两个矩阵中任一个矩阵的秩，可推出

$$\operatorname{rank}\boldsymbol{A}=\operatorname{rank}\boldsymbol{A}\boldsymbol{A}^{-}\boldsymbol{A}\leqslant\operatorname{rank}\boldsymbol{A}\boldsymbol{A}^{-}\leqslant\operatorname{rank}\boldsymbol{A}^{-}.$$

(4) 因为

$$(\boldsymbol{A}^{-}\boldsymbol{A})^{2}=\boldsymbol{A}^{-}\boldsymbol{A}\boldsymbol{A}^{-}\boldsymbol{A}=\boldsymbol{A}^{-}(\boldsymbol{A}\boldsymbol{A}^{-}\boldsymbol{A})=\boldsymbol{A}^{-}\boldsymbol{A},$$
$$(\boldsymbol{A}\boldsymbol{A}^{-})^{2}=\boldsymbol{A}\boldsymbol{A}^{-}\boldsymbol{A}\boldsymbol{A}^{-}=(\boldsymbol{A}\boldsymbol{A}^{-}\boldsymbol{A})\boldsymbol{A}^{-}=\boldsymbol{A}\boldsymbol{A}^{-},$$

因此，$\boldsymbol{A}^{-}\boldsymbol{A}$ 和 $\boldsymbol{A}\boldsymbol{A}^{-}$ 是幂等矩阵．又因为

$$\operatorname{rank}\boldsymbol{A}=\operatorname{rank}\boldsymbol{A}\boldsymbol{A}^{-}\boldsymbol{A}\leqslant\operatorname{rank}\boldsymbol{A}\boldsymbol{A}^{-}\leqslant\operatorname{rank}\boldsymbol{A},$$

故上式中只能等号成立，即 $\operatorname{rank}\boldsymbol{A}=\operatorname{rank}\boldsymbol{A}\boldsymbol{A}^{-}$．

同理可证 $\operatorname{rank}\boldsymbol{A}=\operatorname{rank}\boldsymbol{A}^{-}\boldsymbol{A}$．

(5) 由 $\boldsymbol{A}\boldsymbol{A}^{-}\boldsymbol{A}=\boldsymbol{A}$ 可推得 $(\boldsymbol{P}\boldsymbol{A}\boldsymbol{Q})(\boldsymbol{Q}^{-1}\boldsymbol{A}^{-}\boldsymbol{P}^{-1})(\boldsymbol{P}\boldsymbol{A}\boldsymbol{Q})=\boldsymbol{P}\boldsymbol{A}\boldsymbol{Q}$，因此，$\boldsymbol{Q}^{-1}\boldsymbol{A}^{-}\boldsymbol{P}^{-1}\in(\boldsymbol{P}\boldsymbol{A}\boldsymbol{Q})\{1\}$．证毕．

下面研究减号逆的计算方法．先看一个特殊的例子．

例 8.4 设 $\boldsymbol{A}\in\mathbf{R}^{m\times n}$，且 $\boldsymbol{A}$ 可写成如下分块矩阵 $\boldsymbol{A}=\begin{pmatrix}\boldsymbol{E}_r & \boldsymbol{0}\\ \boldsymbol{0} & \boldsymbol{0}\end{pmatrix}$，其中 $\boldsymbol{E}_r$ 是 r 阶方阵．利用定义求 $\boldsymbol{A}\{1\}$．

解 设 $\boldsymbol{X} \in \boldsymbol{A}\{1\}$，则 $\boldsymbol{X}$ 是 $n \times m$ 型矩阵，将 $\boldsymbol{X}$ 做分块，

$$\boldsymbol{X} = \begin{pmatrix} \boldsymbol{X}_{11} & \boldsymbol{X}_{12} \\ \boldsymbol{X}_{21} & \boldsymbol{X}_{22} \end{pmatrix},$$

其中，$\boldsymbol{X}_{11} \in \mathbf{R}^{r\times r}$，$\boldsymbol{X}_{12} \in \mathbf{R}^{r\times(m-r)}$，$\boldsymbol{X}_{21} \in \mathbf{R}^{(n-r)\times r}$，$\boldsymbol{X}_{22} \in \mathbf{R}^{(n-r)\times(m-r)}$，于是

$$\boldsymbol{AXA} = \begin{pmatrix} \boldsymbol{E}_r & \mathbf{0} \\ \mathbf{0} & \mathbf{0} \end{pmatrix}\begin{pmatrix} \boldsymbol{X}_{11} & \boldsymbol{X}_{12} \\ \boldsymbol{X}_{21} & \boldsymbol{X}_{22} \end{pmatrix}\begin{pmatrix} \boldsymbol{E}_r & \mathbf{0} \\ \mathbf{0} & \mathbf{0} \end{pmatrix} = \begin{pmatrix} \boldsymbol{X}_{11} & \mathbf{0} \\ \mathbf{0} & \mathbf{0} \end{pmatrix},$$

由 $\boldsymbol{AXA} = \boldsymbol{A}$ 知 $\boldsymbol{X}_{11} = \boldsymbol{E}_r$，即 $\boldsymbol{A}\{1\}$ 中的任意一个矩阵可写成

$$\boldsymbol{X} = \begin{pmatrix} \boldsymbol{E}_r & \boldsymbol{X}_{12} \\ \boldsymbol{X}_{21} & \boldsymbol{X}_{22} \end{pmatrix},$$

其中 $\boldsymbol{X}_{12} \in \mathbf{R}^{r\times(m-r)}$，$\boldsymbol{X}_{21} \in \mathbf{R}^{(n-r)\times r}$，$\boldsymbol{X}_{22} \in \mathbf{R}^{(n-r)\times(m-r)}$ 为任意矩阵.

下面的定理给出了一般矩阵全体减号逆的表达式.

定理 8.3 设 $\boldsymbol{A} \in \mathbf{R}^{m\times n}$，$\operatorname{rank}\boldsymbol{A} = r$，$\boldsymbol{P} \in \mathbf{R}^{m\times m}$，$\boldsymbol{Q} \in \mathbf{R}^{n\times n}$，$\boldsymbol{P}$ 和 $\boldsymbol{Q}$ 可逆，且

$$\boldsymbol{PAQ} = \begin{pmatrix} \boldsymbol{E}_r & \mathbf{0} \\ \mathbf{0} & \mathbf{0} \end{pmatrix},$$

则 $\boldsymbol{A}\{1\}$ 中任一矩阵可写成

$$\boldsymbol{Q}\begin{pmatrix} \boldsymbol{E}_r & \boldsymbol{X}_{12} \\ \boldsymbol{X}_{21} & \boldsymbol{X}_{22} \end{pmatrix}\boldsymbol{P},$$

其中 $\boldsymbol{X}_{12} \in \mathbf{R}^{r\times(m-r)}$，$\boldsymbol{X}_{21} \in \mathbf{R}^{(n-r)\times r}$，$\boldsymbol{X}_{22} \in \mathbf{R}^{(n-r)\times(m-r)}$ 为任意矩阵.

证明 由例 8.4 及定理 8.2 的性质 (5) 即可推出本定理. 证毕.

定理 8.3 给出了求 $\boldsymbol{A}^-$ 的一种计算方法. 这种方法须先求出可逆矩阵 $\boldsymbol{P}$ 和 $\boldsymbol{Q}$，使 $\boldsymbol{PAQ}$ 成为标准形. 为此可以先构造分块矩阵 $\boldsymbol{B}$，使

$$\boldsymbol{B} = \begin{pmatrix} \boldsymbol{A} & \boldsymbol{E}_m \\ \boldsymbol{E}_n & \mathbf{0} \end{pmatrix}.$$

用行和列初等变换把 $\boldsymbol{B}$ 中的 $\boldsymbol{A}$ 化成如下形式的标准形

$$\tilde{\boldsymbol{A}} = \begin{pmatrix} \boldsymbol{E}_r & \mathbf{0} \\ \mathbf{0} & \mathbf{0} \end{pmatrix},$$

同时，$\boldsymbol{E}_n$ 化成了 $\boldsymbol{Q}$，$\boldsymbol{E}_m$ 化成了 $\boldsymbol{P}$，即

$$\begin{pmatrix} \boldsymbol{P} & \mathbf{0} \\ \mathbf{0} & \boldsymbol{E}_n \end{pmatrix}\begin{pmatrix} \boldsymbol{A} & \boldsymbol{E}_m \\ \boldsymbol{E}_n & \mathbf{0} \end{pmatrix}\begin{pmatrix} \boldsymbol{Q} & \mathbf{0} \\ \mathbf{0} & \boldsymbol{E}_m \end{pmatrix} = \begin{pmatrix} \tilde{\boldsymbol{A}} & \boldsymbol{P} \\ \boldsymbol{Q} & \mathbf{0} \end{pmatrix},$$

故

$$\boldsymbol{PAQ} = \tilde{\boldsymbol{A}} = \begin{pmatrix} \boldsymbol{E}_r & \mathbf{0} \\ \mathbf{0} & \mathbf{0} \end{pmatrix},$$

于是 $\boldsymbol{A}\{1\}$ 中的矩阵可写成

$$\boldsymbol{X}=\boldsymbol{Q}\begin{pmatrix}\boldsymbol{E}_r & \boldsymbol{X}_{12}\\ \boldsymbol{X}_{21} & \boldsymbol{X}_{22}\end{pmatrix}\boldsymbol{P}.$$

定理 8.3 表明 $\boldsymbol{A}^-$ 是存在的，即 $\boldsymbol{A}\{1\}$ 是非空集合．由于 $\boldsymbol{X}_{12}$，$\boldsymbol{X}_{21}$，$\boldsymbol{X}_{22}$ 中的元素可任取，故当 $\boldsymbol{A}$ 不是可逆方阵时，$\boldsymbol{A}^-$ 不唯一．

例 8.5 已知矩阵 $\boldsymbol{A}=\begin{pmatrix}1 & 0 & -1 & 1\\ 0 & 2 & 2 & 2\\ -1 & 4 & 5 & 3\end{pmatrix}$，求 $\boldsymbol{A}$ 的广义逆 $\boldsymbol{A}\{1\}$．

解 对分块矩阵 $\boldsymbol{B}$ 作初等变换，得

$$\boldsymbol{B}=\begin{pmatrix}1 & 0 & -1 & 1 & 1 & 0 & 0\\ 0 & 2 & 2 & 2 & 0 & 1 & 0\\ -1 & 4 & 5 & 3 & 0 & 0 & 1\\ 1 & 0 & 0 & 0 & & & \\ 0 & 1 & 0 & 0 & & \boldsymbol{0} & \\ 0 & 0 & 1 & 0 & & & \\ 0 & 0 & 0 & 1 & & & \end{pmatrix}\to\begin{pmatrix}1 & 0 & 0 & 0 & 1 & 0 & 0\\ 0 & 1 & 0 & 0 & 0 & \frac{1}{2} & 0\\ 0 & 0 & 0 & 0 & 1 & -2 & 1\\ 1 & 0 & 1 & -1 & & & \\ 0 & 1 & -1 & -1 & & \boldsymbol{0} & \\ 0 & 0 & 1 & 0 & & & \\ 0 & 0 & 0 & 1 & & & \end{pmatrix},$$

于是

$$\boldsymbol{P}=\begin{pmatrix}1 & 0 & 0\\ 0 & \frac{1}{2} & 0\\ 1 & -2 & 1\end{pmatrix},\quad \boldsymbol{Q}=\begin{pmatrix}1 & 0 & 1 & -1\\ 0 & 1 & -1 & -1\\ 0 & 0 & 1 & 0\\ 0 & 0 & 0 & 1\end{pmatrix}.$$

因此，$\boldsymbol{A}$ 的任一个 $\{1\}$ 逆可写成

$$\boldsymbol{X}=\boldsymbol{Q}\begin{pmatrix}1 & 0 & x_1\\ 0 & 1 & x_2\\ y_{11} & y_{12} & z_1\\ y_{21} & y_{22} & z_2\end{pmatrix}\boldsymbol{P},$$

其中，x_i，y_{ij}，z_j $(i=1,2,\ j=1,2)$ 为任意实数．

若取 $x_i=y_{ij}=z_j=0\,(i=1,2,\ j=1,2)$，则得到 $\boldsymbol{A}$ 的一个具体的 $\{1\}$ 逆

$$\boldsymbol{A}^-=\begin{pmatrix}1 & 0 & 1 & -1\\ 0 & 1 & -1 & -1\\ 0 & 0 & 1 & 0\\ 0 & 0 & 0 & 1\end{pmatrix}\begin{pmatrix}1 & 0 & 0\\ 0 & 1 & 0\\ 0 & 0 & 0\\ 0 & 0 & 0\end{pmatrix}\begin{pmatrix}1 & 0 & 0\\ 0 & \frac{1}{2} & 0\\ 1 & -2 & 1\end{pmatrix}=\begin{pmatrix}1 & 0 & 0\\ 0 & \frac{1}{2} & 0\\ 0 & 0 & 0\\ 0 & 0 & 0\end{pmatrix}.$$

如果 $x_i, y_{ij}, z_j\,(i=1,2;\ j=1,2)$ 取为其他数，就可以得到另一个 $\{1\}$ 逆．

下述定理给出已知某一个 $\{1\}$ 逆后所有 $\boldsymbol{A}^-$ 的一般表达式.

定理 8.4 设 $\boldsymbol{A}\in\mathbf{R}^{m\times n}$，$\boldsymbol{A}^-\in\boldsymbol{A}\{1\}$ 是 $\boldsymbol{A}$ 的某一个 $\{1\}$ 逆，则

(1) $\boldsymbol{X}=\boldsymbol{A}^-+\boldsymbol{U}-\boldsymbol{A}^-\boldsymbol{A}\boldsymbol{U}\boldsymbol{A}\boldsymbol{A}^-\in\boldsymbol{A}\{1\}$，矩阵 $\boldsymbol{U}\in\mathbf{R}^{n\times m}$ 是任意实矩阵；

(2) $\boldsymbol{X}=\boldsymbol{A}^-+\boldsymbol{V}(\boldsymbol{E}_m-\boldsymbol{A}\boldsymbol{A}^-)+(\boldsymbol{E}_n-\boldsymbol{A}^-\boldsymbol{A})\boldsymbol{U}$，其中 $\boldsymbol{U},\boldsymbol{V}\in\mathbf{R}^{n\times m}$，也是 $\boldsymbol{A}$ 的某一个 $\{1\}$ 逆，且 $\boldsymbol{A}\{1\}$ 中任何一个矩阵都可以表示成上述形式.

证明 先证明 (1) (2) 中的 $\boldsymbol{X}\in\boldsymbol{A}\{1\}$．分别将上述 $\boldsymbol{X}$ 代入 $\boldsymbol{AXA}$ 验证得，

$$\begin{aligned}&\boldsymbol{A}(\boldsymbol{A}^-+\boldsymbol{U}-\boldsymbol{A}^-\boldsymbol{AUAA}^-)\boldsymbol{A}\\=&\boldsymbol{AA}^-\boldsymbol{A}+\boldsymbol{AUA}-(\boldsymbol{AA}^-\boldsymbol{A})\boldsymbol{U}(\boldsymbol{AA}^-\boldsymbol{A})\\=&\boldsymbol{A}+\boldsymbol{AUA}-\boldsymbol{AUA}=\boldsymbol{A},\\&\boldsymbol{A}(\boldsymbol{A}^-+\boldsymbol{V}(\boldsymbol{E}_m-\boldsymbol{AA}^-)+(\boldsymbol{E}_n-\boldsymbol{A}^-\boldsymbol{A})\boldsymbol{U})\boldsymbol{A}\\=&\boldsymbol{AA}^-\boldsymbol{A}+\boldsymbol{AV}(\boldsymbol{E}_m-\boldsymbol{AA}^-)\boldsymbol{A}+\boldsymbol{A}(\boldsymbol{E}_n-\boldsymbol{A}^-\boldsymbol{A})\boldsymbol{UA}\\=&\boldsymbol{AA}^-\boldsymbol{A}+\boldsymbol{AV}(\boldsymbol{A}-\boldsymbol{AA}^-\boldsymbol{A})+(\boldsymbol{A}-\boldsymbol{AA}^-\boldsymbol{A})\boldsymbol{UA}=\boldsymbol{A},\end{aligned}$$

即 $\boldsymbol{X}\in\boldsymbol{A}\{1\}$.

再设任给 $\boldsymbol{X}\in\boldsymbol{A}\{1\}$，则

$$\boldsymbol{A}(\boldsymbol{X}-\boldsymbol{A}^-)\boldsymbol{A}=\boldsymbol{AXA}-\boldsymbol{AA}^-\boldsymbol{A}=\boldsymbol{A}-\boldsymbol{A}=\boldsymbol{0}.$$

令 $\boldsymbol{U}=\boldsymbol{B}-\boldsymbol{A}^-$，则 $\boldsymbol{AUA}=\boldsymbol{0}$，于是 $\boldsymbol{A}^-\boldsymbol{AUAA}^-=\boldsymbol{0}$，故

$$\boldsymbol{X}=\boldsymbol{A}^-+\boldsymbol{U}-\boldsymbol{A}^-\boldsymbol{AUAA}^-.$$

取

$$\boldsymbol{V}=\boldsymbol{X}-\boldsymbol{A}^-,\quad \boldsymbol{U}=\boldsymbol{XAA}^-,$$

则

$$\boldsymbol{X}=\boldsymbol{A}^-+\boldsymbol{V}(\boldsymbol{E}_m-\boldsymbol{AA}^-)+(\boldsymbol{E}_n-\boldsymbol{A}^-\boldsymbol{A})\boldsymbol{U}.$$

故 $\boldsymbol{A}\{1\}$ 中任何一个矩阵都可以表示成上述形式．证毕.

除了使用定理 8.3 的方法外，还可以利用矩阵的满秩分解计算 $\boldsymbol{A}^-$.

对于行满秩矩阵，有如下结论.

定理 8.5 设 $\boldsymbol{A}\in\mathbf{R}^{m\times n}$ $(m\leqslant n)$ 为行满秩矩阵，则存在 $\boldsymbol{B}\in\mathbf{R}^{n\times m}$，使 $\boldsymbol{AB}=\boldsymbol{E}$，称 $\boldsymbol{B}$ 为 $\boldsymbol{A}$ 的**右逆**，记为 $\boldsymbol{A}_R^{-1}$.

证明 根据定理 1.20，$\boldsymbol{AA}^{\mathrm{T}}$ 是 m 阶可逆方阵，故

$$(\boldsymbol{AA}^{\mathrm{T}})(\boldsymbol{AA}^{\mathrm{T}})^{-1}=(\boldsymbol{AA}^{\mathrm{T}})^{-1}(\boldsymbol{AA}^{\mathrm{T}})=\boldsymbol{E},$$

从而 $\boldsymbol{A}$ 的右逆可取为 $\boldsymbol{A}_R^{-1}=\boldsymbol{A}^{\mathrm{T}}(\boldsymbol{AA}^{\mathrm{T}})^{-1}$.

例 8.6 设矩阵 $\boldsymbol{A}=\begin{pmatrix}1&2&-1\\0&-1&2\end{pmatrix}$，求 $\boldsymbol{A}$ 的右逆 $\boldsymbol{A}_R^{-1}$.

解 由 $\operatorname{rank}\boldsymbol{A}=2$，知 $\boldsymbol{A}$ 为行满秩矩阵，所以

$$\boldsymbol{A}_R^{-1}=\boldsymbol{A}^{\mathrm{T}}(\boldsymbol{AA}^{\mathrm{T}})^{-1}=\begin{pmatrix}1&0\\2&-1\\-1&2\end{pmatrix}\left(\begin{pmatrix}1&2&-1\\0&-1&2\end{pmatrix}\begin{pmatrix}1&0\\2&-1\\-1&2\end{pmatrix}\right)^{-1}=\frac{1}{14}\begin{pmatrix}5&4\\6&2\\3&8\end{pmatrix}.$$

相应地，对于列满秩矩阵，有如下结论.

定理 8.6 设 $A \in \mathbf{R}^{m\times n}$ $(m \geqslant n)$ 是列满秩矩阵，则存在 $B \in \mathbf{R}^{n\times m}$，使 $BA = E$，称 B 为 A 的**左逆**，记为 A_L^{-1}.

证明 注意到方阵 $A^{\mathrm{T}}A$ 可逆，故

$$(A^{\mathrm{T}}A)(A^{\mathrm{T}}A)^{-1} = (A^{\mathrm{T}}A)^{-1}(A^{\mathrm{T}}A) = E.$$

从而 A 的左逆可取为

$$A_L^{-1} = (A^{\mathrm{T}}A)^{-1}A^{\mathrm{T}}.$$

例 8.7 求矩阵 $A = \begin{pmatrix} 1 & 2 \\ 2 & 1 \\ 1 & 1 \end{pmatrix}$ 的左逆 A_L^{-1}.

解 由 $\operatorname{rank} A = 2$，知 A 为列满秩矩阵，所以

$$A_L^{-1} = (A^{\mathrm{T}}A)^{-1}A^{\mathrm{T}} = \left(\begin{pmatrix} 1 & 2 & 1 \\ 2 & 1 & 1 \end{pmatrix}\begin{pmatrix} 1 & 2 \\ 2 & 1 \\ 1 & 1 \end{pmatrix}\right)^{-1}\begin{pmatrix} 1 & 2 & 1 \\ 2 & 1 & 1 \end{pmatrix} = \frac{1}{11}\begin{pmatrix} -4 & 7 & 1 \\ 7 & -4 & 1 \end{pmatrix}.$$

注 8.1 矩阵 A 非方阵时，其左逆与右逆不会同时存在，非满秩矩阵的左逆和右逆也不唯一. 可以验证，$m\times n$ 型行满秩矩阵 A 的右逆一般表达式为

$$B = VA^{\mathrm{T}}(AVA^{\mathrm{T}})^{-1},$$

其中，V 是使等式 $\operatorname{rank} AVA^{\mathrm{T}} = \operatorname{rank} A = m$ 成立的任意 n 阶方阵. $m\times n$ 型列满秩矩阵 A 的左逆一般表达式为

$$B = (A^{\mathrm{T}}UA)^{-1}A^{\mathrm{T}}U,$$

其中，U 是使等式 $\operatorname{rank}(A^{\mathrm{T}}UA) = \operatorname{rank} A = n$ 成立的任意 m 阶方阵.

定理 8.7 设 A 为 $m\times n$ 型矩阵，其满秩分解为 $A = BC$，其中 B 为 $m\times r$ 型矩阵，C 为 $r\times n$ 型矩阵，且 $\operatorname{rank} A = \operatorname{rank} B = \operatorname{rank} C = r \leqslant \min\{m,n\}$. 若 B 的一个左逆为 B_L^{-1}, C 的一个右逆 C_R^{-1}，则 $A^- = C_R^{-1}B_L^{-1}$，特别地，A^- 可取为

$$A^- = C^{\mathrm{T}}(CC^{\mathrm{T}})^{-1}(B^{\mathrm{T}}B)^{-1}B^{\mathrm{T}}.$$

证明 将上式代入 Penrose-Moore 方程，有

$$AXA = AC_R^{-1}B_L^{-1}A = BCC_R^{-1}B_L^{-1}BC = BC = A.$$

证毕.

例 8.8 用满秩分解求矩阵 $A = \begin{pmatrix} 1 & 0 & 3 \\ 2 & 3 & 0 \\ 1 & 1 & 1 \end{pmatrix}$ 的一个广义逆 A^-.

解 因为

$$A = \begin{pmatrix} 1 & 0 & 3 \\ 2 & 3 & 0 \\ 1 & 1 & 1 \end{pmatrix} = \begin{pmatrix} 1 & 2 \\ 2 & 1 \\ 1 & 1 \end{pmatrix}\begin{pmatrix} 1 & 2 & -1 \\ 0 & -1 & 2 \end{pmatrix},$$

由前面两个例子可知

$$A^{-}=C_R^{-1}B_L^{-1}=\frac{1}{14}\begin{pmatrix}5&4\\6&2\\3&8\end{pmatrix}\frac{1}{11}\begin{pmatrix}-4&7&1\\7&-4&1\end{pmatrix}=\frac{1}{154}\begin{pmatrix}8&19&9\\-10&34&8\\44&-11&11\end{pmatrix}.$$

8.3 自反广义逆矩阵

本节介绍自反广义逆 $A\{1,2\}$ 的概念和性质，以及与减号逆 $A\{1\}$ 之间的关系.

根据定义可直接得到，若 X 是 A 的自反广义逆，则 A 也是 X 的自反广义逆，这就是自反的含义.

定理 8.8 任何矩阵 $A\in R^{m\times n}$ 都有自反广义逆.

证明 若 $A=0$，则 $X=0$ 就是 A 的自反广义逆. 若 $A\neq 0$，$\operatorname{rank}A=r$，则存在可逆矩阵 P 和 Q，使

$$PAQ=\begin{pmatrix}E_r&0\\0&0\end{pmatrix}.$$

直接验证可知矩阵

$$X=Q\begin{pmatrix}E_r&W\\V&VW\end{pmatrix}P$$

是 A 的自反广义逆，其中，$W\in\mathbf{R}^{r\times(m-r)}$，$V\in\mathbf{R}^{(n-r)\times r}$ 为任意矩阵. 证毕.

定理 8.8 说明自反广义逆存在，但通常不唯一.

例 8.9 求矩阵 $A=\begin{pmatrix}1&0&0\\1&1&1\\2&1&1\end{pmatrix}$ 的自反广义逆 $A^{(1,2)}$.

解 由初等矩阵变换可知

$$PAQ=\begin{pmatrix}1&0&0\\-1&1&0\\-1&-1&1\end{pmatrix}\begin{pmatrix}1&0&0\\1&1&1\\2&1&1\end{pmatrix}\begin{pmatrix}1&0&0\\0&1&-1\\0&0&1\end{pmatrix}=\begin{pmatrix}1&0&0\\0&1&0\\0&0&0\end{pmatrix},$$

故

$$A^{(1,2)}=Q\begin{pmatrix}1&0&w_1\\0&1&w_2\\v_1&v_2&v_1w_1+v_2w_2\end{pmatrix}P,$$

其中，w_i，$v_i\,(i=1,2)$ 为任意常数.

定理 8.9 对任何 $A\in\mathbf{R}^{m\times n}$，若 $Y,Z\in A\{1\}$，则 $X=YAZ\in A\{1,2\}$.

证明 直接验证，又

$$AXA = (AYA)ZA = AZA = A,$$
$$XAX = Y(AZA)YAZ = Y(AYA)Z = YAZ = X,$$

因此，X 是 A 的 $\{1,2\}$ 逆．证毕．

引理 8.10 设 $A \in \mathbf{R}^{m\times n}$，$X \in \mathbf{R}^{n\times m}$，若

$$\mathcal{R}(XA) = \mathcal{R}(X),$$

则存在 $Y \in \mathbf{R}^{n\times m}$，使 $XAY = X$．

证明 令 $q_1, q_2, \cdots, q_m$ 是 $\mathbf{R}^m$ 的一组基，

$$r_i = Xq_i \ (i = 1, 2, \cdots, m),$$

则 $r_i \in \mathcal{R}(X)$．

因为 $\mathcal{R}(XA) = \mathcal{R}(X)$，所以 $r_i \in \mathcal{R}(XA)$，即存在 $p_i \in \mathbf{R}^n$，使

$$r_i = XAp_i \ (i = 1, 2, \cdots, m).$$

记

$$P = (p_1, p_2, \cdots, p_m) \in \mathbf{R}^{n\times m},$$
$$Q = (q_1, q_2, \cdots, q_m) \in \mathbf{R}^{m\times m},$$

显然 Q 可逆．由 $Xq_i = XAp_i$ 知 $XQ = XAP$，即

$$X = XAPQ^{-1}.$$

令 $Y = PQ^{-1}$，于是 $X = XAY$．证毕．

定理 8.11 设 $A \in \mathbf{R}^{m\times n}$，$\operatorname{rank} A = r$，$X \in \mathbf{R}^{n\times m}$，且 $X \in A\{1\}$，则 $X \in A\{1,2\}$ 的充分必要条件是 $\operatorname{rank} X = \operatorname{rank} A$．

证明 必要性．因为 $X \in A\{1,2\}$，所以 $AXA = A$，$XAX = X$．由 $AXA = A$ 可得

$$\operatorname{rank} A = \operatorname{rank} AXA \leqslant \operatorname{rank} AX \leqslant \operatorname{rank} X;$$

同理，根据 $XAX = X$ 可得 $\operatorname{rank} X \leqslant \operatorname{rank} A$．从而 $\operatorname{rank} X = \operatorname{rank} A$．

充分性．由定理 8.2 的 (4) 知

$$\operatorname{rank} XA = \operatorname{rank} A,$$

结合 $\operatorname{rank} X = \operatorname{rank} A$，得

$$\operatorname{rank} XA = \operatorname{rank} X,$$

即 $\mathcal{R}(XA)$ 与 $\mathcal{R}(X)$ 的维数相等，而 $\mathcal{R}(XA) \subset \mathcal{R}(X)$，故 $\mathcal{R}(XA) = \mathcal{R}(X)$．由引理 8.10 知，存在 $Y \in \mathbf{R}^{n\times m}$，使 $XAY = X$，左乘 A 得

$$AX = AXAY = (AXA)Y = AY,$$

所以

$$XAX = XAY = X, \quad X \in A\{1,2\}.$$

证毕．

8.4 加号逆矩阵

加号逆是应用最广泛的一类矩阵的广义逆，本节介绍它的定义、性质和计算方法.

定理 8.12 任给矩阵 $\boldsymbol{A}\in\mathbf{R}^{m\times n}$，$\boldsymbol{A}^+$ 存在且唯一.

证明 先证明加号逆的存在性. 当 $\operatorname{rank}\boldsymbol{A}=0$，即 $\boldsymbol{A}=\boldsymbol{0}$ 为零矩阵时，容易验证 $\boldsymbol{X}=\boldsymbol{0}$ 是 $\boldsymbol{A}$ 的一个加号逆. 当 $\operatorname{rank}\boldsymbol{A}=r\neq 0$ 时，取 $\boldsymbol{A}$ 的一个满秩分解为 $\boldsymbol{A}=\boldsymbol{BC}$，令

$$\boldsymbol{X}=\boldsymbol{C}^{\mathrm{T}}(\boldsymbol{C}\boldsymbol{C}^{\mathrm{T}})^{-1}(\boldsymbol{B}^{\mathrm{T}}\boldsymbol{B})^{-1}\boldsymbol{B}^{\mathrm{T}}, \tag{8.2}$$

则

$$\begin{aligned}
\boldsymbol{AXA}&=\boldsymbol{BCC}^{\mathrm{T}}(\boldsymbol{CC}^{\mathrm{T}})^{-1}(\boldsymbol{B}^{\mathrm{T}}\boldsymbol{B})^{-1}\boldsymbol{B}^{\mathrm{T}}\boldsymbol{BC}=\boldsymbol{BC}=\boldsymbol{A},\\
\boldsymbol{XAX}&=\boldsymbol{C}^{\mathrm{T}}(\boldsymbol{CC}^{\mathrm{T}})^{-1}(\boldsymbol{B}^{\mathrm{T}}\boldsymbol{B})^{-1}\boldsymbol{B}^{\mathrm{T}}\boldsymbol{BCC}^{\mathrm{T}}(\boldsymbol{CC}^{\mathrm{T}})^{-1}(\boldsymbol{B}^{\mathrm{T}}\boldsymbol{B})^{-1}\boldsymbol{B}^{\mathrm{T}}\\
&=\boldsymbol{C}^{\mathrm{T}}(\boldsymbol{CC}^{\mathrm{T}})^{-1}(\boldsymbol{B}^{\mathrm{T}}\boldsymbol{B})^{-1}\boldsymbol{B}^{\mathrm{T}}=\boldsymbol{X},\\
(\boldsymbol{AX})^{\mathrm{T}}&=(\boldsymbol{BCC}^{\mathrm{T}}(\boldsymbol{CC}^{\mathrm{T}})^{-1}(\boldsymbol{B}^{\mathrm{T}}\boldsymbol{B})^{-1}\boldsymbol{B}^{\mathrm{T}})^{\mathrm{T}}=(\boldsymbol{B}(\boldsymbol{B}^{\mathrm{T}}\boldsymbol{B})^{-1}\boldsymbol{B}^{\mathrm{T}})^{\mathrm{T}}=\boldsymbol{B}((\boldsymbol{B}^{\mathrm{T}}\boldsymbol{B})^{-1})^{\mathrm{T}}\boldsymbol{B}^{\mathrm{T}}\\
&=\boldsymbol{B}(\boldsymbol{B}^{\mathrm{T}}\boldsymbol{B})^{-1}\boldsymbol{B}^{\mathrm{T}}=\boldsymbol{AX},\\
(\boldsymbol{XA})^{\mathrm{T}}&=(\boldsymbol{C}^{\mathrm{T}}(\boldsymbol{CC}^{\mathrm{T}})^{-1}(\boldsymbol{B}^{\mathrm{T}}\boldsymbol{B})^{-1}\boldsymbol{B}^{\mathrm{T}}\boldsymbol{BC})^{\mathrm{T}}=(\boldsymbol{C}^{\mathrm{T}}(\boldsymbol{CC}^{\mathrm{T}})^{-1}\boldsymbol{C})^{\mathrm{T}}=\boldsymbol{C}^{\mathrm{T}}((\boldsymbol{CC}^{\mathrm{T}})^{-1})^{\mathrm{T}}\boldsymbol{C}\\
&=\boldsymbol{C}^{\mathrm{T}}(\boldsymbol{CC}^{\mathrm{T}})^{-1}\boldsymbol{C}=\boldsymbol{XA}.
\end{aligned}$$

所以 $\boldsymbol{X}$ 是 $\boldsymbol{A}$ 的一个加号逆.

再证明加号逆的唯一性. 设 $\boldsymbol{X}_1$ 和 $\boldsymbol{X}_2$ 都是 $\boldsymbol{A}$ 的加号逆，由定理 8.1 和 Penrose-Moore 方程组可知

$$\begin{aligned}
\boldsymbol{X}_1&=\boldsymbol{X}_1\boldsymbol{X}_1^{\mathrm{T}}\boldsymbol{A}^{\mathrm{T}}=\boldsymbol{X}_1\boldsymbol{X}_1^{\mathrm{T}}(\boldsymbol{AX}_2\boldsymbol{A})^{\mathrm{T}}=\boldsymbol{X}_1\boldsymbol{X}_1^{\mathrm{T}}\boldsymbol{A}^{\mathrm{T}}\boldsymbol{X}_2^{\mathrm{T}}\boldsymbol{A}^{\mathrm{T}}\\
&=\boldsymbol{X}_1(\boldsymbol{AX}_1)^{\mathrm{T}}(\boldsymbol{AX}_2)^{\mathrm{T}}=\boldsymbol{X}_1\boldsymbol{AX}_1\boldsymbol{AX}_2=\boldsymbol{X}_1\boldsymbol{AX}_2\\
&=\boldsymbol{X}_1\boldsymbol{AX}_2\boldsymbol{AX}_2=\boldsymbol{X}_1\boldsymbol{A}(\boldsymbol{X}_2\boldsymbol{A})^{\mathrm{T}}\boldsymbol{X}_2=\boldsymbol{X}_1\boldsymbol{AA}^{\mathrm{T}}\boldsymbol{X}_2^{\mathrm{T}}\boldsymbol{X}_2\\
&=\boldsymbol{A}^{\mathrm{T}}\boldsymbol{X}_2^{\mathrm{T}}\boldsymbol{X}_2=(\boldsymbol{X}_2\boldsymbol{A})^{\mathrm{T}}\boldsymbol{X}_2=\boldsymbol{X}_2\boldsymbol{AX}_2=\boldsymbol{X}_2.
\end{aligned}$$

证毕.

定理 8.13 加号逆有如下运算性质：

(1) $(\boldsymbol{A}^+)^+=\boldsymbol{A}$；

(2) $(\boldsymbol{A}^{\mathrm{T}})^+=(\boldsymbol{A}^+)^{\mathrm{T}}$；

(3) 对 $\lambda\in\mathbf{R}$，$(\lambda\boldsymbol{A})^+=\lambda^+\boldsymbol{A}^+$，其中 λ^+ 约定为

$$\lambda^+=\begin{cases}\lambda^{-1}, & \lambda\neq 0,\\ 0, & \lambda=0;\end{cases}$$

(4) $\operatorname{rank}\boldsymbol{A}^+=\operatorname{rank}\boldsymbol{A}^+\boldsymbol{A}=\operatorname{rank}\boldsymbol{AA}^+=\operatorname{rank}\boldsymbol{A}$；

(5) $\boldsymbol{A}^+=(\boldsymbol{A}^{\mathrm{T}}\boldsymbol{A})^+\boldsymbol{A}^{\mathrm{T}}=\boldsymbol{A}^{\mathrm{T}}(\boldsymbol{AA}^{\mathrm{T}})^+$；

(6) $\mathcal{R}(\boldsymbol{AA}^+)=\mathcal{R}(\boldsymbol{A})$，$\mathcal{R}(\boldsymbol{A}^+\boldsymbol{A})=\mathcal{R}(\boldsymbol{A}^+)=\mathcal{R}(\boldsymbol{A}^{\mathrm{T}})$；

(7) $(\boldsymbol{A}^{\mathrm{T}}\boldsymbol{A})^+=\boldsymbol{A}^+(\boldsymbol{A}^{\mathrm{T}})^+$, $(\boldsymbol{AA}^{\mathrm{T}})^+=(\boldsymbol{A}^{\mathrm{T}})^+\boldsymbol{A}^+$；

(8) $\boldsymbol{A}$ 为实对称方阵时，$\boldsymbol{AA}^+=\boldsymbol{A}^+\boldsymbol{A}$；

(9) $\boldsymbol{A}=\boldsymbol{AA}^{\mathrm{T}}(\boldsymbol{A}^+)^{\mathrm{T}}=(\boldsymbol{A}^+)^{\mathrm{T}}\boldsymbol{A}^{\mathrm{T}}\boldsymbol{A}$，$\boldsymbol{A}^{\mathrm{T}}=\boldsymbol{A}^{\mathrm{T}}\boldsymbol{AA}^+=\boldsymbol{A}^+\boldsymbol{AA}^{\mathrm{T}}$.

证明 性质 (1) – (4) 由定义容易证明，故仅证明性质 (5) – (8).

(5) 设 $\boldsymbol{A}=\boldsymbol{BC}$ 为 $\boldsymbol{A}$ 的满秩分解，由定理 8.12 得

$$\boldsymbol{A}^{+}=\boldsymbol{C}^{\mathrm{T}}(\boldsymbol{C}\boldsymbol{C}^{\mathrm{T}})^{-1}(\boldsymbol{B}^{\mathrm{T}}\boldsymbol{B})^{-1}\boldsymbol{B}^{\mathrm{T}},$$

于是

$$\boldsymbol{A}^{\mathrm{T}}\boldsymbol{A}=\boldsymbol{C}^{\mathrm{T}}\boldsymbol{B}^{\mathrm{T}}\boldsymbol{B}\boldsymbol{C}=(\boldsymbol{C}^{\mathrm{T}}\boldsymbol{B}^{\mathrm{T}}\boldsymbol{B})\boldsymbol{C}.$$

此式可视为 $\boldsymbol{A}^{\mathrm{T}}\boldsymbol{A}$ 的一个满秩分解，从而有

$$\begin{aligned}(\boldsymbol{A}^{\mathrm{T}}\boldsymbol{A})^{+}&=\boldsymbol{C}^{\mathrm{T}}(\boldsymbol{C}\boldsymbol{C}^{\mathrm{T}})^{-1}((\boldsymbol{C}^{\mathrm{T}}\boldsymbol{B}^{\mathrm{T}})^{\mathrm{T}}(\boldsymbol{C}^{\mathrm{T}}\boldsymbol{B}^{\mathrm{T}}\boldsymbol{B}))^{-1}(\boldsymbol{C}^{\mathrm{T}}\boldsymbol{B}^{\mathrm{T}}\boldsymbol{B})^{\mathrm{T}}\\&=\boldsymbol{C}^{\mathrm{T}}(\boldsymbol{C}\boldsymbol{C}^{\mathrm{T}})^{-1}(\boldsymbol{B}^{\mathrm{T}}\boldsymbol{B}\boldsymbol{C}\boldsymbol{C}^{\mathrm{T}}\boldsymbol{B}^{\mathrm{T}}\boldsymbol{B})^{-1}\boldsymbol{B}^{\mathrm{T}}\boldsymbol{B}\boldsymbol{C}\\&=\boldsymbol{C}^{\mathrm{T}}(\boldsymbol{C}\boldsymbol{C}^{\mathrm{T}})^{-1}(\boldsymbol{B}^{\mathrm{T}}\boldsymbol{B}^{-1}(\boldsymbol{C}\boldsymbol{C}^{\mathrm{T}})^{-1}(\boldsymbol{B}^{\mathrm{T}}\boldsymbol{B})^{-1}(\boldsymbol{B}^{\mathrm{T}}\boldsymbol{B})\boldsymbol{C}\\&=\boldsymbol{C}^{\mathrm{T}}(\boldsymbol{C}\boldsymbol{C}^{\mathrm{T}})^{-1}(\boldsymbol{B}^{\mathrm{T}}\boldsymbol{B})^{-1}(\boldsymbol{C}\boldsymbol{C}^{\mathrm{T}})^{-1}\boldsymbol{C},\end{aligned}$$

于是

$$(\boldsymbol{A}^{\mathrm{T}}\boldsymbol{A})^{+}\boldsymbol{A}^{\mathrm{T}}=\boldsymbol{C}^{\mathrm{T}}(\boldsymbol{C}\boldsymbol{C}^{\mathrm{T}})^{-1}(\boldsymbol{B}^{\mathrm{T}}\boldsymbol{B})^{-1}(\boldsymbol{C}\boldsymbol{C}^{\mathrm{T}})^{-1}\boldsymbol{C}\boldsymbol{C}^{\mathrm{T}}\boldsymbol{B}^{\mathrm{T}}=\boldsymbol{C}^{\mathrm{T}}(\boldsymbol{C}\boldsymbol{C}^{\mathrm{T}})^{-1}(\boldsymbol{B}^{\mathrm{T}}\boldsymbol{B})^{-1}\boldsymbol{B}^{\mathrm{T}}=\boldsymbol{A}^{+}.$$

同理可证 $\boldsymbol{A}^{+}=\boldsymbol{A}^{\mathrm{T}}(\boldsymbol{A}\boldsymbol{A}^{\mathrm{T}})^{+}$.

(6) 因 $\mathcal{R}(\boldsymbol{A}\boldsymbol{A}^{+})\subset\mathcal{R}(\boldsymbol{A})$，$\mathcal{R}(\boldsymbol{A}^{+}\boldsymbol{A})\subset\mathcal{R}(\boldsymbol{A}^{+})$，以及

$$\mathcal{R}(\boldsymbol{A}^{+})=\mathcal{R}(\boldsymbol{A}^{\mathrm{T}}(\boldsymbol{A}\boldsymbol{A}^{\mathrm{T}})^{+})\subset\mathcal{R}(\boldsymbol{A}^{\mathrm{T}}),$$

结合性质 (4)，得 $\mathcal{R}(\boldsymbol{A}\boldsymbol{A}^{+})=\mathcal{R}(\boldsymbol{A})$，$\mathcal{R}(\boldsymbol{A}^{+}\boldsymbol{A})=\mathcal{R}(\boldsymbol{A}^{+})=\mathcal{R}(\boldsymbol{A}^{\mathrm{T}})$.

(7) 由性质 (5) 得

$$\boldsymbol{A}^{+}(\boldsymbol{A}^{\mathrm{T}})^{+}=(\boldsymbol{A}^{\mathrm{T}}\boldsymbol{A})^{+}\boldsymbol{A}^{\mathrm{T}}\boldsymbol{A}(\boldsymbol{A}^{\mathrm{T}}\boldsymbol{A})^{+}=(\boldsymbol{A}^{\mathrm{T}}\boldsymbol{A})^{+},$$

$$(\boldsymbol{A}^{\mathrm{T}})^{+}\boldsymbol{A}^{+}=(\boldsymbol{A}\boldsymbol{A}^{\mathrm{T}})^{+}\boldsymbol{A}\boldsymbol{A}^{\mathrm{T}}(\boldsymbol{A}\boldsymbol{A}^{\mathrm{T}})^{+}=(\boldsymbol{A}\boldsymbol{A}^{\mathrm{T}})^{+}.$$

(8) $\boldsymbol{A}^{+}\boldsymbol{A}=(\boldsymbol{A}^{+}\boldsymbol{A})^{\mathrm{T}}=\boldsymbol{A}^{\mathrm{T}}(\boldsymbol{A}^{\mathrm{T}})^{+}=\boldsymbol{A}\boldsymbol{A}^{+}$.

(9) 首先根据 Penrose-Moore 方程组，得

$$\boldsymbol{A}=\boldsymbol{A}\boldsymbol{A}^{+}\boldsymbol{A}=\boldsymbol{A}(\boldsymbol{A}^{+}\boldsymbol{A})^{\mathrm{T}}=\boldsymbol{A}\boldsymbol{A}^{\mathrm{T}}(\boldsymbol{A}^{+})^{\mathrm{T}},$$

$$\boldsymbol{A}^{\mathrm{T}}=\boldsymbol{A}^{\mathrm{T}}(\boldsymbol{A}^{\mathrm{T}})^{+}\boldsymbol{A}^{\mathrm{T}}=\boldsymbol{A}^{\mathrm{T}}((\boldsymbol{A}^{\mathrm{T}})^{+}\boldsymbol{A}^{\mathrm{T}})^{\mathrm{T}}=\boldsymbol{A}^{\mathrm{T}}\boldsymbol{A}\boldsymbol{A}^{+},$$

再对两式两边取转置，即得 $\boldsymbol{A}=(\boldsymbol{A}^{+})^{\mathrm{T}}\boldsymbol{A}^{\mathrm{T}}\boldsymbol{A}$，$\boldsymbol{A}^{\mathrm{T}}=\boldsymbol{A}^{+}\boldsymbol{A}\boldsymbol{A}^{\mathrm{T}}$. 证毕.

对给定矩阵 $\boldsymbol{A}$，如何求出 $\boldsymbol{A}^{+}$ 是研究广义逆问题的一个重点. 本节将具体讨论 $\boldsymbol{A}^{+}$ 的各种计算方法.

当 $\boldsymbol{A}$ 为某些特殊矩阵时，有如下定理.

定理 8.14 (1) 当 $\boldsymbol{A}$ 为 n 阶满秩方阵时，$\boldsymbol{A}^{+}=\boldsymbol{A}^{-1}$；

(2) 当 $\boldsymbol{A}=\mathrm{diag}\{d_1,d_2,\cdots,d_n\}$ 为对角矩阵时，$\boldsymbol{A}^{+}=\mathrm{diag}\{d_1^{+},d_2^{+},\cdots,d_n^{+}\}$；

(3) 当 $\boldsymbol{A}$ 为行满秩矩阵时，$\boldsymbol{A}^{+}=\boldsymbol{A}^{\mathrm{T}}(\boldsymbol{A}\boldsymbol{A}^{\mathrm{T}})^{-1}$；

(4) 当 $\boldsymbol{A}$ 为列满秩矩阵时，$\boldsymbol{A}^{+}=(\boldsymbol{A}^{\mathrm{T}}\boldsymbol{A})^{-1}\boldsymbol{A}^{\mathrm{T}}$；

(5) 当 $\boldsymbol{A}=\mathrm{diag}\{\boldsymbol{A}_1,\boldsymbol{A}_2,\cdots,\boldsymbol{A}_s\}$ 为分块对角矩阵时，则 $\boldsymbol{A}^{+}=\mathrm{diag}\{\boldsymbol{A}_1^{+},\boldsymbol{A}_2^{+},\cdots,\boldsymbol{A}_s^{+}\}$；

(6) 当 $\boldsymbol{A}$ 为实对称矩阵时，$\boldsymbol{A}=\boldsymbol{Q}\boldsymbol{\Lambda}\boldsymbol{Q}^{\mathrm{T}}$ 为其正交合同对角化，则 $\boldsymbol{A}^{+}=\boldsymbol{Q}\boldsymbol{\Lambda}^{+}\boldsymbol{Q}^{\mathrm{T}}$.

证明 (1) (2) (5) (6) 可直接验证. 对 (3)，注意到 $\boldsymbol{A}\boldsymbol{A}^{\mathrm{T}}$ 是可逆矩阵，由定理 8.13 性质 (5) 可推知结论. 对 (4)，同理可证. 证毕.

例 8.10 已知 $\boldsymbol{A}=\begin{pmatrix}4&&\\&2&\\&&0\end{pmatrix}$，则 $\boldsymbol{A}^+=\begin{pmatrix}\frac{1}{4}&&\\&\frac{1}{2}&\\&&0\end{pmatrix}$.

例 8.11 已知 $\boldsymbol{A}=(a_1\ a_2\ \cdots\ a_n)$ 为非零行矩阵，求 $\boldsymbol{A}^+$.

解 $\boldsymbol{A}$ 的行数与秩都是 1，故为行满秩矩阵．因为

$$\boldsymbol{A}\boldsymbol{A}^{\mathrm{T}}=(a_1,a_2,\cdots,a_n)\begin{pmatrix}a_1\\a_2\\\vdots\\a_n\end{pmatrix}=a_1^2+a_2^2+\cdots+a_n^2\neq 0\,,$$

于是

$$\boldsymbol{A}^+=\boldsymbol{A}^{\mathrm{T}}(\boldsymbol{A}\boldsymbol{A}^{\mathrm{T}})^{-1}=\frac{1}{a_1^2+a_2^2+\cdots+a_n^2}\begin{pmatrix}a_1\\a_2\\\vdots\\a_n\end{pmatrix}.$$

例 8.12 已知 $\boldsymbol{A}=(a_1\ a_2\ \cdots\ a_n)^{\mathrm{T}}$ 为非零列矩阵，求 $\boldsymbol{A}^+$.

解 $\boldsymbol{A}$ 可看作是列满秩矩阵，于是

$$\boldsymbol{A}^{\mathrm{T}}\boldsymbol{A}=(a_1,a_2,\cdots,a_n)\begin{pmatrix}a_1\\a_2\\\vdots\\a_n\end{pmatrix}=a_1^2+a_2^2+\cdots+a_n^2\neq 0\,,$$

$$\boldsymbol{A}^+=(\boldsymbol{A}^{\mathrm{T}}\boldsymbol{A})^{-1}\boldsymbol{A}^{\mathrm{T}}=\frac{1}{a_1^2+a_2^2+\cdots+a_n^2}(a_1,a_2,\cdots,a_n)\,.$$

对列满秩矩阵 $\boldsymbol{A}$，由定理 7.5，可将 $\boldsymbol{A}$ 的 n 列标准正交化，得 $\boldsymbol{A}=\boldsymbol{Q}\boldsymbol{R}$，其中 $\boldsymbol{Q}$ 为列正交矩阵．于是

$$\begin{aligned}\boldsymbol{A}^+&=(\boldsymbol{A}^{\mathrm{T}}\boldsymbol{A})^{-1}\boldsymbol{A}^{\mathrm{T}}=((\boldsymbol{Q}\boldsymbol{R})^{\mathrm{T}}\boldsymbol{Q}\boldsymbol{R})^{-1}(\boldsymbol{Q}\boldsymbol{R})^{\mathrm{T}}\\&=(\boldsymbol{R}^{\mathrm{T}}\boldsymbol{Q}^{\mathrm{T}}\boldsymbol{Q}\boldsymbol{R})^{-1}\boldsymbol{R}^{\mathrm{T}}\boldsymbol{Q}^{\mathrm{T}}=(\boldsymbol{R}^{\mathrm{T}}\boldsymbol{R})^{-1}\boldsymbol{R}^{\mathrm{T}}\boldsymbol{Q}^{\mathrm{T}}\\&=\boldsymbol{R}^{-1}(\boldsymbol{R}^{\mathrm{T}})^{-1}\boldsymbol{R}^{\mathrm{T}}\boldsymbol{Q}^{\mathrm{T}}=\boldsymbol{R}^{-1}\boldsymbol{Q}^{\mathrm{T}}\,.\end{aligned}$$

例 8.13 已知 $\boldsymbol{A}=\begin{pmatrix}1&3\\0&0\\2&1\end{pmatrix}$，求 $\boldsymbol{A}^+$.

解 把 $\boldsymbol{A}$ 的两列标准正交化，得

$$\boldsymbol{Q}=\frac{1}{\sqrt{5}}\begin{pmatrix}1&2\\0&0\\2&-1\end{pmatrix},\quad \boldsymbol{R}=\sqrt{5}\begin{pmatrix}1&1\\0&1\end{pmatrix},$$

于是

$$\boldsymbol{A}^{+}=\boldsymbol{R}^{-1}\boldsymbol{Q}^{\mathrm{T}}=\frac{1}{\sqrt{5}}\begin{pmatrix}1&-1\\0&1\end{pmatrix}\frac{1}{\sqrt{5}}\begin{pmatrix}1&0&2\\2&0&-1\end{pmatrix}=\frac{1}{\sqrt{5}}\begin{pmatrix}-1&0&3\\2&0&-1\end{pmatrix}.$$

例 8.14 已知矩阵 $\boldsymbol{A}=\begin{pmatrix}4&2\\2&1\end{pmatrix}$，求 $\boldsymbol{A}^{+}$.

解 容易求得 $\boldsymbol{A}$ 的特征值为 $\lambda_1=0, \lambda_2=5$，相应的标准化特征向量为

$$\boldsymbol{x}_1=\frac{1}{\sqrt{5}}\begin{pmatrix}1\\-2\end{pmatrix},\quad \boldsymbol{x}_2=\frac{1}{\sqrt{5}}\begin{pmatrix}2\\1\end{pmatrix}.$$

于是 $\boldsymbol{A}=\boldsymbol{Q\Lambda Q}^{\mathrm{T}}$，其中

$$\boldsymbol{Q}=\frac{1}{\sqrt{5}}(\boldsymbol{x}_1,\boldsymbol{x}_2)=\frac{1}{\sqrt{5}}\begin{pmatrix}1&2\\-2&1\end{pmatrix},\quad \boldsymbol{\Lambda}=\begin{pmatrix}0&0\\0&5\end{pmatrix}.$$

由于 $\boldsymbol{\Lambda}^{+}=\begin{pmatrix}0&0\\0&\frac{1}{5}\end{pmatrix}$，故

$$\boldsymbol{A}^{+}=\boldsymbol{Q\Lambda}^{+}\boldsymbol{Q}^{\mathrm{T}}=\frac{1}{\sqrt{5}}\begin{pmatrix}1&2\\-2&1\end{pmatrix}\begin{pmatrix}0&0\\0&\frac{1}{5}\end{pmatrix}\frac{1}{\sqrt{5}}\begin{pmatrix}1&-2\\2&1\end{pmatrix}=\frac{1}{25}\begin{pmatrix}4&2\\2&1\end{pmatrix}.$$

当 $\boldsymbol{A}$ 为一般矩阵时，有三种计算 $\boldsymbol{A}^{+}$ 的方法．在具体应用中，读者可根据矩阵 $\boldsymbol{A}$ 的实际情况，选择适当的方法计算．

方法 1 通过满秩分解，利用式 (8.2) 计算 $\boldsymbol{A}^{+}$.

例 8.15 设矩阵 $\boldsymbol{A}=\begin{pmatrix}1&-1\\1&-1\\2&-2\end{pmatrix}$，求 $\boldsymbol{A}^{+}$.

解 $\boldsymbol{A}$ 的满秩分解为 $\boldsymbol{A}=\boldsymbol{BC}$，其中

$$\boldsymbol{B}=\begin{pmatrix}1\\1\\2\end{pmatrix},\quad \boldsymbol{C}=(1\ \ -1),$$

进而

$$CC^{\mathrm{T}} = (1\ \ -1)\begin{pmatrix}1\\-1\end{pmatrix} = 2\text{，}B^{\mathrm{T}}B = (1\ 1\ 2)\begin{pmatrix}1\\1\\2\end{pmatrix} = 6\text{，}(CC^{\mathrm{T}})^{-1} = \frac{1}{2}\text{，}(B^{\mathrm{T}}B)^{-1} = \frac{1}{6}.$$

于是

$$A^{+} = C^{\mathrm{T}}(CC^{\mathrm{T}})^{-1}(B^{\mathrm{T}}B)^{-1}B^{\mathrm{T}} = \begin{pmatrix}1\\-1\end{pmatrix}\frac{1}{2}\cdot\frac{1}{6}(1\ 1\ 2) = \frac{1}{12}\begin{pmatrix}1 & 1 & 2\\-1 & -1 & -2\end{pmatrix}.$$

综上可以看出，此时 A^{+} 的计算方法与 A^{-} 的计算方法相同，记忆方便.

方法 2 利用 $A^{+} = (A^{\mathrm{T}}A)^{+}A^{\mathrm{T}} = A^{\mathrm{T}}(AA^{\mathrm{T}})^{+}$，和对称矩阵 $A^{\mathrm{T}}A$ 或者 AA^{T} 的谱分解计算 A^{+}.

设 $A \in \mathbf{R}^{m\times n}$，于是 $A^{\mathrm{T}}A$ 是正定或半正定矩阵，故存在正交矩阵 Q，使

$$Q^{\mathrm{T}}A^{\mathrm{T}}AQ = \mathrm{diag}\{\lambda_1, \lambda_2, \cdots, \lambda_n\},$$

其中 $\lambda_i \geqslant 0\,(i = 1, 2, \cdots, n)$ 是 $A^{\mathrm{T}}A$ 的特征值，于是

$$A^{\mathrm{T}}A = Q\Lambda Q^{\mathrm{T}}.$$

由实对称矩阵广义逆的计算方法知

$$(A^{\mathrm{T}}A)^{+} = Q\Lambda^{+}Q^{\mathrm{T}},$$

故

$$A^{+} = (A^{\mathrm{T}}A)^{+}A^{\mathrm{T}} = Q\Lambda^{+}Q^{\mathrm{T}}A^{\mathrm{T}}.$$

例 8.16 已知矩阵 $A = \begin{pmatrix}1 & -1\\1 & -1\\2 & -2\end{pmatrix}$，求 A^{+}.

解 直接计算，得

$$A^{\mathrm{T}}A = \begin{pmatrix}6 & -6\\-6 & 6\end{pmatrix} = \begin{pmatrix}\frac{1}{\sqrt{2}} & \frac{1}{\sqrt{2}}\\-\frac{1}{\sqrt{2}} & \frac{1}{\sqrt{2}}\end{pmatrix}\begin{pmatrix}\frac{1}{12} & 0\\0 & 0\end{pmatrix}\begin{pmatrix}\frac{1}{\sqrt{2}} & -\frac{1}{\sqrt{2}}\\\frac{1}{\sqrt{2}} & \frac{1}{\sqrt{2}}\end{pmatrix},$$

$$(A^{\mathrm{T}}A)^{+} = \begin{pmatrix}\frac{1}{\sqrt{2}} & \frac{1}{\sqrt{2}}\\-\frac{1}{\sqrt{2}} & \frac{1}{\sqrt{2}}\end{pmatrix}\begin{pmatrix}\frac{1}{12} & 0\\0 & 0\end{pmatrix}\begin{pmatrix}\frac{1}{\sqrt{2}} & -\frac{1}{\sqrt{2}}\\\frac{1}{\sqrt{2}} & \frac{1}{\sqrt{2}}\end{pmatrix} = \frac{1}{24}\begin{pmatrix}1 & -1\\-1 & 1\end{pmatrix},$$

$$A^{+} = (A^{\mathrm{T}}A)^{+}A^{\mathrm{T}} = \frac{1}{24}\begin{pmatrix}1 & -1\\-1 & 1\end{pmatrix}\begin{pmatrix}1 & 1 & 2\\-1 & -1 & -2\end{pmatrix} = \frac{1}{12}\begin{pmatrix}1 & 1 & 2\\-1 & -1 & -2\end{pmatrix}.$$

注 8.2 当 $m < n$ 时，矩阵 AA^{T} 的阶数小于矩阵 $A^{\mathrm{T}}A$ 的阶数，为了使运算简单，建议采用如下计算公式:

$$A^{+} = A^{\mathrm{T}}(AA^{\mathrm{T}})^{+} = A^{\mathrm{T}}Q\Lambda^{+}Q^{\mathrm{T}},$$

其中，Λ 是由矩阵 AA^{T} 的特征值构成的对角阵，Q 是把 AA^{T} 化成 Λ 的正交矩阵.

例 8.17 设 $\boldsymbol{A}=\begin{pmatrix}1 & 1 & -1\\ -2 & -2 & 2\end{pmatrix}$，求 $\boldsymbol{A}^{+}$.

解 直接计算，得

$$\boldsymbol{A}\boldsymbol{A}^{\mathrm{T}}=\begin{pmatrix}1 & 1 & -1\\ -2 & -2 & 2\end{pmatrix}\begin{pmatrix}1 & -2\\ 1 & -2\\ -1 & 2\end{pmatrix}=\begin{pmatrix}3 & -6\\ -6 & 12\end{pmatrix},$$

进而求得 $|\lambda\boldsymbol{E}-\boldsymbol{A}\boldsymbol{A}^{\mathrm{T}}|=\lambda(\lambda-15)$，故 $\boldsymbol{A}\boldsymbol{A}^{\mathrm{T}}$ 的特征值为 $\lambda_1=0,\ \lambda_2=15$，对应的单位特征向量分别是

$$x_1=\frac{1}{\sqrt{5}}\begin{pmatrix}2\\ 1\end{pmatrix},\quad x_2=\frac{1}{\sqrt{5}}\begin{pmatrix}1\\ -2\end{pmatrix}.$$

于是

$$\boldsymbol{Q}=\frac{1}{\sqrt{5}}\begin{pmatrix}2 & 1\\ 1 & -2\end{pmatrix},\ \boldsymbol{\Lambda}=\begin{pmatrix}0 & 0\\ 0 & 15\end{pmatrix},\ \boldsymbol{\Lambda}^{+}=\begin{pmatrix}0 & 0\\ 0 & \frac{1}{15}\end{pmatrix}.$$

所以

$$\boldsymbol{A}^{+}=\boldsymbol{A}^{\mathrm{T}}\boldsymbol{Q}\boldsymbol{\Lambda}^{+}\boldsymbol{Q}^{\mathrm{T}}=\begin{pmatrix}1 & -2\\ 1 & -2\\ -1 & 2\end{pmatrix}\frac{1}{\sqrt{5}}\begin{pmatrix}2 & 1\\ 1 & -2\end{pmatrix}\begin{pmatrix}0 & 0\\ 0 & \frac{1}{15}\end{pmatrix}\frac{1}{\sqrt{5}}\begin{pmatrix}2 & 1\\ 1 & -2\end{pmatrix}=\frac{1}{15}\begin{pmatrix}1 & -2\\ 1 & -2\\ -1 & 2\end{pmatrix}.$$

方法 3 利用矩阵 $\boldsymbol{A}$ 的奇异值分解计算 $\boldsymbol{A}^{+}$.

定理 8.15 已知矩阵 $\boldsymbol{A}$ 的奇异值分解为 $\boldsymbol{A}=\boldsymbol{U\Sigma V}^{\mathrm{H}}$，其中 $\boldsymbol{U}\in\mathbf{C}^{m\times m},\ \boldsymbol{V}\in\mathbf{C}^{n\times n}$，$\boldsymbol{U}$ 和 $\boldsymbol{V}$ 是酉矩阵，

$$\boldsymbol{\Sigma}=\begin{pmatrix}\boldsymbol{D} & \boldsymbol{0}\\ \boldsymbol{0} & \boldsymbol{0}\end{pmatrix}\in\mathbf{R}^{m\times n},$$

其中，$\boldsymbol{D}$ 是由矩阵 $\boldsymbol{A}$ 的非零奇异值构成的对角阵，则 $\boldsymbol{A}^{+}=\boldsymbol{V\Sigma}^{+}\boldsymbol{U}^{\mathrm{T}}$.

证明 直接验证即得结论. 证毕.

当矩阵 $\boldsymbol{A}$ 的阶数比较高时，求广义逆 $\boldsymbol{A}^{+}$ 通常要借助计算机采用迭代法来求解，感兴趣的读者可以参考相关文献.

8.5 广义逆矩阵的应用

通过广义逆，可以在更广泛的范围中考虑非齐次线性方程组 $\boldsymbol{Ax}=\boldsymbol{b}$ 的求解问题. 如果 $\boldsymbol{Ax}=\boldsymbol{b}$ 有解，则称该方程组为**相容**的，否则称为**不相容**的. 在实际问题中，由于实验采集的数据有误差，$\boldsymbol{Ax}=\boldsymbol{b}$ 不相容的情况非常普遍，将不相容的方程组简单地处理为无解是不合理的，因此需要在 $\boldsymbol{Ax}=\boldsymbol{b}$ 无解的情形寻求一种近似解. 广义逆的出现，不仅为相容的方程组提供了另一种形式的求解公式，也完美地解决了不相容方程组的近似求解问题.

8.5.1 广义逆在解线性方程组中的应用

利用广义逆，不仅可以给出线性方程组是否有解的判据，也可以给出线性方程组通解的表达式.

定理 8.16 设 $\boldsymbol{A} \in \mathbf{R}^{m\times n}$，$\boldsymbol{B} \in \mathbf{R}^{p\times q}$，$\boldsymbol{D} \in \mathbf{R}^{m\times p}$ 为已知矩阵，$\boldsymbol{X} \in \mathbf{R}^{n\times p}$ 为未知矩阵，则

(1) 矩阵方程 $\boldsymbol{AXB} = \boldsymbol{D}$ 有解的充分必要条件为

$$\boldsymbol{AA}^{+}\boldsymbol{DB}^{+}\boldsymbol{B} = \boldsymbol{D}; \tag{8.3}$$

(2) 当 $\boldsymbol{AXB} = \boldsymbol{D}$ 有解时，$\boldsymbol{A}^{+}\boldsymbol{DB}^{+}$ 是方程的一个特解，其通解为

$$\boldsymbol{X} = \boldsymbol{A}^{+}\boldsymbol{DB}^{+} + \boldsymbol{Y} - \boldsymbol{A}^{+}\boldsymbol{AYBB}^{+}, \tag{8.4}$$

其中，$\boldsymbol{Y} \in \mathbf{R}^{n\times p}$ 为任意矩阵.

证明 (1) 充分性．已知 $\boldsymbol{AA}^{+}\boldsymbol{DB}^{+}\boldsymbol{B} = \boldsymbol{D}$，取 $\boldsymbol{X}_0 = \boldsymbol{A}^{+}\boldsymbol{DB}^{+}$，则 $\boldsymbol{X}_0$ 是矩阵方程 $\boldsymbol{AXB} = \boldsymbol{D}$ 的解.

必要性．若 $\boldsymbol{AXB} = \boldsymbol{D}$ 有解，记 $\boldsymbol{X}_0$ 是矩阵方程 $\boldsymbol{AXB} = \boldsymbol{D}$ 的一个解，则

$$\boldsymbol{D} = \boldsymbol{AX}_0\boldsymbol{B} = \boldsymbol{AA}^{+}\boldsymbol{AX}_0\boldsymbol{BB}^{+}\boldsymbol{B} = \boldsymbol{AA}^{+}\boldsymbol{DB}^{+}\boldsymbol{B},$$

即式 (8.3) 成立.

(2) 因 $\boldsymbol{AXB} = \boldsymbol{D}$ 有解时 $\boldsymbol{A}^{+}\boldsymbol{DB}^{+}$ 是一个特解．在式 (8.4) 的左边乘 $\boldsymbol{A}$，右边乘 $\boldsymbol{B}$，得

$$\boldsymbol{AXB} = \boldsymbol{AA}^{+}\boldsymbol{DB}^{+}\boldsymbol{B} + \boldsymbol{AYB} - \boldsymbol{AA}^{+}\boldsymbol{AYBB}^{+}\boldsymbol{B} = \boldsymbol{D}.$$

这说明任取矩阵 $\boldsymbol{Y} \in \mathbf{R}^{n\times p}$，式 (8.4) 右端所表示的矩阵 $\boldsymbol{X}$ 都是矩阵方程 $\boldsymbol{AXB} = \boldsymbol{D}$ 的解.

反之，若 $\boldsymbol{X}_0$ 是矩阵方程 $\boldsymbol{AXB} = \boldsymbol{D}$ 的一个解，即 $\boldsymbol{AX}_0\boldsymbol{B} = \boldsymbol{D}$，于是

$$\boldsymbol{X}_0 = \boldsymbol{A}^{+}\boldsymbol{DB}^{+} + \boldsymbol{X}_0 - \boldsymbol{A}^{+}\boldsymbol{DB}^{+} = \boldsymbol{A}^{+}\boldsymbol{DB}^{+} + \boldsymbol{X}_0 - \boldsymbol{A}^{+}\boldsymbol{AX}_0\boldsymbol{BB}^{+},$$

把 $\boldsymbol{X}_0$ 视作 $\boldsymbol{Y}$，则 $\boldsymbol{X}_0$ 可以表示成式 (8.4) 右端的形式．证毕.

在定理 8.16 中，令 $p = q = 1$，$\boldsymbol{B} = 1$，$\boldsymbol{D} = \boldsymbol{b}$，即可得到下面的结论.

定理 8.17 设矩阵 $\boldsymbol{A} \in \mathbf{R}^{m\times n}$，$\boldsymbol{b} \in \mathbf{R}^{m}$，则

(1) 线性方程组 $\boldsymbol{Ax} = \boldsymbol{b}$ 有解的充分必要条件是 $\boldsymbol{AA}^{+}\boldsymbol{b} = \boldsymbol{b}$；

(2) 方程组有解时，$\boldsymbol{A}^{+}\boldsymbol{b}$ 为它的一个特解，方程组的通解为

$$\boldsymbol{x} = \boldsymbol{A}^{+}\boldsymbol{b} + (\boldsymbol{E} - \boldsymbol{A}^{+}\boldsymbol{A})\boldsymbol{y}, \tag{8.5}$$

其中，$\boldsymbol{y} \in \mathbf{R}^{n}$ 为任意向量.

注 8.3 表面上看，式 (8.5) 中包含了 n 个自由参数，多于式 (1.7) 中的 $(n-r)$ 个，但由于 $\boldsymbol{E} - \boldsymbol{A}^{+}\boldsymbol{A}$ 不是满秩矩阵，因此式 (8.5) 与式 (1.7) 得到的解集并无差别．证明留作习题.

以下考虑 $\boldsymbol{A}^{+}\boldsymbol{b}$ 的在标准欧氏空间中的几何特性（本节后续涉及的几何问题，均在标准欧氏空间中研究）．为此，先证明一个引理，相关符号的意义见定理 1.28 和例 5.19.

引理 8.18 设矩阵 $\boldsymbol{A} \in \mathbf{R}^{m\times n}$，则 $\mathcal{R}(\boldsymbol{A}^{\mathrm{T}})^{\perp} = \mathcal{N}(\boldsymbol{A})$，从而 $\mathbf{R}^{n} = \mathcal{R}(\boldsymbol{A}^{\mathrm{T}}) \oplus \mathcal{N}(\boldsymbol{A})$.

证明 若 $\boldsymbol{y} \in \mathcal{R}(\boldsymbol{A}^{\mathrm{T}})^{\perp}$，则对一切 $\boldsymbol{x} \in \mathbf{R}^{m}$，$\boldsymbol{A}^{\mathrm{T}}\boldsymbol{x} \in \mathcal{R}(\boldsymbol{A}^{\mathrm{T}})$，有 $0 = (\boldsymbol{y}, \boldsymbol{A}^{\mathrm{T}}\boldsymbol{x}) = (\boldsymbol{Ay}, \boldsymbol{x})$．由 $\boldsymbol{x}$ 的任意性知 $\boldsymbol{Ay} = \boldsymbol{0}$，即 $\boldsymbol{y} \in \mathcal{N}(\boldsymbol{A})$．因此 $\mathcal{R}(\boldsymbol{A}^{\mathrm{T}})^{\perp} \subset \mathcal{N}(\boldsymbol{A})$.

若 $\boldsymbol{y} \in \mathcal{N}(\boldsymbol{A})$，即 $\boldsymbol{Ay} = \boldsymbol{0}$，故对一切 $\boldsymbol{x} \in \mathbf{R}^{m}$，$0 = (\boldsymbol{Ay}, \boldsymbol{x}) = (\boldsymbol{y}, \boldsymbol{A}^{\mathrm{T}}\boldsymbol{x})$，从而 $\boldsymbol{y} \in \mathcal{R}(\boldsymbol{A}^{\mathrm{T}})^{\perp}$，因此 $\mathcal{N}(\boldsymbol{A}) \subset \mathcal{R}(\boldsymbol{A}^{\mathrm{T}})^{\perp}$．证毕.

定理 8.19 设矩阵 $\boldsymbol{A} \in \mathbf{R}^{m\times n}$，方程组 $\boldsymbol{Ax} = \boldsymbol{b}$ 有解，则 $\boldsymbol{x}_0 = \boldsymbol{A}^{+}\boldsymbol{b}$ 为 $\boldsymbol{Ax} = \boldsymbol{b}$ 的唯一属于 $\mathcal{R}(\boldsymbol{A}^{\mathrm{T}})$ 的解，且是全部解中长度最小的解，即对 $\boldsymbol{Ax} = \boldsymbol{b}$ 的任一解 $\boldsymbol{x}$，$\|\boldsymbol{x}_0\| \leqslant \|\boldsymbol{x}\|$.

证明 由定理 8.13 的性质(6)知 $\mathcal{R}(\boldsymbol{A}^{+}) = \mathcal{R}(\boldsymbol{A}^{\mathrm{T}})$，显然 $\boldsymbol{x}_0 = \boldsymbol{A}^{+}\boldsymbol{b} \in \mathcal{R}(\boldsymbol{A}^{+})$，故 $\boldsymbol{x}_0 \in \mathcal{R}(\boldsymbol{A}^{\mathrm{T}})$.

设 $\boldsymbol{x}$ 为 $\boldsymbol{Ax} = \boldsymbol{b}$ 的任一解．记 $\boldsymbol{y} = \boldsymbol{x} - \boldsymbol{x}_0$，则 $\boldsymbol{Ay} = \boldsymbol{0}$，所以 $\boldsymbol{y} \in \mathcal{N}(\boldsymbol{A}) = \mathcal{R}(\boldsymbol{A}^{\mathrm{T}})^{\perp}$．由勾股定理（定理 6.18）得

$$\|\boldsymbol{x}\|^2 = \|\boldsymbol{x}_0 + \boldsymbol{y}\|^2 = \|\boldsymbol{x}_0\|^2 + \|\boldsymbol{y}\|^2 \geqslant \|\boldsymbol{x}_0\|^2,$$

而 $\boldsymbol{x} = \boldsymbol{x}_0 + \boldsymbol{y}$，由分解的唯一性得 $\boldsymbol{x}_0$ 是唯一属于 $\mathcal{R}(\boldsymbol{A}^{\mathrm{T}})$ 的解．证毕.

例 8.18 已知线性方程组 $\boldsymbol{Ax} = \boldsymbol{b}$ 中,

$$\boldsymbol{A} = \begin{pmatrix} 1 & 1 & -1 \\ -2 & -2 & 2 \end{pmatrix},\quad \boldsymbol{b} = \begin{pmatrix} -1 \\ 2 \end{pmatrix},$$

求该线性方程组的最小长度解和通解.

解 由例 8.17 知

$$\boldsymbol{A}^{+} = \frac{1}{15}\begin{pmatrix} 1 & -2 \\ 1 & -2 \\ -1 & 2 \end{pmatrix},$$

故最小长度解为

$$\boldsymbol{x}_0 = \boldsymbol{A}^{+}\boldsymbol{b} = \frac{1}{15}\begin{pmatrix} 1 & -2 \\ 1 & -2 \\ -1 & 2 \end{pmatrix}\begin{pmatrix} -1 \\ 2 \end{pmatrix} = \frac{1}{15}\begin{pmatrix} -5 \\ -5 \\ 5 \end{pmatrix} = \frac{1}{3}\begin{pmatrix} -1 \\ -1 \\ 1 \end{pmatrix}.$$

因为

$$\boldsymbol{A}^{+}\boldsymbol{A} = \frac{1}{15}\begin{pmatrix} 1 & -2 \\ 1 & -2 \\ -1 & 2 \end{pmatrix}\begin{pmatrix} 1 & 1 & -1 \\ -2 & -2 & 2 \end{pmatrix} = \frac{1}{3}\begin{pmatrix} 1 & 1 & -1 \\ 1 & 1 & -1 \\ -1 & -1 & 1 \end{pmatrix},$$

所以通解为

$$\boldsymbol{x} = \boldsymbol{A}^{+}\boldsymbol{b} + (\boldsymbol{E} - \boldsymbol{A}^{+}\boldsymbol{A})\boldsymbol{y} = \frac{1}{3}\begin{pmatrix} -1 + 2y_1 - y_2 + y_3 \\ -1 - y_1 + 2y_2 + y_3 \\ 1 + y_1 + y_2 + 2y_3 \end{pmatrix}.$$

8.5.2 广义逆在解线性最小二乘问题上的应用

设矩阵 $\boldsymbol{A} \in \mathbf{R}^{m\times n}$，向量 $\boldsymbol{b} \in \mathbf{R}^{m}$，线性方程组 $\boldsymbol{Ax} = \boldsymbol{b}$ 有解，当且仅当 $\boldsymbol{b} \in \mathcal{R}(\boldsymbol{A})$；当 $\boldsymbol{b} \notin \mathcal{R}(\boldsymbol{A})$ 时，不存在可使 $\boldsymbol{Ax} = \boldsymbol{b}$ 成立的 $\boldsymbol{x}$，此时 $\boldsymbol{Ax} = \boldsymbol{b}$ 不相容（也称为**矛盾方程组**），$\boldsymbol{b} - \boldsymbol{Ax}$ 称为**残差**，一个很自然的问题是，是否存在向量 $\boldsymbol{x}_* \in \mathbf{R}^{n}$，使残差的范数达到最小，

即

$$\|\boldsymbol{b}-\boldsymbol{A}\boldsymbol{x}_*\| = \min_{\boldsymbol{x}\in\mathbf{R}^n}\|\boldsymbol{b}-\boldsymbol{A}\boldsymbol{x}\|, \tag{8.6}$$

满足式 (8.6) 的向量 $\boldsymbol{x}_*$ 称为方程组 $\boldsymbol{A}\boldsymbol{x}=\boldsymbol{b}$ 的**最小二乘解**．直观上，若最小二乘解存在，则该解就是方程组 $\boldsymbol{A}\boldsymbol{x}=\boldsymbol{b}$ 的一个最佳近似解．

定理 8.20　$\boldsymbol{x}_*$ 为线性方程组 $\boldsymbol{A}\boldsymbol{x}=\boldsymbol{b}$ 的最小二乘解的充分必要条件是 $\boldsymbol{x}_*$ 为方程组

$$\boldsymbol{A}^{\mathrm{T}}(\boldsymbol{A}\boldsymbol{x}-\boldsymbol{b})=\boldsymbol{0} \tag{8.7}$$

的解．通常称方程组 (8.7) 为**法方程组**或**正规方程组**．

证明　由于 $\mathcal{R}(\boldsymbol{A})$ 是子空间，根据定理 6.17，式 (8.6) 成立当且仅当 $\boldsymbol{A}\boldsymbol{x}_*-\boldsymbol{b}\in\mathcal{R}(\boldsymbol{A})^{\perp}$，再根据引理 8.18，$\mathcal{R}(\boldsymbol{A})^{\perp}=\mathcal{N}(\boldsymbol{A}^{\mathrm{T}})$，而方程组 (8.7) 正是 $\boldsymbol{A}\boldsymbol{x}_*-\boldsymbol{b}\in\mathcal{N}(\boldsymbol{A}^{\mathrm{T}})$ 的定义．证毕．

注 8.4　法方程组 (8.7) 必定有解．从代数的角度，根据定理 8.13 的性质 (5) 与 (9) 得

$$(\boldsymbol{A}^{\mathrm{T}}\boldsymbol{A})(\boldsymbol{A}^{\mathrm{T}}\boldsymbol{A})^{+}(\boldsymbol{A}^{\mathrm{T}}\boldsymbol{b})=\boldsymbol{A}^{\mathrm{T}}\boldsymbol{A}((\boldsymbol{A}^{\mathrm{T}}\boldsymbol{A})^{+}\boldsymbol{A}^{\mathrm{T}})b=\boldsymbol{A}^{\mathrm{T}}\boldsymbol{A}\boldsymbol{A}^{+}\boldsymbol{b}=\boldsymbol{A}^{\mathrm{T}}\boldsymbol{b},$$

故根据定理 8.17，方程组 $\boldsymbol{A}^{\mathrm{T}}\boldsymbol{A}\boldsymbol{x}=\boldsymbol{A}^{\mathrm{T}}\boldsymbol{b}$ 的解存在．从几何的角度，只须取 $\boldsymbol{x}_*$ 使 $\boldsymbol{A}\boldsymbol{x}_*$ 恰为 $\boldsymbol{b}$ 在 $\mathcal{R}(\boldsymbol{A})$ 上的正交投影，即可使残差达到最小．

从理论上讲，可以利用定理 8.16 来计算方程组 $\boldsymbol{A}\boldsymbol{x}=\boldsymbol{b}$ 的最小二乘解，但在实际计算时，由于舍入误差的积累，$\boldsymbol{A}^{\mathrm{T}}\boldsymbol{A}$ 的秩可能与理论上的秩不一致，致使正规方程组无解，或者所得解不是 $\boldsymbol{A}\boldsymbol{x}=\boldsymbol{b}$ 的最小二乘解．下面的定理指出，最小二乘解可以借助广义逆来计算，从而克服了这一困难．

定理 8.21　$\boldsymbol{x}$ 是 $\boldsymbol{A}\boldsymbol{x}=\boldsymbol{b}$ 的最小二乘解的充分必要条件为 $\boldsymbol{x}$ 是 $\boldsymbol{A}\boldsymbol{x}=\boldsymbol{A}\boldsymbol{A}^{+}\boldsymbol{b}$ 的解，且

$$\min_{\boldsymbol{x}\in\mathbf{R}^n}\|\boldsymbol{b}-\boldsymbol{A}\boldsymbol{x}\|=\|(\boldsymbol{E}-\boldsymbol{A}\boldsymbol{A}^{+})\boldsymbol{b}\|.$$

证明　由定理 8.17 易知方程 $\boldsymbol{A}\boldsymbol{x}=\boldsymbol{A}\boldsymbol{A}^{+}\boldsymbol{b}$ 恒有解．以下证明 $\|\boldsymbol{b}-\boldsymbol{A}\boldsymbol{x}\|$ 的最小值为 $\|(\boldsymbol{E}-\boldsymbol{A}\boldsymbol{A}^{+})\boldsymbol{b}\|$，且最小值取到当且仅当 $\boldsymbol{x}$ 是 $\boldsymbol{A}\boldsymbol{x}=\boldsymbol{A}\boldsymbol{A}^{+}\boldsymbol{b}$ 的解，从而定理结论成立．事实上，对任意 $\boldsymbol{x}\in\mathbf{R}^n$，

$$\boldsymbol{b}-\boldsymbol{A}\boldsymbol{x}=(\boldsymbol{b}-\boldsymbol{A}\boldsymbol{A}^{+}\boldsymbol{b})+(\boldsymbol{A}\boldsymbol{A}^{+}\boldsymbol{b}-\boldsymbol{A}\boldsymbol{x})=(\boldsymbol{E}-\boldsymbol{A}\boldsymbol{A}^{+})\boldsymbol{b}+(\boldsymbol{A}\boldsymbol{A}^{+}\boldsymbol{b}-\boldsymbol{A}\boldsymbol{x}),$$

其中，$\boldsymbol{A}\boldsymbol{A}^{+}\boldsymbol{b}-\boldsymbol{A}\boldsymbol{x}\in\mathcal{R}(\boldsymbol{A})$．又因 $\boldsymbol{A}^{\mathrm{T}}=\boldsymbol{A}^{\mathrm{T}}\boldsymbol{A}\boldsymbol{A}^{+}$（定理 8.13 性质 (9)），故 $(\boldsymbol{E}-\boldsymbol{A}\boldsymbol{A}^{+})\boldsymbol{b}\in\mathcal{N}(\boldsymbol{A}^{\mathrm{T}})$．从而由引理 8.18 及勾股定理（定理 6.18）得

$$\|\boldsymbol{b}-\boldsymbol{A}\boldsymbol{x}\|^2=\|(\boldsymbol{E}-\boldsymbol{A}\boldsymbol{A}^{+})\boldsymbol{b}\|^2+\|\boldsymbol{A}\boldsymbol{A}^{+}\boldsymbol{b}-\boldsymbol{A}\boldsymbol{x}\|^2\geqslant\|(\boldsymbol{E}-\boldsymbol{A}\boldsymbol{A}^{+})\boldsymbol{b}\|^2,$$

等号成立当且仅当 $\boldsymbol{A}\boldsymbol{x}=\boldsymbol{A}\boldsymbol{A}^{+}\boldsymbol{b}$．证毕．

定理 8.22　$\boldsymbol{A}\boldsymbol{x}=\boldsymbol{b}$ 的最小二乘解的通解为

$$\boldsymbol{x}=\boldsymbol{A}^{+}\boldsymbol{b}+(\boldsymbol{E}-\boldsymbol{A}^{+}\boldsymbol{A})\boldsymbol{y},$$

其中，$\boldsymbol{y}\in\mathbf{R}^n$ 为任意向量．特别地，$\boldsymbol{x}_0=\boldsymbol{A}^{+}\boldsymbol{b}$ 是是线性方程组 $\boldsymbol{A}\boldsymbol{x}=\boldsymbol{b}$ 的唯一属于 $\mathcal{R}(\boldsymbol{A}^{\mathrm{T}})$ 的最小二乘解，且是长度最小的最小二乘解．

证明　显然 $\boldsymbol{x}_0=\boldsymbol{A}^{+}\boldsymbol{b}$ 满足方程组 $Ax=\boldsymbol{A}\boldsymbol{A}^{+}\boldsymbol{b}$，由定理 8.21 知，$\boldsymbol{x}_0=\boldsymbol{A}^{+}\boldsymbol{b}$ 是 $\boldsymbol{A}\boldsymbol{x}=\boldsymbol{b}$ 的一个最小二乘解．由定理 8.17 知，$\boldsymbol{A}\boldsymbol{x}=\boldsymbol{A}\boldsymbol{A}^{+}\boldsymbol{b}$ 的通解为

$$\boldsymbol{x}=\boldsymbol{A}^{+}(\boldsymbol{A}\boldsymbol{A}^{+}\boldsymbol{b})+(\boldsymbol{E}-\boldsymbol{A}^{+}\boldsymbol{A})\boldsymbol{y}=\boldsymbol{A}^{+}\boldsymbol{b}+(\boldsymbol{E}-\boldsymbol{A}^{+}\boldsymbol{A})\boldsymbol{y}.$$

由定理 8.19 得到后续结论．证毕．

综上所述，向量 $\boldsymbol{A}^+\boldsymbol{b}$ 给出了方程组 $\boldsymbol{Ax}=\boldsymbol{b}$ 各种意义下的解：当 $\boldsymbol{Ax}=\boldsymbol{b}$ 有解时，$\boldsymbol{A}^+\boldsymbol{b}$ 是唯一的极小范数解；当 $\boldsymbol{Ax}=\boldsymbol{b}$ 为矛盾方程组（无解）时，$\boldsymbol{A}^+\boldsymbol{b}$ 是唯一的长度最小的最小二乘解．因此，广义逆 $\boldsymbol{A}^+$ 无论在理论上，还是在计算上，都完美地解决了方程组 $\boldsymbol{Ax}=\boldsymbol{b}$ 的求解问题．

习题 8

1. 设 $\boldsymbol{A}\in\mathbf{R}^{m\times n}$，$A$ 的第 (i,j)-元素 a_{ij} 为 1，其余元素全为零，试求 $\boldsymbol{A}\{1\}$．

2. 设

$$\boldsymbol{A}=\begin{pmatrix}2&3&1&-1\\5&8&0&1\\1&2&-2&3\end{pmatrix},\quad \boldsymbol{B}=\begin{pmatrix}1&2&3&-1\\4&5&6&2\\7&8&10&7\\2&1&1&6\end{pmatrix},$$

求 $\boldsymbol{A}\{1\}, \boldsymbol{A}\{1,2\}, \boldsymbol{B}\{1\}, \boldsymbol{B}\{1,2\}$．

3. 求下列矩阵的广义逆 $\boldsymbol{A}^+$．

(1) $\boldsymbol{A}=\begin{pmatrix}1&-1&0\\-1&2&0\end{pmatrix}$；　(2) $\boldsymbol{A}=\begin{pmatrix}1&-1&2\\1&0&0\\-1&-1&2\\-1&0&0\end{pmatrix}$；

(3) $\boldsymbol{A}=\begin{pmatrix}-2&0&0&-2\\1&2&-4&3\\2&-1&2&1\\0&2&-4&2\end{pmatrix}$；　(4) $\boldsymbol{A}=\begin{pmatrix}x_1&2x_1&-x_1\\-x_2&-2x_2&x_2\end{pmatrix}$．

4. 证明：$\boldsymbol{AGA}=\boldsymbol{A}$ 的充要条件是 $\boldsymbol{A}^{\mathrm{T}}\boldsymbol{AGA}=\boldsymbol{A}^{\mathrm{T}}\boldsymbol{A}$．

5. 证明：定理 8.13 的 (1) – (4)．

6. 设 $\boldsymbol{A}\in\mathbf{R}^{m\times n}$，$\operatorname{rank}\boldsymbol{A}=1$，证明：$\boldsymbol{A}^+=\dfrac{1}{\|\boldsymbol{A}\|_{\mathrm{F}}^2}\boldsymbol{A}^{\mathrm{T}}$，其中 $\|\boldsymbol{A}\|_{\mathrm{F}}=\sqrt{\sum\limits_{i=1}^{m}\sum\limits_{j=1}^{n}|a_{ij}|^2}$．

7. 若 $\boldsymbol{A}$ 是正规矩阵，证明：$\boldsymbol{A}^+\boldsymbol{A}=\boldsymbol{A}\boldsymbol{A}^+$．

8. 验证线性方程组 $\boldsymbol{Ax}=\boldsymbol{b}$ 有解，并求其通解和最小长度解，其中 $\boldsymbol{A}=\begin{pmatrix}1&2\\0&0\\2&4\end{pmatrix}$, $\boldsymbol{b}=\begin{pmatrix}-1\\0\\-2\end{pmatrix}$．

9. 验证下列线性方程组 $\boldsymbol{Ax}=\boldsymbol{b}$ 为矛盾方程组，求其最小二乘解的通解和最小长度最小二乘解．

(1) $\boldsymbol{A} = \begin{pmatrix} 1 & 2 \\ 0 & 0 \\ 2 & 4 \end{pmatrix}, \boldsymbol{b} = \begin{pmatrix} 1 \\ 1 \\ 2 \end{pmatrix}$； (2) $\boldsymbol{A} = \begin{pmatrix} 1 & 2 & -1 \\ -3 & -6 & 3 \end{pmatrix}, \boldsymbol{b} = \begin{pmatrix} 1 \\ 1 \end{pmatrix}$； (3) $\boldsymbol{A} = \begin{pmatrix} 1 & 1 \\ 2 & 0 \\ -1 & 3 \end{pmatrix}, \boldsymbol{b} = \begin{pmatrix} 1 \\ 0 \\ 2 \end{pmatrix}$.

10. 当 $\boldsymbol{Ax} = \boldsymbol{b}$ 为矛盾方程组（无解）时，给出该方程组存在唯一最小二乘解的充分必要条件.

11. 若对复矩阵考虑广义逆，本章的定义、定理要如何修正？

12. 证明式 (8.5) 和式 (1.7) 得到的解集相同.

第9章 特征值的估计

矩阵的特征值和特征向量不仅在数学上非常重要的理论意义，在物理学、图像处理、网络搜索引擎和信息压缩传感中也具有非常广泛的实用价值．但是，计算大型矩阵的全部特征值的代价非常昂贵．如何在计算之前利用矩阵元素或者矩阵性质对矩阵特征值的范围有一个比较好的估计，是本章将要讨论的主要问题．

本章首先介绍向量范数和矩阵范数的概念，然后给出矩阵特征值和矩阵元素之间的一些关系和性质，介绍估计矩阵特征值的一些基本工具，例如Rayleigh商和圆盘定理等，最后给出谱半径的一些估计．

9.1 向量的范数

为了比较长度，人们定义了尺、寸和米等长度标准；为了比较面积，人们定义了亩、平方米和公顷等面积标准．为了比较向量和矩阵的大小，需要引入一些标准来衡量矩阵的大小，这就是矩阵的各种范数．

本节首先给出向量范数的定义．

定义 9.1 设映射 $\|\cdot\|: \mathbf{C}^n \to \mathbf{R}$，$\boldsymbol{x} \mapsto \|\boldsymbol{x}\|$，满足以下条件：

(1) 正定性：对任何 $\boldsymbol{x} \in \mathbf{C}^n$，$\|\boldsymbol{x}\| \geqslant 0$，等号当且仅当 $\boldsymbol{x} = \boldsymbol{0}$ 时成立；

(2) 齐次性：对任何 $k \in \mathbf{C}$，$\boldsymbol{x} \in \mathbf{C}^n$ 都有 $\|k\boldsymbol{x}\| = |k| \cdot \|\boldsymbol{x}\|$；

(3) 三角不等式：对任何 $\boldsymbol{x}, \boldsymbol{y} \in \mathbf{C}^n$ 都有 $\|\boldsymbol{x}+\boldsymbol{y}\| \leqslant \|\boldsymbol{x}\| + \|\boldsymbol{y}\|$，

则称 $\|\cdot\|$ 为 $\mathbf{C}^n$ 上一个的**范数**．

注 9.1 在内积空间一章中，定理6.2和定理6.20分别指出，由实内积或复内积都可以诱导定义范数，除此之外，还有一些其他的范数．不同于内积诱导的范数，后面给出的一些范数，不一定满足平行四边形恒等式．

例 9.1 设 $\boldsymbol{x} = (x_1\ x_2\ \cdots\ x_n)^{\mathrm{T}}$ 是 $\mathbf{C}^n$ 的任意一个向量，定义

$$\|\boldsymbol{x}\| = \sqrt{\boldsymbol{x}^{\mathrm{H}}\boldsymbol{x}} = \sqrt{\sum_{i=1}^{n} |x_i|^2},$$

则 $\|\boldsymbol{x}\|$ 是由 $\mathbf{C}^n$ 上的内积诱导的范数（详见内积空间一章，复内积与酉空间一节），称为向量的 **2-范数**，记为 $\|\boldsymbol{x}\|_2$．例如，$\|(3\ 4\mathrm{i})^{\mathrm{T}}\|_2 = \sqrt{3^2+4^2} = 5$．当 $\boldsymbol{x}$ 为实向量时，$\|\boldsymbol{x}\|_2$ 就是欧几里

得空间里的向量长度.

例 9.2 设 $\boldsymbol{x}=(x_1\ x_2\ \cdots\ x_n)^{\mathrm{T}}$ 是 $\mathbf{C}^n$ 的任意一个向量，定义

$$\|\boldsymbol{x}\|=\max_i |x_i|,$$

则 $\|\boldsymbol{x}\|$ 也是 $\mathbf{C}^n$ 中的一种范数，称为 **∞-范数**，记为 $\|\boldsymbol{x}\|_\infty$.

证明 (1) (2) 易证. 对 (3)，设 $\boldsymbol{x}=(x_1\ x_2\ \cdots\ x_n)^{\mathrm{T}}$，$\boldsymbol{y}=(y_1\ y_2\ \cdots\ y_n)^{\mathrm{T}}$，则

$$\|\boldsymbol{x}+\boldsymbol{y}\|=\max_i |x_i+y_i|\leqslant \max_i |x_i|+\max_i |y_i|=\|\boldsymbol{x}\|+\|\boldsymbol{y}\|.$$

证毕.

例 9.3 设 $\boldsymbol{x}=(x_1\ x_2\ \cdots\ x_n)^{\mathrm{T}}$，定义

$$\|\boldsymbol{x}\|=\sum_{i=1}^n |x_i|,$$

则 $\|\boldsymbol{x}\|$ 也是 $\mathbf{C}^n$ 中的一种向量范数，称为 **1-范数**，记作 $\|\boldsymbol{x}\|_1$.

证明 (1) (2) 显然成立. 因为

$$\|\boldsymbol{x}+\boldsymbol{y}\|=\sum_{i=1}^n |x_i+y_i|\leqslant \sum_{i=1}^n |a_i|+\sum_{i=1}^n |b_i|=\|\boldsymbol{x}\|+\|\boldsymbol{y}\|,$$

故条件 (3) 也满足. 证毕.

例 9.4 设 $\boldsymbol{x}=(1\ 2\ 2\ 4)^{\mathrm{T}}$ 是 $\mathbf{R}^4$ 的一个向量，计算 $\|\boldsymbol{x}\|_1$，$\|\boldsymbol{x}\|_2$，$\|\boldsymbol{x}\|_\infty$.

解 直接计算，有

$$\|\boldsymbol{x}\|_1=\sum_{i=1}^n |x_i|=1+2+2+4=9,$$

$$\|\boldsymbol{x}\|_2=\sqrt{\sum_{i=1}^n |x_i|^2}=\sqrt{1^2+2^2+2^2+4^2}=5,$$

$$\|\boldsymbol{x}\|_\infty=\max_i |x_i|=\max\{1,2,2,4\}=4.$$

向量范数除上述三种外，还有其他的定义方式. 可以验证，对任何 $p>1$，

$$\|\boldsymbol{x}\|_p=\left(\sum_{i=1}^n |x_i|^p\right)^{\frac{1}{p}}$$

都是 $\mathbf{C}^n$ 中的范数，称为 **p-范数**. 另外，当 $\boldsymbol{A}$ 是正定矩阵时，$\|\boldsymbol{x}\|_A=\sqrt{\boldsymbol{x}^{\mathrm{T}}\boldsymbol{A}\bar{\boldsymbol{x}}}$ 也是一种向量范数，通常称为**能量范数**.

正如长度单位米、尺和寸之间的转换关系一样，向量的范数也有类似的转换关系. 例如，对任意 $\boldsymbol{x}\in\mathbf{C}^n$，有

$$\|\boldsymbol{x}\|_\infty\leqslant\|\boldsymbol{x}\|_2\leqslant\sqrt{n}\|\boldsymbol{x}\|_\infty,$$

$$\|\boldsymbol{x}\|_2\leqslant\|\boldsymbol{x}\|_1\leqslant\sqrt{n}\|\boldsymbol{x}\|_2,$$

$$\|\boldsymbol{x}\|_\infty\leqslant\|\boldsymbol{x}\|_1\leqslant n\|\boldsymbol{x}\|_\infty.$$

上述类型的不等式称为**嵌入不等式**，凡满足嵌入不等式的两个向量范数称为是**等价**的. 下面

的定理指出，$\mathbf{C}^n$ 上任何两种不同的向量范数，都是等价的.

定理 9.1 设 $\|\cdot\|_\alpha$ 与 $\|\cdot\|_\beta$ 是 $\mathbf{C}^n$ 上任意两种范数，则存在正数 $C_2 > C_1 > 0$，使对任意 $\boldsymbol{x} \in \mathbf{C}^n$ 都有

$$C_1\|\boldsymbol{x}\|_\beta \leqslant \|\boldsymbol{x}\|_\alpha \leqslant C_2\|\boldsymbol{x}\|_\beta \,. \tag{9.1}$$

当定理中的范数为上述例子中的范数时，可按如下方式给出简单的证明.

证明 考虑函数 $f(\boldsymbol{x}) = \dfrac{\|\boldsymbol{x}\|_\alpha}{\|\boldsymbol{x}\|_\beta}$，则该函数为连续函数，且在有界闭集 $S_\alpha = \{\boldsymbol{x} : \|\boldsymbol{x}\|_\alpha = 1\}$（称为 $\|\cdot\|$ 下的单位球面）上存在最大值和最小值，分别记为 C_1 和 C_2，则不等式 (9.1) 在 S_α 上成立．而对一般的非零向量 $\boldsymbol{x}$，记 $\lambda = \|\boldsymbol{x}\|_\alpha^{-1}$，则 $\lambda\boldsymbol{x} \in S_\alpha$，于是

$$C_1\|\lambda\boldsymbol{x}\|_\beta \leqslant \|\lambda\boldsymbol{x}\|_\alpha \leqslant C_2\|\lambda\boldsymbol{x}\|_\beta \,.$$

利用范数的齐次性可将上式中的 λ 约去，即得结论．证毕.

对一般的范数，上述定理的证明涉及在一般空间中连续函数的定义及性质，远远超出本书的范围，这里不再展开讨论.

9.2 矩阵的范数

定义 9.2 设映射 $\|\cdot\| : \mathbf{C}^{n\times n} \to \mathbf{R}$，$\boldsymbol{A} \mapsto \|\boldsymbol{A}\|$，满足以下条件：

(1) 正定性：$\|\boldsymbol{A}\| \geqslant 0$，等号当且仅当 $\boldsymbol{A} = \boldsymbol{0}$；

(2) 齐次性：任给 $k \in \mathbf{C}$，$\boldsymbol{A} \in \mathbf{C}^{n\times n}$，都有 $\|k\boldsymbol{A}\| = |k| \cdot \|\boldsymbol{A}\|$；

(3) 三角不等式：任给 $\boldsymbol{A}, \boldsymbol{B} \in \mathbf{C}^{n\times n}$，都有 $\|\boldsymbol{A} + \boldsymbol{B}\| \leqslant \|\boldsymbol{A}\| + \|\boldsymbol{B}\|$；

(4) 任给矩阵 $\boldsymbol{A}, \boldsymbol{B} \in \mathbf{C}^{n\times n}$，都有 $\|\boldsymbol{AB}\| \leqslant \|\boldsymbol{A}\| \cdot \|\boldsymbol{B}\|$，

则称该映射是矩阵 $\boldsymbol{A}$ 的一个范数，记作 $\|\boldsymbol{A}\|$.

与向量范数定义相比较，前三个性质只是向量范数定义的推广，而第四个性质则是和矩阵乘法相容性的要求．与向量范数类似，在 $\mathbf{C}^{n\times n}$ 中同样可规定多种方阵范数.

定理 9.2 设方阵 $\boldsymbol{A} = (a_{ij}) \in \mathbf{C}^{n\times n}$ 是任意矩阵，定义

$$\|\boldsymbol{A}\| = \sqrt{\sum_{i=1}^{n}\sum_{j=1}^{n}|a_{ij}|^2}\,,$$

则 $\|\boldsymbol{A}\|$ 是 $\mathbf{C}^{n\times n}$ 中的一种矩阵范数，称为 **Frobenius**[1]**范数**（或 **F-范数**），记为 $\|\boldsymbol{A}\|_{\mathrm{F}}$.

证明 容易证明 $\|\boldsymbol{A}\|_{\mathrm{F}}$ 满足定义 9.2 中的 (1)、(2) 和 (3)，以下验证 (4)．记 $\boldsymbol{A}$ 的第 i 个行向量为 $\boldsymbol{\alpha}_i$，任取列矩阵 $\boldsymbol{x}$，有

$$\boldsymbol{Ax} = \begin{pmatrix} \boldsymbol{\alpha}_1 \\ \boldsymbol{\alpha}_2 \\ \vdots \\ \boldsymbol{\alpha}_n \end{pmatrix} \boldsymbol{x} = \begin{pmatrix} \boldsymbol{\alpha}_1\boldsymbol{x} \\ \boldsymbol{\alpha}_2\boldsymbol{x} \\ \vdots \\ \boldsymbol{\alpha}_n\boldsymbol{x} \end{pmatrix},$$

[1] 全名为 Ferdinand Georg Frobenius (1849–1917)，弗罗贝尼乌斯，德国数学家.

所以

$$\|\boldsymbol{Ax}\|^2=\sum_{k=1}^{n}|\boldsymbol{\alpha}_k\boldsymbol{x}|^2\leqslant\sum_{k=1}^{n}\|\boldsymbol{\alpha}_k\|_2^2\|\boldsymbol{x}\|_2^2=\|\boldsymbol{x}\|_2^2\|\boldsymbol{A}\|_F^2 .$$

记矩阵 $\boldsymbol{B}$ 的第 j 列为 $\boldsymbol{\beta}_j$，则 $\boldsymbol{AB}=(\boldsymbol{A\beta}_1\ \boldsymbol{A\beta}_2\ \cdots\ \boldsymbol{A\beta}_n)$，于是

$$\|\boldsymbol{AB}\|_F^2=\sum_{j=1}^{n}\|\boldsymbol{A\beta}_j\|_2^2\leqslant\sum_{j=1}^{n}\|\boldsymbol{A}\|_F^2\|\boldsymbol{\beta}_j\|_2^2=\|\boldsymbol{A}\|_F^2\sum_{j=1}^{n}\|\boldsymbol{\beta}_j\|_2^2=\|\boldsymbol{A}\|_F^2\|\boldsymbol{B}\|_F^2 .$$

故 $\|\boldsymbol{A}\|_F$ 满足定义 9.2中的 (4)．证毕．

由于在大多数与特征值和误差估计有关的问题中，矩阵和向量会同时参与讨论，例如矩阵向量乘积，为了在向量范数与方阵范数之间建立某种联系，引入如下定义．

定义 9.3 若对任意方阵 $\boldsymbol{A}\in\mathbf{C}^{n\times n}$ 与向量 $\boldsymbol{x}\in\mathbf{C}^n$，都有

$$\|\boldsymbol{Ax}\|\leqslant\|\boldsymbol{A}\|\cdot\|\boldsymbol{x}\| ,$$

则称方阵范数 $\|\boldsymbol{A}\|$ 与向量范数 $\|\boldsymbol{x}\|$ **相容**．

由定理 9.2 的证明可知，$\|\boldsymbol{A}\|_F$ 与 $\|\boldsymbol{x}\|_2$ 是相容的．

为后续研究需要，再引进一种与向量范数相容的矩阵范数．

定理 9.3 任给方阵 $\boldsymbol{A}\in\mathbf{C}^{n\times n}$，向量 $\boldsymbol{x}\in\mathbf{C}^n$，记

$$\|\boldsymbol{A}\|_p=\max_{\boldsymbol{x}\neq\boldsymbol{0}}\frac{\|\boldsymbol{Ax}\|_p}{\|\boldsymbol{x}\|_p}=\max_{\|\boldsymbol{x}\|_p=1}\|\boldsymbol{Ax}\|_p , \tag{9.2}$$

则 $\|\boldsymbol{A}\|_p$ 是一种矩阵范数，且与向量范数 $\|\boldsymbol{x}\|_p$ 相容，称为由向量范数 $\|\boldsymbol{x}\|_p$ 诱导的矩阵范数，也称为**诱导范数**或**算子范数**．

证明 由于 $\|\boldsymbol{Ax}\|_p$ 是关于 $\boldsymbol{x}$ 的连续函数，$S_p=\{\boldsymbol{x}:\|\boldsymbol{x}\|=1\}$ 是有界闭集，故对任何矩阵 $\boldsymbol{A}$，定义式 (9.2) 中的最大值必定可以取到．对任意的非零向量 $\boldsymbol{x}\in\mathbf{C}^n$，令 $\lambda^{-1}=\|\boldsymbol{x}\|_p$，则 $\|\lambda\boldsymbol{x}\|_p=1$，从而

$$\|\boldsymbol{Ax}\|_p=\|\lambda^{-1}\boldsymbol{A}(\lambda\boldsymbol{x})\|_p=\|\boldsymbol{x}\|_p\|\boldsymbol{A}(\lambda\boldsymbol{x})\|_p\leqslant\|\boldsymbol{x}\|_p\|\boldsymbol{A}\|_p ,$$

即 $\|\boldsymbol{A}\|_p$ 与向量范数 $\|\boldsymbol{x}\|_p$ 相容．

以下证明 $\|\boldsymbol{A}\|_p$ 满足矩阵范数的四个条件．

(1) 当 $\boldsymbol{A}\neq\boldsymbol{0}$ 时，必可找到 $\boldsymbol{y}\neq\boldsymbol{0}$ 使 $\boldsymbol{Ay}\neq\boldsymbol{0}$，故

$$\|\boldsymbol{A}\|_p=\max_{\boldsymbol{x}\neq\boldsymbol{0}}\frac{\|\boldsymbol{Ax}\|_p}{\|\boldsymbol{x}\|_p}\geqslant\frac{\|\boldsymbol{Ay}\|_p}{\|\boldsymbol{y}\|_p}>0 .$$

(2) 对任意的数 $k\in\mathbf{C}$，有

$$\|k\boldsymbol{A}\|_p=\max_{\boldsymbol{x}\neq\boldsymbol{0}}\frac{\|k\boldsymbol{Ax}\|_p}{\|\boldsymbol{x}\|_p}=|k|\max_{\boldsymbol{x}\neq\boldsymbol{0}}\frac{\|\boldsymbol{Ax}\|_p}{\|\boldsymbol{x}\|_p}=|k|\cdot\|\boldsymbol{A}\|_p .$$

(3) 对任意的 $\boldsymbol{A},\boldsymbol{B}\in\mathbf{C}^{n\times n}$，必有 $z_0\in\mathbf{C}^n$，且 $\|z_0\|_p=1$，使

$$\|\boldsymbol{A}+\boldsymbol{B}\|_p=\|(\boldsymbol{A}+\boldsymbol{B})z_0\|_p\leqslant\|\boldsymbol{A}z_0\|_p+\|\boldsymbol{B}z_0\|_p\leqslant\|\boldsymbol{A}\|_p+\|\boldsymbol{B}\|_p .$$

(4) 对任意的 $\boldsymbol{A},\boldsymbol{B}\in\mathbf{C}^{n\times n}$，必有 $z_0\in\mathbf{C}^n$，且 $\|z_0\|_p=1$，使

$$\|\boldsymbol{AB}\|_p=\|\boldsymbol{AB}z_0\|_p\leqslant\|\boldsymbol{A}\|\cdot\|\boldsymbol{B}z_0\|_p\leqslant\|\boldsymbol{A}\|_p\|\boldsymbol{B}\|_p .$$

证毕.

式 (9.2) 中，诱导范数是以函数最大值的形式给出的，不便直接计算. 以下给出由向量范数 $\|\boldsymbol{x}\|_\infty$，$\|\boldsymbol{x}\|_1$ 和 $\|\boldsymbol{x}\|_2$ 分别诱导的矩阵范数，关于矩阵元素的计算表达式.

定理 9.4 设方阵 $\boldsymbol{A}=(a_{ij})\in\mathbf{C}^{n\times n}$，$\|\boldsymbol{A}\|_\infty$ 是向量范数 $\|\boldsymbol{x}\|_\infty$ 诱导的矩阵范数，则 $\|\boldsymbol{A}\|_\infty=\max\limits_i\sum\limits_{j=1}^n|a_{ij}|$，即 $\|\boldsymbol{A}\|_\infty$ 恰为 $\boldsymbol{A}$ 的各行元素绝对值之和中的最大值.

证明 一方面，根据定义有

$$\|\boldsymbol{A}\|_\infty=\max_{\|\boldsymbol{x}\|=1}\|\boldsymbol{A}\boldsymbol{x}\|_\infty=\max_{\|\boldsymbol{x}\|=1}\max_i\sum_{j=1}^n|a_{ij}x_j|\leqslant\max_i\sum_{j=1}^n|a_{ij}|;$$

另一方面，设

$$\sum_{j=1}^n|a_{kj}|=\max_i\sum_{j=1}^n|a_{ij}|,$$

取 $\boldsymbol{y}=(\mathrm{sign}\,(a_{k1})\,\mathrm{sign}\,(a_{k2})\,\cdots\,\mathrm{sign}\,(a_{kn}))^{\mathrm{T}}$，则 $\|\boldsymbol{y}\|_\infty=1$，且

$$\|\boldsymbol{A}\|_\infty=\max_{\|\boldsymbol{x}\|=1}\|\boldsymbol{A}\boldsymbol{x}\|_\infty\geqslant\|\boldsymbol{A}\boldsymbol{y}\|_\infty=\sum_{j=1}^n|a_{kj}|=\max_i\sum_{j=1}^n|a_{ij}|.$$

证毕.

定理 9.5 设方阵 $\boldsymbol{A}=(a_{ij})\in\mathbf{C}^{n\times n}$，$\|\boldsymbol{A}\|_1$ 是向量范数 $\|\boldsymbol{x}\|_1$ 诱导的矩阵范数，则 $\|\boldsymbol{A}\|_1=\max\limits_j\sum\limits_{i=1}^n|a_{ij}|$，即 $\|\boldsymbol{A}\|_1$ 恰为 $\boldsymbol{A}$ 的各列元素绝对值之和中的最大值.

证明 一方面，设 $\boldsymbol{y}=(y_1\,y_2\,\cdots\,y_n)^{\mathrm{T}}$，满足 $\|\boldsymbol{y}\|_1=1$ 且 $\max\limits_{\|\boldsymbol{x}\|=1}\|\boldsymbol{A}\boldsymbol{x}\|_1=\|\boldsymbol{A}\boldsymbol{y}\|_1$，则

$$\begin{aligned}\|\boldsymbol{A}\|_1=\|\boldsymbol{A}\boldsymbol{y}\|_1&=\sum_{i=1}^n\left|\sum_{j=1}^n a_{ij}x_j\right|\leqslant\sum_{i=1}^n\sum_{j=1}^n|a_{ij}|\cdot|x_j|\\&=\sum_{j=1}^n\sum_{i=1}^n|a_{ij}|\cdot|x_j|=\sum_{j=1}^n|x_j|\sum_{i=1}^n|a_{ij}|\leqslant\max_i\sum_{j=1}^n|a_{ij}|;\end{aligned}$$

另一方面，取单位向量 $\boldsymbol{e}_j$（见定义 1.13），则 $\|\boldsymbol{e}_j\|_1=1$，且

$$\|\boldsymbol{A}\|_1=\max_{\|\boldsymbol{x}\|=1}\|\boldsymbol{A}\boldsymbol{x}\|_1\geqslant\|\boldsymbol{A}\boldsymbol{e}_j\|_1=\sum_{i=1}^n|a_{ij}|,$$

故 $\|\boldsymbol{A}\|_1\geqslant\max\limits_j\sum\limits_{i=1}^n|a_{ij}|$. 证毕.

定义 9.4 设方阵 $\boldsymbol{A}=(a_{ij})\in\mathbf{C}^{n\times n}$ 是任意矩阵，称 $\rho(\boldsymbol{A})=\max\limits_i|\lambda_i|$ 为 $\boldsymbol{A}$ 的**谱半径**.

定理 9.6 设方阵 $\boldsymbol{A}=(a_{ij})\in\mathbf{C}^{n\times n}$，$\|\boldsymbol{A}\|_2$ 是向量范数 $\|\boldsymbol{x}\|_2$ 诱导的矩阵范数，则 $\|\boldsymbol{A}\|_2=\sqrt{\rho(\boldsymbol{A}^{\mathrm{H}}\boldsymbol{A})}$.

证明 因为$0 \leqslant \|\boldsymbol{Ax}\|_2^2 = (\boldsymbol{Ax}, \boldsymbol{Ax}) = (\boldsymbol{A}^{\mathrm{H}}\boldsymbol{Ax}, \boldsymbol{x})$对一切$\boldsymbol{x} \in \mathbf{C}^n$成立，所以$\boldsymbol{A}^{\mathrm{H}}\boldsymbol{A}$是Hermite半正定阵，其特征值为非负实数，故可设$\lambda_1 \geqslant \lambda_2 \geqslant \cdots \geqslant \lambda_n \geqslant 0$为$\boldsymbol{A}^{\mathrm{H}}\boldsymbol{A}$的$n$个特征值，$\boldsymbol{x}_1, \boldsymbol{x}_2, \cdots, \boldsymbol{x}_n$为相应的两两正交的单位特征向量，从而构成$\mathbf{C}^n$的一组标准正交基.

以下证明$\|\boldsymbol{A}\|_2 = \sqrt{\lambda_1}$. 一方面,

$$\|\boldsymbol{A}\|_2^2 = \max_{\|\boldsymbol{x}\|_2=1} \|\boldsymbol{Ax}\|_2^2 \geqslant (\boldsymbol{A}^{\mathrm{H}}\boldsymbol{A}\boldsymbol{x}_1, \boldsymbol{x}_1) = \lambda_1(\boldsymbol{x}_1, \boldsymbol{x}_1) = \lambda_1\,,$$

故$\|\boldsymbol{A}\|_2 \geqslant \sqrt{\lambda_1}$；另一方面，对任何单位向量$\boldsymbol{x}$，$\boldsymbol{x}$可表示为

$$\boldsymbol{x} = c_1\boldsymbol{x}_1 + c_2\boldsymbol{x}_2 + \cdots + c_n\boldsymbol{x}_n\,,$$

这里$c_1^2 + c_2^2 + \cdots + c_n^2 = 1$. 从而

$$\begin{aligned}\|\boldsymbol{Ax}\|_2^2 = (\boldsymbol{A}^{\mathrm{H}}\boldsymbol{Ax}, \boldsymbol{x}) &= \left(\sum_{j=1}^{n} c_j\boldsymbol{A}^{\mathrm{H}}\boldsymbol{A}\boldsymbol{x}_j, \sum_{j=1}^{n} c_j\boldsymbol{x}_j\right) = \left(\sum_{j=1}^{n} \lambda_j c_j\boldsymbol{x}_j, \sum_{j=1}^{n} c_j\boldsymbol{x}_j\right)\\ &= \lambda_1 c_1^2 + \lambda_2 c_2^2 + \cdots + \lambda_n c_n^2 \leqslant \lambda_1 c_1^2 + \lambda_1 c_2^2 + \cdots + \lambda_1 c_n^2 = \lambda_1\,,\end{aligned}$$

于是$\|\boldsymbol{A}\|_2 \leqslant \sqrt{\lambda_1}$. 证毕.

例 9.5 设$\boldsymbol{A} = \begin{pmatrix} 2 & -2 \\ -1 & 4 \end{pmatrix}$，计算$\boldsymbol{A}$的各种范数.

解 根据定理9.2得$\|\boldsymbol{A}\|_{\mathrm{F}} = 5$. 根据定理9.5和定理9.4得$\|\boldsymbol{A}\|_1 = 6$. 再由$\boldsymbol{A}^{\mathrm{H}}\boldsymbol{A} = \begin{pmatrix} 5 & -8 \\ -8 & 20 \end{pmatrix}$的特征值为$\dfrac{25}{2} \pm \dfrac{\sqrt{481}}{2}$，于是$\|\boldsymbol{A}\|_2 \approx 4.84$.

矩阵$\boldsymbol{A}$的2-范数是$\boldsymbol{A}^{\mathrm{T}}\boldsymbol{A}$的最大特征值，计算量较大. 为了计算方便，通常使用另一种与向量范数$\|\boldsymbol{x}\|_2$相容的矩阵范数$\|\boldsymbol{A}\|_{\mathrm{F}}$.

注 9.2 并非所有的矩阵范数都是某个向量范数诱导的范数（即算子范数）. 可以证明，F-范数不是算子范数. 后续章节讨论特征值和误差分析时用到的范数都是算子范数，且与它对应的向量范数也是相容的.

定理 9.7 如果$\|\boldsymbol{B}\| < 1$,则$\boldsymbol{E} \pm \boldsymbol{B}$为非奇异矩阵，且

$$\|\boldsymbol{E} \pm \boldsymbol{B}\| \leqslant \frac{1}{1 - \|\boldsymbol{B}\|}\,,$$

其中$\|\cdot\|$是矩阵的算子范数.

证明 注意到，单位矩阵的算子范数均为1，这是因为

$$\|\boldsymbol{E}\|_p = \max_{\boldsymbol{x}\neq\boldsymbol{0}} \frac{\|\boldsymbol{Ex}\|_p}{\|\boldsymbol{x}\|_p} = 1\,.$$

以下用反证法证明$\boldsymbol{E} \pm \boldsymbol{B}$的非奇异性. 若$|\boldsymbol{E} - \boldsymbol{B}| = 0$，则$(\boldsymbol{E} - \boldsymbol{B})\boldsymbol{x} = \boldsymbol{0}$有非零解，即存在$\boldsymbol{y}$，使$\boldsymbol{By} = \boldsymbol{y}$，于是$\dfrac{\|\boldsymbol{By}\|}{\|\boldsymbol{y}\|} = 1$，进而$\|\boldsymbol{B}\| \geqslant 1$，与条件$\|\boldsymbol{B}\| < 1$矛盾.

又由$(\boldsymbol{E} - \boldsymbol{B})(\boldsymbol{E} - \boldsymbol{B})^{-1} = \boldsymbol{E}$，得

$$(\boldsymbol{E} - \boldsymbol{B})^{-1} = \boldsymbol{E} + \boldsymbol{B}(\boldsymbol{E} - \boldsymbol{B})^{-1}\,,$$

从而

$$\|(\boldsymbol{E}-\boldsymbol{B})^{-1}\| \leqslant \|\boldsymbol{E}\| + \|\boldsymbol{B}\| \cdot \|(\boldsymbol{E}-\boldsymbol{B})^{-1}\|,$$

即

$$\|(\boldsymbol{E}-\boldsymbol{B})^{-1}\| \leqslant \frac{1}{1-\|\boldsymbol{B}\|}.$$

证毕.

与向量的等价范数定理 9.1 类似，矩阵范数也有相应的等价范数定理，证明从略.

定理 9.8 对于 $\mathbf{C}^{n\times n}$ 中任意两种矩阵范数 $\|\cdot\|_\alpha$ 与 $\|\cdot\|_\beta$，必存在 $C_2 > C_1 > 0$，使对一切 $\boldsymbol{A} \in \mathbf{C}^{n\times n}$，有 $C_1\|\boldsymbol{A}\|_\alpha \leqslant \|\boldsymbol{A}\|_\beta \leqslant C_2\|\boldsymbol{A}\|_\alpha$.

9.3 特征值与 Rayleigh 商

对一般阶数的矩阵 $\boldsymbol{A}$，计算其特征值不是一件容易的事. 本节将介绍的定理给出了特征值与矩阵的关系.

在第 1 章方阵的特征值一节就给出了下面的定理.

定理 9.9 设方阵 $\boldsymbol{A} = (a_{ij}) \in \mathbf{C}^{n\times n}$ 的特征值为 $\lambda_1, \lambda_2, \cdots, \lambda_n$，则

(1) $\lambda_1 + \lambda_2 + \cdots + \lambda_n = \operatorname{tr} \boldsymbol{A}$；

(2) $\lambda_1\lambda_2\cdots\lambda_n = \det \boldsymbol{A}$.

对特征值取绝对值后，相应的和有下面的估计.

定理 9.10 设方阵 $\boldsymbol{A} = (a_{ij}) \in \mathbf{C}^{n\times n}$ 的特征值为 $\lambda_1, \lambda_2, \cdots, \lambda_n$,则

$$\sum_{i=1}^{n} |\lambda_i|^2 \leqslant \sum_{i=1}^{n}\sum_{j=1}^{n} |a_{ij}|^2,$$

其中，等号当且仅当 $\boldsymbol{A}$ 为正规矩阵时成立.

证明 由推论 6.31，$\boldsymbol{A}$ 酉相似于上三角矩阵 $\boldsymbol{R} = (r_{ij})$，即存在酉矩阵 $\boldsymbol{U}$，使 $\boldsymbol{U}^{\mathrm{H}}\boldsymbol{A}\boldsymbol{U} = \boldsymbol{R}$，从而 $\boldsymbol{U}^{\mathrm{H}}\boldsymbol{A}\boldsymbol{A}^{\mathrm{H}}\boldsymbol{U} = \boldsymbol{R}\boldsymbol{R}^{\mathrm{H}}$，即 $\boldsymbol{A}\boldsymbol{A}^{\mathrm{H}}$ 与 $\boldsymbol{R}\boldsymbol{R}^{\mathrm{H}}$ 酉相似，特别地，它们的特征值相同. 由定理 9.9，有

$$\operatorname{tr} \boldsymbol{A}\boldsymbol{A}^{\mathrm{H}} = \operatorname{tr} \boldsymbol{R}\boldsymbol{R}^{\mathrm{H}},$$

于是 $\boldsymbol{R}$ 的主对角元就是 $\boldsymbol{A}$ 的特征值，因此

$$\sum_{i=1}^{n} |\lambda_i|^2 = \sum_{i=1}^{n} |r_{ii}|^2 \leqslant \sum_{i=1}^{n}\sum_{j=1}^{n} |r_{ij}|^2 = \sum_{i=1}^{n}\sum_{j=1}^{n} |a_{ij}|^2.$$

上述不等式中的等号当且仅当 $r_{ij} = 0\,(i \neq j)$ 时成立，此时矩阵 $\boldsymbol{A}$ 酉相似于对角阵，即 $\boldsymbol{A}$ 为正规矩阵. 证毕.

由定理 9.10 的证明过程可得下面的推论.

推论 9.11 设方阵 $\boldsymbol{A} = (a_{ij}) \in \mathbf{C}^{n\times n}$ 的全体特征值为 $\lambda_1, \lambda_2, \cdots, \lambda_n$，且 $|\lambda_1| \geqslant |\lambda_2| \geqslant \cdots \geqslant$

$|\lambda_n|$，则

$$n|\lambda_n|^2 \leqslant \sum_{i=1}^{n} |\lambda_i|^2 \leqslant \sum_{i=1}^{n}\sum_{j=1}^{n} |a_{ij}|^2 \leqslant n^2 \max_{1\leqslant i,j\leqslant n} |a_{ij}|^2 .$$

特征值与矩阵的关系还可以通过 Rayleigh 商来刻画.

定义 9.5 设 $\boldsymbol{A}$ 是 n 阶实对称矩阵，$\boldsymbol{x} \in \mathbf{R}^n$ 且 $\boldsymbol{x} \neq \boldsymbol{0}$，则实数

$$f(x) = \frac{\boldsymbol{x}^{\mathrm{T}}\boldsymbol{A}\boldsymbol{x}}{\boldsymbol{x}^{\mathrm{T}}\boldsymbol{x}}$$

称为矩阵 $\boldsymbol{A}$ 的 **Rayleigh**[1]**商**.

利用内积的符号，Rayleigh 商又可写为

$$f(\boldsymbol{x}) = \frac{(\boldsymbol{A}\boldsymbol{x}, \boldsymbol{x})}{(\boldsymbol{x}, \boldsymbol{x})} .$$

显然，如果 $\boldsymbol{x}$ 是 $\boldsymbol{A}$ 的特征向量，则 $f(\boldsymbol{x})$ 就是对应的特征值. 下面讨论如何利用 Rayleigh 商来估计 $\boldsymbol{A}$ 的特征值的范围.

定理 9.12 设 $\boldsymbol{A}$ 是 n 阶实对称矩阵，λ_1 是 $\boldsymbol{A}$ 的最大特征值， λ_n 是 $\boldsymbol{A}$ 的最小特征值，则 $\lambda_n \leqslant f(\boldsymbol{x}) \leqslant \lambda_1$.

证明 设 $\lambda_1 \geqslant \lambda_2 \geqslant \cdots \geqslant \lambda_n$ 为 $\boldsymbol{A}$ 的 n 个特征值，$\boldsymbol{x}_1, \boldsymbol{x}_2, \cdots, \boldsymbol{x}_n$ 为相应的两两正交的单位特征向量，从而构成 $\mathbf{R}^n$ 的一组标准正交基. 对任何 $\boldsymbol{x} \in \mathbf{R}^n$ ，$\boldsymbol{x}$ 可表示为

$$\boldsymbol{x} = c_1\boldsymbol{x}_1 + c_2\boldsymbol{x}_2 + \cdots + c_n\boldsymbol{x}_n ,$$

从而

$$(\boldsymbol{A}\boldsymbol{x}, \boldsymbol{x}) = \left(\sum_{j=1}^{n} c_j\boldsymbol{A}\boldsymbol{x}_j, \sum_{j=1}^{n} c_j\boldsymbol{x}_j\right) = \left(\sum_{j=1}^{n} \lambda_j c_j\boldsymbol{x}_j, \sum_{j=1}^{n} c_j\boldsymbol{x}_j\right) = \sum_{j=1}^{n} \lambda_j c_j^2 ,$$

$$(\boldsymbol{x}, \boldsymbol{x}) = \left(\sum_{j=1}^{n} c_j\boldsymbol{x}_j, \sum_{j=1}^{n} c_j\boldsymbol{x}_j\right) = \left(\sum_{j=1}^{n} c_j\boldsymbol{x}_j, \sum_{j=1}^{n} c_j\boldsymbol{x}_j\right) = \sum_{j=1}^{n} c_j^2 .$$

再根据 $\lambda_n \sum_{j=1}^{n} c_j^2 \leqslant \sum_{j=1}^{n} \lambda_j c_j^2 \leqslant \lambda_1 \sum_{j=1}^{n} c_j^2$，即得结论. 证毕.

设 $\boldsymbol{x} \in \mathbf{R}^n$ ，$\boldsymbol{x} \neq \boldsymbol{0}$，$k \neq 0$，则

$$f(k\boldsymbol{x}) = \frac{(k\boldsymbol{x})^{\mathrm{T}}\boldsymbol{A}(k\boldsymbol{x})}{(k\boldsymbol{x})^{\mathrm{T}}(k\boldsymbol{x})} = \frac{k^2\boldsymbol{x}^{\mathrm{T}}\boldsymbol{A}\boldsymbol{x}}{k^2\boldsymbol{x}^{\mathrm{T}}\boldsymbol{x}} = \frac{\boldsymbol{x}^{\mathrm{T}}\boldsymbol{A}\boldsymbol{x}}{\boldsymbol{x}^{\mathrm{T}}\boldsymbol{x}} = f(\boldsymbol{x}) .$$

这表明矩阵 $\boldsymbol{A}$ 的 Rayleigh 商对于 $\boldsymbol{x}$ 和 $k\boldsymbol{x}$ 是相同的. 因此下面只讨论 Rayleigh 商在单位球面 $\|\boldsymbol{x}\|_2 = 1$ 上的情形.

定理 9.13 设 $\boldsymbol{A}$ 是 n 阶实对称矩阵，λ_1 是 $\boldsymbol{A}$ 的最大特征值，则

$$\lambda_1 = \max_{\|\boldsymbol{x}\|=1}(\boldsymbol{A}\boldsymbol{x}, \boldsymbol{x}) .$$

证明 由定理 9.12 知 $\lambda_1 \geqslant \max_{\|\boldsymbol{x}\|=1}(\boldsymbol{A}\boldsymbol{x}, \boldsymbol{x})$. 在定理 9.12 的证明中取 $\boldsymbol{x} = \boldsymbol{x}_1$ ，得 $(\boldsymbol{A}\boldsymbol{x}, \boldsymbol{x}) = \lambda_1$ ，

[1]全名为 John William Strutt Rayleigh (1842–1919)，瑞利，英国数学家.

故 $\lambda_1 \leqslant \max\limits_{\|x\|=1}(\boldsymbol{Ax},\boldsymbol{x})$．证毕．

定理 9.14 设 $\boldsymbol{A}$ 是 n 阶实对称矩阵，λ_n 是 $\boldsymbol{A}$ 的最小特征值，则

$$\lambda_n = \min_{\|x\|=1}(\boldsymbol{Ax},\boldsymbol{x}).$$

与定理 9.13 的证明类似，只须在定理 9.12 的证明中取 $\boldsymbol{x}=\boldsymbol{x}_n$ 即可．

定理 9.15 设 $\boldsymbol{A}$ 是 n 阶实对称矩阵，$\lambda_1 \geqslant \lambda_2 \geqslant \cdots \geqslant \lambda_n$ 为 $\boldsymbol{A}$ 的 n 个特征值，$\boldsymbol{x}_1,\boldsymbol{x}_2,\cdots,\boldsymbol{x}_n$ 为相应的两两正交的单位特征向量，记 $W_k=\operatorname{span}\{\boldsymbol{x}_1,\cdots,\boldsymbol{x}_{k-1}\}^{\perp}$，则 $\lambda_k=\max\limits_{x\in W_k,\|x\|_2=1}(\boldsymbol{Ax},\boldsymbol{x})$，当且仅当 $\boldsymbol{x}$ 是属于 λ_k 的单位特征向量时达到最大值．

证明 当 $\boldsymbol{x}$ 是属于 λ_k 的单位特征向量时，$(\boldsymbol{Ax},\boldsymbol{x})=\lambda_k$ 是明显的．注意到，当 $\boldsymbol{x}\in W_k$ 时，$\boldsymbol{x}=l_k\boldsymbol{x}_k+\cdots+l_n\boldsymbol{x}_n$，从而

$$(\boldsymbol{Ax},\boldsymbol{x})=\sum_{j=k}^{n}\lambda_j c_j^2 \leqslant \lambda_k\sum_{j=k}^{n}c_j^2,$$

等号成立当且仅当 $\lambda_j<\lambda_k$ 时，$c_j=0$．证毕．

定理 9.16 设矩阵 $\boldsymbol{A}$ 和 $\boldsymbol{B}$ 的最大特征值分别为 $\lambda_{\max}(\boldsymbol{A})$ 和 $\lambda_{\max}(\boldsymbol{B})$，最小特征值分别为 $\lambda_{\min}(\boldsymbol{A})$ 和 $\lambda_{\min}(\boldsymbol{B})$，矩阵 $\boldsymbol{A}+\boldsymbol{B}$ 的特征值为 $\lambda_i(\boldsymbol{A}+\boldsymbol{B}),\ i=1,2,\cdots,n$，则 $\lambda_{\min}(\boldsymbol{A})+\lambda_{\min}(\boldsymbol{B}) \leqslant \lambda_i(\boldsymbol{A}+\boldsymbol{B}) \leqslant \lambda_{\max}(\boldsymbol{A})+\lambda_{\max}(\boldsymbol{B})$．

证明 设对应于 $\lambda_i(\boldsymbol{A}+\boldsymbol{B})$ 的特征向量是 $\boldsymbol{x}_i$，则有

$$\begin{aligned}\lambda_i(\boldsymbol{A}+\boldsymbol{B}) &= \frac{\boldsymbol{x}_i^{\mathrm T}(\boldsymbol{A}+\boldsymbol{B})\boldsymbol{x}_i}{\boldsymbol{x}_i^{\mathrm T}\boldsymbol{x}_i}=\frac{\boldsymbol{x}_i^{\mathrm T}\boldsymbol{A}\boldsymbol{x}_i}{\boldsymbol{x}_i^{\mathrm T}\boldsymbol{x}_i}+\frac{\boldsymbol{x}_i^{\mathrm T}\boldsymbol{B}\boldsymbol{x}_i}{\boldsymbol{x}_i^{\mathrm T}\boldsymbol{x}_i}\\ &\leqslant \max_{x\neq 0}\frac{\boldsymbol{x}^{\mathrm T}\boldsymbol{A}\boldsymbol{x}}{\boldsymbol{x}^{\mathrm T}\boldsymbol{x}}+\max_{x\neq 0}\frac{\boldsymbol{x}^{\mathrm T}\boldsymbol{B}\boldsymbol{x}}{\boldsymbol{x}^{\mathrm T}\boldsymbol{x}}=\lambda_{\max}(\boldsymbol{A})+\lambda_{\max}(\boldsymbol{B}).\end{aligned}$$

同理可证 $\lambda_i(\boldsymbol{A}+\boldsymbol{B}) \geqslant \lambda_{\min}(\boldsymbol{A})+\lambda_{\min}(\boldsymbol{B})$．证毕．

9.4 圆盘定理

本节将介绍的圆盘定理，可以估计出矩阵特征值在复平面上的大致位置．

定理 9.17 (圆盘定理) 设 $\boldsymbol{A}=(a_{ij})\in\mathbf{C}^{n\times n}$，则 $\boldsymbol{A}$ 的特征值 λ 位于复平面上诸圆盘 $D_i=\{\lambda:|\lambda-a_{ii}|\leqslant\rho_i\}\ (i=1,2,\cdots,n)$ 的并集，其中 $\rho_i=\sum\limits_{j\neq i}|a_{ij}|$．

证明 设矩阵 $\boldsymbol{A}$ 对应于特征值 λ 的特征向量为 $\boldsymbol{x}=(x_1\ x_2\ \cdots\ x_n)^{\mathrm T}$．若 $|x_i|=\max\limits_j|x_j|>0$，则由 $\boldsymbol{Ax}=\lambda\boldsymbol{x}$ 可推得 $\sum\limits_{j=1}^{n}a_{ij}x_j=\lambda x_i$，即 $(\lambda-a_{ii})x_i=\sum\limits_{j\neq i}a_{ij}x_j$．于是

$$|\lambda-a_{ii}|\cdot|x_i|=\left|\sum_{j\neq i}a_{ij}x_j\right|\leqslant\sum_{j\neq i}|a_{ij}|\cdot|x_j|\leqslant\rho_i|x_i|.$$

从而 $|\lambda - a_{ii}| \leqslant \rho_i$，即 $\lambda \in D_i\ (i = 1, 2, \cdots, n)$．证毕．

注 9.3 圆盘 D_i 是复平面上以 a_{ii} 为圆心，ρ_i 为半径的圆盘，称为矩阵 $\boldsymbol{A}$ 的 **Gershgorin**[1]**圆盘**．圆盘定理表明，矩阵 $\boldsymbol{A}$ 的任何一个特征值均在 n 个 Gershgorin 圆盘的某一个之中．特别地，对角阵的每一个 Gershgorin 圆盘都退化为一个点．

例 9.6 设 $\boldsymbol{A} = \begin{pmatrix} 0 & 1 & -1 \\ 1.3 & 2 & -0.7 \\ 0.5 & 0.5\mathrm{i} & 4\mathrm{i} \end{pmatrix}$，求 $\boldsymbol{A}$ 的 Gershgorin 圆盘．

解 直接计算得 $\rho_1 = 1 + 1 = 2$，$\rho_2 = 1.3 + 0.7 = 2$，$\rho_3 = 0.5 + 0.5 = 1$，故 $\boldsymbol{A}$ 的三个 Gershgorin 圆盘分别为

$$|\lambda| \leqslant 2,\ |\lambda - 2| \leqslant 2,\ |\lambda - 4\mathrm{i}| \leqslant 1,$$

如图 9.1 所示，由圆盘定理知 $\boldsymbol{A}$ 的特征值必在这三个圆盘之中．

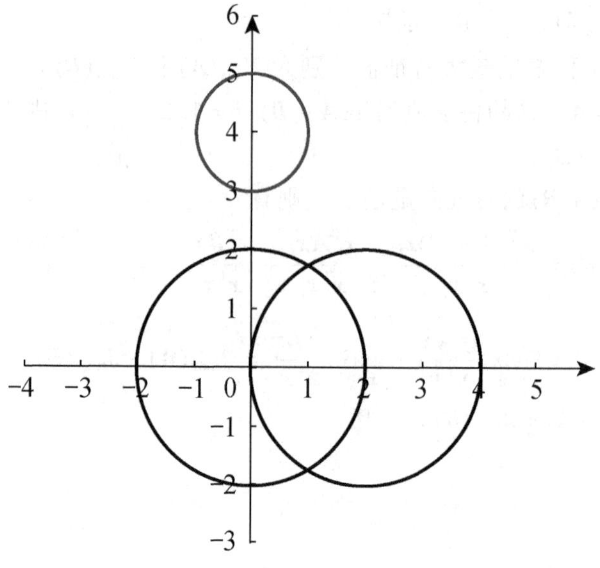

图 9.1

圆盘定理给出了 $\boldsymbol{A}$ 的特征值的一个估计，但它的不足是没有指出特征值位于哪一个圆盘中，也没有明确是否每一个圆盘中必有一个特征值．下面的定理给出了进一步的结论．

定理 9.18 设 $G_1, \cdots, G_k$ 是 $\bigcup_{j=1}^{n} D_j$ 的连通分支全体，其中 D_j 是 $\boldsymbol{A}$ 的 Gershgorin 圆盘，连通分支 G_i 为由 n_i 个 Gershgorin 圆盘的并集构成的连通数域 $(i = 1, 2, \cdots, k)$，则在每个 D_i 中恰有 n_i 个特征值．

证明 令 $\boldsymbol{B} = \mathrm{diag}\{a_{11}, a_{22}, \cdots, a_{nn}\}$，$\boldsymbol{C} = \boldsymbol{A} - \boldsymbol{B}$．考虑矩阵函数 $\boldsymbol{A}(t) = \boldsymbol{B} + t\boldsymbol{C}$，则

[1]全名为 Semyon Aronovich Gershgorin (1901–1933)，盖尔斯哥利，苏联数学家．部分书中将 Gershgorin 圆盘译为盖尔圆盘．

$A(0) = B$，$A(1) = A$. 对任何 t，$A(t)$ 的 Gershgorin 圆盘的圆心不变（均为 A 的对角元），当 t 从 0 连续变到 1 时，$A(t)$ 的每个 Gershgorin 圆都从一个点连续变大到 A 的 Gershgorin 圆盘. 可以证明，$A(t)$ 的每一个特征值 $\lambda_j(t)$ 同样连续依赖于 t，因此 $\lambda_j(t)$ 的轨迹为 D_i 内的一条连续曲线. 证毕.

推论 9.19 若方阵 $A \in \mathbf{C}^{n\times n}$ 的 n 个 Gershgorin 圆盘互不相交，则 A 相似于对角阵.

证明 此时每个 Gershgorin 圆盘内恰有一个 A 的特征值，于是 A 的特征值互不相同. 证毕.

推论 9.20 若方阵 $A \in \mathbf{R}^{n\times n}$ 的 n 个 Gershgorin 圆盘互不相交，则 A 的特征值均为实数.

证明 A 的特征多项式是实系数多项式，故若有复根必共轭成对出现. 由于实方阵 A 的 n 个 Gershgorin 圆盘的圆心都在实轴上，且若有一复特征值位于某一 Gershgorin 圆盘内，则其共轭的复特征值也必位于同一 Gershgorin 圆盘中，与定理 9.18 矛盾. 证毕.

定义 9.6 设矩阵 $A = (a_{ij}) \in \mathbf{R}^{n\times n}$，如果对每一个 i，都有 $|a_{ii}| > \rho_i$，则称矩阵 A 为**严格对角占优矩阵**.

定理 9.21 若 A 是严格对角占优矩阵，且 A 的所有主对角元为正实数，则 A 的所有特征值具有正实部.

证明 设 $\lambda = a + b\mathrm{i}$ 为 A 的特征值，由圆盘定理，至少存在一个 k，使

$$|\lambda - a_{kk}| = |a + b\mathrm{i} - a_{kk}| \leqslant \rho_k < a_{kk},$$

于是 $|a - a_{kk}| \leqslant \rho_k < a_{kk}$，因此 $a > 0$. 证毕.

在矩阵 A 的特征值估计中，谱半径十分重要. 只要估计了谱半径的界，也就相当于估计了特征值的上界. 下面是一些关于特殊矩阵谱半径的定理.

定理 9.22 设矩阵 $A \in \mathbf{C}^{n\times n}$，$\rho(A) \leqslant \|A\|$.

证明 设 λ 为特征值，x 为相应的特征向量，则 $|\lambda| \cdot \|x\| = \|\lambda x\| = \|Ax\| \leqslant \|A\| \cdot \|x\|$，故 $|\lambda| \leqslant \|A\|$，由 λ 的任意性，知 $\rho(A) \leqslant \|A\|$. 证毕.

推论 9.23 设 $A = (a_{ij}) \in \mathbf{C}^{n\times n}$，则 $\rho(A) \leqslant \min\{\|A\|_1, \|A\|_\infty\}$.

定理 9.24 设 $A = (a_{ij}) \in \mathbf{C}^{n\times n}$, $b_1, b_2, \cdots, b_n$ 是 n 个非零正实数，令

$$q_1 = \max_i \sum_{j=1}^n \frac{b_j|a_{ij}|}{b_i}, \quad q_2 = \max_j \sum_{i=1}^n \frac{b_j|a_{ij}|}{b_i},$$

则 $\rho(A) \leqslant \min\{q_1, q_2\}$.

证明 令矩阵 $B = \operatorname{diag}\{b_1, b_2, \cdots, b_n\}$，则 B 是可逆矩阵，且

$$B^{-1}AB = \begin{pmatrix} a_{11} & \dfrac{b_2a_{12}}{b_1} & \cdots & \dfrac{b_na_{1n}}{b_1} \\ \dfrac{b_1a_{21}}{b_2} & a_{22} & \cdots & \dfrac{b_na_{2n}}{b_2} \\ \vdots & \vdots & & \vdots \\ \dfrac{b_1a_{n1}}{b_n} & \dfrac{b_2a_{n2}}{b_n} & \cdots & a_{nn} \end{pmatrix}.$$

因为相似矩阵有相同的特征值，从而有相同的谱半径，而

$$\|\boldsymbol{B}^{-1}\boldsymbol{A}\boldsymbol{B}\|_\infty = q_1\,,\ \|\boldsymbol{B}^{-1}\boldsymbol{A}\boldsymbol{B}\|_1 = q_2\,,$$

从而 $\rho(\boldsymbol{A}) = \rho(\boldsymbol{B}^{-1}\boldsymbol{A}\boldsymbol{B}) \leqslant \min\{q_1, q_2\}$. 证毕.

定理 9.25 设矩阵 $\boldsymbol{A}$ 是 n 阶正规矩阵，则 $\rho(\boldsymbol{A}) = \|\boldsymbol{A}\|_2$.

证明 由正规矩阵的谱分解（定义 7.4），有 $\boldsymbol{A} = \boldsymbol{U}\boldsymbol{\Lambda}\boldsymbol{U}^{\mathrm{H}}$，其中 $\boldsymbol{\Lambda} = \mathrm{diag}\,(\lambda_1, \lambda_2, \cdots, \lambda_n)$，$\boldsymbol{U}$ 为酉矩阵，从而

$$\boldsymbol{A}^{\mathrm{H}}\boldsymbol{A} = \boldsymbol{U}\mathrm{diag}\,(|\lambda_1|^2, |\lambda_2|^2, \cdots, |\lambda_n|^2)\boldsymbol{U}^{\mathrm{H}}.$$

于是

$$\rho(\boldsymbol{A}) = \max_j |\lambda_j|\,,\ \rho(\boldsymbol{A}^{\mathrm{T}}\boldsymbol{A}) = \max_j |\lambda_j|^2 = (\rho(\boldsymbol{A}))^2\,,$$

结合定理 9.6 得到 $\rho(\boldsymbol{A}) = \sqrt{\rho(\boldsymbol{A}^{\mathrm{H}}\boldsymbol{A})} = \sqrt{\|\boldsymbol{A}\|_2^2} = \|\boldsymbol{A}\|_2$. 证毕.

定理 9.26 (Frobenius) 设方阵 $\boldsymbol{A} = (a_{ij}) \in \mathbf{R}^{n\times n}$ 是非负矩阵（即对所有的 i, j 均有 $a_{ij} \geqslant 0$，且不等号至少对一个元素成立），记

$$r = \min_i \sum_{j=1}^{n} a_{ij}\,,\ R = \max_i \sum_{j=1}^{n} a_{ij}\,,$$

则 $r \leqslant \rho(\boldsymbol{A}) \leqslant R$.

Frobenius 定理不仅给出了非负矩阵谱半径的上界估计，还给出了下界的估计，证明从略.

习题 9

1. 设向量 $\boldsymbol{x} \in \mathbf{R}^n$，证明：

$$\|\boldsymbol{x}\|_\infty \leqslant \|\boldsymbol{x}\|_1 \leqslant n\|\boldsymbol{x}\|_\infty\,,$$
$$\|\boldsymbol{x}\|_2 \leqslant \|\boldsymbol{x}\|_1 \leqslant \sqrt{n}\|\boldsymbol{x}\|_2\,,$$
$$\|\boldsymbol{x}\|_\infty \leqslant \|\boldsymbol{x}\|_2 \leqslant \sqrt{n}\|\boldsymbol{x}\|_\infty\,.$$

2. 已知 $\boldsymbol{A} = \begin{pmatrix} -1 & 0 & 2 \\ 3 & 5 & -1 \\ 7 & 1 & 2 \end{pmatrix}$，计算 $\|\boldsymbol{A}\|_1$，$\|\boldsymbol{A}\|_2$，$\|\boldsymbol{A}\|_{\mathrm{F}}$ 和 $\|\boldsymbol{A}\|_\infty$.

3. 设矩阵 $\boldsymbol{A} \in \mathbf{C}^{n\times n}$，为酉矩阵，证明：$\|\boldsymbol{A}\|_2 = 1$，$\|\boldsymbol{A}\|_{\mathrm{F}} = \sqrt{n}$.

4. 设向量 $\boldsymbol{A} \in \mathbf{R}^{n\times n}$，证明：

(1) $\dfrac{1}{n}\|\boldsymbol{A}\|_\infty \leqslant \|\boldsymbol{A}\|_1 \leqslant n\|\boldsymbol{A}\|_\infty$； (2) $\dfrac{1}{\sqrt{n}}\|\boldsymbol{A}\|_\infty \leqslant \|\boldsymbol{A}\|_2 \leqslant \sqrt{n}\|\boldsymbol{A}\|_\infty$.

5. 用圆盘定理估计矩阵 $A = \begin{pmatrix} \mathrm{i} & 0.1 & 0.2 & 0.3 \\ 0.5 & 3 & 0.2 & 0.4 \\ 1 & 0.4 & -1 & 0.1 \\ 0.3 & -0.6 & 0.1 & -2 \end{pmatrix}$ 的特征值分布范围，且在复平面上作图表示.

6. 证明：矩阵 $A = \begin{pmatrix} \frac{1}{3} & \frac{1}{3} & \frac{1}{3} \\ \frac{1}{4} & \frac{2}{4} & \frac{1}{4} \\ \frac{1}{5} & \frac{1}{5} & \frac{2}{5} \end{pmatrix}$ 的谱半径 $\rho(A) < 1$.

7. 证明：矩阵 $A = \begin{pmatrix} \frac{1}{3} & \frac{1}{3} & \frac{1}{3} \\ \frac{1}{4} & \frac{2}{4} & \frac{1}{4} \\ \frac{1}{5} & \frac{1}{5} & \frac{3}{5} \end{pmatrix}$ 的谱半径 $\rho(A) = 1$.

8. 设 P 是正交矩阵，$A = \mathrm{diag}\{a_1, a_2, \cdots, a_n\}$ 为实对角矩阵，$m = \min\limits_{1\leqslant i\leqslant n} |a_i|$ ，$M = \max\limits_{1\leqslant i\leqslant n} |a_i|$. 证明：PA 的特征值 μ 满足不等式 $m \leqslant |\mu| \leqslant M$.

第 10 章 张　　量

在力学和物理学的很多领域（例如连续介质力学，相对论等），广泛存在着一类比向量更加广泛的物理量——张量．张量不依赖于坐标系的选取，在不同坐标系下的表示形式与向量有类似之处．这些概念的数学本质，是有限维线性空间上的多重线性函数．本章将简要介绍张量的基本概念和运算．

10.1 张量的物理描述

在力学和物理学中，很多物理量是定义在某个 n 维线性空间 V 上的．在 V 上的物理量中，最简单的是标量，标量是一个与坐标系选取无关的常数，例如功、能量、频率、电流强度等．

比标量稍许复杂的物理量是向量，例如力、位移、速度等．向量同样是一个独立于坐标系存在的一个客观的量，但在不同坐标系下，同一个向量可能有不同的表达式．设 $\boldsymbol{v}$ 为 V 上的向量，$\boldsymbol{e}_1,\cdots,\boldsymbol{e}_n$ 为 V 上的一组基，$\boldsymbol{v}$ 在这组基下的坐标记为 $(x^1,\cdots,x^n)^{\mathrm{T}}$（在本章中，用上标来记坐标分量，下面会看到这种记法的优点），则

$$\boldsymbol{v}=\sum_{i=1}^{n}x^i\boldsymbol{e}_i\,.$$

再设 $\tilde{\boldsymbol{e}}_1,\cdots,\tilde{\boldsymbol{e}}_n$ 为 V 上的另一组基，$\boldsymbol{v}$ 在这组基下的坐标记为 $(\tilde{x}^1,\cdots,\tilde{x}^n)^{\mathrm{T}}$，于是

$$\boldsymbol{v}=\sum_{j=1}^{n}\tilde{x}^j\tilde{\boldsymbol{e}}_j\,.$$

设 (α^i_j) 为 $\boldsymbol{e}_1,\cdots,\boldsymbol{e}_n$ 到 $\tilde{\boldsymbol{e}}_1,\cdots,\tilde{\boldsymbol{e}}_n$ 的过渡矩阵（上标表示过渡矩阵的行指标，下标表示列指标），于是

$$\boldsymbol{v}=\sum_{j=1}^{n}\tilde{x}^j\tilde{\boldsymbol{e}}_j=\sum_{j=1}^{n}\tilde{x}^j\alpha^i_j\boldsymbol{e}_i\,. \tag{10.1}$$

对比式 (10.1) 和式 (10.1) 中 $\boldsymbol{e}_i$ 的系数，有

$$x^i=\sum_{j=1}^{n}\tilde{x}^j\alpha^i_j\,. \tag{10.2}$$

将矩阵的行指标写为上标的方式，与线性代数的表示习惯不一致，容易记错，但借助微积分中导数的记号，可以将过渡矩阵中的元素改写为

$$\alpha^i_j = \frac{\partial x^i}{\partial \tilde{x}^j},$$

此时过渡矩阵的行列指标刚好分处分子和分母上，代替了上下标的效果，此时式 (10.2) 可以改写为

$$x^i = \sum_{j=1}^{n} \tilde{x}^j \frac{\partial x^i}{\partial \tilde{x}^j}. \tag{10.3}$$

根据复合函数求导的链式法则，有

$$\delta^i_j = \sum_{k=1}^{n} \frac{\partial x^i}{\partial \tilde{x}^k} \frac{\partial \tilde{x}^k}{\partial x^j},$$

（这里 δ^i_j 为 Kronecker 符号），亦即 $\left(\dfrac{\partial \tilde{x}^i}{\partial x^j}\right)$ 为 $\left(\dfrac{\partial x^i}{\partial \tilde{x}^j}\right)$ 的逆矩阵，$\left(\dfrac{\partial \tilde{x}^i}{\partial x^j}\right)$ 为 $\tilde{\boldsymbol{e}}_1, \cdots, \tilde{\boldsymbol{e}}_n$ 到 $\boldsymbol{e}_1, \cdots, \boldsymbol{e}_n$ 的过渡矩阵．本章中的过渡矩阵均采用偏导数形式的记法．

例 10.1 向量可以看成具备下述特点的一个物理量：

(1) 在每一个给定的坐标系下，向量对应了 n 个分量构成的数组；

(2) 在不同坐标系下，同一个向量对应的分量之间满足式 (10.3) 中的关系．

这种描述方法在一定程度上避开代数的概念，深受早期的物理学家欢迎．随着物理学的发展，物理学家又陆续发现了一些新的物理量，具备与向量类似的特点，如下面两个例子．

例 10.2 设 $\boldsymbol{G}$ 为 V 上的一个欧氏度量，在基 $\boldsymbol{e}_1, \cdots, \boldsymbol{e}_n$ 和基 $\tilde{\boldsymbol{e}}_1, \cdots, \tilde{\boldsymbol{e}}_n$ 下对应的度量矩阵分别为 (g_{ij}) 和 $(\tilde{g}_{ij})$，这两个矩阵元素之间满足

$$\tilde{g}_{ij} = \sum_{k=1}^{n} \sum_{l=1}^{n} g_{kl} \frac{\partial x^k}{\partial \tilde{x}^i} \frac{\partial x^l}{\partial \tilde{x}^j}. \tag{10.4}$$

按照物理学家的观点，V 上的欧氏度量 $\boldsymbol{G}$ 可以看成这样一个物理量：

(1) 在每一个给定的坐标系下，$\boldsymbol{G}$ 对应了 $n \times n$ 个分量构成的数组；

(2) 在不同坐标系下，同一个 $\boldsymbol{G}$ 对应的 $n \times n$ 个分量之间满足式 (10.4) 中的关系．

例 10.3 设 $\mathscr{A}$ 为 V 上的一个线性变换，在基 $\boldsymbol{e}_1, \cdots, \boldsymbol{e}_n$ 和基 $\tilde{\boldsymbol{e}}_1, \cdots, \tilde{\boldsymbol{e}}_n$ 下对应的矩阵分别为 (a^i_j) 和 $(\tilde{a}^{\,i}_j)$，这两个矩阵元素之间满足

$$\tilde{a}^{\,i}_j = \sum_{k=1}^{n} \sum_{l=1}^{n} a^k_l \frac{\partial \tilde{x}^i}{\partial x^k} \frac{\partial x^l}{\partial \tilde{x}^j}. \tag{10.5}$$

按照物理学家的观点，线性变换 $\mathscr{A}$ 可以看成这样一个物理量：

(1) 在每一个给定的坐标系下，$\mathscr{A}$ 对应了一个 $n \times n$ 个分量构成的数组；

(2) 在不同坐标系下，同一个 $\mathscr{A}$ 对应的 $n \times n$ 个分量之间满足式 (10.5)中的关系．

对比上述三个不同的物理量，有两个细微的不同：其一是 $\boldsymbol{v}$ 对应的数组只有一个上指标，$\boldsymbol{G}$ 对应数组有两个下指标，而 $\mathscr{A}$ 对应的数组有一个上指标和一个下指标；其二是数组满足的关系式中，有的出现的是过渡矩阵中的元素，有的出现的是过渡矩阵逆阵中的元素，

有的过渡矩阵和其逆阵中的元素同时出现．仔细检查这两个差别，可以发现这个看似不易记忆的关系中，存在这样一个规律：

(1) 在每一个求和式中，重复出现的指标必定是求和指标；

(2) 求和指标恰好在上下指标各出现一次（这里，将在分母上的指标看作下指标）；

(3) 重复出现的指标必定出现在同一个坐标系下的物理量上（即在上述求和式中，相同指标的物理量要么都有波浪号，要么都没有波浪号）．

物理学家在这种情况下，经常省略求和记号，即约定凡是重复出现的上下指标，默认对它们由 1 到 n 进行求和．这种记法称为 **Einstein[1] 求和约定**，为 Einstein 在 1916 年引入，用于相对论中的张量计算．在本章后续部分，均默认使用这一记法．

将上述观点推广到一般情形，就得到张量的概念．

定义 10.1 设 $\boldsymbol{T}$ 为 n 维线性空间 V 上的一个物理量，满足以下两个条件：

(1) 对 V 上任给的一组基 $\boldsymbol{e}_1,\cdots,\boldsymbol{e}_n$，存在唯一与 $\boldsymbol{T}$ 对应的一个多维数组 $(t^{i_1\cdots i_r}_{j_1\cdots j_s})$，这里所有的上下指标均取遍 $1,\cdots,n$ 中的整数；

(2) 对 V 的任意两组基 $\boldsymbol{e}_1,\cdots,\boldsymbol{e}_n$ 和 $\tilde{\boldsymbol{e}}_1,\cdots,\tilde{\boldsymbol{e}}_n$，$\boldsymbol{T}$ 对应的多维数组 $(t^{i_1\cdots i_r}_{j_1\cdots j_s})$ 和 $(\tilde{t}^{i_1\cdots i_r}_{j_1\cdots j_s})$ 满足

$$\tilde{t}^{i_1\cdots i_r}_{j_1\cdots j_s}=t^{k_1\cdots k_r}_{l_1\cdots l_s}\frac{\partial\tilde{x}^{i_1}}{\partial x^{k_1}}\cdots\frac{\partial\tilde{x}^{i_r}}{\partial x^{k_r}}\frac{\partial x^{l_1}}{\partial\tilde{x}^{j_1}}\cdots\frac{\partial x^{l_s}}{\partial\tilde{x}^{j_s}},\tag{10.6}$$

则称 $\boldsymbol{T}$ 或 $(t^{i_1\cdots i_r}_{j_1\cdots j_s})$ 为 V 上的一个 (r,s)-型**张量**，数组 $(t^{i_1\cdots i_r}_{j_1\cdots j_s})$ 称为 $\boldsymbol{T}$ 在基 $\boldsymbol{e}_1,\cdots,\boldsymbol{e}_n$ 下的**分量**，r 称为 $\boldsymbol{T}$ 的**逆变阶数**，s 称为 $\boldsymbol{T}$ 的**协变阶数**．

根据定义立即得到，n 维线性空间上的一个 V 上的 (r,s)-型张量，有 n^{r+s} 个分量．特别地，V 上的向量是一个 1 阶逆变张量，V 上的度量是一个 2 阶协变张量，V 上的线性变换是一个 $(1,1)$-型张量，从这个意义上说，标量、向量、欧氏度量、线性变换都可以看作张量．特别地，标量可看作 $(0,0)$-型张量．

这里提到了张量在给定基下的分量，这与向量在给定基下的坐标有一定的相似之处，二者之间的联系将在张量的代数描述中给出．

从这一定义看，要构造线性空间上的一个张量，需要给出其在每组基下对应的分量，然而一个线性空间有无穷多组基，不可能通过穷举每一组基上的分量来构造一个张量，下面的定理告诉，只须在任何给定的一组基下指定一个分量，就可以构造一个张量．

定理 10.1 设 $\boldsymbol{e}_1,\cdots,\boldsymbol{e}_n$ 为线性空间 V 上给定的一组基，$(t^{i_1\cdots i_r}_{j_1\cdots j_s})$ 是一个给定的数组．任取 V 的一组基 $\tilde{\boldsymbol{e}}_1,\cdots,\tilde{\boldsymbol{e}}_n$，令数组

$$\tilde{t}^{i_1\cdots i_r}_{j_1\cdots j_s}=t^{k_1\cdots k_r}_{l_1\cdots l_s}\frac{\partial\tilde{x}^{i_1}}{\partial x^{k_1}}\cdots\frac{\partial\tilde{x}^{i_r}}{\partial x^{k_r}}\frac{\partial x^{l_1}}{\partial\tilde{x}^{j_1}}\cdots\frac{\partial x^{l_s}}{\partial\tilde{x}^{j_s}},$$

则由此定义的数组是张量的分量．

证明 由定义方式可知，从给定基 $\boldsymbol{e}_1,\cdots,\boldsymbol{e}_n$ 到任意一组基 $\tilde{\boldsymbol{e}}_1,\cdots,\tilde{\boldsymbol{e}}_n$，数组 $(t^{i_1\cdots i_r}_{j_1\cdots j_s})$ 与 $(\tilde{t}^{i_1\cdots i_r}_{j_1\cdots j_s})$ 之间，满足式 (10.6)，因此只须证对任意两组基 $\tilde{\boldsymbol{e}}_1,\cdots,\tilde{\boldsymbol{e}}_n$ 和 $\bar{\boldsymbol{e}}_1,\cdots,\bar{\boldsymbol{e}}_n$，式 (10.6) 成

[1] 全名为 Albert Einstein (1879–1955)，爱因斯坦，德国物理学家．

立即可. 记 $\boldsymbol{T}$ 在这两组基下的分量分别为 $(\tilde{t}^{\,i_1\cdots i_r}_{\,j_1\cdots j_s})$ 和 $(\bar{t}^{\,i_1\cdots i_r}_{\,j_1\cdots j_s})$，这两组基下的坐标分量分别为 $(\tilde{x}^1,\cdots,\tilde{x}^n)^{\mathrm{T}}$ 和 $(\bar{x}^1,\cdots,\bar{x}^n)^{\mathrm{T}}$，于是由定义

$$\tilde{t}^{\,i_1\cdots i_r}_{\,j_1\cdots j_s}=t^{k_1\cdots k_r}_{l_1\cdots l_s}\frac{\partial\tilde{x}^{i_1}}{\partial x^{k_1}}\cdots\frac{\partial\tilde{x}^{i_r}}{\partial x^{k_r}}\frac{\partial x^{l_1}}{\partial\tilde{x}^{j_1}}\cdots\frac{\partial x^{l_s}}{\partial\tilde{x}^{j_s}},$$

$$\bar{t}^{\,i_1\cdots i_r}_{\,j_1\cdots j_s}=t^{k_1\cdots k_r}_{l_1\cdots l_s}\frac{\partial\bar{x}^{i_1}}{\partial x^{k_1}}\cdots\frac{\partial\bar{x}^{i_r}}{\partial x^{k_r}}\frac{\partial x^{l_1}}{\partial\bar{x}^{j_1}}\cdots\frac{\partial x^{l_s}}{\partial\bar{x}^{j_s}},$$

从而

$$t^{i_1\cdots i_r}_{j_1\cdots j_s}=\tilde{t}^{\,k_1\cdots k_r}_{\,l_1\cdots l_s}\frac{\partial x^{i_1}}{\partial\tilde{x}^{k_1}}\cdots\frac{\partial x^{i_r}}{\partial\tilde{x}^{k_r}}\frac{\partial\tilde{x}^{l_1}}{\partial x^{j_1}}\cdots\frac{\partial\tilde{x}^{l_s}}{\partial x^{j_s}},$$

于是

$$\begin{aligned}\bar{t}^{\,i_1\cdots i_r}_{\,j_1\cdots j_s}&=\tilde{t}^{\,k_1'\cdots k_r'}_{\,l_1'\cdots l_s'}\frac{\partial x^{k_1}}{\partial\tilde{x}^{k_1'}}\cdots\frac{\partial x^{k_r}}{\partial\tilde{x}^{k_r'}}\frac{\partial\tilde{x}^{l_1'}}{\partial x^{l_1}}\cdots\frac{\partial\tilde{x}^{l_s'}}{\partial x^{l_s}}\frac{\partial\bar{x}^{i_1}}{\partial x^{k_1}}\cdots\frac{\partial\bar{x}^{i_r}}{\partial x^{k_r}}\frac{\partial x^{l_1}}{\partial\bar{x}^{j_1}}\cdots\frac{\partial x^{l_s}}{\partial\bar{x}^{j_s}}\\&=\tilde{t}^{\,k_1'\cdots k_r'}_{\,l_1'\cdots l_s'}\frac{\partial\bar{x}^{i_1}}{\partial\tilde{x}^{k_1'}}\cdots\frac{\partial\bar{x}^{i_r}}{\partial\tilde{x}^{k_r'}}\frac{\partial\tilde{x}^{l_1'}}{\partial\bar{x}^{j_1}}\cdots\frac{\partial\tilde{x}^{l_s'}}{\partial\bar{x}^{j_s}}.\end{aligned}$$

证毕.

上述定理揭示了张量和向量之间的一个相似之处：描述一个向量，只须选择一个坐标系，给出它的坐标分量就可以了；对于张量，同样只要在某一个坐标系下写出其所有分量就够了.

注 10.1 的确存在一些物理量，虽然在任一坐标系下也对应了一个多维数组，但不同坐标系对应的数组之间并不满足式 (10.6)，这样的量就不是张量. 因此不能将多维数组简单等同于张量，只有满足定义 10.1 的多维数组才是张量. 这也正是作者在本书第 1 章注解中指出列矩阵和向量不宜等同的原因之一.

10.2 张量的运算

张量之间可以定义很多种运算，在定义张量运算之前，先要给出两个张量相等的定义.

定义 10.2 线性空间 V 上的两个张量 $\boldsymbol{A}$ 和 $\boldsymbol{B}$ 称为相等的，如果在任意一组基下，其相同指标的分量都分别相等.

由定理 10.1，证明张量相等，只须在其中一组基下验证分量相等即可.

同种类型的张量之间可以定义加法，张量和数之间可以定义数乘.

定理 10.2 设 $\boldsymbol{A}$ 和 $\boldsymbol{B}$ 同为线性空间 V 上的 (r,s)-型张量，在基 $\boldsymbol{e}_1,\cdots,\boldsymbol{e}_n$ 下的分量分别为 $(a^{i_1\cdots i_r}_{j_1\cdots j_s})$ 和 $(b^{i_1\cdots i_r}_{j_1\cdots j_s})$，则数组 $(a^{i_1\cdots i_r}_{j_1\cdots j_s}+b^{i_1\cdots i_r}_{j_1\cdots j_s})$ 和 $(k\cdot a^{i_1\cdots i_r}_{j_1\cdots j_s})$ 也定义了 V 上的一个 (r,s)-型张量（这里 k 为常数），分别记为 $\boldsymbol{A}+\boldsymbol{B}$ 和 $k\boldsymbol{A}$，其在 V 上的任何一组基下的分量也恰为 $\boldsymbol{A}$ 与 $\boldsymbol{B}$ 在该组基下分量的和与数乘.

证明 任取 V 的一组基 $\tilde{\boldsymbol{e}}_1,\cdots,\tilde{\boldsymbol{e}}_n$，并设 $\boldsymbol{A}$ 和 $\boldsymbol{B}$ 在这组基下的分量为 $(\tilde{a}^{\,i_1\cdots i_r}_{\,j_1\cdots j_s})$ 和 $(\tilde{b}^{\,i_1\cdots i_r}_{\,j_1\cdots j_s})$，

根据张量的定义，

$$\tilde{a}^{i_1\cdots i_r}_{j_1\cdots j_s}=a^{k_1\cdots k_r}_{l_1\cdots l_s}\frac{\partial\tilde{x}^{i_1}}{\partial x^{k_1}}\cdots\frac{\partial\tilde{x}^{i_r}}{\partial x^{k_r}}\frac{\partial x^{l_1}}{\partial\tilde{x}^{j_1}}\cdots\frac{\partial x^{l_s}}{\partial\tilde{x}^{j_s}},$$

$$\tilde{b}^{i_1\cdots i_r}_{j_1\cdots j_s}=b^{k_1\cdots k_r}_{l_1\cdots l_s}\frac{\partial\tilde{x}^{i_1}}{\partial x^{k_1}}\cdots\frac{\partial\tilde{x}^{i_r}}{\partial x^{k_r}}\frac{\partial x^{l_1}}{\partial\tilde{x}^{j_1}}\cdots\frac{\partial x^{l_s}}{\partial\tilde{x}^{j_s}},$$

于是

$$\tilde{a}^{i_1\cdots i_r}_{j_1\cdots j_s}+\tilde{b}^{i_1\cdots i_r}_{j_1\cdots j_s}=(a^{k_1\cdots k_r}_{l_1\cdots l_s}+b^{k_1\cdots k_r}_{l_1\cdots l_s})\frac{\partial\tilde{x}^{i_1}}{\partial x^{k_1}}\cdots\frac{\partial\tilde{x}^{i_r}}{\partial x^{k_r}}\frac{\partial x^{l_1}}{\partial\tilde{x}^{j_1}}\cdots\frac{\partial x^{l_s}}{\partial\tilde{x}^{j_s}},$$

$$k\tilde{a}^{i_1\cdots i_r}_{j_1\cdots j_s}=ka^{k_1\cdots k_r}_{l_1\cdots l_s}\frac{\partial\tilde{x}^{i_1}}{\partial x^{k_1}}\cdots\frac{\partial\tilde{x}^{i_r}}{\partial x^{k_r}}\frac{\partial x^{l_1}}{\partial\tilde{x}^{j_1}}\cdots\frac{\partial x^{l_s}}{\partial\tilde{x}^{j_s}}.$$

证毕.

推论 10.3 n 维线性空间 V 上全体 (r,s)-型张量在上述加法、数乘运算下，构成 n^{r+s} 维线性空间，记作 $T^{r,s}(V)$.

$T^{r,s}(V)$ 是线性空间是定理 10.2 的直接推论，关于维数的证明将放在下节.

同一线性空间上，任意两个张量可以作张量积.

定理 10.4 设 $\boldsymbol{A}$ 和 $\boldsymbol{B}$ 分别为 V 上的 (r_1,s_1)-型和 (r_2,s_2)-型张量，其在基 $\tilde{\boldsymbol{e}}_1,\cdots,\tilde{\boldsymbol{e}}_n$ 下的分量分别为 $(a^{i_1\cdots i_{r_1}}_{j_1\cdots j_{s_1}})$ 和 $(b^{i_{r_1+1}\cdots i_{r_1+r_2}}_{j_{s_1+1}\cdots j_{s_1+s_2}})$，则 $(a^{i_1\cdots i_{r_1}}_{j_1\cdots j_{s_1}}\cdot b^{i_{r_1+1}\cdots i_{r_1+r_2}}_{j_{s_1+1}\cdots j_{s_1+s_2}})$ 定义了 V 上的一个 (r_1+r_2,s_1+s_2)-型张量，称为 $\boldsymbol{A}$ 与 $\boldsymbol{B}$ 的**张量积**，记为 $\boldsymbol{A}\otimes\boldsymbol{B}$，其在任何一组基下的分量也恰为 $\boldsymbol{A}$ 与 $\boldsymbol{B}$ 在该组基下分量的乘积.

证明 任取 V 的一组基 $\tilde{\boldsymbol{e}}_1,\cdots,\tilde{\boldsymbol{e}}_n$，并设 $\boldsymbol{A}$ 和 $\boldsymbol{B}$ 在这组基下的分量为 $(\tilde{a}^{i_1\cdots i_{r_1}}_{j_1\cdots j_{s_1}})$ 和 $(\tilde{b}^{i_{r_1+1}\cdots i_{r_1+r_2}}_{j_{s_1+1}\cdots j_{s_1+s_2}})$，根据张量的定义，

$$\tilde{a}^{i_1\cdots i_{r_1}}_{j_1\cdots j_{s_1}}=a^{k_1\cdots k_{r_1}}_{l_1\cdots l_{s_1}}\frac{\partial\tilde{x}^{i_1}}{\partial x^{k_1}}\cdots\frac{\partial\tilde{x}^{i_{r_1}}}{\partial x^{k_{r_1}}}\frac{\partial x^{l_1}}{\partial\tilde{x}^{j_1}}\cdots\frac{\partial x^{l_{s_1}}}{\partial\tilde{x}^{j_{s_1}}},$$

$$\tilde{b}^{i_{r_1+1}\cdots i_{r_1+r_2}}_{j_{s_1+1}\cdots j_{s_1+s_2}}=b^{k_{r_1+1}\cdots k_{r_1+r_2}}_{l_{s_1+1}\cdots l_{s_1+s_2}}\frac{\partial\tilde{x}^{i_{r_1+1}}}{\partial x^{k_{r_1+1}}}\cdots\frac{\partial\tilde{x}^{i_{r_1+r_2}}}{\partial x^{k_{r_1+r_2}}}\frac{\partial x^{l_{s_1+1}}}{\partial\tilde{x}^{j_{s_1+1}}}\cdots\frac{\partial x^{l_{s_1+s_2}}}{\partial\tilde{x}^{j_{s_1+s_2}}},$$

从而

$$\tilde{a}^{i_1\cdots i_{r_1}}_{j_1\cdots j_{s_1}}\tilde{b}^{i_{r_1+1}\cdots i_{r_1+r_2}}_{j_{s_1+1}\cdots j_{s_1+s_2}}=a^{k_1\cdots k_{r_1}}_{l_1\cdots l_{s_1}}b^{k_{r_1+1}\cdots k_{r_1+r_2}}_{l_{s_1+1}\cdots l_{s_1+s_2}}\frac{\partial\tilde{x}^{i_1}}{\partial x^{k_1}}\cdots\frac{\partial\tilde{x}^{i_{r_1}}}{\partial x^{k_{r_1}}}\frac{\partial\tilde{x}^{i_{r_1+1}}}{\partial x^{k_{r_1+1}}}\cdots\frac{\partial\tilde{x}^{i_{r_1+r_2}}}{\partial x^{k_{r_1+r_2}}}\cdot$$
$$\frac{\partial x^{l_1}}{\partial\tilde{x}^{j_1}}\cdots\frac{\partial x^{l_{s_1}}}{\partial\tilde{x}^{j_{s_1}}}\frac{\partial x^{l_{s_1+1}}}{\partial\tilde{x}^{j_{s_1+1}}}\cdots\frac{\partial x^{l_{s_1+s_2}}}{\partial\tilde{x}^{j_{s_1+s_2}}}.$$

证毕.

注 10.2 通过这两个定理发现，张量线性运算与张量积的分量定义式，与坐标系的选取无关，即在任何一组坐标系下，定义式的形式是相同的. 这是张量运算最根本的特点.

推论 10.5 张量积运算满足以下性质：

(1) $k(\boldsymbol{A}\otimes\boldsymbol{B})=(k\boldsymbol{A})\otimes\boldsymbol{B}=\boldsymbol{A}\otimes(k\boldsymbol{B})$，其中 k 为常数；

(2) 结合律：$(\boldsymbol{A}\otimes\boldsymbol{B})\otimes\boldsymbol{C}=\boldsymbol{A}\otimes(\boldsymbol{B}\otimes\boldsymbol{C})$；

(3) 分配律：$(\boldsymbol{A}+\boldsymbol{B})\otimes\boldsymbol{C}=\boldsymbol{A}\otimes\boldsymbol{C}+\boldsymbol{B}\otimes\boldsymbol{C}$.

注 10.3 虽然 $\boldsymbol{A}\otimes\boldsymbol{B}$ 和 $\boldsymbol{B}\otimes\boldsymbol{A}$ 作为张量的类型相同，其分量也是各自分量的乘积，但二者通常并不相等，即张量积的交换律不成立．这是因为，虽然分量乘积是可以交换的，但交换后对应的张量分量指标却是不同的．例如 $\boldsymbol{A}$ 和 $\boldsymbol{B}$ 都是 $(0,2)$ -型张量，其在某组基下的分量分别为 $a^1=1,\ a^2=2,\ b^1=1,\ b^2=3$，记 $\boldsymbol{C}=\boldsymbol{A}\otimes\boldsymbol{B}$，$\boldsymbol{D}=\boldsymbol{B}\otimes\boldsymbol{A}$，则根据定义，$\boldsymbol{C}$ 的四个分量分别为

$$c^{11}=a^1b^1=1,\quad c^{12}=a^1b^2=3,\quad c^{21}=a^2b^1=2,\quad c^{22}=a^2b^2=6,$$

而 $\boldsymbol{D}$ 的四个分量分别为

$$d^{11}=b^1a^1=1,\quad d^{12}=b^1a^2=2,\quad d^{21}=b^2a^1=3,\quad d^{22}=a^2b^2=6,$$

于是 $\boldsymbol{C}\neq\boldsymbol{D}$．

注 10.4 两个不为常数的张量的积，类型必定不同于原先的两个张量，因此这一定义与矩阵的乘法不同．例如对两个线性变换，其张量积是一个 $(2,2)$ -型张量，而其作为线性变换的乘积仍然是一个线性变换，即 $(1,1)$ -型张量．

对协变阶数和逆变阶数均不为零的张量，还可以定义“缩并”运算．

定理 10.6 设 $\boldsymbol{T}$ 为线性空间 V 上的 (r,s) -型张量，在基 $\boldsymbol{e}_1,\cdots,\boldsymbol{e}_n$ 下的分量为 $(t^{i_1\cdots i_r}_{j_1\cdots j_s})$，则 $(t^{m\,i_2\cdots i_r}_{m\,j_2\cdots j_s})$ 定义了 V 上的一个 $(r-1,s-1)$ -型张量（这里对指标 m 采用 Einstein 求和约定），记为 $C_{11}(\boldsymbol{T})$，称为张量的**缩并**，缩并运算的分量定义式与坐标系选取无关．

证明 只须证明 $C_{11}(\boldsymbol{T})$ 的两组分量间满足式 (10.6)．事实上，

$$\begin{aligned}\tilde{t}^{m\,i_2\cdots i_r}_{m\,j_2\cdots j_s}&=t^{k_1k_2\cdots k_r}_{l_1l_2\cdots l_s}\frac{\partial\tilde{x}^m}{\partial x^{k_1}}\frac{\partial\tilde{x}^{i_2}}{\partial x^{k_2}}\cdots\frac{\partial\tilde{x}^{i_r}}{\partial x^{k_r}}\frac{\partial x^{l_1}}{\partial\tilde{x}^m}\frac{\partial x^{l_2}}{\partial\tilde{x}^{j_2}}\cdots\frac{\partial x^{l_s}}{\partial\tilde{x}^{j_s}}\\&=t^{k_1k_2\cdots k_r}_{l_1l_2\cdots l_s}\delta^{l_1}_{k_1}\frac{\partial\tilde{x}^{i_2}}{\partial x^{k_2}}\cdots\frac{\partial\tilde{x}^{i_r}}{\partial x^{k_r}}\frac{\partial x^{l_2}}{\partial\tilde{x}^{j_2}}\cdots\frac{\partial x^{l_s}}{\partial\tilde{x}^{j_s}}=t^{k_1k_2\cdots k_r}_{k_1l_2\cdots l_s}\frac{\partial\tilde{x}^{i_2}}{\partial x^{k_2}}\cdots\frac{\partial\tilde{x}^{i_r}}{\partial x^{k_r}}\frac{\partial x^{l_2}}{\partial\tilde{x}^{j_2}}\cdots\frac{\partial x^{l_s}}{\partial\tilde{x}^{j_s}}.\end{aligned}$$

证毕．

$C_{11}(\boldsymbol{T})$ 是通过对分量的第一个上标和第一个下标对等求和得到的，同理，对任意一对上下标对等求和，也可以得到一个 $(r-1,s-1)$ -型张量，记为 $C_{\mu\nu}(\boldsymbol{T})$．总之，张量分量的任何一对上下标都可以对等求和作缩并，缩并降低了张量的阶数．特别地，V 上的一个线性变换可以看作一个 $(1,1)$ -型张量，对它缩并后得到一个数，这个数恰好是线性变换的迹，这的确是一个不依赖于坐标系的量．

对张量的一对上标（或下标）对等求和后，不再是张量，验证留作习题．

借助缩并运算，可以定义张量指标的提升与降低．首先证明下面的定理．

定理 10.7 设 $\boldsymbol{G}$ 是线性空间 V 上的一个 $(0,2)$ -型张量，在基 $\boldsymbol{e}_1,\cdots,\boldsymbol{e}_n$ 下的分量分别为 (g_{ij})，假定该分量作为 n 阶方阵是对称并可逆的，于是 $\boldsymbol{G}$ 在所有基下的分量作为 n 阶方阵都是对称并可逆的，且该组逆矩阵，记为 (g^{ij})，定义了 V 上的一个 $(2,0)$ -型张量．

证明 任取一组基 $\tilde{\boldsymbol{e}}_1,\cdots,\tilde{\boldsymbol{e}}_n$，设 $\boldsymbol{G}$ 在这组基下的分量为 $(\tilde{g}_{ij})$，根据张量的定义，

$$\tilde{g}_{ij}=g_{kl}\frac{\partial x^k}{\partial\tilde{x}^i}\frac{\partial x^l}{\partial\tilde{x}^j}=\tilde{g}_{ji},$$

即 $(\tilde{g}_{ij})$ 作为矩阵是对称的．又因为

$$(\tilde{g}^{ij}) = (\tilde{g}_{ij})^{-1} = \left(g_{kl}\frac{\partial x^k}{\partial \tilde{x}^i}\frac{\partial x^l}{\partial \tilde{x}^j}\right)^{-1} = \left(\left(\frac{\partial x^k}{\partial \tilde{x}^i}\right)^{\mathrm{T}}(g_{kl})\left(\frac{\partial x^l}{\partial \tilde{x}^j}\right)\right)^{-1} = \left(g^{kl}\frac{\partial \tilde{x}^i}{\partial x^k}\frac{\partial \tilde{x}^j}{\partial x^l}\right),$$

故 $(\tilde{g}^{ij})$ 定义了 V 上的一个 $(2,0)$ -型张量．根据对称矩阵的逆矩阵必定对称，知 $(\tilde{g}^{ij})$ 作为矩阵也是对称的．证毕．

特别地，Euclid 空间上度量的逆是一个 $(2,0)$ -型张量．

定理 10.8 设 $\boldsymbol{G}$ 是 V 上的一个给定的 $(0,2)$ -型张量，其在基 $\boldsymbol{e}_1,\cdots,\boldsymbol{e}_n$ 下的分量 (g_{ij}) 作为 n 阶方阵是对称并可逆的，则对 V 上的任意 (r,s) -型张量 $\boldsymbol{T}$，在基 $\boldsymbol{e}_1,\cdots,\boldsymbol{e}_n$ 下的分量为 $(t^{i_1\cdots i_r}_{j_1\cdots j_s})$，数组 $(g_{ik}t^{ki_2\cdots i_r}_{j_1\cdots j_s})$ 和 $(g^{ik}t^{i_1\cdots i_r}_{kj_2\cdots j_s})$ 分别定义了 V 上的一个 $(r-1,s+1)$ -型和 $(r+1,s-1)$ -型张量，分别称为张量指标的**提升**与**下降**．张量指标提升与下降的分量定义式，与坐标系的选取无关．

该定理是定理 10.6 和定理 10.4 的直接推论．

同样道理，也可以对排在后面的指标作提升或降低，不再赘述．在物理学中，通常都是利用空间的度量矩阵对张量坐标进行提升和降低．

在具体应用中，很多张量具备一定的对称性，有下述定义．

定义 10.3 若 $\boldsymbol{T}$ 在 $\boldsymbol{e}_1,\cdots,\boldsymbol{e}_n$ 下的分量为 (t_{ij})，且满足 $t_{ij}=t_{ji}$，则称 $\boldsymbol{T}$ 为 2 阶**对称张量**；若 $\boldsymbol{T}$ 在 $\boldsymbol{e}_1,\cdots,\boldsymbol{e}_n$ 下的分量为 (t_{ij})，且满足 $t_{ij}=-t_{ji}$，则称 $\boldsymbol{T}$ 为 2 阶**反对称张量**．

对多指标张量，同样也有对称与反对称的概念．

定义 10.4 若 $\boldsymbol{T}$ 在 $\boldsymbol{e}_1,\cdots,\boldsymbol{e}_n$ 下的分量为 $(t_{i_1\cdots i_n})$，且对任何 $1,\cdots,n$ 的全排列 $(i_i,\cdots,i_n)$，有 $t_{i_1\cdots i_n}=t_{1\cdots n}$，则称 $\boldsymbol{T}$ 为 n 阶**对称张量**；若在同样前提条件下，有 $t_{i_1\ldots i_n}=\mathrm{sgn}(i_1,\cdots,i_n)t_{1\cdots n}$，则称 $\boldsymbol{T}$ 为 n 阶**反对称张量**，这里 $\mathrm{sgn}(i_1,\cdots,i_n)$ 是排列的符号．

对于对称（反对称）张量，有下面的定理．

定理 10.9 若 $\boldsymbol{T}$ 为线性空间 V 上的对称（反对称）张量，则 $\boldsymbol{T}$ 在任何一组基下的分量都是对称（反对称）的．

证明 不妨只证明 2 阶对称张量的情形．设 (t_{ij}) 为对称张量 $\boldsymbol{T}$ 在 $(\boldsymbol{e}_1,\cdots,\boldsymbol{e}_n)$ 下的分量，满足 $t_{ij}=t_{ji}$．任取 V 的一组基 $\tilde{\boldsymbol{e}}_1,\cdots,\tilde{\boldsymbol{e}}_n$，则 $\boldsymbol{T}$ 在这组基下的分量满足关系

$$\tilde{t}_{ij}=t_{kl}\frac{\partial x^k}{\partial \tilde{x}^i}\frac{\partial x^l}{\partial \tilde{x}^j},$$

于是 $\tilde{t}_{ji}=t_{kl}\dfrac{\partial x^k}{\partial \tilde{x}^j}\dfrac{\partial x^l}{\partial \tilde{x}^i}=t_{lk}\dfrac{\partial x^l}{\partial \tilde{x}^i}\dfrac{\partial x^k}{\partial \tilde{x}^j}=\tilde{t}_{ij}$．证毕．

类似地，还可以定义仅对部分指标为对称或反对称的张量，这里不再赘述．

10.3 张量的代数描述

设 $\boldsymbol{v}$ 为 V 上的向量，$\boldsymbol{e}_1,\cdots,\boldsymbol{e}_n$ 为 V 上的一组基，v 在这组基下的坐标记为 $(x^1,\cdots,\ x^n)^{\mathrm{T}}$，

因

$$v = \sum_{i=1}^{n} x^i \boldsymbol{e}_i ,$$

于是称 x^i 是向量 $\boldsymbol{v}$ 在 $\boldsymbol{e}_i$ 上的分量．对于张量，在前两节中也提到了分量这一名词，本节将解释这个分量是何种意义上的分量．事实上，V 上的全体 (r,s)-型张量构成一个 n^{r+s} 维的线性空间，上节中所提到的张量的分量，就是在这一空间上某组基下的分量．为了解释这一事实，先考虑线性空间 V 上的线性函数．

定义 10.5 设 V 是数域 $\mathbf{F}$ 上的线性空间，$f : V \to \mathbf{F}$ 为定义在 V 上的函数，并对任何 $\boldsymbol{v}_1, \boldsymbol{v}_2, \boldsymbol{v} \in V,\ k \in \mathbf{F}$，满足

$$f(\boldsymbol{v}_1 + \boldsymbol{v}_2) = f(\boldsymbol{v}_1) + f(\boldsymbol{v}_2),\quad f(k\boldsymbol{v}) = kf(\boldsymbol{v}),$$

则 f 称为 V 上的一个**线性函数**．

定理 10.10 n 维线性空间 V 上的线性函数全体关于函数的加法和数乘构成 n 维线性空间，记为 V^*，称为 V 的**对偶空间**．

证明 任取 V 上的向量 $\boldsymbol{v}, \boldsymbol{v}_1, \boldsymbol{v}_2$，$V$ 上的线性函数 f, f_1, f_2，以及数 k, l，因为

$$\begin{aligned}
&(f_1+f_2)(\boldsymbol{v}_1+\boldsymbol{v}_2) = f_1(\boldsymbol{v}_1)+f_1(\boldsymbol{v}_2)+f_2(\boldsymbol{v}_1)+f_2(\boldsymbol{v}_2) = (f_1+f_2)(\boldsymbol{v}_1)+(f_1+f_2)(\boldsymbol{v}_2);\\
&(f_1+f_2)(k\boldsymbol{v}) = f_1(k\boldsymbol{v})+f_2(k\boldsymbol{v}) = kf_1(\boldsymbol{v})+kf_2(\boldsymbol{v}) = k(f_1+f_2)(\boldsymbol{v});\\
&(lf)(\boldsymbol{v}_1+\boldsymbol{v}_2) = l\cdot f(\boldsymbol{v}_1+\boldsymbol{v}_2) = l(f(\boldsymbol{v}_1)+f(\boldsymbol{v}_2)) = (lf)(\boldsymbol{v}_1)+(lf)(\boldsymbol{v}_2);\\
&(lf)(k\boldsymbol{v}) = l\cdot f(k\boldsymbol{v}) = l\cdot kf(\boldsymbol{v}) = k(lf)(\boldsymbol{v}),
\end{aligned}$$

故 f_1+f_2, lf 都是 V 上的线性函数，从而 V 上的线性函数全体构成线性空间．

设 $\boldsymbol{e}_1,\cdots,\boldsymbol{e}_n$ 为 V 的一组基，容易证明，V 上的线性函数 f 由 f 在基 $\boldsymbol{e}_1,\cdots,\boldsymbol{e}_n$ 上的取值唯一确定．

定义 V 上的一组线性函数 $\boldsymbol{e}^{*1},\cdots,\boldsymbol{e}^{*n}$ 为

$$\boldsymbol{e}^{*i}(\boldsymbol{e}_j) = \delta^i_j, \tag{10.7}$$

则 $f = f(\boldsymbol{e}_i)\boldsymbol{e}^{*i}$（这里采用 Einstein 求和约定，下同）．从而 $V^* = \operatorname{span}\{\boldsymbol{e}^{*1},\cdots,\boldsymbol{e}^{*n}\}$．又因为，若存在 $l_1,\cdots,l_n \in \mathbf{F}$ 使 $l_i\boldsymbol{e}^{*i} = 0$，则

$$0 = l_i\boldsymbol{e}^{*i}(\boldsymbol{e}_j) = l_i\delta^i_j = l_j,$$

从而 $\boldsymbol{e}^{*1},\cdots,\boldsymbol{e}^{*n}$ 线性无关，于是 $\boldsymbol{e}^{*1},\cdots,\boldsymbol{e}^{*n}$ 构成 V^* 的一组基．证毕．

定义 10.6 设 $\boldsymbol{e}_1,\cdots,\boldsymbol{e}_n$ 为数域 $\mathbf{F}$ 上的线性空间 V 的一组基，如式 (10.7) 定义的 $\boldsymbol{e}^{*1},\cdots,\boldsymbol{e}^{*n}$ 称为 $\boldsymbol{e}_1,\cdots,\boldsymbol{e}_n$ 的**对偶基**，于是对 V^* 中任一元素 f（即 V 上的任一线性函数），$(f(\boldsymbol{e}_1),\cdots,f(\boldsymbol{e}_n))^{\mathrm{T}}$ 为 f 在对偶基下的坐标．

下面指出，V^* 中的元素可与 V 上的 1 阶协变张量建立一一对应，于是在这一对应意义下，V^* 中的元素可以等同于 V 上的 1 阶协变张量．任取 $f \in V^*$ 以及 V 上的一组基 $\boldsymbol{e}_1,\cdots,\boldsymbol{e}_n$，构造对应

$$f \mapsto (f(\boldsymbol{e}_1),\cdots,f(\boldsymbol{e}_n))^{\mathrm{T}},$$

这一对应满足 1 阶协变张量的定义．事实上，一方面，设 $\tilde{\boldsymbol{e}}_1,\cdots,\tilde{\boldsymbol{e}}_n$ 为 V 的另一组基，$\left(\dfrac{\partial x^i}{\partial \tilde{x}^j}\right)$ 为

$e_1,\cdots,e_n$ 到 $\tilde{e}_1,\cdots,\tilde{e}_n$ 的过渡矩阵，则有

$$f(\tilde{e}_j)=f\left(\frac{\partial x^k}{\partial \tilde{x}^j}e_k\right)=f(e_k)\frac{\partial x^k}{\partial \tilde{x}^j},$$

即 $(f(e_1),\cdots,f(e_n))^{\mathrm{T}}$ 定义了一个 1 阶协变张量．另一方面，任取 V 上的一个 1 阶协变张量 $\boldsymbol{T}$，设其在基 $e_1,\cdots,e_n$ 下的分量为 $(y_1\ \cdots\ y_n)^{\mathrm{T}}$，构造对应

$$(y_1\ \cdots\ y_n)^{\mathrm{T}}\mapsto y_i e^{*i},$$

需说明这一对应不依赖于基的选取．设 $\tilde{e}_1,\cdots,\tilde{e}_n$ 为 V 的另一组基，$\tilde{e}^{*1},\cdots,\tilde{e}^{*n}$ 为其对偶基，$\boldsymbol{T}$ 在这组基下的分量为 $(\tilde{y}_1,\cdots,\tilde{y}_n)^{\mathrm{T}}$，因

$$\tilde{y}_j=y_k\frac{\partial x^k}{\partial \tilde{x}^j},$$

从而对任意 i，有

$$(\tilde{y}_j\tilde{e}^{*j})(e_i)=y_k\frac{\partial x^k}{\partial \tilde{x}^j}\tilde{e}^{*j}(e_i)=y_k\frac{\partial x^k}{\partial \tilde{x}^j}\tilde{e}^{*j}\left(\frac{\partial \tilde{x}^l}{\partial x^i}\tilde{e}_l\right)=y_k\frac{\partial x^k}{\partial \tilde{x}^j}\frac{\partial \tilde{x}^l}{\partial x^i}\delta^j_l=y_k\frac{\partial x^k}{\partial \tilde{x}^j}\frac{\partial \tilde{x}^j}{\partial x^i}=y_k\delta^k_i=y_i,$$

即

$$\tilde{y}_j\tilde{e}^{*j}=y_i e^{*i}.$$

容易发现上面的两个对应是互逆的，于是 V^* 中的元素可与 V 上的 1 阶协变张量建立一一对应．

进一步还可以发现，一个 1 阶协变张量在 V 的基 $e_1,\cdots,e_n$ 下的分量，其实就是其对应的线性函数作为线性空间 V^* 中的元素，在对偶基 $e^{*1},\cdots,e^{*n}$ 下的坐标，于是找到了 1 阶协变张量的分量和线性空间中元素的坐标之间的对应关系．

下面借助 V^* 中的元素，构造一般的 $(0,s)$ -型张量．考虑定义在 V 上的 s 元线性函数 $\boldsymbol{T}(v_1,\cdots,v_s)$（即 $\boldsymbol{T}$ 每一组 $(v_1,\cdots,v_s)$ 映射为一个数，且 $\boldsymbol{T}$ 关于每一个 v_k 都是线性的），首先对任意给定的 V 的一组基 $e_1,\cdots,e_n$，$\boldsymbol{T}$ 可对应到一个数组 $(\boldsymbol{T}(e_{j_1},\cdots,e_{j_s}))$，这里指标 $j_1,\cdots,j_s$ 均取遍 $1,\cdots,n$ 中所有整数，类似地可以证明，这一对应满足 $(0,s)$ -型张量的定义．反之对于任何一个 V 上的 $(0,s)$ -型张量，设其在基 $e_1,\cdots,e_n$ 上的分量为 $(x_{j_1\dots j_s})$，定义 V 上的 s 元函数

$$\boldsymbol{T}(v_1,\cdots,v_s)=x_{j_1\dots j_s}e^{*j_1}(v_1)\cdots e^{*j_s}(v_s),$$

容易验证这是 V 上的一个 s 元线性函数，且这两个对应是互逆的．于是 V 上的 $(0,s)$ -型张量可以等同于 V 上的一个 s 元线性函数．特别地，将上述 $\boldsymbol{T}$ 记作

$$\boldsymbol{T}=x_{j_1\dots j_s}e^{*j_1}\otimes\cdots\otimes e^{*j_s}.$$

对 V 上的 $(r,0)$ -型张量，可以借助 V 上的元素构造．事实上 V 也可以看做 V^* 的对偶空间（证明作为习题），于是类似前面的构造，可以将 V 上的 s 阶逆变张量等同于 V^* 上的 r 元线性函数．

对 V 上的 (r,s) -型张量，则可以将其等同于一个定义在 V^* 和 V 上的 $(r+s)$ 元线性函数，其中前 r 个自变量定义在 V^* 中，后 s 个自变量定义在 V 中，证明略去．特别地，若 V 上的

(r,s)-型张量在 V 上的分量为 $x^{k_1\cdots k_r}_{l_1\cdots l_s}$，则相应的多重线性函数记为

$$\boldsymbol{T}=x^{i_1\cdots i_r}_{j_1\cdots j_s}\boldsymbol{e}_{i_1}\otimes\cdots\otimes\boldsymbol{e}_{i_r}\otimes\boldsymbol{e}^{*j_1}\otimes\cdots\otimes\boldsymbol{e}^{*j_s}.$$

从这个表示可以看出，V 上的 (r,s)-型张量构成一个 n^{r+s} 维线性空间，

$$\boldsymbol{e}_{i_1}\otimes\cdots\otimes\boldsymbol{e}_{i_r}\otimes\boldsymbol{e}^{*j_1}\otimes\cdots\otimes\boldsymbol{e}^{*j_s}\ (1\leqslant i_1,\cdots,i_r,\ j_1,\cdots,j_s\leqslant n)\tag{10.8}$$

构成该空间的一组基，张量 $\boldsymbol{T}$ 在 $\boldsymbol{e}_1,\cdots,\boldsymbol{e}_n$ 下的分量，恰恰就是 $\boldsymbol{T}$ 作为线性空间中的元素在基 (10.8) 下的坐标.

上一节提到的对称张量可以看作一个对称的多重线性函数.

定理 10.11 设 $\boldsymbol{T}$ 为一个 V 上的 $(0,n)$-型张量，若对一切 $\boldsymbol{v}_1,\cdots,\boldsymbol{v}_n\in V$，以及任何 $1,\cdots,n$ 的全排列 $(i_i,\cdots,i_n)$，都有

$$\boldsymbol{T}(\boldsymbol{v}_{i_1},\cdots,\boldsymbol{v}_{i_n})=\boldsymbol{T}(\boldsymbol{v}_1,\cdots,\boldsymbol{v}_n),$$

则 $\boldsymbol{T}$ 为一个 n 阶**对称协变张量**；若在同样前提条件下，有

$$\boldsymbol{T}(\boldsymbol{v}_{i_1},\cdots,\boldsymbol{v}_{i_n})=\mathrm{sgn}(i_1,\cdots,i_n)\boldsymbol{T}(\boldsymbol{v}_1,\cdots,\boldsymbol{v}_n),$$

则 $\boldsymbol{T}$ 为一个 n 阶**反对称协变张量**，这里 $\mathrm{sgn}(i_1,\cdots,i_n)$ 是排列的符号.

习题 10

1. 设 $(g_{\mu\nu})=\mathrm{diag}(-1,1,1,1)$，将 Einstein 求和式 $g_{\mu\nu}x^\mu x^\nu$ 展开为连加式.

2. 计算 $\delta^i_jA_{ik}$.

3. 计算 $A^{jm}\dfrac{\partial x^i}{\partial\tilde{x}^k}\dfrac{\partial\tilde{x}^k}{\partial x^j}$.

4. 证明：数域 $\mathbf{F}$ 上的 n 维线性空间 V 上的线性函数的全体，关于函数的加法和数乘，构成 $\mathbf{F}$ 上的 n 维线性空间.

5. 设 $\mathbf{R}^3$ 上的线性函数 f 在基 $\boldsymbol{e}_1,\boldsymbol{e}_2,\boldsymbol{e}_3$ 下的表示为 $f(\boldsymbol{v})=ax+by+cz$，其中 $(x\,y\,z)^{\mathrm{T}}$ 为向量 $\boldsymbol{v}$ 在这组基下的坐标，求 f 在对偶基 $\boldsymbol{e}^{*1},\boldsymbol{e}^{*2},\boldsymbol{e}^{*3}$ 下的坐标.

6. 设 $T=(t_{ij})$ 为 n 阶方阵，定义 $\mathbf{R}^n$ 上的双线性函数在基 $\boldsymbol{e}_1,\boldsymbol{e}_2,\cdots,\boldsymbol{e}_n$ 下的形式为 $f(\boldsymbol{X},\boldsymbol{Y})=\boldsymbol{X}^{\mathrm{T}}\boldsymbol{T}\boldsymbol{Y}$，求 f 在对偶基下的表示.

7. 设 V 是一个 n 维线性空间，$\mathscr{A}$ 是 V 上的一个线性变换，f 是 V 上的任意一个线性函数（即 $f\in V^*$），对任何 $\boldsymbol{v}\in V$，定义 $g(\boldsymbol{v})=f(\mathscr{A}(\boldsymbol{v}))$，证明：$g$ 也是 V 上的一个线性函数，从而 $\mathscr{A}$ 诱导了 V^* 上的一个线性变换 $\mathscr{A}^*$. 试找出 $\mathscr{A}$ 在某组基下的矩阵与 $\mathscr{A}^*$ 在对偶基下的矩阵之间的关系.

8. 设 V,W 是两个有限维线性空间，$\mathscr{A}$ 是 V 到 W 的一个线性映射（即映射 $\mathscr{A}$ 保持加法和数乘运算），f 是 W 上的任意一个线性函数（即 $f\in W^*$），对任何 $\boldsymbol{v}\in V$，定义 $g(\boldsymbol{v})=f(\mathscr{A}(\boldsymbol{v}))$，证明：$g$ 也是 V 上的一个线性函数，从而 $\mathscr{A}$ 诱导了 W^* 到 V^* 上的一个线性映射 $\mathscr{A}^*$.

9. 设 V 是一个有限维线性空间，V^* 是 V 的对偶空间，证明：V 也是 V^* 的对偶空间.

10. 证明**商定理**：设 $\boldsymbol{A}$ 与 $\boldsymbol{P}$ 为线性空间 V 上的两个物理量，任取 V 的一组基，设 $\boldsymbol{A}$, $\boldsymbol{P}$ 在这组基下的分量表示分别为 (A^{μ}) 和 $(P_{\alpha\beta\gamma})$，若 (A^{μ}) 和 $(A^{\mu}P_{\mu\beta\gamma})$ 都是张量，则 $(P_{\alpha\beta\gamma})$ 也是一个张量.

习题答案与提示

注 本书介绍的矩阵运算，都可以通过计算机编程实现．本书保留一定数量计算类习题的目的，是为了使读者熟悉计算原理和方法，对计算结果，读者可使用数学软件（如MATLAB、Maple等）直接验证．以下仅给出部分证明题的方法或思路．

习题 1

10．只须注意到关于 $\boldsymbol{Y}$ 的方程 $\boldsymbol{AY}=\boldsymbol{0}$ 只有零解，故由 $\boldsymbol{ABX}=\boldsymbol{0}$ 可推得 $\boldsymbol{BX}=\boldsymbol{0}$．而由 $\boldsymbol{BX}=\boldsymbol{0}$ 推得 $\boldsymbol{ABX}=\boldsymbol{0}$ 是显然的．

13．$\alpha_1,\alpha_2,\alpha_3,\alpha_5$．

20．(1) 只须注意到 $\boldsymbol{A}$ 是实对称的．

(2) $(n-1)$ 重特征值 0 和 $\boldsymbol{\alpha}^{\mathrm{T}}\boldsymbol{\alpha}$．

(3) 特征向量为 $\boldsymbol{e}_1-\boldsymbol{e}_2,\boldsymbol{e}_1-\boldsymbol{e}_3,\cdots,\boldsymbol{e}_1-\boldsymbol{e}_n$ 和 $\boldsymbol{\alpha}$．

21．若 $\boldsymbol{A}=\boldsymbol{P}^{\mathrm{T}}\boldsymbol{P}$，则对任何非零向量 $\boldsymbol{x}$，$\boldsymbol{Px}\neq\boldsymbol{0}$，从而 $\boldsymbol{x}^{\mathrm{T}}\boldsymbol{Ax}=\boldsymbol{x}^{\mathrm{T}}\boldsymbol{P}^{\mathrm{T}}\boldsymbol{Px}=(\boldsymbol{Px})^{\mathrm{T}}(\boldsymbol{Px})>0$，即 $\boldsymbol{A}$ 正定．反之，若 $\boldsymbol{A}$ 正定，则 $\boldsymbol{A}=\boldsymbol{Q}^{\mathrm{T}}\boldsymbol{\Lambda Q}$，其中 $\boldsymbol{Q}$ 正交，$\boldsymbol{\Lambda}$ 为对角元为正数的对角阵．令 $\boldsymbol{P}=\boldsymbol{\Lambda}^{\frac{1}{2}}\boldsymbol{Q}$ 即可．

22．(1) 直接通过定义证明即可．

(2) 首先证明 $\boldsymbol{AB}$ 是对称的，这是因为 $\boldsymbol{AB}=\boldsymbol{BA}=\boldsymbol{B}^{\mathrm{T}}\boldsymbol{A}^{\mathrm{T}}=(\boldsymbol{AB})^{\mathrm{T}}$．再根据 21 题结论，设 $\boldsymbol{A}=\boldsymbol{P}^{\mathrm{T}}\boldsymbol{P}$，$\boldsymbol{B}=\boldsymbol{Q}^{\mathrm{T}}\boldsymbol{Q}$，则 $\boldsymbol{AB}=\boldsymbol{P}^{\mathrm{T}}\boldsymbol{PQ}^{\mathrm{T}}\boldsymbol{Q}$，相似于 $\boldsymbol{QP}^{\mathrm{T}}\boldsymbol{PQ}^{\mathrm{T}}=(\boldsymbol{PQ}^{\mathrm{T}})^{\mathrm{T}}(\boldsymbol{PQ}^{\mathrm{T}})$，该矩阵正定，故 $\boldsymbol{AB}$ 与其有相同的特征值，故也正定．

23．(1) 只须将 c_1 和 c_2 分别取为 $\boldsymbol{A}$ 的最小、最大的特征值即可．

(2) 只须取 c，使 c 加 $\boldsymbol{A}$ 的一切特征值均为正数即可．

24．设 $\boldsymbol{ABp}=\lambda\boldsymbol{p}$，这里 $\boldsymbol{p}\neq\boldsymbol{0}$，易见 $\boldsymbol{Bp}\neq\boldsymbol{0}$，进而 $(\boldsymbol{BA})(\boldsymbol{Bp})=\lambda(\boldsymbol{Bp})$，即 $\boldsymbol{Bp}$ 是矩阵 $\boldsymbol{BA}$ 相应于特征值 λ 的特征向量．

25．(1) 由 $\boldsymbol{E}=\boldsymbol{PP}^{\mathrm{T}}$ 得 $1=\det\boldsymbol{P}\det\boldsymbol{P}^{\mathrm{T}}=(\det\boldsymbol{P})^2$，故 $\det\boldsymbol{P}=\pm1$．

(2) 设 $\boldsymbol{v}$ 是相应的特征向量，即 $\boldsymbol{Pv}=\lambda\boldsymbol{v}$，则 $\boldsymbol{P}\bar{\boldsymbol{v}}=\bar{\lambda}\bar{\boldsymbol{v}}$，从而 $|\lambda|^2\bar{\boldsymbol{v}}^{\mathrm{T}}\boldsymbol{v}=(\bar{\lambda}\bar{\boldsymbol{v}}^{\mathrm{T}})(\lambda\boldsymbol{v})=(\boldsymbol{P}\bar{\boldsymbol{v}})^{\mathrm{T}}(\boldsymbol{P}\bar{\boldsymbol{v}})=\bar{\boldsymbol{v}}^{\mathrm{T}}\boldsymbol{P}^{\mathrm{T}}\boldsymbol{Pv}=\bar{\boldsymbol{v}}^{\mathrm{T}}\boldsymbol{v}$．因为 $\bar{\boldsymbol{v}}^{\mathrm{T}}\boldsymbol{v}>0$，故 $|\lambda|=1$．

(3) 因 $\det(\boldsymbol{E}+\boldsymbol{P})=\det(\boldsymbol{PP}^{\mathrm{T}}+\boldsymbol{P})=\det\boldsymbol{P}\det(\boldsymbol{E}+\boldsymbol{P}^{\mathrm{T}})=-\det(\boldsymbol{E}+\boldsymbol{P})$，故 $\det(\boldsymbol{E}+\boldsymbol{P})=0$．

(4) 此时 $\boldsymbol{P}$ 不一定存在实特征值，例如当 $\theta = k\pi\ (k \in \mathbf{Z})$ 时，$\boldsymbol{P} = \begin{pmatrix} \cos\theta & -\sin\theta \\ \sin\theta & \cos\theta \end{pmatrix}$ 就没有实特征值.

习题 2

6．在已知两边同除以 $\gcd(f(x), g(x))$ 即可.

7．先忽略次数要求，选取满足等式的多项式 $\tilde{u}(x)$ 与 $\tilde{v}(x)$，再将 $\tilde{u}$ 关于 $g(x)$ 做带余除法，令 $u(x)$ 为余式，即可找到满足次数条件的 $v(x)$.

8．利用第 7 题结论.

9．利用反证法.

10．仿照多个多项式最大公因式的定义与计算方法即可.

11．(1) 只须注意到，对一切次数小于 $f(x)$ 的多项式 $g(x)$ 都与 $f(x)$ 互素，从而根据第 7 题结论，存在多项式 $u(x)$ 与 $v(x)$，使 $u(x)f(x) + v(x)g(x) = 1$，将 ω 代入即可证明 $\mathbf{Q}(\omega)$ 关于求倒数封闭，从而是数域.

(2) 借助第 (1) 题结论.

12．借助第 8 题结论以及 Cramer 法则.

13．借助第 12 题结论.

14．$a(4ac - b^2)$.

习题 3

5．只须注意到初等变换矩阵的行列式均为常数即可.

9．此时 λ^k 是 $\boldsymbol{A}$ 的一个零化多项式.

10．幂零的对角阵只能是零矩阵，但此时 $\boldsymbol{A}$ 的最小多项式次数至少为 2.

14．此时 $\lambda^2 - 1$ 是 $\boldsymbol{A}$ 的一个零化多项式，该多项式无重根.

15．此时 $\lambda^3 - \lambda - 10$ 是 $\boldsymbol{A}$ 的一个零化多项式，其导数多项式为 $3\lambda^2 - 1$，两多项式互素，故该零化多项式无重根.

16．(1) $d_1(\lambda) = \cdots = d_{n-1}(\lambda) = 1$，$d_n(\lambda) = \lambda^n + a_{n-1}\lambda^{n-1} + \cdots + a_1\lambda + a_0$.

(2) 当 $1 \leqslant j < n$ 时，$\boldsymbol{R}\boldsymbol{e}_j = \boldsymbol{e}_{j+1}$，而 $\boldsymbol{R}\boldsymbol{e}_n = \mathrm{col}_n\boldsymbol{R} = -a_0\boldsymbol{e}_1 - a_1\boldsymbol{e}_2 - \cdots - a_{n-1}\boldsymbol{e}_n$.

(3) 根据 (2) 可得 $f(\boldsymbol{R})\boldsymbol{e}_1 = b_0\boldsymbol{e}_1 + b_1\boldsymbol{e}_2 + \cdots + b_m\boldsymbol{e}_{m+1} \neq \boldsymbol{0}$.

(4) 构造分块矩阵，使其全体不变因子与 $\boldsymbol{A}$ 的不变因子全体相同.

17．(1) 只须注意到，存在多项式 $g(\lambda)$，使 $\varphi(\boldsymbol{A})g(\boldsymbol{A}) = \boldsymbol{0}$ 即可.

(2) 由 $\varphi(\lambda) = q(\lambda)d(\lambda)$，两边代入 $\boldsymbol{A}$，可得 $\operatorname{rank}\varphi(\boldsymbol{A}) \leqslant d(\boldsymbol{A})$；由 $\varphi(\lambda)u(\lambda) + v(\lambda)m_{\boldsymbol{A}}(\lambda) = d(\lambda)$，两边代入 $\boldsymbol{A}$，可得 $\operatorname{rank}\varphi(\boldsymbol{A}) \geqslant \operatorname{rank} d(\boldsymbol{A})$.

(3) 由 (2) 得 $\operatorname{rank} d(\boldsymbol{A}) = n$，再由 (1) 得 $d(\lambda)$ 为常值多项式.

18. (1) 设 $\varphi(\lambda) \equiv r(\lambda) \mod (\lambda-\lambda_0)^r$，此时 $\varphi(\boldsymbol{J}_r)=r(\boldsymbol{J}_r)$. 将 $r(\lambda)$ 在 λ_0 点 Taylor 展开，代入 $\boldsymbol{J}_r$ 直接计算即可.

(2) 由 (1) 得 $\varphi(\boldsymbol{J}_r)\boldsymbol{e}_n \neq \boldsymbol{0}$. 设 $\boldsymbol{A}=\boldsymbol{P}\boldsymbol{J}_r\boldsymbol{P}^{-1}$，则 $\varphi(\boldsymbol{A})\boldsymbol{x}=\boldsymbol{P}\varphi(\boldsymbol{J}_r)\boldsymbol{P}^{-1}\boldsymbol{x}$，取 $\boldsymbol{x}=\boldsymbol{P}\boldsymbol{e}_n$ 即可.

19. (1) 直接根据最小多项式的定义.

(2) 若 $\boldsymbol{A}$ 为Jordan标准形，设每个Jordan块的最后一列的列指标分别为 $n_1,n_2,\cdots,n_s$，则由18题(1)可知对一切次数小于 d 的非零多项式 $\varphi(\lambda)$， $\varphi(\boldsymbol{A})\boldsymbol{x}\neq\boldsymbol{0}$，其中 $\boldsymbol{x}=\boldsymbol{e}_{n_1}+\boldsymbol{e}_{n_2}+\cdots+\boldsymbol{e}_{n_s}$. 对一般的矩阵 $\boldsymbol{A}$，类似18题(2)的做法，可知同样存在列矩阵 $\boldsymbol{x}$，使 $\varphi(\boldsymbol{A})\boldsymbol{x}\neq\boldsymbol{0}$. 此时 $\boldsymbol{x},\boldsymbol{A}\boldsymbol{x},\cdots,\boldsymbol{A}^{d-1}\boldsymbol{x}$ 线性无关.

20. 充分性容易证明. 必要性的证明借助定理3.11，$\boldsymbol{A}$ 的初等因子全体恰为所有对角块 $\boldsymbol{A}_k$ 的初等因子全体，于是根据 $\boldsymbol{A}$ 相似于对角阵得到 $\boldsymbol{A}$ 的初等因子均为一次多项式，从而每个对角块 $\boldsymbol{A}_k$ 的初等因子也为一次多项式.

21. (1) 先设 $\boldsymbol{A}=\operatorname{diag}(\lambda_1\boldsymbol{E}_{n_1},\cdots,\lambda_s\boldsymbol{E}_{n_s})$，这里 $\lambda_1,\cdots,\lambda_k$ 为互不相同的特征值，则由 $\boldsymbol{AB}=\boldsymbol{BA}$ 可推得，$\boldsymbol{B}=\operatorname{diag}(\boldsymbol{B}_1,\cdots,\boldsymbol{B}_s)$，这里每个 $\boldsymbol{B}_k(1\leqslant k\leqslant s)$ 均为 n_k 阶方阵. 根据20题结论，每个 $\boldsymbol{B}_k(1\leqslant k\leqslant s)$ 均可相似对角化，设 $\boldsymbol{B}_k=\boldsymbol{P}_k\boldsymbol{\Lambda}_k\boldsymbol{P}_k^{-1}$，取 $\boldsymbol{P}=\operatorname{diag}(\boldsymbol{P}_1,\cdots,\boldsymbol{P}_s)$，可得结论.

一般地，可设 $\boldsymbol{A}=\boldsymbol{QCQ}^{-1}$，$\boldsymbol{B}=\boldsymbol{QDQ}^{-1}$，其中 $\boldsymbol{C}=\operatorname{diag}(\lambda_1\boldsymbol{E}_{n_1},\cdots,\lambda_s\boldsymbol{E}_{n_s})$，由 $\boldsymbol{AB}=\boldsymbol{BA}$ 可推得 $\boldsymbol{CD}=\boldsymbol{DC}$，归结为上一种情形.

(2) 利用 (1) 的结论即可.

习题 4

15. 利用定理 4.10 和定理 4.12 .

16. 因为通解 $\mathrm{e}^{\boldsymbol{A}t}\boldsymbol{C}_1=\boldsymbol{P}\mathrm{e}^{\boldsymbol{J}t}\boldsymbol{P}^{-1}\boldsymbol{C}_1$，令 $\boldsymbol{C}=\boldsymbol{P}^{-1}\boldsymbol{C}_1$，易见 $\boldsymbol{C}$ 可取遍所有列矩阵.

习题 5

6. (1) 经过原点以 $\boldsymbol{v}_1$ 为方向的直线.

(2) 当 $\boldsymbol{v}_1$ 和 $\boldsymbol{v}_2$ 线性无关时，为由 $\boldsymbol{v}_1,\boldsymbol{v}_2$ 张成的平面，否则同 (1) .

(3) 当 $\boldsymbol{v}_1,\boldsymbol{v}_2,\boldsymbol{v}_3$ 的秩为 3 时（线性无关），为全空间；秩为 2 时，为平面；秩为 1 时，为直线.

(4) 和空间为全空间，交空间为原点.

7. (1) 此时 V_1,V_2 均为 3 维空间中的平面，其交空间的维数可能为 1 或 2 ，此时和空间的维数相应为 2 和 2 ，相应的几何意义为平面 V_1,V_2 相交于一条直线和平面 V_1,V_2 重合.

(2) 此时 V_1,V_2 均为 4 维空间中的平面，其交空间的维数可能为 0 ，1 或 2 ，此时和空间的维数相应为 4 ，3 和 2 ，相应的几何意义为 4 维空间中的平面 V_1,V_2 相交于一点，相交于一条直线和平面 V_1,V_2 重合.

10．不一定构成直和．

12．例如 $V_1, \cdots, V_n\ (n>2)$ 为 $\mathbf{R}^2$ 上互不相同的过原点的直线．

15．(1) 若存在常数 l, m, n 使 $l\cos x + m\sin x + n = 0$，取 $x = 0, \dfrac{\pi}{4}, \dfrac{\pi}{2}, \pi$ 可得 $l = m = n = 0$．

(2) 都是线性变换．

(3) 只有求导变换以 W 为不变子空间．

(4) 求导变换不可对角化．

16．与 15 题不同的结论是，求导变换可对角化．

17．(1) 注意到 $\boldsymbol{v} = (\boldsymbol{v} - \mathscr{A}(\boldsymbol{v})) + \mathscr{A}(\boldsymbol{v})$，易见 $\boldsymbol{v} - \mathscr{A}\boldsymbol{v} \in \ker\mathscr{A}$，$\mathscr{A}\boldsymbol{v} \in \operatorname{Im}\mathscr{A}$．于是 $V = \ker\mathscr{A} + \operatorname{Im}\mathscr{A}$，再由 $\dim V = \dim\ker\mathscr{A} + \dim\operatorname{Im}\mathscr{A}$，可得 $V = \ker\mathscr{A} \oplus \operatorname{Im}\mathscr{A}$．

(2) 只须证明 $\operatorname{Im}\mathscr{A} \subset \operatorname{Im}\mathscr{A}^2$．事实上，对任意 $\boldsymbol{x} \in V$，根据已知 $\mathscr{A}\boldsymbol{x} = \mathscr{A}(\boldsymbol{y} + \mathscr{A}\boldsymbol{z}) = \mathscr{A}^2\boldsymbol{z} \in \operatorname{Im}\mathscr{A}^2$，这里 $\boldsymbol{y} \in \ker\mathscr{A}$，$\boldsymbol{z} \in V$．

(3) (1) 的逆命题不成立．取一个可逆的非幂等矩阵 $\boldsymbol{B}$，使 $\mathscr{A}$ 的矩阵为 $\begin{pmatrix} \boldsymbol{0} & \boldsymbol{0} \\ \boldsymbol{0} & \boldsymbol{B} \end{pmatrix}$，即为反例．(2) 的逆命题成立．任取 $\boldsymbol{v} \in V$，由 $\operatorname{Im}\mathscr{A} = \operatorname{Im}\mathscr{A}^2$，存在 $\boldsymbol{w} \in V$，使 $\mathscr{A}\boldsymbol{v} = \mathscr{A}^2\boldsymbol{w}$，从而 $\boldsymbol{v} = (\boldsymbol{v} - \mathscr{A}\boldsymbol{w}) + \mathscr{A}\boldsymbol{w}$，易见 $\boldsymbol{v} - \mathscr{A}\boldsymbol{w} \in \ker\mathscr{A}$，$\mathscr{A}\boldsymbol{w} \in \operatorname{Im}\mathscr{A}$．于是 $V = \ker\mathscr{A} \oplus \operatorname{Im}\mathscr{A}$，再由 $\dim V = \dim\ker\mathscr{A} + \dim\operatorname{Im}\mathscr{A}$，可得直和．

20．是实线性变换，不是复线性变换．

21．参考第 7.4 节，矩阵的谱分解．本题中未要求 $\boldsymbol{P}_i$ 为对称矩阵，故也无需 $\boldsymbol{A}$ 具有对称性．

23．(1) 若 λ_i 不为特征值，则对任何整数 k，$(\mathscr{A} - \lambda_i\mathrm{id})^k$ 均为可逆变换，于是不存在非零向量 $\boldsymbol{v}$ 使 $(\mathscr{A} - \lambda_i\mathrm{id})^k\boldsymbol{v} = \boldsymbol{0}$．

(2) 因为当 $\lambda_i \neq \lambda_j$ 时，存在多项式 $u(\lambda), v(\lambda)$，使 $u(\lambda)(\lambda - \lambda_i)^{k_i} + v(\lambda)(\lambda - \lambda_j)^{k_j} = 1$，故对 $\boldsymbol{v} \in \boldsymbol{W}_i \cap \boldsymbol{W}_j$，$\boldsymbol{v} = u(\mathscr{A})(\mathscr{A} - \lambda_i\mathrm{id})^{k_i}\boldsymbol{v} + v(\mathscr{A})(\mathscr{A} - \lambda_j\mathrm{id})^{k_j}\boldsymbol{v} = \boldsymbol{0}$．

习题 6

3．方法一，通过内积的定义直接列方程计算；方法二，参考本章第 8 题．

4．(1) 设 $\boldsymbol{v}_0$ 为方程的一个特解向量，则该方程任意解向量 $\boldsymbol{v}$ 与 $\boldsymbol{v}_0$ 的差，必与 $\boldsymbol{\mu} = (A\ B)^{\mathrm{T}}$ 正交，因此该方程所有的解构成一条过 $\boldsymbol{v}_0$ 的直线，$\boldsymbol{\mu}$ 为该直线的法方向．

(2) 设 $\boldsymbol{v}_0$ 为方程的一个特解向量，则该方程任意解向量 $\boldsymbol{v}$ 与 $\boldsymbol{v}_0$ 的差，必与 $\boldsymbol{\mu} = (A\ B\ C)^{\mathrm{T}}$ 正交，因此该方程所有的解构成一个过 $\boldsymbol{v}_0$ 的平面，$\boldsymbol{\mu}$ 为该平面的法方向．

(3) 二元线性方程组的解可能为三种情形：不存在、存在且唯一、含有一个自由参数，对应了多条直线没有公共点、有唯一的公共点和重合三种几何情形．三元线性方程组的解可能为四种情形：不存在、存在且唯一、含有一个自由参数、含有两个自由参数，对应了多个平面没有公共点、有唯一的公共点、有一条交线和重合四种几何情形.

8. (4) $\|\boldsymbol{x}\times\boldsymbol{y}\|$ 表示由向量 $\boldsymbol{x}, \boldsymbol{y}$ 张成的平行四边形的面积.

(5) 2 阶行列式表示两个 2 维向量张成的平行四边形的面积，3 阶行列式表示 3 个 3 维向量张成的平行六面体的体积.

(6) 外积不一定满足结合律，例如取 $\boldsymbol{x}=\boldsymbol{e}_1, \boldsymbol{y}=\boldsymbol{z}=\boldsymbol{e}_2$，此时左边非零，右边为零.

10. (2) 不一定.

12. 参考第 1 章第 20 题.

13. (3) 该指数矩阵表示 3 维空间中的匀速旋转，$|\omega|$ 为角速度大小，$\boldsymbol{A}$ 的 0 特征值对应的特征向量为旋转轴.

20. 设在标准正交基下，$\mathscr{A}$ 的矩阵为 $\boldsymbol{A}$. 若 $\boldsymbol{A}$ 对称，则 $\boldsymbol{E}=\boldsymbol{A}^2=\boldsymbol{A}\boldsymbol{A}^{\mathrm{T}}$，故 $\boldsymbol{A}$ 正交. 若 $\boldsymbol{A}$ 正交，则 $\boldsymbol{A}^{\mathrm{T}}=\boldsymbol{A}^{\mathrm{T}}(\boldsymbol{A}^2)=(\boldsymbol{A}^{\mathrm{T}}\boldsymbol{A})\boldsymbol{A}=\boldsymbol{A}$，从而 $\boldsymbol{A}$ 对称.

21. 参考第 9.3 节定理 9.10.

24. 参照第 7.5 节.

25. (1) 共 9 类. (2) 共 17 类. 参考文献 [2].

习题 7

9. 首先存在正交阵 $\boldsymbol{Q}$ 和正对角阵 $\boldsymbol{\Lambda}$，使 $\boldsymbol{H}=\boldsymbol{Q}\boldsymbol{\Lambda}\boldsymbol{Q}^{\mathrm{T}}$，取 $\boldsymbol{S}=\boldsymbol{Q}\boldsymbol{\Lambda}^{\frac{1}{2}}\boldsymbol{Q}^{\mathrm{T}}$，则 $\boldsymbol{S}$ 正定，且 $\boldsymbol{H}=\boldsymbol{S}^2$. 若存在 $\boldsymbol{S}_1$ 正定，且 $\boldsymbol{H}=\boldsymbol{S}_1^2$，则存在正交阵 $\boldsymbol{Q}_1$ 使 $\boldsymbol{S}_1=\boldsymbol{Q}_1\boldsymbol{\Lambda}^{\frac{1}{2}}\boldsymbol{Q}_1^{\mathrm{T}}$，此时可证 $(\boldsymbol{Q}^{\mathrm{T}}\boldsymbol{Q}_1)\boldsymbol{\Lambda}^{\frac{1}{2}}=\boldsymbol{\Lambda}^{\frac{1}{2}}(\boldsymbol{Q}^{\mathrm{T}}\boldsymbol{Q}_1)$，从而 $\boldsymbol{S}=\boldsymbol{S}_1$. 该结论可直接推广到半正定矩阵情形.

10. 对实矩阵情形，$\boldsymbol{A}\boldsymbol{A}^{\mathrm{T}}$ 为正定矩阵，由第 9 题结论，存在正定矩阵 $\boldsymbol{S}$，使 $\boldsymbol{A}\boldsymbol{A}^{\mathrm{T}}=\boldsymbol{S}^2$. 令 $\boldsymbol{Q}=\boldsymbol{A}\boldsymbol{S}^{-1}$，则 $\boldsymbol{Q}$ 正交，且 $\boldsymbol{A}=\boldsymbol{Q}\boldsymbol{S}$. 若 $\boldsymbol{A}=\boldsymbol{Q}_1\boldsymbol{S}_1$，则 $\boldsymbol{S}_1^2=\boldsymbol{S}^2$，故 $\boldsymbol{S}_1=\boldsymbol{S}$，进而得到唯一性. 复矩阵情形，证明中只须要把相应的转置改为共轭转置即可.

对奇异矩阵，将原结论中的正定矩阵改为半正定矩阵，则分解仍然存在，但不唯一.

11. (1) 设 $\boldsymbol{B}=\boldsymbol{Q}^{\mathrm{T}}\boldsymbol{Q}$，$\boldsymbol{y}=\boldsymbol{Q}\boldsymbol{x}$，于是 $\boldsymbol{A}\boldsymbol{x}=\lambda\boldsymbol{B}\boldsymbol{x}$ 等价于 $(\boldsymbol{Q}^{-1})^{\mathrm{T}}\boldsymbol{A}(\boldsymbol{Q}^{-1})\boldsymbol{y}=\lambda\boldsymbol{y}$，即 $\boldsymbol{x}$ 是 $\boldsymbol{A}$ 相对于 $\boldsymbol{B}$ 的关于 λ 的广义特征向量，当且仅当 $\boldsymbol{y}$ 是实对称矩阵 $(\boldsymbol{Q}^{-1})^{\mathrm{T}}\boldsymbol{A}\boldsymbol{Q}^{-1}$ 关于 λ 的特征向量. 从而存在正交矩阵 $\boldsymbol{P}$，使 $\boldsymbol{P}^{\mathrm{T}}(\boldsymbol{Q}^{-1})^{\mathrm{T}}\boldsymbol{A}\boldsymbol{Q}^{-1}\boldsymbol{P}=\boldsymbol{\Lambda}$，令 $\boldsymbol{M}=\boldsymbol{Q}^{-1}\boldsymbol{P}$，即为所求.

(2) 通常不是.

习题 8

4. 只须证明充分性. 在条件两边左乘 $(\boldsymbol{A}^{+})^{\mathrm{T}}$，再利用定理 8.13 的 (9)，即得结论.

7. 利用定理 8.13 的 (5).

10. $\boldsymbol{A}$ 列满秩.

习题 9

1. 直接根据各种范数的定义，并结合 Cauchy 不等式（定理 6.1）.
4. 利用第 1 题的结论.
6. 利用 Frobenius 定理.
7. 利用 Frobenius 定理.
8. 对欧氏单位特征向量 $\boldsymbol{v}$，考虑 $\boldsymbol{PAv}$ 的欧氏范数.

习题 10

1. $-x_0^2+x_1^2+x_2^2+x_3^2$.
2. A_{jk}.
3. A^{im}.
5. $(a\ b\ c)$.
6. $f=t_{ij}\boldsymbol{e}^{*i}\otimes\boldsymbol{e}^{*j}$.

参考文献

[1] B. L.，范德瓦尔登．代数学 I [M]．丁石孙，曾肯成，郝钠新，译．北京：科学出版社，2009．

[2] 孟道骥．高等代数与解析几何 [M]．北京：科学出版社，1998．

[3] 许以超．线性代数与矩阵论 [M]．2 版．北京：高等教育出版社，2008．

[4] 徐树方，高立，张平文．数值线性代数 [M]．2 版．北京：北京大学出版社，2013．

[5] 同济大学应用数学系．矩阵分析 [M]．上海：同济大学出版社，2005．

[6] 张贤达．矩阵分析与应用 [M]．2 版．北京：清华大学出版社，2013．

[7] 周羚君，韩静，狄艳媚．复变函数与积分变换 [M]．2 版．上海：同济大学出版社，2020．

[8] Lebedev L P，Cloud M J，Eremeyev V A．Tensor Analysis with Applications in Mechanics [M]．Singapore: World Scientific Publishing Company，2010．